Understanding the National Disaster Safety Assessment Systems

국가 재난안전분야 평가제도 이해

국가 재난안전분야 평가제도 이해

인 쇄 : 2023년 11월 27일 1쇄
발 행 : 2023년 12월 11일 1쇄

저 자 : 강희조 · 안병천 · 이영미 · 임미숙
발행인 : 송 준
발행처 : 도서출판 홍릉
주 소 : 01093 서울시 강북구 인수봉로 50길 10
등 록 : 1976년 10월 21일 제5-66호

전 화 : 02-999-2274~5
팩 스 : 02-905-6729
e-mail : hongpub@hongpub.co.kr
http://www.hongpub.co.kr
ISBN : 979-11-5600-140-9(93330)

정 가 : 29,000원

Understanding the National Disaster Safety Assessment Systems

국가 재난안전분야 평가제도 이해

강희조 · 안병천 · 이영미 · 임미숙 지음

도서출판 홍릉

저자소개

강희조 공학박사

한국항공대 대학원 항공전자공학 전공
현 목원대학교 컴퓨터공학과와 대학원 사회안전학과 교수로 재직 중
행정안전부 재난대응 안전한국훈련 중앙평가단 위원
행정안전부 재난관리평가 및 국가기반체계 평가위원
행정안전부 중앙안전교육점검단 위원
(사)한국디지털콘텐츠학회 명예회장, 사회안전학회 명예회장 역임

안병천 사회안전학 박사

기업재난관리사
목원대학교 대학원 사회안전학 전공
행정안전부 재난대응 안전한국훈련 중앙평가단 위원
(사)안전모니터봉사단 대전시연합회 수석부회장

이영미 사회안전학 박사

목원대학교 대학원 사회안전학 전공
현 행정안전부 재직
현 행정안전부 안전교육 전문인력

임미숙 IT공학 박사

현 나사렛대학교 오웬스교양대학 조교수
행정안전부 재난대응 안전한국훈련 컨설팅 및 평가위원

머리말

최근 기후변화로 인해 나타나는 자연 변화 양상이 이제는 범지구적 재앙으로 나타나고 있다. 2022년 유엔 산하 기후변화에 관한 정부 간 협의체(IPCC)가 COP27 회의에서 극지 상태를 분석하여 발표한 보고서인 '빙하권 상태 2022'에 따르면 2030년 무렵이 되면 북극 빙하가 모두 녹아서 사라지게 된다는 충격적인 보도가 있었다. 빙하가 녹으면 인류는 지금까지 경험하지 못한 대규모 재난을 맞이하게 된다. 이러한 기후변화는 이미 우리 사회에 커다란 위협이 되어 나타나고 있다. 2023년 9월 11일 에게해에서 발생한 폭풍 대니얼은 리비아 동부 키레나이카 지역에 대규모 홍수가 일어나 데르나 지역에서는 불어난 물로 댐 2개가 연달아 붕괴되어 최소 수만 명 이상이 죽거나 실종되었고 이재민도 4만 명 이상이나 발생하였다. 이와 같이 자연재난에서 사회재난으로 이어지는 복합재난 이외에도 COVID19 감염병, 대형화재, 폭발 사고, 환경재난 등 재난은 다양하고 복잡한 형태로 나타나고 있다. 재난이 초래한 파장은 사회기반체계시설은 물론 국민의 생활안전 전반에 영향을 미치게 된다. 이러한 재난이 발생했을 때 국가는 재난에 대응하고 복구하려는 노력이 요구된다. 정부는 2004년 「재난 및 안전관리 기본법」을 제정하여 각종 재난으로부터 국토를 보존하고 국민의 생명과 신체 및 재산을 보호하기 위하여 국가와 지방자치단체에 재난 및 안전관리체계를 확립하여 재난의 예방–대비–대응–복구와 안전문화활동 등을 실시하도록 규정하고 있다. 행정안전부는 해마다 재난관리 평가, 재난대응 안전한국훈련 평가, 국가 핵심기반보호 재난관리 평가, 국민 안전교육 실태점검 평가 등을 실시하고 있다. 본 책은 이러한 제도를 쉽게 이해할 수 있도록 각 장에서 평가 진행 절차 및 준비 사항과, 평가단 운영, 평가지표 및 해설을 담았다. 이 책을 쓰게 된 배경은 지난 10여 년 동안 정부 부처와 지방자치단체, 공공기관을 대상으로 한 컨설팅과 평가 경험을 바탕으로 평가제도에 대한 이해를 높이기 위해 저술하게 되었다. 각 장은 다음과 같이 구성하였다. 제1장은 국가재난안전분야 평가제도 이해, 제2장은 재난관리 평가, 제3장은 재난대응 안전한국훈련 평가, 제4장은 국가 핵심기반보호 재난관리 평가, 제5장에는 국민 안전교육 실태점검 평가로 구성하였다. 이 책으로 재난 평가제도를 더 잘 이해하여 다양한 재난에 대처할 수 있는 역량을 갖추게 되기를 기대한다.

차례

차례

CHAPTER 04

국가 핵심기반보호 재난관리 평가 / 287

CHAPTER 05

국민 안전교육 실태점검 / 323

Chapter

1

국가 재난안전분야 평가제도 이해

1. 개요

재난안전관리는 국가의 가장 기본적이면서 중요한 책무이다. 국가는 국민의 생명과 재산을 보호해야 하며 이를 위해 다양한 재난과 사고를 예방하기 위해 노력해야 한다. 한편 국민도 사고 예방과 재난 피해 저감을 위해 공동의 노력해야 하며, 재난 상황에서는 자신과 이웃의 생명과 재산을 지키기 위해 최선의 노력을 다해야 한다.

국가와 지방자치단체 그리고 각종 재난관리책임기관들은 「재난 및 안전관리 기본법」 제4조에 따라서 다음과 같은 책무를 갖는다.

① 국가와 지방자치단체는 재난이나 그 밖의 각종 사고로부터 국민의 생명·신체 및 재산을 보호할 책무를 지고, 재난이나 그 밖의 각종 사고를 예방하고 피해를 줄이기 위하여 노력하여야 하며, 발생한 피해를 신속히 대응·복구하기 위한 계획을 수립·시행하여야 한다.
② 지방행정기관, 공공기관, 공공단체 등 재난관리책임기관의 장은 소관 업무와 관련된 안전관리에 관한 계획을 수립하고 시행하여야 하며, 그 소재지를 관할하는 시·도 및 시·군·의 재난 및 안전관리업무에 협조하여야 한다.

국민은 「재난 및 안전관리 기본법」 제5조에 근거하여 다음과 같은 책무를 갖는다.

국민은 재난이나 그 밖의 각종 사고로부터 자신의 생명과 재산을 스스로 보호하고, 유사 시 타인에 대한 구조구호에 최선을 다해야 하며, 자신이 소유하거나 사용하는 건물·시설 등으로부터 재난이나 사고가 발생하지 않도록 노력해야 한다.

국민은 나와 이웃의 생명과 재산을 위협할 수 있는 생활권 주변의 위험요소와 불법행위를 적극적으로 신고하는 등 국가 및 지방자치단체의 재난 및 안전관리업무 수행에 적극적으로 협조해야 한다.

이에 따라서 관련 기관을 대상으로 재난관리 평가, 재난대응 안전한국훈련, 국가 핵심기반보호 재난관리 평가, 국민 안전교육 실태점검 등을 평가하고 있다. 본 책은 재난이나 각종 사고로부터 피해를 줄이기 위해 해당 기관이 추진하고 있는 재난안전분야 활동에 대한 평가와 그 제도에 대한 이해를 돕기 위해 제작하였다. 각 장은 다음과 같이 구성하였다.

제2장은 재난관리 평가로 중앙정부, 지방자치단체, 공공기관 등 재난관리책임기관의 재난안전관리 실태를 평가하여 기관의 책임성과 재난관리 역량 제고를 목적으로 한다. 재난관리 평가 법적 근거는 「재난 및 안전관리 기본법」 제33조의 2(재난관리체계 등에 대한 평가) 및 같은 법 시행령 제42조(재난관리체계 등의 평가)에 따라 실시하고 있다. 행정안전부장관은 대규모 재난 발생에 대비한

단계별 예방·대응 및 복구과정, 재난에 대응할 조직의 구성 및 정비 실태, 안전관리체계 및 안전관리규정, 재난관리기금의 운용 현황에 대해 정기적으로 평가할 수 있으며(제1항), 공공기관에 대해서는 관할 중앙행정기관의 장이 평가하고 시군구는 시장·도지사가 평가하나 필요한 경우에는 행정안전부장관이 확인 평가할 수 있다고 명시한다(제2항). 행정안전부장관은 평가 결과를 중앙위원회에 종합 보고하고(제3항), 필요 시 해당 재난관리책임기관의 장에게 시정조치나 보완을 요구할 수 있으며, 우수한 기관에 대해 예산지원 및 포상 등의 조치를 할 수 있음을 규정한다(제4항). 또한 행정안전부는 공공기관에 대한 평가 결과를 공공기관 경영실적 평가에 반영하도록 기획재정부장관에게 요구할 수 있는 권한도 가진다(제5항).

행정안전부장관은 재난관리체계를 평가할 때 평가지침을 마련하여 재난관리책임기관의 장에게 알려야 하고(시행령 제42조 2항), 평가는 서면 또는 현지 조사 방법으로 이루어질 수 있으며(제3항), 관계 중앙행정기관의 장과 소관 재난관리책임기관의 장에게 재난 및 안전관리체계의 구축, 안전관리규정의 제정 및 그 정비 · 보완에 관한 자료 제출을 요청할 수 있다(제4항). 재난관리평가 연혁은 재난관리행정에 대한 평가과정을 통해 기관의 재난관리역량을 제고하고 선의의 경쟁을 유도하여 자율과 책임행정을 강화하기 위하여 2005년부터 지방자치단체를 대상으로 실시되었다. 2006년부터는 중앙행정 · 공공기관으로 확대되어 해마다 실시하고 있다. 재난관리평가 연혁은 그림 1-1과 같다.

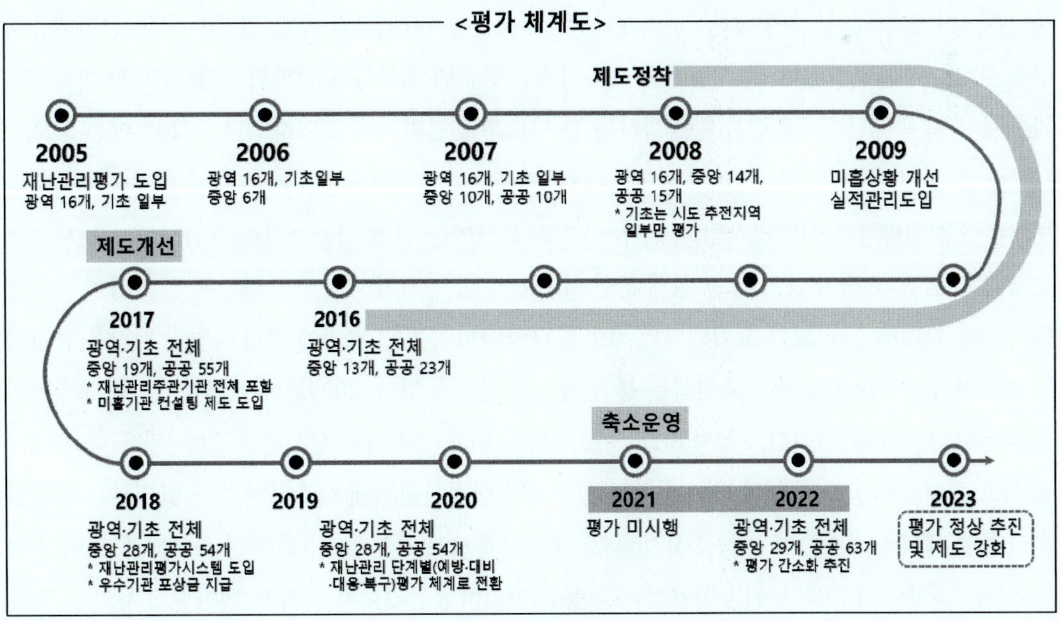

그림 1-1 재난관리평가 연혁

제3장은 재난대응 안전한국훈련 평가로 다양한 유형의 재난에 대비한 관계기관 합동, 민간참여 훈련 실시, 정부와 민간의 역량을 강화하고 재난 시 신속히 대응하는 것이 목적이다. 훈련주관기관의 효율적인 훈련의 기획, 설계, 실행 및 평가 · 개선을 위한 수단을 제공하여 재난시 대응역량을 강화하고 재난유형에 따른 재난 상황에 대비하여 관계기관 합동 및 민간참여 훈련을 실시한다. 이는 정부와 민간의 역량을 강화하고 재난 시 신속히 대응하기 위함이며 또한 훈련참여기관의 장에게 훈련과정에서 나타난 미비사항이나 개선 · 보완이 필요한 사항에 대한 보완 조치를 요구하고, 훈련과정에서 나타난 위기관리 매뉴얼 미비점에 대한 개선 · 보완 및 개선 · 보완 조치를 요구한다. 법적 근거는 「재난 및 안전관리 기본법」 제34조의9 제1항의(재난대비훈련 기본계획 수립) 행정안전부장관은 해마다 재난대비훈련 기본계획을 수립하고 재난관리책임기관의 장에게 통보하고 「재난 및 안전관리 기본법」 제35조 제1항 및 같은 법 시행령 제43조의14 제1항(재난대비훈련 실시) 행정안전부장관, 중앙행정기관의 장, 시장 · 도지사, 시장 · 군수 · 구청장, 긴급구조기관의 장은 해마다 정기 또는 수시로 소방 · 해양경찰, 군부대 등 관계기관과 합동으로 재난대비훈련을 실시하도록 규정한다. 이에 따라서 2004년 국가 재난대응 종합훈련 기본계획을 기초로 2004년 9월 3일 대통령 재가를 받아 2005년 「국가 재난대응 종합훈련」 제도를 시행하고, 지역재난안전대책본부, 중앙사고수습본부 등의 대응·수습과정 훈련을 실시하였다. 이후 2007년 범국민 참여를 확대하고 훈련에 대한 인식을 제고하기 위하여 「재난대응 안전한국훈련」으로 명칭을 변경하였고, 민방위의 날 훈련과 연계하여 실시하였다. 2015년부터는 훈련기간을 기존 3일 간에서 5일 간으로 늘려 실시하였고, 육상 · 해상 긴급구조훈련, 중앙재난안전대책본부와(중대본) 지역재난안전대책본부(지대본)과 통합 연계훈련 등 실전대응역량을 강화하여 훈련하였다. 2018년에는 우수기관 시범훈련 제도를 도입하였고, 불시 화재 대피훈련과 신종·복합형 재난대응훈련을 활성화하는 등 새로운 훈련방식을 도입하였다. 2020년에는 코로나 19 확산으로 인해 훈련을 사이버 교육으로 대체하였고, 2021년에도 코로나19 확산이 지속됨에 따라 현장훈련은 생략하고 서면평가만 하였다. 이후 2022년에는 실전 대응능력을 강화하고 국민체험단 운영(훈련 참관 및 평가 참여)으로 실제 훈련 시 재난 상황 인지 대피부터 평가까지 전 과정에 참여토록 역할을 확대하였다. 또한 참여인력과 직업을 다양화하여 훈련 효과에 대한 다양한 시각을 반영하고 지역자율방재단 구성원을 포함하는 등 평가 전문성을 높였다. 2023년에는 훈련기간을 모두 3회로 나누고, 1회차(6/5~6/16), 2회차(8/28~9/8), 3회차(10/23~11/3)로 실시한다. 각 기관은 주요 재난 및 사고 유형을 바탕으로 훈련 참여 회차를 선택하여 행정안전부에 제출하며, 행정안전부는 기관별 훈련 참여 계획을 접수하여 이를 주요재난 및 사고 유형으로 구분하여 1회차는 풍수해, 도로터널 사고, 식품 · 의약품 안전사고, 원자력안전 사고 등을 실시하였고, 2회차는 지진, 인파밀집 사고, 가축질병, 항공기 사고, 유해화학물질 유출 사고, 건축물붕괴 사고 등을 실시한다. 3회차는 화재, 산불, 정보통신 사고 등을 실시한다. 재난대응 안전한국훈련 연도별 실시현황(2005년~2022년)은 표 1과 같다.

표 1 재난대응 안전한국훈련 연도별 실시 현황(2005년~2022년)

구분	2005년	2006년	2007년	2008년	2009년	2010년
기간	4/20~4/22	3/29~3/31	5/14~5/16	5/26~5/28	5/27~5/29	5/12~5/14
참여기관	273개 기관 · 단체	324개 기관 · 단체 중앙 24 지자체 250 공공기관 · 단체 50	370개 기관 · 단체 중앙 26 지자체 246 공공기관 · 단체 98	382개 기관 · 단체 중앙 21 지자체 246 공공기관 · 단체 115	396개 기관 · 단체 중앙 21 지자체 246 공공기관 · 단체 129	392개 기관 · 단체 중앙 21 지자체 240 공공기관 · 단체 131 ※ 6개 자치단체 제외
현장훈련	10회	17회 복지부 1, 시도별 1	32회 시도별 2	51회 시도별 1~5회	55회 시도별 1~5회	30회 시도별 1~5회

구분	2011년	2012년	2013년	2014년	2015년	2016년
기간	5/2~5/4	4/25~4/27	5/6~5/8	10/21~10/23 (세월호 사고로 연기)	5/18~5/22	5/16~5/20
참여기관	400개 기관 · 단체 중앙 21 지자체 244 공공기관 · 단체 135	402개 기관 · 단체 중앙 22 지자체 244 공공기관 · 단체 136	407개 기관 · 단체 중앙 22 지자체 244 공공기관 · 단체 141	435개 기관 · 단체 중앙 27 지자체 246 공공기관 · 단체 162	470개 기관 · 단체 중앙 25 지자체 245 공공기관 · 단체 200	488개 기관 · 단체 중앙 26 지자체 244 공공기관 · 단체 218
현장훈련	39회 시 · 도별 2~3회	43회 유관기관 41, 시 · 군 2	95회 유관기관 70, 시 · 군 25	180회 중앙 41, 지자체 139	303회 중앙 89, 지자체 214	337회 중앙 93, 지자체 244

구분	2017년	2018년	2019년	2021년	2022년
기간	10.30~11.3 대통령선거로 연기	5.8~5.18	10.28~11.1.	10.1~11.30.	11.14.~11.25.
참여기관	526개 기관 · 단체 중앙 26 지자체 245 공공기관 · 단체 255	634개 기관·단체 중앙 30 지자체 245 공공기관 · 단체 359	705개 기관·단체 중앙 30 지자체 245 공공기관 · 단체 430	2,675개 기관·단체 중앙 23 지자체 245 공공기관 · 단체 2,407	3,314개 기관·단체 중앙 21 지자체 226 공공기관 · 단체 3,067
현장훈련	388회 중앙 89 지자체 245 공공기관 54	548회 중앙 220 지자체 258 공공기관 70	568회 중앙 214 지자체 248 공공기관 106 ※ASF, 태풍으로 45개 기관 제외	3회 원안위, 국토부, 고용부 ※국민적 관심이 높은 3개 유형 시범실시	309회 중앙 21 지자체 226 공공기관 62

제4장은 국가 핵심기반보호 재난관리 평가로 에너지, 정보통신, 교통수송, 금융, 보건의료, 원자력, 환경, 식용수, 정부중요시설, 문화재, 공동구 분야 관리기관의 국가 핵심기반 기능 연속성 확보를 위하여 사전에「국가 핵심기반 보호계획 수립 지침」을 작성하여 위험요인 등 파악과 상호의존성을 고려하여 목적과 목표에 따른 전략수립 등 필요한 운용계획 수립을 목적으로 한다. 만약 관리기관

의 시설이 중단되어도 사전에 정해 놓은 목표와 RTO(복구목표시간)에 따라 핵심기능의 연속성을 유지할 수 있도록 하여야 한다. 따라서 관리기관의 국가 핵심기반 보호계획은 ① 보호목표 및 대상범위 설정 ② 위험평가 ③ 중점위험관리전략 및 재난관리대책 등을 포괄하는 개념으로 국가 핵심기반 핵심 기능 연속성 확보를 위해 실행하는 모든 계획을 포함하여 수립하여야 한다. 법적 근거는 재난 및 안전관리 기본법」제3조 12항에 국가 핵심기반이라 함은 에너지, 정보통신, 교통수송, 금융, 보건의료, 원자력, 환경, 식용수, 정부중요시설, 문화재, 공동구를 대상으로 국민 안전과 건강 및 정부 핵심기능에 중대한 영향을 미칠 수 있는 시설, 정보기술시스템 및 자산 등을 말한다. 이러한 국가 핵심기반 시설에 대한 관리는「재난 및 안전관리 기본법」제26조 2(국가 핵심기반의 관리 등)에서 규정한다. 이에 대한 관리계획은「재난 및 안전관리 기본법 시행령」제30조(국가 핵심기반의 지정 등), 제30조의 2(국가 핵심기반의 관리 등), 분야별 국가 핵심기반의 지정기준에 규정한다. 국가 핵심기반 대상은 평상시 안전수준을 갖추어야 하며 서비스가 중단되지 않도록 연속성을 유지하여야 한다. 행정안전부는 국가 핵심기반시설이 재난으로부터 국가 핵심기능을 연속성 있게 유지하기 위하여 국가 핵심기반 보호계획을 해마다 규정한다. 국가 핵심기반 보호계획은 보호목표 및 대상과 범위를 설정하고 위험을 평가하며 중점위험관리전략 및 재난관리대책 등을 포괄하는 개념이다. 보호계획은 국가 핵심기반 시설의 핵심기능 연속성 확보를 위한 모든 계획을 포함한다. 또한 보호계획은 해당기관이 여러 시설을 관리할 경우 해당지역의 지리적·환경적 여건과 시설에 따른 특성을 감안하여 시설별 보호계획을 각각 수립하고 있다. 특히 유관기관 간 상호연계성 강화를 위해 정보공유, 대체자원 상호협력 사항을 연계한다.

국가 핵심기반 보호계획 제도 도입배경은 국가위기관리 차원에서 출발되었다. 국가 핵심기반 보호계획은 불법파업 등 응급상황 발생 시 투입할 장비와 인력을 미리 지정하고 관리하기 위하여 필요성이 대두되었다. 2003년 화물연대 파업 등을 계기로 국가 차원의 사회재난 관리시스템 구축의 필요성이 대두되어 에너지, 정보통신, 교통수송, 금융, 보건의료, 원자력, 환경, 정부 중요시설, 식용수, 문화재, 공동구, 서비스를 포함한 국가 경제, 국민의 안전·건강 및 정부 핵심기능에 중대한 영향을 미칠 수 있는 시설, 정보기술시스템 및 자산 등을 말한다. 2009년 제주도 정전 및 2011년 9월 15일 정전, KTX 탈선, KT 아현지사 공동구 화재 등은 오늘날 우리사회와 경제가 국가 핵심기반의 중단에 노출되어 있는 취약성을 보여준 사례이다. 국가 핵심기반 보호계획은 2020년 6월 23일 기준으로 11개 분야 에너지, 정보통신, 교통수송, 금융, 보건의료, 원자력, 환경, 정부중요시설, 식용수, 공동구, 문화재로 구성되어 있다. 국가 핵심기반 지정은 7차에 걸친 정비*가 있었다.

*최초 지정(2007/9/17), 2차 정비(2011/1/20), 3차 정비(2013/9/13), 4차 정비(2015/10/12), 5차 정비(2017/4/5), 6차 정비(2019/7/8), 7차 정비(2020/6/23))

제5장은 국민 안전교육 실태점검 평가로 국민 안전교육 진흥에 필요한 사항을 규정하여 재난으로부터 안전한 사회를 이바지함을 목적으로 한다. 정부는 국민 안전교육을 추진하기 위해 2016년 5월 「국민 안전교육 진흥 기본법」을 제정하여 2017년 5월에 시행하였다. 국가 및 지방자치단체는 안전교육 진흥을 위한 정책을 수립하여 시행하고 안전교육 진흥에 필요한 지원을 하여야 하고, 안전교육이 교육주체 간의 유기적 연계를 통하여 체계적이고 지속적으로 실시될 수 있도록 노력하여야 하고, 안전교육의 효과와 필요성에 대한 국민의 인식을 제고하기 위하여 노력해야 한다.

행정안전부장관은 5년 마다 안전교육 기본 계획을 수립하여 「재난 및 안전관리 기본법」 제9조에 따른 중앙안전관리위원회 심의를 거쳐 확정·시행한다. 기본계획에는 안전교육의 기본목표와 추진 방향과 안전교육의 추진 내용, 안전교육에 대한 전문인력의 양성, 안전교육에 대한 실태점검 및 평가방안, 안전교육 진흥에 필요한 재원 확보방안, 그 밖에 안전교육의 진흥을 위하여 필요하다고 인정되는 사항이 포함되어야 한다.

중앙행정기관의 장과 지방자치단체의 장은 해마다 시행계획에 따른 안전교육 추진실적에 대하여 자체평가를 실시하고 그 결과를 안전교육 정책의 수립 및 시행 시 반영하여야 하고, 시행계획에 따른 안전교육 추진실적과 자체평가 결과를 행정안전부령으로 정하는 바에 따라 행정안전부장관에게 제출해야 한다.

국가 및 지방자치단체는 안전교육의 원활한 시행을 위해 안전교육에 관한 교재 및 프로그램의 개발과 보급, 안전교육 전문인력의 양성 및 활용, 학교 및 그 밖의 교육기관의 안전교육에 대한 지원, 그 밖에 안전교육의 원활한 시행을 위하여 대통령령으로 정하는 사항을 안전교육에 관한 시책의 추진에 포함하여야 한다. 학교 등에서의 안전교육은「영유아보육법」 제2조 제3호에 따른 어린이집의 영·유아,「유아교육법」 제2조 제2호에 따른 유치원의 유아,「초·중등교육법」 제2조에 따른 학교의 학생,「고등교육법」 제2조에 따른 학교의 학생에 대한 교육을 관장하는 기관의 장은 해당 교육대상자에 대하여 안전교육을 실시하여야 한다. 행정안전부장관은 교육부장관과 협의하여「초·중등교육법」 제2조에 따른 학교에서의 안전교육 실시에 관한 사항, 학교 안전교육 관련 자료의 개발 및 보급에 관한 사항, 그 밖에 학교 안전교육의 원활한 추진을 위하여 필요한 사항을 지원할 수 있다. 또한 행정안전부장관은 안전에 관한 사항이 학교의 교과과정 등 교육활동에 반영될 수 있도록 교육부장관과 협의할 수 있다. 행정안전부장관은「재난 및 안전관리 기본법」제3조 제5호에 따른 재난관리책임기관에서 재난안전 관련 업무에 종사하는 사람 중 대통령령으로 정하는 사람에 대하여 안전관리에 관한 직무역량 교육을 실시할 수 있다. 다중이용시설 등의 안전교육은「공연법」 제2조 제4호에 따른 공연장,「국민체육진흥법」 제13조에 따른 체육시설,「영화 및 비디오물의 진흥에 관한 법률」 제2조 제10호에 따른 영화상영관,「대중교통의 육성 및 이용촉진에 관한 법률」제2조 제2호에 따른 대중교통수단,「해운법」 제2조 제1호2에 따른 여객선,「항공안전법」 제2조 제1호에 따른 항공기, 그 밖에 불특정다수인이 이용하는 시설로서 대통령령으로 정하는 시설의 시설관리자는 그 이용자에 대하여 안전교육을 실시하여야 한다. 사회복지시설 등의 안전교육은 장애인복지시설, 아동복지시설, 노인복지시설, 정신질환자복귀시설, 등「사회복지사업법」 제2조 제4호에 따른 사회복지시설,「의료법」 제3조 제2항 제호3호에 따른 병원급 의료기관, 그 밖에 제1호 및 제2호에 준하는 시설로서 대통령령으로 정하는 시설 등의 시설관리자는 그 시설에 거주하는자 및 이용자에 대하여 안전교육을 실시하여야 한다. 행정안전부 평가제도 관련 법적 근거는 표 2와 같다.

표 2 행정안전부 평가제도 관련 법 및 시행령

평가 제도	법
재난관리 평가	• 재난 및 안전관리 기본법 제33조의2 • 같은 법 시행령 제42조
재난대응 안전한국훈련 평가	• 재난 및 안전관리 기본법 제35조 • 같은 법 시행령 제43조의15
국가 핵심기반보호 재난관리 평가	• 재난 및 안전관리 기본법 제26조의2 • 같은 법 시행령 제42조
국민 안전교육 실태점검 평가	• 국민 안전교육 진흥 기본법 제7조(추진실적평가), 제17조(실태점검)

행정안전부 평가업무를 담당하는 주관 부서는 표 3과 같다.(부서명칭은 조직개편에 따라 달라질 수 있음)

표 3 행정안전부 소관 주요 평가 주관부서

평가 제도	주관 부서
재난관리 평가	재난관리정책과
재난대응 안전한국훈련 평가	재난대응훈련과
국가 핵심기반보호 재난관리 평가	사회재난대응총괄과
국민 안전교육 실태점검 평가	안전문화교육과

2. 용어 정의

1) 재난 및 안전관리 기본법 관련 용어

용어	정의
재난	국민의 생명·신체·재산과 국가에 피해를 주거나 줄 수 있는 것
자연재난	태풍, 홍수, 호우(豪雨), 강풍, 풍랑, 해일(海溢), 대설, 한파, 낙뢰, 가뭄, 폭염, 지진, 황사(黃砂), 조류(藻類) 대발생, 조수(潮水), 화산활동, 소행성·유성체 등 자연우주물체의 추락·충돌, 그 밖에 이에 준하는 자연현상으로 인하여 발생하는 재해
사회재난	화재·붕괴·폭발·교통사고(항공사고 및 해상사고를 포함한다)·화생방사고·환경오염사고 등으로 인하여 발생하는 대통령령으로 정하는 규모 이상의 피해와 국가 핵심기반의 마비, 「감염병의 예방 및 관리에 관한 법률」에 따른 감염병 또는 「가축전염병예방법」에 따른 가축전염병의 확산, 「미세먼지 저감 및 관리에 관한 특별법」에 따른 미세먼지 등으로 인한 피해
해외재난	대한민국의 영역 밖에서 대한민국 국민의 생명·신체 및 재산에 피해를 주거나 줄 수 있는 재난으로서 정부차원에서 대처할 필요가 있는 재난
재난관리	재난의 예방·대비·대응 및 복구를 위하여 하는 모든 활동
안전관리	재난이나 그 밖의 각종 사고로부터 사람의 생명·신체 및 재산의 안전을 확보하기 위하여 하는 모든 활동
안전기준	각종 시설 및 물질 등의 제작, 유지관리 과정에서 안전을 확보할 수 있도록 적용하여야 할 기술적 기준을 체계화한 것을 말하며, 안전기준의 분야, 범위 등에 관하여는 대통령령으로 정한다.
재난관리책임기관	재난관리업무를 하는 다음 각 목의 기관을 말한다. 가. 중앙행정기관 및 지방자치단체(「제주특별자치도 설치 및 국제자유도시 조성을 위한 특별법」 제10조제2항에 따른 행정시를 포함한다) 나. 지방행정기관·공공기관·공공단체(공공기관 및 공공단체의 지부 등 지방조직을 포함한다) 및 재난관리의 대상이 되는 중요시설의 관리기관 등으로서 대통령령으로 정하는 기관
재난관리주관기관	재난이나 그 밖의 각종 사고에 대하여 그 유형별로 예방·대비·대응 및 복구 등의 업무를 주관하여 수행하도록 대통령령으로 정하는 관계 중앙행정기관
긴급구조	재난이 발생할 우려가 현저하거나 재난이 발생하였을 때에 국민의 생명·신체 및 재산을 보호하기 위하여 긴급구조기관과 긴급구조지원기관이 하는 인명구조, 응급처치, 그 밖에 필요한 모든 긴급한 조치
긴급구조기관	소방청·소방본부 및 소방서를 말한다. 다만, 해양에서 발생한 재난의 경우에는 해양경찰청·지방해양경찰청 및 해양경찰서를 말한다.
긴급구조지원기관	긴급구조에 필요한 인력·시설 및 장비, 운영체계 등 긴급구조능력을 보유한 기관이나 단체로서 대통령령으로 정하는 기관과 단체
국가재난관리기준	모든 유형의 재난에 공통적으로 활용할 수 있도록 재난관리의 전 과정을 통일적으로 단순화·체계화한 것으로서 행정안전부장관이 고시한 것
안전문화활동	안전교육, 안전훈련, 홍보 등을 통하여 안전에 관한 가치와 인식을 높이고 안전을 생활화하도록 하는 등 재난이나 그 밖의 각종 사고로부터 안전한 사회를 만들어가기 위한 활동
안전취약계층	어린이, 노인, 장애인, 저소득층 등 신체적·사회적·경제적 요인으로 인하여 재난에 취약한 사람
재난관리 정보	재난관리를 위하여 필요한 재난상황정보, 동원가능 자원정보, 시설물정보, 지리정보

용어	정의
재난안전 의무보험	재난이나 그 밖의 각종 사고로 사람의 생명·신체 또는 재산에 피해가 발생한 경우 그 피해를 보상하기 위한 보험 또는 공제(共濟)로서 이 법 또는 다른 법률에 따라 일정한 자에 대하여 가입을 강제하는 보험 또는 공제
재난안전 통신망 (PS-LTE*)	재난관리책임기관·긴급구조기관 및 긴급구조지원기관이 재난 및 안전관리업무에 이용하거나 재난현장에서의 통합지휘에 활용하기 위하여 구축·운영하는 통신망 *PS-LTE : Public Safety Long Term Evolution
국가 핵심기반	에너지, 정보통신, 교통수송, 보건의료 등 국가경제, 국민의 안전·건강 및 정부의 핵심기능에 중대한 영향을 미칠 수 있는 시설, 정보기술시스템 및 자산 등
재난안전 데이터	정보처리능력을 갖춘 장치를 통하여 생성 또는 처리가 가능한 형태로 존재하는 재난 및 안전관리에 관한 정형 또는 비정형의 모든 자료

2) 재난대응 안전한국훈련 관련 용어

용어	정의
재난대비 훈련	재난관리책임기관이 재난상황에서 수행해야 할 제반사항을 사전에 계획하여 재난대응 능력을 제고시켜 나가는 재난대비활동이며, 재난관리책임기관은 조직원 내부 구성원과 관련 인적자원을 대상으로 재난대응 절차와 조치 등 관련사항을 숙지·숙달하기 위해 훈련을 실시함
재난대응 훈련	재난현장에서 신속·원활한 대응활동이 가능하도록 현장대응을 수행하는 재난관리책임기관, 긴급구조기관, 긴급구조지원기관, 유관기관을 대상으로 실시하는 재난대응 종합 기능훈련이다. 대표적인 훈련유형으로는 현장훈련
재난대응 안전한국 훈련	2005년에 국가 재난대응 종합훈련제도로 최초 시행하였으며, 2007년에 범국민 참여확대 및 인식제고를 위해 재난대응 안전한국훈련으로 명칭을 변경하고 연 1회 재난대응·수습과정을 훈련
상시 훈련	재난관리책임기관을 중심으로 연중 다양한 재난분야에 대해 훈련을 실시하여 소관 매뉴얼 숙달, 비상기구 가동 점검 등을 추진한다. 연 1회 실시하는 재난대응 안전한국훈련을 보완하는 기관별 자체훈련으로 2012년 최초 도입함
토론기반 훈련	가상의 재난상황을 설정하여 재난대응활동 관계자 및 기관의 대응계획과 매뉴얼을 숙지·숙달하는 훈련으로, 기관 간 대응·협력체계와 절차를 부각시키는 훈련이다. 토론기반 훈련을 통해 재난 시 발생 가능한 문제의 도출, 개선대책의 탐색, 대비역량 등을 확인·점검 (예시) 세미나(설명회), 워크숍, 재난안전대책본부 운영 훈련, 사고수습본부 운영 훈련, 기관장 주재 자체점검회의 등
실행기반 훈련	토론기반 훈련에서 확정된 계획, 절차 등을 검증하기 위한 훈련으로, 재난상황과 유사한 긴박한 시간 흐름 속에서 실제 행동을 통해 훈련 참가자의 수행역량을 검증 또는 평가하기 위해 실행하는 훈련 (예시) 기능훈련 : 인력·장비가 가상으로 이동하며, 재난안전대책본부 운영에 훈련의 초점을 둠 실제훈련(종합훈련): 인력·장비가 실제로 배치되며, 실제 재난상황과 유사하게 긴장감 있고 시간에 제약을 받는 환경에서 훈련 실시
통합연계 훈련	상하 및 유관관계에 있는 2개 이상의 재난관리기관이 참여하여 실시간으로 재난대응 극복을 위한 상호작용·협업기능의 작동여부를 확인하기 위해 실행하는 훈련
공동주관 훈련 (합동훈련)	2개 이상의 기관들이 하나의 시나리오를 공동으로 작성하고, 공동 작성한 시나리오를 바탕으로 연계된 상황 메시지로 실시하는 훈련
훈련 주관기관	중앙행정기관, 지방자치단체(시·도, 시·군·구), 긴급구조기관, 공공기관으로 재난대비훈련의 기획·설계·실시(수행)·평가·개선 업무를 주관하여 수행하는 기관
훈련 참여기관	재난관리책임기관(타 재난관리책임기관이 주관하는 훈련에 참여 시), 긴급구조지원기관 및 군부대 등 관계기관

용어	정의
재난안전 상황실	행정안전부장관, 시·도지사 및 시장·군수·구청장은 재난정보의 수집·전파, 상황관리, 재난발생 시 초동조치 및 지휘 등의 업무를 수행하기 위하여 상시 재난안전상황실을 설치·운영
중앙재난 안전대책 본부 (중앙대책본부 /중대본)	대규모 재난 발생 시 대응 · 복구 등에 관한 사항을 총괄 · 조정하고 필요한 조치를 수행하기 위하여 행정안전부에서 운영하는 비상기구로, 재난 발생 초기에는 해당 재난을 관장하는 주관부처에서 대응하다가 중대본이 가동되면 본부장은 재난에 대한 상황유지 및 총괄관리 기능을 수행하며 범정부 차원의 효과적인 대응이 이루어지도록 함.
지역재난 안전대책 본부(지역대책본부/ 지대본)	해당 관할 구역에서 재난의 수습 등에 관한 사항을 총괄 · 조정하고 필요한 조치를 하기 위해 운영하는 비상기구로, 시 · 도지사는 시 · 도재난안전대책본부를, 시장 · 군수 · 구청장은 시 · 군 · 구재난안전대책본부
중앙사고 수습본부 (중수본)	재난이 발생하거나 발생할 우려가 있는 경우에는 재난상황을 효율적으로 관리하고 재난을 수습하기 위하여 재난관리주관기관의 장이 설치 · 운영하는 비상기구
지역 사고수습 본부(지수본)	재난이 발생하거나 발생할 우려가 있는 경우에 관할지역내 소관분야 재난상황을 효율적으로 관리하고 재난을 수습하기 위하여 중앙사고수습본부장이 운영하는 비상기구
재난현장 통합지원 본부	재난현장의 총괄 · 조정 및 지원을 위하여 재난현장에 설치·운영되는 기구로 통합지원본부의 구성과 운영에 필요한 사항은 해당 지방자치단체의 조례로 정한다.
긴급구조 기관	소방청 · 소방본부 및 소방서를 말한다. 다만, 해양에서 발생한 재난의 경우에는 해양경찰청 · 지방해양경찰청 및 해양경찰서
긴급구조 지원기관	긴급구조에 필요한 인력·시설 및 장비, 운영체계 등 긴급구조능력을 보유한 기관이나 단체로서 대통령령으로 정하는 기관과 단체
긴급구조 통제단 (중앙,지역)	긴급구조에 관한 사항의 총괄·조정, 해당 지역에 소재하는 긴급구조기관 및 긴급구조지원기관 간의 역할분담과 재난현장에서의 지휘·통제를 위하여 시·도의 소방본부에 시·도긴급구조통제단을 두고, 시·군·구의 소방서에 시·군·구긴급구조통제단을 둔다.
훈련 기본계획서 (추진계획)	훈련에 관한 전반적인 개요를 설명하는 문서로서 훈련에 소요되는 비용, 홍보계획, 주요 일정표, 행정사항 등을 포함하여 작성한다.
훈련 실행(시행) 계획서 (세부추진계획)	실제 훈련의 실행에 필요한 제반사항을 작성하는 문서로서 훈련 기본계획서에 연계된 하부 문서
상황메시지 문제은행	다양하고 복합적인 재난상황에 따른 재난대응 안전한국훈련의 품질을 제고하기 위해 훈련기관의 훈련기획 · 설계 · 시행을 지원하고자 만든 것으로, 이를 활용 통합훈련시나리오와 불시메시지를 만들 수 있다.
통합훈련 시나리오	통합훈련시나리오는 시간흐름에 따라 훈련에 참여하는 지휘부·협업기관·유관기관의 재난발생에 따른 초기대응, 비상대응, 수습복구 절차와 내용을 통합적으로 기술한 것으로 위기관리 매뉴얼을 반영하여 준비한다.
훈련 개선계획서	훈련 종료 이후 훈련 과정에 발견되었던 문제점, 현안사항에 대하여 조치계획을 수립하는 문서
부서 임무카드	재난분야 위기관리 매뉴얼의 구체적 이행을 위해 13개 협업기능에 따라 역할이 있는 부서의 재난 발생 시 대응 단계별 임무와 행동계획을 작성한 문서
재난관리 정보	재난관리를 위하여 필요한 재난상황정보, 동원가능 자원정보, 시설물 정보, 지리정보
상황판단 회의	재난발생 상황보고 접수 시 해당 재난담당 통제관(국 · 실장)이 해당 부서 과장, 실무자 및 협업 주요기능 실무자를 대상으로 상황판단회의를 소집(즉시, 20분 이내)하여 우선 긴급조치사항, 차후 발생 예상문제 및 대책, 비상대응기구 운용 여부를 결정(건의)하기 위한 회의

용어	정의
재난대책 본부회의 (통지본 회의)	재난대응을 함에 있어 신속한 의사결정(1단계, 보고–결심)을 위하여 재난대책본부(현장통합지원본부) 본부장과 관계관들이 한 자리에 모여 재난상황을 평가하고, 문제를 인지 · 이해 · 예측하여 최선의 대안을 선정하여 실행하기 위한 회의
불시훈련	훈련일시, 훈련장소, 상황메시지 및 피해현황 등 훈련정보를 사전에 공개하지 않고, 불시에 전파하여 매뉴얼과 부서임무카드에 따른 대응태세를 점검하는 훈련
신종재난 선제훈련	기후변화, 도시 노후화, 급속한 기술발전 등 통상의 예측범위를 벗어난 재난, 새로운 유형의 재난이 빈번하게 발생함에 따라 재난대비훈련 시 선제적으로 대비하기 위한 훈련
학교(어린이) 재난안전 훈련	청소년 시기부터 재난 대응 · 회피 역량 및 안전의식 함양을 위해 행안부와 교육부가 협업으로 초등학교를 선정하여 실시하는 훈련
국민체험단 (국민평가단)	국민체험단 운영(2022년, 훈련 참관 및 평가)을 강화하여 실제 훈련 시 재난상황 인지·대피부터 평가까지 전 과정에 참여토록 역할 확대. 참여인력·직업 다양화로 훈련 효과에 대한 다양한 시각을 반영하고 지역자율방재단 구성원을 포함하여 평가의 전문성을 제고
안전한국 훈련 평가지표	훈련담당관이 안전한국훈련을 체계적으로 준비하고 시행할 수 있도록 하는 기준이 되고, 평가관이 훈련의 성과를 평가할 수 있도록 하는 객관적인 평가지표(척도)

3) 국가 핵심기반 보호 관련 용어

용어	정의
에너지	물리적으로 일을 할 수 있는 능력을 의미하는 것으로 해당 보호계획에서는 전력분야, 가스분야, 석유분야 등으로 파생되는 물리적인 생산물의 관리 및 통제를 의미한다.
통신	기술 장치, 회선 또는 시설의 회선 또는 무선 장비(소위 통신 시스템)를 통한 정보의 전기, 자기, 광학 또는 기타 전자기 전송 또는 수신
정보통신	보의 수집·가공·저장·검색·송신·수신 및 그 활용과 관련되는 기기(器機)·기술·서비스 등 정보화를 촉진하기 위한 일련의 활동과 수단
교통	사람 또는 화물을 한 장소에서 다른 장소로 이동하기 위한 행위, 활동, 기능 또는 과정을 의미하며 차를 운전하여 사람 또는 화물을 이동시키거나 운반하는 등 차를 그 본래의 용법에 따라 사용하는 것을 포함
수송	통로에 따라 육운, 수운, 공운으로 크게 나누어지며 경영형태에 따라 영업용·자가용으로 그 밖에 장거리 단거리 수송 등으로 분류된다. 일반적으로 수송이라고 하는 경우 단순히 화물의 수송 또는 운반을 의미
금융	이자를 받고 자금을 융통하여 주는 것을 의미함. 즉 일정기간을 정하고 앞으로 있을 원금의 상환과 이자 변제에 대해 상대방을 신용하여 자금을 이전하는 행위를 의미
보건의료	국민의 건강을 보호·증진하기 위하여 국가·지방자치단체·보건의료기관 또는 보건의료인 등이 행하는 모든 활동
원자력	원자핵 변화의 과정에 있어서 원자핵으로부터 방출되는 모든 종류의 에너지
방사선	전자파 또는 입자선 중 직접 또는 간접으로 공기를 전리(電離)하는 능력을 가진 것으로서 대통령령으로 정하는 것
사고관리	원자로시설에 사고가 발생하였을 때 사고가 확대되는 것을 방지하고 사고의 영향을 완화하며 안전한 상태로 회복하기 위하여 취하는 제반 조치를 말하며, 원자력안전위원회에서 정하는 설계기준을 초과하여 노심의 현저한 손상을 초래하는 사고(이하 "중대사고"라 한다)에 대한 관리를 포함

용어	정의
환경	자연환경과 생활환경
자연환경	지하·지표(해양을 포함한다) 및 지상의 모든 생물과 이들을 둘러싸고 있는 비생물적인 것을 포함한 자연의 상태(생태계 및 자연경관을 포함한다)
생활환경	대기, 물, 토양, 폐기물, 소음·진동, 악취, 일조(日照), 인공조명, 화학물질 등 사람의 일상생활과 관계되는 환경
청사	국가가 중앙행정기관 및 그 소속기관의 사무용과 공무원의 주거용으로 사용하거나 사용하기로 결정한 건물·부대시설 및 그 대지
정부 중요시설	정부기관 및 그에 부속된 행정기구 들 중 우선적으로 확보되어야 할 가장 중요성을 가지는 시설을 의미하며 해당 수립지침에서는 정부청사, 국방부, 대검찰청, 경찰청, 기상청, 농촌진흥청 등을 의미
먹는물	먹는 데에 통상 사용하는 자연 상태의 물, 자연 상태의 물을 먹기에 적합하도록 처리한 수돗물, 먹는샘물, 먹는염(鹽)지하수, 먹는해양심층수 등
정수(淨水)	원수를 음용·공업용 등의 용도에 맞게 처리한 물
광역상수도	국가·지방자치단체·한국수자원공사 또는 환경부장관이 인정하는 자가 둘 이상의 지방자치단체에 원수나 정수를 공급하는 일반수도
지방상수도	지방자치단체가 관할 지역주민, 인근 지방자치단체 또는 그 주민에게 원수나 정수를 공급하는 일반수도로서 광역상수도 및 마을상수도 외의 수도
댐	「댐건설 및 주변지역지원 등에 관한 법률」 또는 「발전소주변지역 지원에 관한 법률」의 적용대상이 되는 댐
위험	목표에 대한 불확실성의 영향 비고 1: 영향은 예상했던 것을 벗어나는 것. 긍정적 또는 부정적 상황을 모두 포함하고 기회와 위협을 다루거나, 만들거나, 또는 초래할 수 있는 것이다. 비고 2: 목표는 다양한 측면과 범주를 가질 수 있으며 여러 수준에서 적용될 수 있다. 비고 3: 위험은 일반적으로 위험요인, 잠재적 사건, 그로 인한 결과 및 발생 가능성으로 표현 된다.
위험관리	위험과 관련하여 조직을 지휘하고 관리하는 공조 활동
위험요인	단독으로 또는 결합하여 위험을 일으킬 가능성이 있는 요소
사건	일련의 특정한 상황 발생 또는 변화 비고 1: 사건은 하나 이상 발생될 수 있으며 여러 가지 원인과 다양한 결과를 초래할 수 있다. 비고 2: 사건은 일어나지 않는다고 예상할 수 있거나 일어나는 것을 예상하지 못하는 것일 수 있다. 비고 3: 사건은 위험의 요인이 될 수 있다.
결과	목표에 영향을 미치는 사건의 결과 비고 1: 결과는 확실할 수도 있고 불확실할 수도 있으며 목표에 긍정적 또는 부정적인 직·간접적인 영향을 미칠 수 있다. 비고 2: 결과는 정성적 또는 정량적으로 표현될 수 있다. 비고 3: 어떤 결과는 연쇄적이고 누적되는 효과를 통해 확대될 수 있다.
발생가능성	어떤 일이 발생할 기회 비고 1: 위험관리 용어에서 "발생가능성"은 객관적 또는 주관적으로, 정성적 또는 정량적으로 규정, 측정 또는 결정된 것이든 간에 어떤 일이 일어날 가능성을 나타낼 때 사용되며, 일반적인 용어를 사용하거나 수학적(일정한 시간 동안의 확률 또는 빈도)으로 설명된다. 비고 2: "발생가능성"은 확률이라는 수학적인 좁은 의미보다는 광의의 의미로 해석되어야 한다는 취지에서 용어를 사용하도록 한다.

용어	정의
국가핵심 기반	재난안전법 제3조의 에너지, 정보통신, 교통수송, 보건의료 등 국가 경제, 국민의 안전·건강 및 정부의 핵심기능에 중대한 영향을 미칠 수 있는 시설, 정보기술시스템 및 자산 등을 말함
국가핵심 기반 보호조직	재난으로부터 국가 핵심기반을 안전하게 관리하기 위하여 기관에서 조직한 부서를 말함 조직: 책임과 권한 관계가 협의되어 있는 기관에서 국가 핵심기반을 관리하고 있는 부서 비고: 조직은 전담조직, 국, 과, 계 또는 담당부서, 팀이 될 수 있음
보호계획	국가 핵심기반의 핵심기능 연속성을 위하여 국가 핵심기반 수립지침에 따라 기획의 결과로 얻어지는 산출물
위험평가	위험식별, 위험분석, 위험평가의 전반적인 프로세스를 의미함 비고 1: 위험평가는 내부 및 외부 위협과 취약성을 확인하고, 이러한 위협 또는 취약성으로 인해 발생할 수 있는 사건을 조사, 조직의 운영을 지속하는데 필요한 중요기능 정의, 위험에 대한 노출을 감소시키는데 필요한 통제 정의, 이러한 통제에 필요한 비용을 평가하는 프로세스를 포함
위험관리 전략	위험에 관한 조직의 지휘 및 통제, 기능 중단의 사건, 위기 또는 다른 중대한 운전 정지에 직면했을 때 복구 및 연속성을 보장할 조직의 접근 방법
핵심기능	국가 경제 및 국민 생활, 정부 기능 유지에 중대한 영향을 미칠 수 있는 인적, 물적, 기능 체계
보호대상	핵심기능을 유지하기 위한 국가 핵심기반
RTO	Recovery Time Objective (복구목표시간) 재난(또는 업무중단 사고) 발생 이후 제품 및 서비스 또는 활동 제공을 재개하기 위해 설정하는 목표시간을 말함
위험	목표에 대한 불확실성의 영향 비고 1: 영향은 긍정적 및/또는 부정적인 예상에서 벗어난 것 비고 2: 목표는 다양한 관점(재무, 보건 및 안전, 환경적 목표 등)을 가질 수 있으며, 양한 수준(전략적, 전사적, 프로젝트, 제품 및 프로세스 등)에서 적용될 수 있음 비고 3: 위험은 잠재적 사건 및 결과, 또는 양자의 조합을 기준으로 종종 특성화됨 비고 4: 위험은 사건의 결과(상황 변화를 포함하는) 및 이와 관련되어 발생 될 수 있는 것의 조합으로 종종 표현됨 비고 5: 불확실성은 사건 또는 그 결과 또는 사건 가능성의 이해나 지식에 관련된 정보의 부족 상태(부분적 경우 포함)임
중점 위험관리	위험평가 결과에 따라 우선순위를 결정하여 가장 중요하게 파악된 위험을 관리하는 것
우선순위	보호계획 관리절차의 발동에 따라 핵심기능과 그 의존도(업무)가 정렬된 순서 비고 1: 기능연속성 계획과 그 의존도(업무)의 순서는 업무영향분석 및 위험평가의 결과에 따라 전략 및 대책 수립단계에서 진행 비고 2: 기능연속성 계획은 재난 발생 시 필수기능 순서에 따라 실행
기관	국가 핵심기반 수립지침의 적용대상 주관기관과 관리기관을 말함(이하 기관이라고 함)
업무특성	기관이 의도하는 결과 또는 성과가 기관의 목적에 부합하게 도출되도록 하는 일련의 활동
연간계획	기관이 1년 동안 국가 핵심기반의 보호를 위하여 프로그램으로 수립하는 것
위험식별	국가 핵심기반에 영향을 미치는 위험을 구별하는 활동
위험분석	위험을 평가하고 요인을 파악하는 정보의 체계적인 활용 비고 1: 위험 분석은 위험평가, 위험처리, 위험수용의 기반을 제공 비고 2: 정보에는 실적 자료, 이론적 분석, 정보화된 견해, 당사자의 관심사를 포함할 수 있음 비고 3: 안전 관련 위험분석은 ISO/IEC Guide 51 참조

용어	정의
중점 위험관리 전략	선순위의 위험을 관리하기 위한 옵션을 선택하고 이행하는 것 비고 1: 수용 - 조직에 의해 보유된 위험 비고 2: 회피 - 수용할 수 없는 위험이나 더 수용할 수 있는 다른 대안의 발견으로 인하여 제시된 활동을 하지 않기로 결정 비고 3: 감소(경감) – 위험의 발생 가능성 및/또는 그 결과를 경감시키는 것 비고 4: 전가 - 위험을 부분 또는 전체를 다른 것에 전가하는 것. 보험이 위험전가의 한 예임
재난관리	재난의 예방 • 대비 • 대응 및 복구를 위하여 하는 모든 활동
예방대책	원치 않은 재난의 중단 또는 경감을 목적으로 하는 통제활동 비고 1: 구조적 경감(배수시설, 시설물방수 및 방풍, 시설물강화, 댐, 저수지, 사방댐, 하천제방, 양빈) 비고 2: 비구조적 경감(교육 및 훈련, 계획, 법령, 규제, 기준, 보험, 급경사지 보존)
대비대책	재난의 예방, 경감, 대응, 복구를 지원하기 위하여 비상상황에 앞서 실행 활동, 임무, 프로그램 및 시스템의 개발
대응대책	생명, 재산, 운영 및 환경을 위협하는 사고결과를 처리하기 위한 즉각적이고 지속되는 활동계획(BCI)
복구대책	재난 이후에 운영적 안정 상태로 복구하는데 필요한 자원 지원 프로세스 및 지원기능을 복원하기 위해 설계된 활동 프로그램
고유기능	업무특성에 따라 국가 핵심기반이 중단되지 않도록 하는 활동
세부시설	핵심시설의 단위별 시설을 말함
조직	책임과 권한 관계가 협의되어 있는 사람들과 시설이 있는 그룹 비고 1: 조직은 정부, 공공기관, 기업, 협회, NGO가 될 수 있음
안전점검	재난을 예방하기 위하여 경험과 기술을 갖춘 자가 육안 또는 장비 등을 이용한 검사를 실시하여 내재되어 있는 위험요인을 조사하는 행위
중요도	위험평가의 결과 위험 우선 순위화
위기관리 매뉴얼	「재난 및 안전관리기본법」 제34조의5 위기관리표준매뉴얼, 위기대응실무매뉴얼, 현장조치행동매뉴얼을 의미함
위기관리 표준매뉴얼	국가적 차원에서 관리가 필요한 재난에 대하여 재난관리 체계와 관계 기관의 임무와 역할을 규정한 문서로 위기대응 실무매뉴얼의 작성 기준이 되며, 재난관리주관기관의 장이 작성
위기대응 실무매뉴얼	위기관리 표준매뉴얼에서 규정하는 기능과 역할에 따라 실제 재난대응에 필요한 조치사항 및 절차를 규정한 문서로 재난관리주관기관의 장과 관계 기관의 장이 작성
현장조치 행동매뉴얼	재난현장에서 임무를 직접 수행하는 기관의 행동조치 절차를 구체적으로 수록한 문서로 위기대응 실무매뉴얼을 작성한 기관의 장이 지정한 기관의 장이 작성
상황관리	상황실에서 지휘통제(재난관리조직에서 시설, 장비, 인력, 절차 및 의사소통을 총괄관리하고 효과적으로 통솔하기 위해 설계된 체제), 상황전파(재난정보를 정해진 양식과 체계로 신속히 전달하는 활동), 상호협력(재난관련 기관·단체간에 필요한 인적자원, 시설, 장비, 물자, 커뮤니케이션 및 재난행정 등을 조정·지원하는 것)활동
종합체계도	보고체계를 도식화한 것으로 전체 이해관계자가 포함된 체계도를 말함
상황전파 체계	재난정보를 정해진 양식과 체계로 신속히 전달하는 활동시스템
위기경보	재난 위험 가능성을 사전에 경고하고, 재난 발생 시 정확한 정보를 신속히 제공하기 위한 체계 또는 전달 절차

용어	정의
분야특성	기관의 업무특성 중 단위조직별 특성을 말함
세부 수행계획	보호계획에 따라 구체적인 전략에 따라 기획의 결과로 얻어지는 산출물
정밀 안전진단	재난을 예방하기 위하여 잠재적 위험성을 발견하고 그 개선대책을 수립할 목적으로 국가기관이 지정하는 자가 하는 조사·평가를 말함
위험 분석체계	위험분석이 정책 및 목표를 설정하여 제공하는 조직의 목표 달성을 위한 프로세스
취약점 분석, 평가	국가 핵심기반의 목표에 영향을 미치는 사건으로 귀결될 가능성이 있는 위험요소에 대한 민감성을 유발하는 것들의 본질적 성질을 위험식별, 위험분석 및 추정에 대한 총체적 프로세스
방호계획	위험을 절감시키기 위하여 사용되는 수단 비고 1: 방호 수단은 근원적 안전 설계, 방호 장치, 개인 방호 장비, 사용 및 설치 정보, 훈련 등을 포함
대응체계	대응대책을 위한 임무, 프로그램 및 체계
핵심시설	국가 핵심기반이 중단되지 않도록 하는 필수기능시설
필수기능	기관특성에 따라 국가 핵심기반이 중단되지 않도록 고유기능을 유지하는 서비스
MBCO	Minimum Business Continuity Objective,최저 업무 연속성 목표 조직활동 중단 이후 업무 목표를 달성함에 있어 조직과 이해관계자에게 허용된 제품과 서비스에 대한 정량화된 최저 수준을 말함
보호자원	국가 핵심기반의 예방, 대비, 대응, 복구에 필요한 자원으로 방해받지 않고 적시에 사용 가능한 자원
동원절차	위험관리전략에 따라 필요한 보호자원을 동원하는 프로세스
상호협력 체계	재난관련 기관·단체간에 필요한 인적자원, 시설, 장비, 물자, 커뮤니케이션 및 재난행정 등을 조정·지원하는 것
훈련평가	평가와 실행에 대한 교육훈련 및 조직 성과 개선을 위한 프로세스(ISO 22300) 비고 1: 훈련은 정책, 계획, 절차, 교육훈련, 장비 및 조직 간 협정의 타당성 확인 / 인원의 역할, 책임의 명확화, 교육·훈련 실시 / 조직 간의 조정과 의사소통 개선 / 자원의 갭 파악 / 개별 성과의 개선 및 개선 기회 파악 / 즉석 대응을 실시하기 위한 통제되는 기회로 이용할 수 있음 비고 2: 훈련은 계획된 연습의 목적 또는 목표 범위 내에서 성패 요소에 대한 예상을 포함하는 연습의 유일하고 독특한 형태
보고체계	현장조치 행동 매뉴얼에 따라 재난상황을 보고 또는 통보받은 재난상황과 응급조치 및 수습 내용, 내·외부 상호협력체계 등을 기관장과 이해관계기관에 보고하는 커뮤니케이션 시스템
기관특성	법령에 따른 기관의 업무특성을 말함
결과	목표에 영향을 미치는 사건의 결과물
위험경감 대책	조직 또는 기관이 위험으로부터 사고, 긴급 사태 및 재난의 부정적 결과로 인한 영향을 예방하고, 제한하고, 줄이기 위하여 취하는 조치 비고 1: 사건은 다양한 결과로 이어질 수 있음 비고 2: 결과는 확실하거나 불확실할 수 있으며, 목표에 대하여 긍정적이거나 부정적인 영향을 미칠 수 있음 비고 3: 결과는 정성적 또는 정량적으로 표현될 수 있음 비고 4: 초기 결과는 연쇄 반응 효과로 확대될 수 있음

4) 국민 안전교육 진흥 기본법 관련 용어

용어	정의
안전교육	국민이 안전에 대한 중요성을 인식하고 각종 재난 및 안전사고 발생 시 이에 효과적으로 대처할 수 있도록 안전에 대한 지식이나 기능을 습득하는 교육
안전교육 전문인력	안전교육이나 이와 관련된 연구를 수행할 수 있는 지식과 능력을 가진 사람으로서 대통령령으로 정하는 자격을 갖춘 사람

5) 재난 및 사고유형별 재난관리주관기관

재난관리주관기관	재난 및 사고유형(재난 및 안전관리 기본법 제3조의2 관련)
교육부	학교 및 학교시설에서 발생한 사고
과학기술정보통신부	1. 우주전파 재난 2. 정보통신 사고 3. 위성항법장치(GPS) 전파혼신 4. 자연우주물체의 추락 · 충돌
외교부	해외에서 발생한 재난
법무부	법무시설에서 발생한 사고
국방부	국방시설에서 발생한 사고
행정안전부	1. 정부중요시설 사고 2. 공동구 재난(국토교통부가 관장하는 공동구는 제외한다) 3. 내륙에서 발생한 유도선 등의 수난 사고 4. 풍수해(조수는 제외한다) · 지진 · 화산 · 낙뢰 · 가뭄 · 한파 · 폭염으로 인한 재난 및 사고로서 다른 재난관리주관기관에 속하지 아니하는 재난 및 사고
문화체육관광부	경기장 및 공연장에서 발생한 사고
농림축산식품부	1. 가축 질병 2. 저수지 사고
산업통상자원부	1. 가스 수급 및 누출 사고 2. 원유수급 사고 3. 원자력안전 사고(파업에 따른 가동중단으로 한정한다) 4. 전력 사고 5. 전력생산용 댐의 사고
보건복지부	보건의료 사고
보건복지부 질병관리청	감염병 재난
환경부	1. 수질분야 대규모 환경오염 사고 2. 식용수 사고 3. 유해화학물질 유출 사고 4. 조류(藻類) 대발생(녹조에 한정한다) 5. 황사 6. 환경부가 관장하는 댐의 사고 7. 미세먼지

재난관리주관기관	재난 및 사고유형(재난 및 안전관리 기본법 제3조의2 관련)
고용노동부	사업장에서 발생한 대규모 인적 사고
국토교통부	1. 국토교통부가 관장하는 공동구 재난 2. 고속철도 사고 3. 삭제 〈2019. 8. 27.〉 4. 도로터널 사고 5. 삭제 〈2019. 8. 27.〉 6. 육상화물운송 사고 7. 도시철도 사고 8. 항공기 사고 9. 항공운송 마비 및 항행안전시설 장애 10. 다중밀집건축물 붕괴 대형사고로서 다른 재난관리주관기관에 속하지 아니하는 재난 및 사고
해양수산부	1. 조류 대발생(적조에 한정한다) 2. 조수(潮水) 3. 해양 분야 환경오염 사고 4. 해양 선박 사고
금융위원회	금융 전산 및 시설 사고
원자력안전위원회	1. 원자력안전 사고(파업에 따른 가동중단은 제외한다) 2. 인접국가 방사능 누출 사고
소방청	1. 화재 · 위험물 사고 2. 다중 밀집시설 대형화재
문화재청	문화재 시설 사고
산림청	1. 산불 2. 산사태
해양경찰청	해양에서 발생한 유도선 등의 수난 사고

비고

1. 재난관리주관기관이 지정되지 않았거나 분명하지 않은 경우에는 행정안전부장관이 「정부조직법」에 따른 관장 사무와 피해 시설의 기능 또는 재난 및 사고 유형 등을 고려하여 재난관리주관기관을 정한다.
2. 감염병 재난 발생 시 중앙사고수습본부는 법 제34조의5제1항제1호에 따른 위기관리 표준매뉴얼에 따라 설치 · 운영한다.

6) 재난관리책임기관

기 관 명 (재난 및 안전관리 기본법 제3조 관련)

1. 재외공관
2. 농림축산검역본부
3. 지방우정청
4. 국립검역소
5. 유역환경청, 지방환경청 및 수도권 대기환경청
6. 지방고용노동청
7. 지방항공청
8. 지방국토관리청
9. 홍수통제소
10. 지방해양수산청
11. 지방산림청
12. 시·도의 교육청 및 시·군·구의 교육지원청
13. 한국철도공사
14. 서울교통공사
15. 대한석탄공사
16. 한국농어촌공사
17. 한국농수산식품유통공사
18. 한국가스공사
19. 한국가스안전공사
20. 한국전기안전공사
21. 한국전력공사
22. 한국환경공단
23. 수도권매립지관리공사
24. 한국토지주택공사
25. 한국수자원공사
26. 한국도로공사
27. 인천교통공사
28. 인천국제공항공사
29. 한국공항공사
30. 삭제 〈2017. 1. 6.〉
31. 삭제 〈2017. 1. 6.〉
32. 국립공원공단
33. 한국산업안전보건공단
34. 한국산업단지공단
35. 부산교통공사
36. 국가철도공단
37. 국토안전관리원
38. 한국원자력연구원
39. 한국원자력안전기술원
40. 농업협동조합중앙회
41. 수산업협동조합중앙회
42. 산림조합중앙회
43. 대한적십자사
44. 「하천법」 제39조에 따른 댐등의 설치자(관리자를 포함한다)
45. 「원자력안전법」 제20조에 따른 발전용원자로 운영자
46. 「방송통신발전 기본법」 제40조에 따른 재난방송 사업자
47. 국립수산과학원
48. 국립해양조사원
49. 한국석유공사
50. 대한송유관공사
51. 한국전력거래소
52. 서울올림픽기념국민체육진흥공단
53. 한국지역난방공사
54. 삭제 〈2017. 1. 6.〉
55. 한국관광공사
56. 국립자연휴양림관리소
57. 한국마사회
58. 지방자치단체 소속 시설관리공단
59. 지방자치단체 소속 도시개발공사
60. 한국남동발전주식회사
61. 한국중부발전주식회사
62. 한국서부발전주식회사
63. 한국남부발전주식회사
64. 한국동서발전주식회사
65. 한국수력원자력주식회사
66. 「유료도로법」 제10조에 따라 유료도로관리청으로부터 유료도로관리권을 설정받은 자
67. 삭제 〈2020. 6. 2.〉
68. 삭제 〈2020. 6. 2.〉
69. 삭제 〈2020. 6. 2.〉
70. 공항철도주식회사
71. 서울시메트로9호선주식회사
72. 여수광양항만공사
73. 한국해양교통안전공단
74. 사단법인 한국선급
75. 한국원자력환경공단
76. 독립기념관
77. 예술의전당
78. 대구도시철도공사
79. 광주광역시도시철도공사
80. 대전광역시도시철도공사
81. 부산항만공사
82. 인천항만공사
83. 울산항만공사
84. 경기평택항만공사
85. 의정부경량전철주식회사
86. 용인경량전철주식회사
87. 신분당선주식회사
88. 부산김해경전철주식회사
89. 삭제 〈2020. 6. 2.〉
90. 삭제 〈2020. 6. 2.〉
91. 삭제 〈2020. 6. 2.〉
92. 삭제 〈2020. 6. 2.〉
93. 삭제 〈2020. 6. 2.〉
94. 삭제 〈2020. 6. 2.〉
95. 해양환경공단
96. 가축위생방역지원본부
97. 국토지리정보원
98. 항공교통본부
99. 김포골드라인운영 주식회사
100. 경기철도주식회사
101. 주식회사에스알
102. 남서울경전철주식회사
103. 서해철도주식회사
104. 제1호부터 제29호까지, 제32호부터 제53호까지, 제55호부터 제66호까지, 제70호부터 제88호까지 및 제95호부터 제103호까지에서 규정한 사항 외에 행정안전부장관이 재난의 예방·대비·대응·복구를 위하여 특별히 필요하다고 인정하여 고시하는 기관·단체(민간단체를 포함한다) 및 민간업체. 이 경우 민간단체 및 민간업체에 대해서는 해당 단체·업체와 협의를 거쳐야 한다.

Chapter 2

재난관리 평가

1. 재난관리 평가 기본계획(2023년 기준)

1) 평가 개요

재난관리 평가는 2005년 지방자치단체를 대상으로 처음 실시되었다. 이 평가는 지방자치단체의 재난관리 행정에 대하여 평가기준에 따라서 평가를 받도록 한 제도로 재난관리 역량을 높이고 타 기관과 선의의 경쟁으로 자율과 책임행정을 강화하기 위해 시행되고 있다. 2006년부터는 중앙행정·공공기관으로 확대하였고 해마다 평가를 받도록 하였다. 재난관리평가 제도와 관련하여 법적 근거로「재난 및 안전관리 기본법(약칭:재난안전법)」제33조의 2(재난관리체계 등에 대한 평가)와 같은 법 시행령 제42조(재난관리체계 등의 평가)에 따라서 실시한다.

행정안전부 장관은 대규모 재난발생에 대비하여 재난관리 단계를 예방-대비-대응 및 복구과정으로 구분하고, 재난에 대응하기 위한 조직 구성 및 정비실태, 안전관리 체계 및 안전관리 규정, 재난관리기금의 운용 현황에 대해 정기적으로 평가할 수 있으며(제1항), 공공기관에 대해서는 관할 중앙행정기관의 장이 평가하고 시 · 군 · 구는 시 · 도지사가 평가하나 필요한 경우에는 행정안전부 장관이 확인 평가를 할 수 있다고 명시한다(제2항). 행정안전부 장관은 평가 결과를 중앙위원회에 종합 보고하고(제3항), 필요 시 해당 재난관리책임기관의 장에게 시정조치나 보완을 요구할 수 있으며, 우수한 기관에 대해 예산지원 및 포상 등의 조치를 할 수 있음을 규정한다(제4항). 또한, 행정안전부는 공공기관에 대한 평가 결과를 공공기관 경영실적 평가에 반영하도록 기획재정부 장관에게 요구할 수 있는 권한도 가진다(제5항). 행정안전부 장관은 재난관리체계를 평가할 때 평가지침을 마련하여 재난관리책임기관의 장에게 알려야 하고(같은 법 시행령 제42조 2항), 평가는 서면 또는 현지조사의 방법으로 이루어질 수 있으며(제3항), 관계 중앙행정기관의 장과 소관 재난관리책임기관의 장에게 재난 및 안전관리체계의 구축, 안전관리규정의 제정 및 그 정비 · 보완에 관한 자료 제출을 요청할 수 있다(제4항)고 규정한다.

2) 평가 투입

재난관리 평가 주체는 행정안전부이다. 평가 시기는 전년도 실적을 바탕으로 금년도 1~4월에 실시하고 있다. 평가 대상은 2023년 현재 재난관리책임기관 338개(중앙행정기관 29, 공공기관 66, 지방자치단체 243)가 해당한다. 재난관리평가에 앞서 지방자치단체는 자체평가를 실시하여야 한다. 시 · 도 차원에서 자율적으로 자체평가단을 구성하여 평가를 실시하여 달성도를 산출하고 이에 따라서 '등급결과'를 제출해야 한다. 행정안전부는 객관적인 평가를 위하여 민간전문가로 구성된 '재난관리평가단'을 운영하고 있다. 재난관리평가단은 중앙행정기관 및 광역지자체 평가에 60명이 참여하여 평가하고 있고, 공공기관 및 기초지방자치단체 평가는 관할 중앙행정기관과 시·도 자체평가단으로 각 3~20명이 편성되어 평가하고 있다. 또한 중앙재난관리평가위원회는 중앙평가단 16개 반으로 구분하고 재난유형 및 지역별 전문가로 편성되어 있다. 각 반은 반장을 지정하여 원활한 평가가 되도록 지원하고 있다. 평가가 완료되면 중앙재난관리평가위원회 의결을 거쳐 평가등급이 확정되며, 중앙안전관리위원회(국무총리)에 보고 후 평가는 종료된다.

3) 평가 과정

지방자치단체 재난관리평가지표는 재난관리 단계별 주요 역량에 대하여 43개 평가 지표로 구성되어 있다(표 2-1 참조).

표 2-1 재난관리평가 지표(43개) (2023년 기준)

구 분	주요 역량	평가 지표
공통	기획, 행정·재정 관리, 리더십	안전관리계획 수립, 조직 인력 운영, 재정투자 확대, 기관장 인터뷰 등 (7개)
예방	교육 및 홍보, 유형별 점검활동, 시설물 안전	전문교육, 가축질병 및 감염병 재난 저감 활동, 취약분야 안전관리 강화, 시설 점검 등 (11개)
대비	매뉴얼 관리,협력체계 구축, 자원관리, 훈련, 위기관리	매뉴얼 개선, 민관 협력체계 구축, 자원 비축 관리, 재난대비훈련, 업무연속성 유지 등 (12개)
대응	비상기구 구성과 운영, 상황관리, 실제 재난 대처 사례	재난대응 실무반 편성 및 업무 숙지도, 초동조치 역량, 실제 재난대응사례 등 (5개)
복구	재난구호, 복구지원	재난구호 인프라, 복구사업 관리 실적, 풍수해보험 가입실적 등 (4개)
가·감점	지역별 안전관리 만족도, 재난관리 정책추진 가점, 재난피해 감점 등 (4개)	

2023년 평가지표는 주요 역량 가운데 '공통' 평가지표로 안전관리계획 수립과 조직인력 운영, 재정투자 확대, 기관장 인터뷰 등을 포함하여 모두 7개를 평가한다. '예방' 역량지표는 전문교육, 가축질병 및 감염병 재난 저감 활동, 취약분야 안전관리 강화, 시설점검 등을 포함한 11개 지표가 있다. '대비' 평가지표는 매뉴얼 개선, 민관 협력체계 구축, 자원 비축 관리, 재난대비훈련, 업무연속성 유지 등 모두 12개가 있고, '대응' 평가지표에는 재난대응 실무반 편성 및 업무 숙지도, 초동조치 역량, 실제 재난대응사례 등 5개 지표가 있고, '복구' 평가지표는 재난구호 인프라, 복구사업 관리 실적, 풍수해보험 가입실적 등 4개 지표가 있다. 기본 평가지표 이외에 평가 시 가점 및 감점 대상으로 지역별 안전관리 만족도, 재난관리 정책추진에 대해서는 가점을 부여하며, 재난피해 발생 시 감점 부여 등 모두 4개 평가지표로 구성되어 있다. 43개 평가지표에는 부서평가 지표가 32개, 위원평가 지표가 11개로 구분된다. 지표 수는 기관에 따라 차이가 있다. 중앙행정기관 26개, 공공기관 23개, 광역지자체 41개, 기초 지자체 37개가 있다.

재난관리평가는 시 · 군 · 구에 대한 시 · 도의 자체평가 실시, 시 · 도 평가결과에 대한 중앙 확인평가, 이의신청 및 결과 확정의 4단계로 진행된다. 먼저 시 · 도는 소관 시 · 군 · 구에 대한 자체평가계획을 수립하고, 10명에서 15명 내외의 자체평가단을 자율적으로 구성하여 평가를 실시한다. 행정안전부 사전분석지표와 서면·현지점검 결과를 합산하여 달성도를 산출하고, 이를 우수 · 보통 · 미흡으로 등급을 구분하여 제출한다.

다음은 중앙재난관리평가위원회를 구성하여 최종평가결과를 확정하는 단계로 시 · 도 자체평가 과정 및 결과에 대한 공정성 검증과 시 · 도에 대한 평가가 이루어진다. 평가가 마무리된 후에는 평가결과에 대한 이의신청기간(10일)을 별도로 운영하여 의견을 수렴하고, 중앙재난관리평가위원회를 개최하여 최종평가결과를 의결한다.

평가계획 수립·통보 ('22.11~12월)	▷	평가 실시 ('23.1~4월)	▷	평가 결과 확정·통보 ('23.4월)	▷	평가 결과 환류 ('23.5월~)
기본계획 수립·통보 및 설명회 개최 (행안부→대상기관)		재난관리평가단 평가 수행 (중앙 및 자체평가단)		중앙안전관리위원회 보고 후, 결과 공개 ※ 우수·보통·미흡 각 30%·60%·10% 수준		우수기관 포상* 및 미흡기관 컨설팅 추진 * 정부포상 및 포상금 등

그림 2-1 재난관리 평가 프로세스

4) 평가 결과 및 활용

평가 결과 지자체 등급은 대국민 공개(관보, 홈페이지, 보도자료 등을 통해 기관별 평가 등급을 공개하고, 평가 대상기관에게 결과 통보)를 원칙으로 하고 있다. 평가 결과는 3개 등급으로 구분하여 공표된다. 등급별 비중은 우수 30%, 보통 60%, 미흡 10%로 구분하여 우수 및 미흡 기관을 선정하고 있다. 평가 결과 우수기관에는 재정 인센티브를 제공하고 있다. 인센티브 내용에는 '정부포상(대통령 표창 8점, 국무총리 표창 8점), 장관 표창 61점 및 포상금 지급(2022년 기준 4.92억 원 규모) 등이 있다. 이와 더불어 재난안전 특별 교부세, 복구비 지원율 등을 배분 · 조정 시 반영하며, 재해대책 유공자 포상 확대 등 정책적 인센티브도 제공된다. 뿐만 아니라 '우수시책 사례집' 발간, '언론홍보' 강화 등 우수기관에 대한 대국민 인지도가 제고될 수 있도록 하고 있다. 또한 일부 공공기관 평가 결과는 공기업 경영평가(기재부 공공기관 경영평가(31개 기관), 행정안전부 지방공기업 경영평가(6개 기관) 일부 지표에 재난관리 평가 결과를 반영하여 평가)에 활용한다. 반면 미흡 기관은 재난관리 역량 강화를 위하여 기관별 집중교육과 기관 방문 등 전문가 컨설팅을 실시하게 된다. '미흡'(지표점수 50점 미만) 기관은 개선계획을 수립하여 연중 관리하게 된다. 또한 다음 연도 평가 결과에 반영하여 '미흡사항 개선실적'을 평가 결과에 반영한다.

2. 평가 진행 절차 및 준비사항

1) 평가 진행 절차 개요

평가과정은 부서 평가지표(각 지표별 실적을 기반으로 지표 담당 부서채점)와 위원 평가지표(실적 및 증빙자료(시스템 등록) 기반 위원 현장 평가)로 구분하여 진행한다.

2) 평가 진행(지표 담당부서, 평가단)

부서 평가지표는 각 지표 담당부서에서 평가 후, 평가 결과(점수) 제출(재난관리정책과에서 재난관리시스템(DMES)에 평가 결과 일괄 등록하며, 위원 평가지표는 평가위원이 현장 방문하여 평가 진행(평가 대상기관에서 제출한 현장 평가 일정을 바탕으로 평가단 간사와 일정 조율), 결측값은 평균값으로 처리(결측기관의 점수는 결측이 아닌 나머지 기관(그룹 내)의 평균값을 적용한다. 단, 지표에 결측값 처리 방법이 명시되어 있는 경우, 처리 방법에 맞춰 적용한다.

3) 현장평가 준비 및 협조(평가대상기관)

위원 평가지표에 대한 현장평가 사전 준비로 도착 즉시 평가를 진행할 수 있도록 조치, 위원 평가지표에 대한 증빙자료(평가위원 요구 또는 보완 필요시), 평가진행을 위한 PC(재난관리평가시스템(DMES)이 작동될 수 있도록 조치) 준비한다.

4) 현장평가(평가단)

평가위원 및 간사단의 역할은 평가지표 중 위원 평가지표(중앙/공공 8개, 지자체 9개)에 해당하는 지표에 대해 정량·정성 평가를 실시, 현장평가에서 위원 평가지표에 대한 증빙자료를 점검·확인, 기관장 인터뷰, 실무반 편성 직원 인터뷰(역할분장 숙지도 확인), 평가반장 주재 토론을 통해 현장 평가 결과 확정, 결과 보고서 작성 및 제출, 평가반장은 재난관리평가 발표문 발표 후 평가 종료, 간사는「일일보고서」시스템(DMES)등록(평가 당일), 자체평가 수행기관은 일일보고서 전체를 취합하여 행정안전부에 제출한다. 기관장 인터뷰 실시는 현장 평가 시 기관장 대상으로 실시(원칙), 기관장의 재난관리 방침, 정책적 비젼 및 추진계획, 업무 숙지도, 인력과 조직 강화 방안, 예산과 홍보 지원, 직원 인센티브 등에 대해 평가한다.

5) 평가결과 확인 및 이의신청(평가대상기관/ 지표 담당부서, 평가단)

평가결과는 평가 시스템에서 확인한다. 이의신청 절차는 공공기관 및 시 · 군 · 구인 경우 '자체평가→자체평가결과조회' 화면에서 신청한다. 중앙부처 및 시 · 도인 경우 '상위평가→상위평가결과조회' 화면에서 신청한다. 이의신청 처리(시스템)는 부서 평가지표는 지표 담당부서에서 처리하고, 위원 평가지표는 담당 기관의 평가위원이 처리한다.

6) 정성 평가지표 심의 및 평가결과 확정(평가단)

심의내용은 정성 평가지표 점수 및 가감점을 반영하여 확정한다. 심의방식은 공공기관 및 시·군·구인 경우 중앙 및 시·도 자체평가위원회가 심의하며, 중앙부처 및 시·도인 경우 중앙재난관리평가위원회, 부서평가지표 및 위원평가지표의 점수를 합산하여 최종 평가결과를 확정한다.

7) 평가결과 제출(평가대상기관)

자체평가 수행기관은 평가결과를 행정안전부에 제출하여야 한다.

단계	부서 평가지표	위원 평가지표
평가자료 제출 및 등록 (평가대상기관)	지표별 담당부서 지침에 따름 * 부서 별도 제출 또는 시스템 등록	평가시스템(DMES) 등록 필수 (평가/이의신청 시 기준 자료로 활용)
평가 진행 (평가위원, 행안부)	각 지표 담당부서에서 진행	위원 현장 방문을 통해 진행 * 행안부 간사와 현장평가 일정 조율 후 진행
정량지표 가채점 결과 공개 (행안부)	실적 정리 결과를 기반으로 지표별 평가점수 시스템 등록(담당부서)	정량지표 평가점수 시스템 등록(평가위원) * 정성지표는 평가결과는 공개하지 않음
이의신청 (평가대상기관)	시스템을 통해서 이의신청 제기(평가 대상기관) 후 각 담당부서에서 처리	시스템을 통해서 이의신청 제기(평가 대상기관) 후 해당 평가위원이 처리
정성지표 심의 (평가위원)	중앙 및 공공, 지자체 소위원회에서 정성평가지표 점수 및 가감점 확정	
평가결과 확정 (평가위원)	최종 평가등급 확정	

그림 2-2 평가 진행 절차

3. 중앙재난관리평가위원회 및 평가단 운영방안

1) 평가단 개요

평가방식은「재난 및 안전관리 기본법」제33조의2 및「동법 시행령」제42조 제2항에 따른 재난관리 평가지침을 근거로 한다.

인원은 민간전문가 60명(전문성을 갖춘 다양한 분야의 전문가를 특정 분야나 기관에 편중되지 않도록 공정한 비율로 구성)이며, 임기는 위촉일로부터 2년(2021.12.1.~2023.11.30.)이다.

활동은 중앙행정기관 및 시 · 도에 대한 직접평가, 공공기관 및 시 · 군 · 구자체평가에 대한 확인평가(중앙부처 29개, 시 · 도 17개, 시 · 도 관할 공공기관 10개 등 총 56개 기관을 직접평가)

2) 중앙재난관리평가위원회

목적은 외부전문가에 의한 평가의 전문성 및 객관성 확보에 있다. 인원은 16명으로 편성된다(각 반별 평가반장 겸임(재난유형, 지역별 전문가 안배)).

역할은 중앙행정기관, 공공기관 및 지자체 최종 평가결과를 의결한다. 그 외 평가단 의견수렴이 필요한 경우 심의·의결 권한을 수행한다(위원회 개최 전 각 평가반별 안건 사전 배포, 위원회 참석 위원은 평가반별 의견을 수렴한 후 의결권 행사).

중앙재난관리평가위원회 체계도는 그림 3-1과 같다.

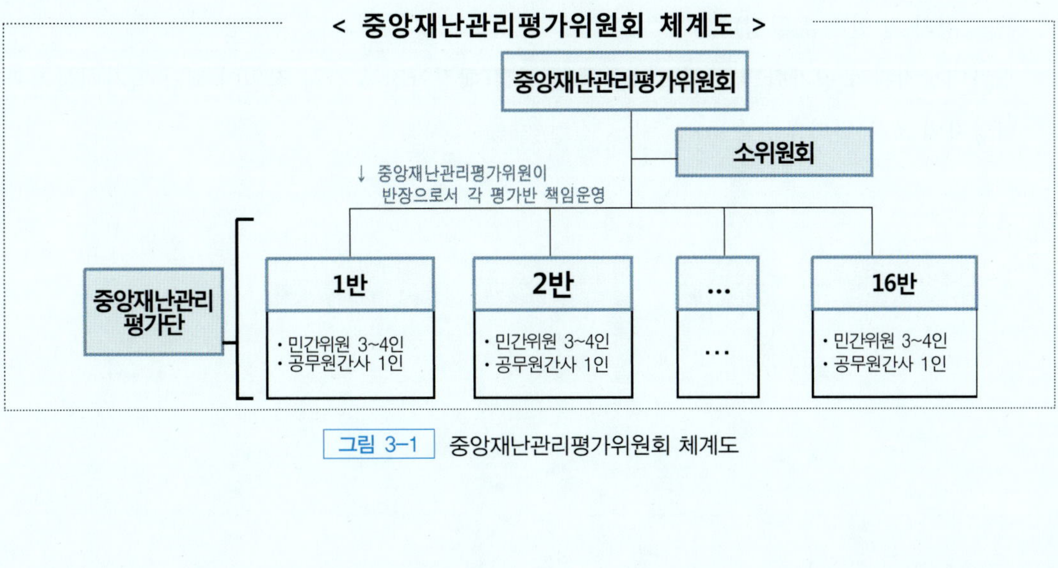

그림 3-1 중앙재난관리평가위원회 체계도

3) 중앙재난관리평가단

구성은 전문분야 등을 감안하여 16개 평가반으로 구성된다.(중앙재난관리평가위원회 위원을 반장으로 각 평가반별 3~4명으로 운영)

인원은 60명으로 편성되며, 역할은 평가반별 전담기관에 대한 직접평가 및 확인평가로 중앙행정기관 및 시 · 도에 대한 현장평가(인터뷰 등)로 직접평가를 실시한다. 공공기관 및 시 · 군 · 구에 대한 자체평가절차의 적정성, 결과의 공정성 및 객관성 등을 검증하는 확인평가를 실시한다. 기관별 평가결과에 대한 채점표 및 보고서를 작성한다.

4) 평가 방법

직접평가

중앙행정기관 및 시 · 도에 대한 직접평가 실시로 평가지표 중 위원 평가지표(중앙 · 공공 8개, 지자체 9개)에 해당하는 지표에 대해 정량·정성 평가를 실시한다(평가 채점표 서식 3-3, 3-4 활용), 현장평가에서 위원 평가지표에 대한 증빙자료를 점검·확인한다., 기관장 인터뷰, 실무반 편성 직원 인터뷰(역할분장 숙지도 등 확인), 평가반장 주재 토론을 통해 현장평가 결과를 확정한다(서식 3-3, 3-4), 평가결과 보고서를 작성(서식 3-5)하여 제출한다. 평가반장은 재난관리평가 발표문(서식 3-1) 발표 후 평가를 종료한다. 간사는「일일보고서」를 시스템(DMES)에 등록한다(평가 당일).

확인평가

자체평가(공공기관 및 시 · 군 · 구)결과에 대한 확인평가 실시 로 자체평가 계획에 따른 절차의 적정성, 자체평가단 구성 및 교육 실시 여부, 결과의 공정성과 객관성 등「검증표」확인한다.

(현장평가 및 인터뷰 일정)
평가대상기관과 평가반별 사전협의를 통해 결정(행정안전부 간사 직원이 해당 평가대상기관 담당자와 조율)한다.

평가단 현장평가 절차는 그림 3-2와 같다.

개시 선언	• 중앙재난관리평가단 해당 반장
↓	
반장 인사 및 평가반 소개	• 중앙재난관리평가단 해당 반장
↓	
현장평가 실시	• 인터뷰(기관장 · 담당자) 실시 • 증빙자료 확인 및 채점표 작성
↓	
평가단 토론 및 평가 확정	• 토론으로 채점표 확정 • 평가결과 보고서(산출근거 등) 작성 • 발전방안(발표문) 작성
↓	
평가결과 및 발전방안 발표	• 중앙재난관리평가단 해당 반장
↓	
종료 선언	• 중앙재난관리평가단 해당 반장

그림 3-2 평가단 현장평가 절차

5) 평가단의 임무

반장

중앙재난관리평가위원회에 속해 있는 자로 평가총괄, 인터뷰 주관「발표문 발표」,「일일보고서」(서식 3-2) 작성, 간사를 통해서 제출, 점수 확정 및「보고서」의 평가근거 작성을 위한 평가단 토론,「채점표」및「평가결과 보고서」를 작성하여 제출한다.

평가위원

중앙재난관리평가위원회에 속해 있는 자로 위원별로 지표 및「채점표」를 기반으로 평가를 실시한다. 평가단 토론으로 점수를 확정하고「평가결과 보고서」작성 지원 등을 한다.

간사

행정안전부 공무원으로 평가반 운영(숙식 등), 기관 방문일정 협의, 기관장 인터뷰 일정협의, 보고서(일일보고서, 채점표, 발표문 등) 작성 지원 등을 하고, 시스템(DMES)에 현장평가 일일 보고서 및 반장 발표문을 등록(스캔본 등록)한다.

6) 평가단 협조사항

평가에 앞서 평가단은 철저한 평가 준비가 필요하다. 2023년도 재난관리평가 기본계획 및 지침을 충분히 숙지하여야 한다. 원활한 평가 진행을 위한 배점과 채점 기준 등을 사전에 숙지하여야 한다(평가지표 참고). 또한 평가수행에 차질이 없도록 사전 평가기관 정보를 확인(평가장소, 담당자 연락처: 전화, 이메일 등)하여야 한다. 평가대상 기관별로 재난관리 평가반별 결과보고서를 작성하여 제출한다(평가결과 보고서는 평가위원이 서명하여 제출).

4. 재난관리 평가지표 및 해설

1) 재난관리평가 지표 구성(2023년)

표 2 행정안전부 평가제도 관련 법 및 시행령

구분(점수)	역량	번호	지표명	평가방식	적용대상 및 배점			
			지표 수 : 중앙 26, 공공 23, 광역 41, 기초 37		중앙	공공	광역	기초
공통 중앙(24) 공공(24) 광역(20) 기초(17)	기획	1-1-1	안전관리계획 수립 및 추진 실적	부서	3	3	3	
		1-1-2	불합리한 안전제도 개선 과제 발굴 및 제출	부서	1	1	1	
	행재정 관리	1-2-1	재난관리 조직·인력 운영 적절성	**위원**	5	5	3	3
		1-2-2	재난안전분야 재정투자계획 확대 실적	부서	5	5	2	3
		1-2-3	재난관리기금 관리 실적	부서			3	3
	리더십	1-3-1	기관장 인터뷰	**위원**	5	5	5	5
		1-3-2	전년도 재난안전관리 미흡사항 개선	부서	5	5	3	3
예방 중앙(29) 공공(31) 광역(24) 기초(21)	교육 및 홍보	2-1-1	재난 및 안전관리 업무담당자 전문교육 실적	부서	5	5	2	2
		2-1-2	소관 분야 국민행동요령 홍보물 제작 및 홍보 실적	**위원**	2	2		
		2-1-3	안전교육 및 문화운동 추진 실적	부서	2		2	2
	유형별 저감 활동	2-2-1	지진 안전성 확보	부서	5	5	3	3
		2-2-2	소관분야 유형별 저감활동	**위원**	10	10	3	
		2-2-3	가축질병(AI, ASF) 재난 저감활동 실적	부서			2	2
		2-2-4	어린이, 노인, 장애인 등 취약계층 대상 안전관리 강화 실적	부서			2	3
		2-2-5	감염병재난 저감활동 실적	**위원**			3	3
		2-2-6	취약분야 안전관리 강화	부서(공공) 위원(지자체)		4	3	3
	시설물 안전	2-3-1	방재시설 유지·관리 실적	부서	5	5	3	3
		2-3-2	내수면 유선 및 도선 안전관리 실적	부서			1	

구분 (점수)	역량	번호	지표명 지표 수 : 중앙 26, 공공 23, 광역 41, 기초 37	평가 방식	적용대상 및 배점			
					중앙	공공	광역	기초
대비 중앙(27) 공공(28) 광역(31) 기초(31)	매뉴얼 관리	3-1-1	재난유형별 위기관리 매뉴얼 관리 및 개선 실적	부서	8	8	5	5
	협력 체계 구축	3-2-1	안전정책조정위원회 운영	부서	2			
		3-2-2	안전신문고 활성화 실적	부서			2	2
		3-2-3	민관 협력체계 구축 노력	부서			1	1
	자원 관리	3-3-1	재난관리자원의 비축·관리 및 공동활용시스템 활용	부서	5	7	3	3
	훈련	3-4-1	재난대비훈련 실시 실적	부서	8	8	5	5
	위기 관리	3-5-1	재난안전관리를 위한 사전 대비체계	부서	2		1	1
		3-5-2	업무연속성 유지 노력	부서	2	5	2	2
		3-5-3	자연재난 대비 실태 점검	부서			5	5
		3-5-4	유형별 예경보시설 관리 실태 및 신규·보강 실적	부서			2	2
		3-5-5	민간 다중이용시설 위기관리 실적	부서			2	2
		3-5-6	기후재난 피해 최소화 대책 추진 실적	부서			3	3
대응 중앙(15) 공공(17) 광역(17) 기초(19)	비상기구 구성· 운영	4-1-1	재난 대응 실무반의 편성, 역할분장, 숙지도	위원	5	7	5	5
	상황 관리	4-2-1	재난 상황관리를 위한 대응체계 유지	**위원**	2	2	2	2
		4-2-2	재난발생시 신속한 초동조치 역량	부서	3	3	3	5
		4-2-3	재난문자 송출 훈련 및 실제 운영	부서			2	2
	대처 사례	4-3-1	실제 재난, 사고 대응 사례	**위원**	5	5	5	5
복구 중앙(5) 공공(–) 광역(6) 기초(12)	재난 구호	5-1-1	재해구호 인프라 확보 및 관리 실적	부서			2	3
		5-1-2	재해구호분야 훈련 실적	부서			2	3
	복구 지원	5-2-1	복구사업 관리 실적/역량	부서	5		2	3
		5-2-2	풍수해보험 활성화 실적	부서			2	3
가감점	체감도	6-1-1	지역별 재난안전관리 만족도	부서			+2	
	기타	6-2-1	재난관리 정책추진 가점	**위원**	+5	+5	+5	+5
		6-2-2	안전감찰 결과 및 안전점검결과 후속조치 미흡에 대한 감점	부서	–3	–3	–3	–3
		6-2-3	실제 재난, 사고로 인한 피해	**위원**	–5	–5	–5	–5

2) 기관별 특성지표(중앙부처) "기획재정부 없음"

기관명	2023년 평가 지표		비고
교육부	가. 학생안전 관련 교육훈련 강화 및 확대	20	학생안전, 관할시설 안전
	나. 미세먼지로부터 학생 건강 보호	20	
	다. 학교시설물 안전점검 실적	20	
	라. 특성지표의 적절성, 추진의 적극성(정성)	**40**	
과학기술정보통신부	가. 통신망 안정성 확보 조치 이행율	20	통신망 관리
	나. 통신재난 유형별 모의훈련 실시	20	
	다. 중요통신시설 안전관리 실태 점검	20	
	라. 특성지표의 적절성, 추진의 적극성(정성)	**40**	
외교부	가. 대국민 소통(홈페이지 및 유튜브 조회 건수)	20	재외국민 관련 해외재난
	나. 해외 사건·사고 대응(영사콜센터 민원 대응 건수)	20	
	다. 해외 사건·사고 예방(모의훈련, 간담회, 해외안전담당 영사 회의)	20	
	라. 특성지표의 적절성, 추진의 적극성(정성)	**40**	
법무부	가. 점검 시 지적사항에 대한 개선 실적	20	교정시설 관리
	나. 소속기관 재난안전 자체점검 실적	30	
	다. 직원 재난안전 교육·홍보 등 의식제고 실적	10	
	라. 특성지표의 적절성, 추진의 적극성(정성)	**40**	
국방부	가. 재난신속대응부대 및 탐색구조부대 운영	20	관할시설 안전, 재난 지원
	나. 군내 재난취약지역(시설) 개선	20	
	다. 관계기관 간 재난대응(대민지원) 협조체계 구축	20	
	라. 특성지표의 적절성, 추진의 적극성(정성)	**40**	
문화체육관광부	가. 경기장 안전점검 실적	30	경기장 안전관리
	나. 경기장 관리요원 안전교육 추진실적	20	
	다. 경기장 시설 환경개선을 위한 예산 집행실적	10	
	라. 특성지표의 적절성, 추진의 적극성(정성)	**40**	
농림축산식품부	가. 가축방역 상황 대응체계 점검 및 관리 강화	20	가축전염병
	나. 주요 가축전염병 발생 차단	20	
	다. 가축매몰지 점검 및 관리 강화	20	
	라. 특성지표의 적절성, 추진의 적극성(정성)	**40**	
산업통상자원부	가. 에너지시설 안전관리 점검 강화	30	전기, 가스 안전관리
	나. 동·하계 전력수급 관리	30	
	다. 특성지표의 적절성, 추진의 적극성(정성)	**40**	

기관명	2023년 평가 지표		비고
보건복지부	가. 응급의료 실시간 자원정보 신뢰도	30	응급의료 관리
	나. 재난의료 핫라인 응답률	30	
	다. 특성지표의 적절성, 추진의 적극성(정성)	**40**	
환경부	가. 화학사고 대비 유관기관 합동훈련 실시 건수	60	화학사고 관리
	나. 특성지표의 적절성, 추진의 적극성(정성)	**40**	
고용노동부	가. 산재 사고사망자(명) 감소	30	산재예방
	나. 산업안전보건정책의 홍보실적	15	
	다. 산업안전보건법·제도 개선 실적	15	
	다. 특성지표의 적절성, 추진의 적극성(정성)	**40**	
국토교통부	가. 육상화물 집단운송거부 대비 관계기관 회의개최 실적	30	육상화물 운송 관리
	나. 육상화물 집단운송거부 관련 보도자료 배포 건수	30	
	다. 특성지표의 적절성, 추진의 적극성(정성)	**40**	
해양수산부	가. 해양사고 원인 분석 실적	20	해양사고 관리
	나. 사고재발 방지대책 수립 실적	20	
	다. 사고재발 방지를 위한 기관장(또는 부기관장) 현장 점검	20	
	라. 특성지표의 적절성, 추진의 적극성(정성)	**40**	
식품의약품 안전처	가. 식약처 소속기관 실험실의 안전상태 1등급 유지율	25	실험실 안전, 식품의약품 안전
	나. 식의약품 위해정보 조치율	25	
	다. 식품·의약품 등 안전사고 위기대응 모의훈련 실시 횟수	10	
	라. 특성지표의 적절성, 추진의 적극성(정성)	**40**	
경찰청	가. 어린이 교통사고 사망자 저감	40	어린이 안전
	나. 경찰 위기관리 역량 제고	20	
	다. 특성지표의 적절성, 추진의 적극성(정성)	**40**	
소방청	가. 화재발생시 소방시설 정상 작동률	20	화재, 구조·구급
	나. 재난관리 유관기관 긴급구조훈련 실시	20	
	다. 취약계층 주택용 소방시설 설치율	20	
	라. 특성지표의 적절성, 추진의 적극성(정성)	**40**	
문화재청	가. 문화재 현장의 안전인력의 전문성	20	문화재 관리
	나. 문화재 재난예방 및 재난대응 강화	20	
	다. 문화재 현장별 방재환경 조사	20	
	라. 특성지표의 적절성, 추진의 적극성(정성)	**40**	

기관명	2023년 평가 지표		비고
산림청	가. 산불 및 산사태 위기경보 적시 발령	30	산불 산사태 관리
	나. 호우·특성 특보 건당 산사태 발생 면적 감소율	30	
	라. 특성지표의 적절성, 추진의 적극성(정성)	**40**	
기상청	가. 국가기상관측자료 품질정확도	25	기상 관측, 지진 감시
	나. 지진정보 제공 신속도	25	
	다. 위험기상 대비 방재기상업무 점검 실적	10	
	라. 특성지표의 적절성, 추진의 적극성(정성)	**40**	
질병관리청	가. 감염병 재난 대비대응 역량 강화	20	감염병 관리
	나. ICT기반 검역체계 구축 확대	20	
	다. 국가 감염병 진단검사 정확성 확보를 위한 관리 강화	10	
	라. 신종감염병 대비·대응 역량 강화	10	
	마. 특성지표의 적절성, 추진의 적극성(정성)	**40**	
해양경찰청	가. 해양안전 기동점검단 등 유·도선 합동점검률	20	해수면 인명구조
	나. 민·관·군 구조세력의 1시간 이내 해양사고 현장 도착률	20	
	다.대형인명구조훈련 협업 실적률	20	
	라. 특성지표의 적절성, 추진의 적극성(정성)	**40**	
금융위원회	가. 금융회사 등의 재해복구훈련 실시율	20	금융관리
	나. 금융회사 등의 전자금융기반시설의 취약점 점검 실적	20	
	다. 금융분야 국가핵심기반 안전점검 실적	20	
	라. 특성지표의 적절성, 추진의 적극성(정성)	**40**	
원자력안전위원회	가. 가동원전 현장점검 입회율	30	원자력 관리
	나. 효율적인 방사능 방재체계 개편 추진을 위한 제도개선 실적	30	
	다. 특성지표의 적절성, 추진의 적극성(정성)	**40**	
방송통신위원회	가. 방송 재난관리 기본계획 수립 및 방송재난관리계획 이행 지도·점검 실적	25	재난방송
	나. 중요방송시설 안전점검 실시	25	
	다. 방송재난에 대한 모의훈련 실시	10	
	라. 특성지표의 적절성, 추진의 적극성(정성평가)	**40**	
통일부	가. 청소년 연수생 안전교육 이수율	20	연수생 안전, 관련시설 안전
	나. 센터시설 안전점검 실적	30	
	다. 센터 안전훈련 및 안전교육 실적	10	
	라. 특성지표의 적절성, 추진의 적극성(정성)	**40**	

기관명	2023년 평가 지표		비고
여성가족부	가. 국립청소년시설 임직원 안전교육 이수율	30	청소년안전, 관련시설 안전
	나. 격오지 국립청소년시설 안전대비 강화	30	
	다. 특성지표의 적절성, 추진의 적극성(정성)	**40**	
중소벤처 기업부	가. 전통시장 안전점검률	15	전통시장 안전
	나. 전통시장 노후전선정비수	20	
	다. 전통시장 화재알림시설 설치수	15	
	라. 전통시장 화제공제 가입률	10	
	마. 특성지표의 적절성, 추진의 적극성(정성)	**40**	
농촌진흥청	가. 재난대비 안전관리 점검 실적	30	관련시설 안전
	나. 재난대비 농촌 취약지역 영농지원 활동실적	30	
	다. 특성지표의 적절성, 추진의 적극성(정성)	**40**	

3) 기관별 특성지표(공공기관)

① 철도 분야

기관명	2023년 평가 지표		비고
한국 철도공사	가. 철도시설 및 철도차량 점검을 통한 불안전 요인 발굴·개선 실적	40	철도 안전
	나. 철도 위험요인 개선을 위한 위험도 평가 및 위험요인 관리 실적	20	
	다. 특성지표의 적절성, 추진의 적극성(정성)	**40**	
공항철도	가. 자연재난 대비 대책 수립 및 이행실적	20	철도 안전
	나. 불시 재난대응 훈련을 통한 기관 역량강화 활동 실적	20	
	다. 철도시스템 위험도 평가 및 RAMS 분석 이행실적	20	
	라. 특성지표의 적절성, 추진의 적극성(정성)	**40**	
신분당선	가. 계절별 안전지도 계획 수립 및 점검 실적	30	철도 안전
	나. 도시철도 대형사고 대응·복구 역량강화 활동 실적	30	
	다. 특성지표의 적절성, 추진의 적극성(정성)	**40**	
서울 교통공사	가. 자연재난 예방대책 수립·이행 실적	30	철도 안전
	나. 철도시스템 위험도 평가 및 위험도 저감 안전대책 수립·이행 실적	30	
	다. 특성지표의 적절성, 추진의 적극성(정성)	**40**	
서울시 메트로 9호선(주)	가. 계절별 특수성으로 인한 지하철 대형사고 예방 안전관리 추진 실적	30	철도 안전
	나. 지하철 대형사고 대비 역량 강화 활동 실적	30	
	다. 특성지표의 적절성, 추진의 적극성(정성)	**40**	
부산 교통공사	가. 자연재해로 인한 도시철도 대형사고 예방 안전관리 추진 실적	30	철도 안전

기관명	2023년 평가 지표		비고
	나. 도시철도 대형사고 대응·복구 역량강화 활동 실적	30	
	다. 특성지표의 적절성, 추진의 적극성(정성)	**40**	
인천 교통공사	가. 자연재난 대비 대책 수립 및 이행실적	40	철도 안전
	나. 철도시스템 위험도 평가 및 철도차량 이력관리 분석 이행실적	20	
	다. 특성지표의 적절성, 추진의 적극성(정성)	**40**	
대구 교통공사	가. 재난유형별 도시철도 대형사고 예방 안전관리 추진 실적	30	철도 안전
	나. 도시철도 대형사고 대응·복구 역량강화 활동 실적	20	
	다. 재난 발생 위험요인 발굴(개선)을 위한 노력	10	
	라. 특성지표의 적절성, 추진의 적극성(정성)	**40**	
대전 교통공사	가. 자연재난 대비 대책 수립 및 이행 실적	40	철도 안전
	나. 철도시스템 위험도 평가 및 위험도 저감 안전대책 수립·이행 실적	20	
	다. 특성지표의 적절성, 추진의 적극성(정성)	**40**	
광주도시 철도공사	가. 재난유형별 지하철 대형사고 예방 안전관리 추진 실적	40	철도 안전
	나. 지하철 대형사고 대응·복구 역량강화 활동 실적	20	
	다. 특성지표의 적절성, 추진의 적극성(정성)	**40**	
용인 경량전철	가. 계절별 안전관리 추진 실적	40	철도 안전
	나. 도시철도 대형사고 대응복구 역량강화 활동 실적	20	
	다. 특성지표의 적절성, 추진의 적극성(정성)	**40**	
의정부 경량전철	가. 자연재난 대비 대책 수립 및 이행실적	30	철도 안전
	나. 지하철 대형사고 예방·대응 역량 강화 활동 실적	30	
	다. 특성지표의 적절성, 추진의 적극성(정성)	**40**	
부산 김해 경전철	가. 자연재난 예방 대책 수립 및 이행실적	30	철도 안전
	나. 철도시스템 위험도 평가 및 위험도 저감 안전대책 수립·이행 실적	30	
	다. 특성지표의 적절성, 추진의 적극성(정성)	**40**	
(주)SR	가. 민관협력 구축사례를 통한 안전점검, 안전문화 홍보활동 실적	20	철도 안전
	나. 자연재난 대비 계절별 안전관리대책 수립 및 점검 실적	20	
	다. 고속철도 대형사고 재난대응훈련을 통한 대응·복구 역량강화 활동	20	
	라. 특성지표의 적절성, 추진의 적극성(정성)	**40**	

② 도로·항공·항만 분야

기관명	2023년 평가 지표		비고
한국 도로공사	가. 고속도로 재난·안전사고 대비 안전점검 및 훈련활동 실적(예방, 대비)	30	고속도로 안전
	나. 고속도로 재난·안전사고 대응체계 구축 실적(대응)	30	
	다. 특성지표의 적절성, 추진의 적극성(정성)	**40**	
서울 고속도로	가. 계절별 사고예방 안전관리 추진 실적	20	고속도로 안전
	나. 교통사고 저감을 위한 관리활동 실적	20	
	다. 시설물안전법 대상시설물 점검	20	
	라. 특성지표의 적절성, 추진의 적극성(정성)	**40**	
신공항 하이웨이 (주)	가. 교통사고 저감을 위한 교통안전활동 시행 추진	30	고속도로 안전
	나. 고속도로 대형사고 대비/대응 역량 강화 활동	20	
	다. 사업장 안전사고 예방 추진	10	
	라. 특성지표의 적절성, 추진의 적극성(정성)	**40**	
신대구부산 고속도로 (주)	가. 고속도로 교통사고 예방을 위한 안전시설물 개선 및 보강 실적	20	고속도로 안전
	나. 기관장/부기관장 사업장 현장점검 실적	40	
	다. 특성지표의 적절성, 추진의 적극성(정성)	**40**	
천안논산 고속도로 (주)	가. 교통안전 시설물 개선/보완	20	고속도로 안전
	나. 재난대응 역량 강화(교육/훈련)	20	
	다. 도로시설물 안전점검	20	
	라. 특성지표의 적절성, 추진의 적극성(정성)	**40**	
부산울산 고속도로 (주)	가. 고속도로 안전시설물 개선 및 보강실적	30	고속도로 안전
	나. 재난 사고 예방을 위한 시설물 자체점검 실적	30	
	다. 특성지표의 적절성, 추진의 적극성(정성)	**40**	
경수 고속도로 (주)	가. 계절별 안전점검 계획 수립 및 점검 실적	30	고속도로 안전
	나. 재난안전사고 예방을 위한 재난대응훈련 실적	20	
	다. 안전점검 및 훈련 실시 결과 지적(미흡)사항에 대한 개선 이행율	10	
	라. 특성지표의 적절성, 추진의 적극성(정성)	**40**	
서울춘천 고속도로 (주)	가. 교통사고 저감을 위한 관리활동 실적	30	고속도로 안전
	나. 재난·안전사고 예방을 위한 시설물 정비 실적	30	
	다. 특성지표의 적절성, 추진의 적극성(정성)	**40**	
경기 고속도로 (주)	가. 교통안전점검에 따른 안전시설물 관리 실적	30	고속도로 안전
	나. 자연재난 대비 대책 수립 및 이행 실적	30	
	다. 특성지표의 적절성, 추진의 적극성(정성)	**40**	

기관명	2023년 평가 지표		비고
인천대교(주)	가. 도로공사작업 관련 안전교육 시행	20	고속도로 안전
	나. 사이버 침해 예방을 위한 보안시스템 설치 및 정부합동 모의훈련	40	
	다. 특성지표의 적절성, 추진의 적극성(정성)	**40**	
제이서해안고속도로(주)	가. 고속도로 재난 대응능력 향상을 위한 훈련 및 교육 실적	20	고속도로 안전
	나. 계절별 안전점검 계획 수립 및 점검실적	20	
	다. 교통사고 저감을 위한 관리활동 실적	20	
	라. 특성지표의 적절성, 추진의 적극성(정성)	**40**	
수도권서부고속도로(주)	가. 교통안전점검에 따른 안전시설물 관리 실적	30	고속도로 안전
	나. 자연재난 대비 대책 수립 및 이행 실적	30	
	다. 특성지표의 적절성, 추진의 적극성(정성)	**40**	
제이영동고속도로(주)	가. 고속도로 교통사고 저감을 위한 예방 활동 실적(예방)	20	고속도로 안전
	나. 시설물안전법 대상시설물 점검(대비)	30	
	다. 재난 대비 피해 최소화를 위한 재난대응훈련 실적(대응·복구)	10	
	라. 특성지표의 적절성, 추진의 적극성(정성)	**40**	
인천김포고속도로(주)	가. 교통사고 저감을 위한 관리활동 실적	30	고속도로 안전
	나. 재난 사고 예방을 위한 시설물 점검 실적	30	
	다. 특성지표의 적절성, 추진의 적극성(정성)	**40**	
상주영천고속도로(주)	가. 자연재난 대비 대책 수립 및 이행 실적	40	고속도로 안전
	나. 고속도로 교통사고 예방을 위한 안전시설물 개선 및 보강 실적	20	
	다. 특성지표의 적절성, 추진의 적극성(정성)	**40**	
서울북부고속도로(주)	가. 교통사고 저감을 위한 관리활동 실적	30	고속도로 안전
	나. 재난·안전사고 예방을 위한 시설물 정비 실적	30	
	다. 특성지표의 적절성, 추진의 적극성(정성)	**40**	
제이경인연결고속도로(주)	가. 재난 대응능력 향상을 위한 활동	20	고속도로 안전
	나. 교통사고 2차사고 예방 활동	20	
	다. 도로공사장 교통안전 점검	20	
	라. 특성지표의 적절성, 추진의 적극성(정성)	**40**	
옥산오창고속도로(주)	가. 교통사고 저감을 위한 관리활동 실적	20	고속도로 안전
	나. 재난대응 역량 강화(훈련)	20	
	다. 시설물 안전법 대상시설물 안전점검	20	
	라. 특성지표의 적절성, 추진의 적극성(정성)	**40**	

기관명	2023년 평가 지표		비고
부산신항제이 배후도로(주)	가. 화물차 적재불량에 의한 2차사고 예방을 위한 교통안전활동 추진실적	30	고속도로 안전
	나. 터널내 방재시설 유지관리 및 점검실적	30	
	다. 특성지표의 적절성, 추진의 적극성(정성)	**40**	
경기동서 순환도로(주)	가. 고속도로 교통사고 예방활동	30	고속도로 안전
	나. 재난안전사고 예방을 위한 재난대응 역량강화 훈련 및 교육 실적	30	
	다. 특성지표의 적절성, 추진의 적극성(정성)	**40**	
서울문산 고속도로(주)	가. 고속도로 저감을 위한 관리활동 실적	20	고속도로 안전
	나. 재난대응 역량 강화(훈련)	20	
	다. 시설물 안전법 대상시설물 안전점검	20	
	라. 특성지표의 적절성, 추진의 적극성(정성)	**40**	
화성광주 고속도로(주)	가. 재난 대응능력 향상을 위한 대응활동	30	고속도로 안전
	나. 교통사고 저감을 위한 관리활동 실적	30	
	다. 특성지표의 적절성, 추진의 적극성(정성)	**40**	
인천국제공항 공사	가. 공항시설 재난안전관리 추진실적	30	공항시설 안전
	나. 공항시설 안전점검결과 이행실적	30	
	다. 특성지표의 적절성, 추진의 적극성(정성)	**40**	
한국공항공사	가. 공항시설 재난안전관리 추진실적	30	공항시설 안전
	나. 공항시설 안전점검 결과 이행실적	30	
	다. 특성지표의 적절성, 추진의 적극성(정성)	**40**	
항만공사 (여수, 인천)	가. 항만시설물 안전 확보율	40	항만 안전
	나. 항만재난사고 대응훈련 협업 실적률	20	
	다. 특성지표의 적절성, 추진의 적극성(정성)	**40**	
부산항만 공사	가. 항만시설물 안전 확보율	25	항만 안전
	나. '부산항 관계기관 및 업·단체' 협력 재난·안전관리 실적	35	
	다. 특성지표의 적절성, 추진의 적극성(정성)	**40**	
울산항만 공사	가. 민–관–공 협업을 통한 재난안전 정책 발굴 및 추진 실적	20	항만 안전
	나. 항만 안전도 향상을 위한 활동 실적	30	
	다. 특성지표의 적절성, 추진의 적극성(정성)	**40**	

③ 에너지 분야

기관명	2023년 평가 지표		비고
한국가스 공사	가. 천연가스 확보율	25	가스 안전, 공급 안정
	나. 안전점검 결과 안전위해요소 개선율	20	

기관명	2023년 평가 지표		비고
	다. 매설배관 내부 점검(ILI) 이행율	15	
	라. 특성지표의 적절성, 추진의 적극성(정성)	**40**	
한국전력공사	가. 안정적 전력공급을 위한 호당정전시간 관리	25	전기 안전, 공급 안정
	나. 안전사고 재해율 관리	25	
	다. 전력시설 안전점검결과 이행실적	10	
	라. 특성지표의 적절성, 추진의 적극성(정성)	**40**	
한국수자원공사	가. 용수댐 안전성 강화사업 실적(댐 공사착공율)	20	댐 안전
	나. 용수공급 관로 복선화 실적(관로개량 실적)	20	
	다. 특성지표의 적절성, 추진의 적극성(정성)	**40**	
한국전력거래소	가. 전력계통운영시스템(EMS) 안정운영 노력도	20	전기 공급 안정
	나. 재난유형별 훈련을 통한 비상 대응능력 강화도	20	
	다. 정기 및 취약시기 안전점검 추진 실적	20	
	라. 특성지표의 적절성, 추진의 적극성(정성)	**40**	
발전 5사 (남동, 중부, 서부, 남부, 동서)	가. 발전연료 수요전망 계획수립 및 발전연료 확보실적	15	발전시설 안전
	나. 재난대비 발전시설 긴급복구 대책 수립·시행 여부	30	
	다. 필수기능 시설의 성능유지 또는 설비보강 실적	15	
	라. 특성지표의 적절성, 추진의 적극성(정성)	**40**	
한국수력원자력	가. 중장기 연료수급 계획수립 및 비축물량 확보	25	원자력, 댐 안전
	나. 재난예방을 위한 경영진의 안전의식 제고 활동	20	
	다. 재난대응 상시훈련	15	
	라. 특성지표의 적절성, 추진의 적극성(정성)	**40**	
대한송유관공사	가. 석유제품의 안정적인 공급체계 운영	30	석유 공급 안정
	나. 석유제품 운송설비 보수·보강 실적	15	
	다. 재난대응 훈련 실적	15	
	라. 특성지표의 적절성, 추진의 적극성(정성)	**40**	
한국석유공사	가. 국가 석유수급 위기 시 안정적 석유공급을 위한 비축율 확보	30	석유 공급 안정
	나. 비축유 유출로 인한 환경오염사고 대응체계 및 관리 실적	15	
	다. 석유비축기지 대형사고 예방 재난안전관리 추진 실적	15	
	라. 특성지표의 적절성, 추진의 적극성(정성)	**40**	
한국지역난방공사	가. 동절기 열공급 중단 세대시간	40	지역난방 관리
	나. 열병합발전시설 고장정지 시간	20	
	다. 특성지표의 적절성, 추진의 적극성(정성)	**40**	

④ 안전관리 분야

기관명	2023년 평가 지표		비고
한국 원자력 환경공단	가. 취약시기 처분시설 사고 예방 안전관리 계획 수립·이행 실적	20	원자력 안전
	나. 방폐물 처분시설 사고 발생을 대비한 비상대응 훈련 실적	20	
	다. 근로자·국민 안전사고 예방지수	20	
	라. 특성지표의 적절성, 추진의 적극성(정성)	**40**	
수도권 매립지 관리공사	가. 냄새 없는 친환경매립지 운영	30	매립지 환경 관리
	나. 수도권매립지(폐기물매립장)에서 발생되는 침출수의 안정적인 처리	30	
	다. 특성지표의 적절성, 추진의 적극성(정성)	**40**	
국립 공원공단	가. 스마트워치, 안전쉼터 등을 활용한 심장돌연사 예방	20	탐방객 안전
	나. 출입금지구역 관리 강화를 통한 추락사 예방	20	
	다. 탐방객 안전교육 참여율	20	
	라. 특성지표의 적절성, 추진의 적극성(정성)	**40**	
한국농어촌 공사	가. 노후저수지 보수보강 추진 실적	20	저수지 등 시설 안전
	나. EAP(비상대처계획)에 따른 현장대응 훈련 실적	20	
	다. 안전사고 예방 추진 실적	20	
	라. 특성지표의 적절성, 추진의 적극성(정성)	**40**	
한국토지 주택공사	가. 재난 및 안전사고 대비 안전점검 실적	30	건설현장 안전
	나. 재난 및 안전사고 대비 훈련활동 실적	15	
	다. 재난 및 안전사고 대비 대응체계 구축 실적	15	
	라. 특성지표의 적절성, 추진의 적극성(정성)	**40**	
한국가스 안전공사	가. LPG용기 사용가구 시설개선사업 추진실적	20	가스 안전
	나. 고령자 가구 과열화재 사고 예방 가스안전기기 보급실적	20	
	다.취약 가스시설 안전성 향상성과 실적	20	
	라. 특성지표의 적절성, 추진의 적극성(정성)	**40**	
한국전기 안전공사	가. 전기설비 개·보수 실적률	30	전기 안전
	나. 취약시기별 안전점검 추진 실적률	15	
	다. 취약계층 거주시설 전기설비 시설개선 실적률	15	
	라. 특성지표의 적절성, 추진의 적극성(정성)	**40**	
국토안전 관리원	가. 안전관리계획서 부적정률 저감 추진실적 및 현장점검 추진 실적	20	건설현장 안전, 관련시설 안전
	나. 지반침하 사고예방	20	
	다. 진단부실시정률 제고	20	
	라. 특성지표의 적절성, 추진의 적극성(정성)	**40**	
한국	가. 제조업 등 유해·위험방지계획서 심사확인 실적	25	산업 안전

기관명	2023년 평가 지표		비고
산업안전 보건공단	나. 건설업 대형사고 위험현장에 대한 계획서 이행 확인 시 행정조치 요청 실적	25	
	다. 중대사고 정밀조사 지원 실적	10	
	라. 특성지표의 적절성, 추진의 적극성(정성)	**40**	
한국 산업단지 공단	가. 취약시기별 산업단지 사고 예방 안전관리 계획 수립·이행 실적	30	산업 안전
	나. 지역별 이해관계자 참여를 통한 산단별 특색 안전테마 발굴	30	
	다. 특성지표의 적절성, 추진의 적극성(정성)	**40**	
국가 철도공단	가. 철도건설현장 재해취약시설 안전점검·관리 이행 실적	20	철도 안전
	나. 철도 준공시설물 운영 장애 관리 실적	20	
	다. 철도건설현장 재난대응훈련 시행 실적	20	
	라. 특성지표의 적절성, 추진의 적극성(정성)	**40**	

중앙, 공공

1	1-1-1	안전관리계획 수립 및 추진 실적(중앙, 공공)
2	1-1-2	불합리한 안전제도 개선 과제 발굴 및 제출(중앙, 공공)
3	1-2-1	재난관리 조직 · 인력 운영 적절성(중앙, 공공)
4	1-2-2	재난안전분야 재정투자계획 확대 실적(중앙, 공공)
5	1-3-1	기관장 인터뷰(중앙, 공공)
6	1-3-2	전년도 재난안전관리 미흡사항 개선(중앙, 공공)
7	2-1-1	재난 및 안전관리 업무 담당자 전문교육 실적(중앙, 공공)
8	2-1-2	소관분야 국민행동요령 홍보물 제작 및 홍보 실적(중앙, 공공)
9	2-1-3	안전교육 추진 실적(중앙)
10	2-2-1	지진 안전성 확보(중앙, 공공)
11	2-2-2	소관분야 유형별 저감활동(기관별 특성지표)(중앙, 공공)
12	2-2-6	취약분야 안전관리 강화(공공)
13	2-3-1	방재시설 유지 · 관리 실적(중앙, 공공)
14	3-1-1	재난유형별 위기관리 매뉴얼 관리 및 개선 실적(중앙, 공공)
15	3-2-1	안전정책조정위원회(중앙)
16	3-3-1	재난관리자원의 비축 · 관리 및 공동활용시스템 활용(중앙, 공공)
17	3-4-1	재난대비훈련 실시 실적(중앙, 공공)
18	3-5-1	재난안전관리를 위한 사전 대비체계(중앙, 공공)
19	3-5-2	업무 연속성 유지 노력(중앙)
20	4-1-1	재난 대응 실무반의 편성, 역할분장, 숙지도(중앙, 공공)
21	4-2-1	재난 상황관리를 위한 대응체계 유지(중앙, 공공)
22	4-3-1	실제 재난, 사고 대응 사례(중앙, 공공)
23	5-2-1	복구사업 관리 실적(중앙)
24	6-2-1	재난관리 정책추진 가점(중앙, 공공)
25	6-2-2	안전감찰 결과 및 안전점검결과 후속조치 미흡에 대한 감점(중앙, 공공)
26	6-2-3	실제 재난, 사고로 인한 피해(중앙, 공공)

<table>
<tr><td rowspan="2">구분</td><td rowspan="2">1. 공통</td><td colspan="2">1-1. 기획</td><td>평가대상기관</td><td colspan="2">중앙, 공공</td></tr>
<tr><td>평가방식</td><td>부서</td><td>배점</td><td colspan="2">3점</td></tr>
<tr><td>지표명</td><td colspan="6">1-1-1. 안전관리계획 수립 및 추진 실적</td></tr>
<tr><td rowspan="6">지표 구성</td><td colspan="4">측정대상</td><td colspan="2">가중치(100)</td></tr>
<tr><td colspan="4">가. 국가안전관리계획 수립 적정성(중앙)</td><td>51</td><td></td></tr>
<tr><td colspan="4">나. 국가안전관리계획 추진실적 점검결과(중앙)</td><td>24</td><td></td></tr>
<tr><td colspan="4">다. 국가안전관리계획 부처 관심도(중앙)</td><td>25</td><td></td></tr>
<tr><td colspan="4">라. 자체 재난·안전 관리 계획 수립 여부(공공)</td><td></td><td>40</td></tr>
<tr><td colspan="4">마. 자체 재난·안전 관리 계획 추진 실적 점검 여부(공공)</td><td></td><td>60</td></tr>
</table>

세부 내용

가. (중앙) 안전관리 집행계획 수립 적정성(51)

○ **채점기준**

– 수립지침 준수도(10점) : 핵심유형별 대책 작성시 지침에서 요구하는 필수사항 중 4개 항목(㉮피해현황, ㉯원인분석, ㉰관련계획 및 규정, ㉱목표)에 대한 계획내 반영 여부

· 산식: Σ핵심유형별로 부여한 점수 / 지침에 명시된 기관별 핵심유형 수

구분	4개 충족	3개 충족	2개 충족	1개 충족
배점	10	7	4	1

※ 상기 4개 항목에 대한 작성 곤란 사유를 별도 제출하는 경우(피해현황 부존재 등), 사유가 적정하다면 지침을 준수한 것으로 인정하며, 핵심유형이 없는 기관은 협조유형에 대해 작성시 동일 산식으로 평가(미작성시 0점 부여)

– 내용의 충실성(34점) : 모든 핵심유형별로 종합대책을 수립하고, 종합대책별 세부 추진대책 4건 작성(4건 이상은 4건으로 간주, 부록 기준). 단, 수립지침 미준수 대책은 미작성으로 간주

· 산식: (Σ핵심유형별 세부 추진대책 수 × 8.5점) / 기관별 핵심유형 개수

※ 핵심유형이 없는 기관의 경우 협조유형에 대해 평가

– 기본계획 연계성(7점) : 제4차 기본계획의 주요 목표지표(총 93개) 중 소관 지표에 대한 집행계획(총괄부분 표 활용) 반영 여부

구분	모두 반영	1개 누락	2개 누락	3개 이상 누락 (미반영 포함)
배점	7	4	1	0

※ 기본계획 상 주요 목표지표가 없는 기관은 기본계획의 중점 추진과제(총 486개) 중 소관 과제(종료된 과제는 제외)에 대한 세부 추진대책(부록 기준) 작성 여부로 판단(평가 배점은 동일, 중점 추진과제도 없는 경우 평균값 적용)

○ **평가근거** :「재난 및 안전관리 기본법 시행령」제42조 제1항 제1호

○ **제출서식** : '23년 안전관리 집행계획(전자문서, 첨부물 파일로 제출)

나. (중앙) 안전관리 집행계획 추진실적 점검결과(24)

○ **채점기준**

– 점검결과 제출(22점) : 반기별로 제출하는 점검결과에 각 11점씩 부여(점검계획에서 제시한 기한 1일 지연시마다 0.5점 감점*)

* 토·일요일 등 공휴일 제외, 공문 통보 이전에 이메일로 제출한 경우는 이메일 제출일로 인정

– 과제 수에 따른 조정 점수(2점) : 추진대책 1건당 0.04점 부여(상한 총 50건)

○ **평가근거** :「재난 및 안전관리 기본법 시행령」제42조 제1항 제1호

○ **제출서식** : 반기별 점검 결과 보고 공문 제출(행정안전부 안전사업조정과)

다. (중앙) 안전관리 집행계획 부처 관심도(25)

○ **채점기준**

– 사전 검토회의 개최(10점) : 집행계획(안) 최종보고 전 내부 검토회의(대면 · 영상) 개최 시 아래표에 따라 점수 부여

회의주재	부기관장 이상	실국장	과장 이하	미개최
배점	10	5	1	0

※ 회의 결과보고에 대한 전자결재, 서면결재(자필 서명, 날짜 명시), 메모보고(수신확인된 경우)만 인정하며, 단순 대면보고나 서면회의는 회의 실적으로 불인정

– 계획(안) 최종보고 현황(8점) : 집행계획(안) 최종보고 내부결재 처리 시 결재권자 직위에 따라 아래표와 같이 점수 부여

결재권자	기관장	부기관장	실국장	과장 이하
배점	8	4	1	0

※ 전자결재 또는 서면결재(자필서명, 날짜명시)만 가능, 행안부에 집행계획(안) 통보 전에 보고한 문서로 한정

– 제출기한 준수(7점) : 지침에서 제시한 기한* 1일 지연시마다 1점 감점

* 토· 일요일 등 공휴일 제외, 공문 통보 이전에 이메일로 제출한 경우는 이메일 제출일로 인정

○ **평가근거** :「재난 및 안전관리 기본법 시행령」제42조 제1항 제1호

○ **제출서식**

– 검토회의 : 결과보고(개최일시, 주재자 명시)에 대한 전자결재문서 또는 서면 결재(자필 서명, 날짜 명시) 스캔본 또는 메모보고문서(수신확인된 보고선까지만 인정)

– 보고현황 : 최종결재된 전자결재문서 또는 서면결재(자필 서명, 날짜 명시) 스캔본

라. (공공) 자체 재난 · 안전관리계획 수립(40)

○ **채점기준**

– 소관 분야에 대한 2022년 재난 · 안전관리계획 수립 여부

구분	계획 수립	미 수립
배점	40	0

※ 국가안전관리 세부집행계획(국가안전관리 기본계획), 안전경영책임계획(기획재정부 공공기관 안전관리 지침 인정)

○ **평가근거** : 재난관리평가 지침

○ **제출서식**

– 국가안전관리 세부집행계획 등 관련 보고서(전체본)

– 증빙을 위한 결재문서(전자 또는 수기)

마. (공공) 자체 재난·안전관리계획 추진실적 점검(60)

○ **채점기준**

– 소관 분야에 대해 수립한 2022년 재난·안전관리계획의 추진실적 점검* 여부

* 계획 대비 집행률을 포함하며 대내외 상황을 고려, 향후 정책 결정에 도움 될 수 있는 점검

구분	2회 이상	1회	미 점검(계획 미수립)
배점	60	30	0

※ 주의사항 : 국가안전관리 세부집행계획과 안전경영책임계획 등 다수의 재난·안전관리계획을 수립한 경우, 1건의 계획에 대한 추진실적이 2회인 경우만 인정(국가안전관리 세부집행계획 1회 실적점검 + 안전경영책임계획 1회 실적점검 = 1회로 인정)

○ **평가근거** : 재난관리평가 지침

○ **제출서식**

– 재난·안전관리계획(라.에서 제출한)에 대한 실적점검 보고서(전체본)

– 증빙을 위한 결재문서(전자 또는 수기)

구분	1. 공통	1-1. 기획		평가대상기관	중앙, 공공
		평가방식	부서	배점	3점
지표명	1-1-2. 불합리한 안전제도 개선 과제 발굴 및 제출				

	측정대상	가중치(100)	
지표 구성	가. 불합리한 안전제도 개선 과제 제출 실적(중앙)	90	
	나. 불합리한 안전제도 개선 과제 난이도(중앙)	10	
	다. 불합리한 안전제도 발굴 실적(공공)		100

세부 내용

가. (중앙) 불합리한 안전제도 개선 과제 제출 실적(90)

ㅇ **채점기준**

– 불합리한 안전제도 개선 과제*로 최종 확정된 개수와 지자체 등 제안에 대한 수용률을 기준으로 함

* '현장중심 안전제도 개선과제 발굴(구 '안전규제 적합성 제고 방안')'으로 안전정책조정위원회에 상정 등 부처합동 대책으로 최종 확정된 과제

※ 부처가 자체 발굴하여 제출한 과제 중, 국민 안전과 직접적인 관계가 없는 것으로 판단되는 과제는 행안부와 협의를 거쳐 제외

– 과제 제출 대상 부처는 '22.12.31.기준 「재난안전법」 제34조의7에 따른 안전기준 등록 부처 및 지자체 등에서 제안과제(법령 등)의 소관부처

※ 과제 제출 비대상은 평균값 적용(과제를 제출한 경우 별도협의를 거쳐 평균값 또는 5구간을 적용하여 평가)

– 제출 실적에 따른 점수는 등록된 안전기준('22.12.31.기준) 개수에 따라 차등 부여

– 점수부여 산식은 아래와 같음

<table>
<tr><th>구분</th><th>배점</th><th>구간별 배점①</th><th>전년대비 증감율**(②)</th><th>산정점수</th></tr>
<tr><td>산식</td><td>최대 90점</td><td>
<table>
<tr><th>구간</th><th>등록 안전기준수*</th><th>점수 ①</th></tr>
<tr><td>1</td><td>500개이상</td><td>5</td></tr>
<tr><td>2</td><td>100~299</td><td>6</td></tr>
<tr><td>3</td><td>50~99</td><td>9</td></tr>
<tr><td>4</td><td>15~49</td><td>18</td></tr>
<tr><td>5</td><td>15개미만</td><td>68</td></tr>
</table>
</td><td>$② = \frac{\text{해당부처에서 수용한 과제수}}{\text{부처 전체 수용과제 수}}$</td><td>(부처별 확정 과제수**** x①) +(② x 60)</td></tr>
</table>

* '22.12.31. 기준, 등록된 안전기준의 개수

** 행안부, 지자체, 공사공단 등 외부기관에서 제안한 과제에 대해 원안 수용 및 수정 수용 포함

**** 부처별 확정 과제수는 부처 자체 발굴·제출 과제수 + 외부기관 제안과제 수용(수정수용) 과제수

ㅇ **평가근거** : 「재난 및 안전관리 기본법」제34조의7 '22년 현장중심 안전제도 개선 추진계획(1~2월 중 공문으로 통보)

ㅇ **제출서식** : 제출서식 불요, 증빙자료는 안전제도과에 제출한 자료로 갈음함

나. (중앙) 불합리한 안전제도 개선과제 난이도(10)

○ **채점기준**

– 불합리한 안전제도 개선 과제*로 최종 확정된 과제의 제·개정 대상에 따라 난이도를 3등급으로 평가

* '현장중심 안전제도 개선과제 발굴(구 '안전규제 적합성 제고 방안')'으로 안전정책조정위원회에 상정 등 부처합동 대책으로 최종 확정된 과제

※ (제·개정 대상) 법률(상), 시행령·시행규칙(중), 행정규칙(하)

– 난이도에 따른 점수 부여는 아래와 같음

구분	개선 과제 평균 난이도
산식	((1x해당부처 법률 제·개정 과제수)+(0.5 x 해당부처 시행령·시행규칙 제·개정 과제수)+(0.25x해당부처 행정규칙 제·개정 과제수) / 해당부처 전체 확정 과제수) x10

○ **평가근거** : 「재난 및 안전관리 기본법」제34조의7 '22년 현장중심 안전제도 개선 추진계획(1~2월 중 공문으로 통보)

○ **제출서식** : 제출서식 불요, 증빙자료는 안전제도과에 제출한 자료로 갈음함

다. (공공) 불합리한 안전규제 과제 발굴 실적(100)

○ **채점기준**

– 공공기관에서 제출한 과제 중 '현장중심 안전제도 개선' 등 불합리한 안전제도 개선 추진 계획에 부합하는 과제의 개수*와 최종 확정 과제의 수용비율을 기준으로 함

* 안전관련성이 낮거나, 기존과제와 중복, 과제의 구체성이 떨어지거나 법규 개정사항이 아닌 경우 제외

– (평가 대상) 「재난안전법 시행령」 제3조에 따른 재난관리책임기관

– 점수부여 산식은 아래와 같음

구분	과제발굴 실적①	과제 수용비율*②	산정점수
산식	해당기관에서 제출한 과제 중 추진계획에 부합하는 과제 수	② = 해당기관 제안과제 중 부처에서 수용한 과제 수 / 공공기관 전체 제안과제 중 부처에서 수용과제 수	(① x 18) +(② x 100)

* 해당기관에서 제안한 과제(추진계획에 부합하는 과제로 한정) 중 소관부처에서 최종 수용(수정수용포함)하여 안전정책조정위원회 상정 등 부처합동대책으로 최종 확정된 과제의 비율

《(참고)불합리한 안전제도 개선 추진 절차(공공, 지자체 제안 과제)》

1단계		2단계		3단계
과제발굴 제출 (공공·지자체→행안부)	⇨	행안부 1차 검토 및 부처 검토요청 (행안부→소관부처)	⇨	수용여부 판단 통보 (소관부처→행안부)

○ **평가근거** : 「재난 및 안전관리 기본법」제34조의7 '22년 현장중심 안전제도 개선 추진계획(1~2월 중 공문으로 통보)

○ **제출서식** : 제출서식 불요, 증빙자료는 안전제도과에 제출한 자료로 갈음함

구분	1. 공통	1-2. 행재정 관리		평가대상기관	중앙, 공공
		평가방식	위원	배점	5점
지표명	1-2-1. 재난관리 조직·인력 운영 적절성 ※ 기관의 존립목적 및 구성 인력의 상당수가 긴급구조, 재난안전 업무에 직접 종사하고 있는 소방청, 경찰청, 해양경찰청은 본 지표의 측정 제외(만점 적용)				

지표 구성	측정대상	가중치(100)	
	가. 방재안전직 정원 확보 노력도(중앙)	30	
	나. 직급별 방재안전직 정원배정(복수직 포함) 현황(중앙)	30	
	다. 재난관리 전담직렬 확보 노력도(공공)		30
	라. 재난관리 전담인력의 확보(공공)		30
	마. 재난관리부서 근무자 인센티브 부여실적(중앙, 공공)	40	40

세부 내용

가. (중앙) 방재안전직 정원 확보 노력도(30)

○ 채점기준

– 총 정원 대비 방재안전직렬 정원 확보 실적 측정

(측정방식)

= ①(신규채용 여부) + ②(정원 확보 여부)

① 평가연도 방재안전직 신규채용 여부(15점)

: 평가연도에 신규 방재안전직을 1명 이상 채용한 경우 15점 부여

> · 공채경채전직 등 채용방식 무관, 예) '11~'20 : OO직렬 근무, '22년 방재안전직으로 전직 ⇒ '22년 채용인원 반영
> · '22년도 재난관리 평가를 '23년에 진행할 때, "평가연도"는 2022.12.31.까지 채용된 인원을 말함

② 평가연도 방재안전직 정원 확보 여부(15점)

: 평가연도에 방재안전직 정원을 1명 이상 추가 확보한 경우 15점 부여

> · '22년도 재난관리 평가를 '23년에 진행할 때, "평가연도"는 2022년도 12월 31일까지 확정된 정원표를 말함
> 예) 평가전년도 대비 평가연도에 방재안전직 정원이 1명이라도 늘었으면 점수 부여
> · 〈㉯ 지표〉의 복수직 정원 반영하였을 경우 중복인정 가능. 단, 추가확보가 아닌 경우 미인정
> 예) 현재 8급 직원이 7급으로 승진하기 위해, 8급 정원을 없애고 7급 정원을 반영하는 경우는 추가 확보로 인정 받지 못함

○ 평가근거 : 재난관리평가 지침

○ 제출서식

– 방재안전직 채용관련 문서 사본(채용자 수를 증빙할 수 있는 자료)

– 해당기관 정원표(평가연도 방재안전직 정원 확보 증빙 자료)

신규채용 여부		정원확보 여부	
채용	미채용	확보	미확보

* 증빙자료 별첨

나. (중앙) 직급별 방재안전직 정원배정(복수직 포함) 현황(30)

ㅇ **채점기준**

– 해당기관의 직급별 방재안전직 정원배정(복수직 포함) 현황

(측정방식)
= ①(방재안전직 최고급수 현황) + ②(방재안전직 직급의 연속성)

① **방재안전직 최고급수 현황(15점)**
: 해당기관의 직급별 정원표상 방재안전직이 반영된 최종 직급을 평가

최고급수	5급	6급	7급	8급	9급
배점	15	12	9	6	3

* 직급별 정원표상 다른 직렬과 함께 복수직으로 정원을 배정한 경우에도 인정

② **방재안전직 직급의 연속성(15점)**
: 해당기관의 직급별 정원표상 방재안전직 정원이 연속적으로 배정된 정도에 따라 평가

구분	4개 직급 이상 연속 배정	3개 직급 연속 배정	2개 직급 연속 배정	1개 직급 배정
배점	15	10	5	0

* 직급별 정원표상 다른 직렬과 함께 복수직으로 정원을 배정한 경우에도 인정

ㅇ **평가근거** : 재난관리평가 지침

ㅇ **제출서식** : 정원표(방재안전직 직급 확인 가능 서류)

다. (공공) 재난관리 전담직렬 확보 노력도(30)

ㅇ **채점기준**

– 재난관리 전담직렬* 확보 또는 확보계획 수립 여부(與–30점, 否–0점)

: 평가연도에 재난관리 전담직렬을 확보하고 있거나, 확보할 계획이 있는 경우

* 재난관리 업무만을 전담하여 전문적으로 수행하기 위해 선발하는 직렬

- '22년도 재난관리 평가를 '23년에 진행할 때, "평가연도"는 2022년도 12월 31일까지 확정된 정원표를 말함
  예) 평가연도에 재난관리 전담직렬을 1명이라도 보유하고 있으면 점수 부여
- 해당기관의 안전관리 기본계획, 위기관리매뉴얼, 안전관리 종합계획 등 <u>부기관장 이상의 승인을 받은각종 계획 및 관련 문서 등에 재난안전 전담인력 확보 계획</u>이 반영되어 있는 경우 인정

ㅇ **평가근거** : 재난관리평가 지침

ㅇ **제출서식**

– 재난관리 전담직렬 채용 관련 문서 사본(평가연도 재난관리 전담직렬 확보 증빙자료)

– 재난관리 전담인력 확보계획 기관장(부기관장) 결재문서 사본(증빙자료 포함)

라. (공공) 재난관리 전담인력의 확보(30)

○ **채점기준**

– 재난관리 전담인력 확보 정도(산식 : ① + ② – ③)

※ ① 재난안전관리 전담인력(누적 인원)
② 전년도 대비 평가연도에 재난안전관리 전담부서(재난안전·위기관리분야 등)의 정원수 증가분
③ 재난안전관리 전담부서(기관당 본부 1개 부서) 결원 인원수

확보비율	3명 이상	2명	1명	0명
배점	30	20	10	0

※ 총 정원이 100명 미만인 소규모 기관의 경우, 해당 지표의 평가제외(평균값 적용)를 기관이 판단하여 선택할 수 있음

○ **평가근거** : 재난관리평가 지침

○ **제출서식**

계 (①+②–③)	재난관리 전담인력의 확보(명)		
	① 재난안전관리 전담인력	② 전년도 대비 인력 정원수 증가분	③ 재난안전전담부서 결원 인원수

※ (준비자료) 해당기관 정원표, 재난안전업무 종사인력을 입증할 수 있는 업무분장표 등 인사관련 문서, 재난안전 전담부서를 입증할 수 있는 조직도 및 근무자 현황, 정원증가분을 측정할 수 있는 자료 등

마. (중앙, 공공) 재난관리부서 근무자 인센티브 부여실적(40)

○ **채점기준**

– 재난관리부서 근무자 대상(재난관리부서, 모든 재난안전 매뉴얼 업무 담당자, 계장, 과장을 말함) 승진가점부여, 인사가점(근평실적 등) 부여, 전문관 직위부여, 국내·외 연수기회, 국외훈련 및 파견 기회, 특별휴가, 시간외 수당 개선, 자체 표창 등 각종 인센티브 부여 여부

구분	4종 이상	3종	2종	1종	미실시
배점	40	30	20	10	0

【인정되는 것】

* 승진·인사가점 부여(해당기관 인사지침 명시여부로 확인) / 전문관 직위부여(재난관리 관련 부서 근무자의 전문관 직위지정 및 관련 수당 지급 등) / 국내·외 연수시행(배낭여행 등) / 국외 훈련 및 파견(재난관리 관련부서 근무자 우대) / 재난업무 유공자 특별휴가 실시 / 재난업무 수행자에 대한 시간 외 근무수당 우대 / 재난관리업무 우수공무원에 대한 해당기관의 자체표창(※ 공적내용이 재난업무 내용이어야 함을 유의)

  단, 같은 종류로 여러명이 받은 인센티브는 1종으로 인정됨(예, 단체로 국내연수를 갔을 경우 1건으로 인정됨)

【미 인정되는 것】

* 일괄적으로 시행하거나 타 기관 평가에서 수상하여 포상하는 것 등은 불인정

【예외인정 요청】

* 기타 해당기관에서만 특별히 재난관리부서 근무자에게 인센티브를 시행하는 경우, 중앙재난관리평가위원회 또는 자체평가위원회에 인정 요청하면 위원회에서 최종 결정

○ **평가근거** : 재난관리평가 지침

○ **제출서식**

연번	건명	내용	비고
합계	0 종 부여		

구분	1. 공통	1-2. 행재정 관리		평가대상기관	중앙, 공공
		평가방식	부서	배점	5점
지표명	1-2-2. 재난안전분야 재정투자계획 확대 실적				

지표 구성

측정대상	가중치(100)	
가. 재난 및 안전관리사업 예산 요구액 증가실적(중앙)	70	
나. 재난 및 안전관리사업 평가 결과(중앙)	30	
다. 재난·안전분야 투자계획 집행 실적(공공)		100

세부 내용

가. (중앙) 재난 및 안전관리사업 예산 요구액 증가실적(70)

ㅇ **채점기준**

– 재난 및 안전관리 사업예산 요구액* 증가 실적

– 재난 및 안전관리 사업의 '22년 본예산 대비 '23년 요구액 증가율을 평가

* 각 기관의 지출한도 내 요구액 집계

※ 「재난 및 안전관리 기본법」제10조의2(재난 및 안전관리 사업예산의 사전협의 등)에 따라 '22. 5. 31. 행정안전부에 제출한 예산요구서 기준

구분	6%초과	6%이하 4%초과	4%이하 2%초과	2%이하 ~0%초과	0% (전년동)	0%미만
가중치	70	60	50	40	30	20

※ 재난 및 안전관리 사업 미시행 부처는 0%미만점수와 동일

※ 제외사업

① 재해대책비, 살처분보상, 재난구호지원 등 예비비성 경비

② 소방안전교부세 등 법령에서 재정규모를 규정하고 있는 법정경비

③ 예산요구액 감소에 대한 특별한 사유('22년 사업 종료 등)가 있는 경우 증빙자료 등을 제출*하면 검토 후 제외

* 「재난 및 안전관리 기본법」제10조의2에 따라 '22. 5. 31. 행정안전부로 예산요구서 제출 시 사유 등 함께 제출

《 **산정방법** 》

▶ 증가율(%) = (B–A)/A × 100

※ A = 재난 및 안전관리 사업의 '22년 본예산액 - 제외사업(①,②,③)의 규모액

B = 재난 및 안전관리 사업의 '23년 예산요구액 - 제외사업(①,②)의 규모액

ㅇ **평가근거** : 「재난 및 안전관리 기본법」제10조의2(재난 및 안전관리 사업예산의 사전협의 등)

ㅇ **제출서식**

– 재난 및 안전관리 사업의 2022년도 본예산액(기재부 확인) 및 2023년도 예산 요구액

※ '22. 5. 31. 각 부처가 제출한 예산요구서 및 증빙자료를 행정안전부에서 일괄 제출

나. (중앙) 재난안전사업 평가결과 예산 환류 정도(30)

○ **채점기준**

– 22년(21회계연도) 재난안전사업 평가 결과, ① 우수 등급 사업의 경우 예산 증액 비율, ② 미흡 등급 사업의 경우 예산 감액 비율을 산출하여 ③ 예산 환류정도로 부처별 점수 부여

* 부처점수(평균) 산출 방식

① 증액된 우수등급 사업 비율 : (우수등급 사업 중 예산 증액된 사업 수/우수등급 사업수)*100

② 감액된 미흡등급 사업 비율 : (미흡등급 사업 중 예산 감액된 사업 수/미흡등급사업수)*100

③ 평가결과 예산 환류 정도 = (증액된 우수등급 사업 비율+감액된 미흡등급 사업비율)/2

※ 예산 전년동 사업 및 종료사업은 ①, ②의 분자(증액 또는 감액) 사업 수에서 제외

구분	100% ~80% 이상	80% 미만 ~60% 이상	60% 미만 ~40% 이상	40% 미만 ~20% 이상	20% 미만 ~0%	무관부처
배점	30	25	20	15	10	0

※ 우수·미흡사업이 없는 경우 점수 기준

① 평가를 받았으나 우수·미흡사업이 없는 경우(보통/미분류), 피평가기관 평균점수 부여

② 재난안전사업 평가를 받지 않은 경우(무관부처) 0점

○ **평가근거** : 「재난 및 안전관리 기본법」제10조의3

○ **제출서식**

– 2022년(21회계연도) 재난안전사업 평가 결과 및 23회계연도 예산 국회확정 내역

* 증빙자료(재난안전사업평가결과 우수/미흡사업 예산 증·감액 내역)는 각 피평가기관에서 제출

다. (공공) 재난·안전분야 투자계획 집행 실적(100)

○ **채점기준**

– 2022년도 편성 재난안전예산의 집행 실적

– 국가안전관리 세부집행계획, 안전기본계획 등에 포함된 재난안전분야 예산의 집행률을 기준으로 평가

구분	75% 이상	75% 미만 ~70% 이상	70% 미만 ~65% 이상	65% 미만 ~60% 이상	60% 미만	무관부처
배점	100	80	60	40	20	0

※ 국가안전관리 세부집행계획(국가안전관리 기본계획), 안전기본계획(기획재정부 공공기관 안전관리 지침) 상 재정투자계획 대비 비율(1-1-1. 안전관리계획 수립 및 추진 실적이 0점인 경우 본 지표는 평균값 적용)

※ 다년도 사업으로 계약 체결 후 실집행이 안 된 경우는 평가연도 분 계약금액에 대해서 집행으로 인정

※ 소수점 첫째 자리에서 반올림

○ **평가근거** : 재난관리평가 지침

○ **제출서식**

– 예산 집행내역을 정리한 자료*로 내부결재(전자 또는 수기)를 득하여 제출

* 국가안전관리 세부집행계획, 안전기본계획 등에 포함된 내역별 집행현황으로 자유 양식

※ 자료의 실리성을 확인할 수 없는 경우 실적이 인정되지 않을 수 있음

구분	1. 공통	1-3. 리더십		평가대상기관	중앙, 공공
		평가방식	위원	배점	5점
지표명	1-3-1. 기관장 인터뷰				

지표 구성

측정대상	가중치(100)
가. 기관장 인터뷰 참여	30
나. 기관장 인터뷰 결과	70

세부 내용

가. (중앙, 공공) 기관장 인터뷰 참여(30)

ㅇ **채점기준**

– 기관장 인터뷰 참여 여부에 따라 점수 부여

구분	기관장 인터뷰 참여	부기관장 인터뷰 참여	기관장 인터뷰 미참여
배점	30	10	0

* 기관장 부재로 직무대행체제인 경우 기관장 인터뷰로 인정함

ㅇ **평가근거** : 재난관리평가 지침

ㅇ **제출서식** : 해당없음

나. (중앙, 공공) 기관장 인터뷰 결과(70)

ㅇ **채점기준**

– 기관장 인터뷰 결과 재난관리에 대한 업무방침(비전), 추진계획(의지), 대응역량(업무숙지도) 등 재난관리에 대한 종합적 평가(정성)

구분	탁월 (상위 20%까지)	우수 (상위 40%까지)	보통 (전체 60~100%)	미참여
배점	70	45	30	0

※ 탁월/우수한 기관이 없을 시, 전체(100%) 보통으로 평가할 수 있음

※ 최종 배점은 중앙 및 자체 재난관리평가위원회에서 결정

※ 인터뷰 질문(인터뷰 2일 전 서면 자료를 평가시스템 게시판에 제출)
① ㅇㅇ기관 차원에서 재난안전관리를 위한 특별한 비전과 추진계획이 있으십니까?
② 전년도 ㅇㅇ기관과 관련하여 이슈된 주요 재난사고가 있습니까? 있다면 그에 대한 재발방지대책은 어떻게 추진하고 계십니까?
③ ㅇㅇ기관 소관 재난안전관리의 가장 큰 위해요소는 무엇이라 생각하십니까? 기관의 위해요소를 줄이기 위해 어떤 대책을 추진하고 계십니까?
④ 재난 발생 시 ㅇㅇ기관의 역할에 대해 알고 계십니까?
(중앙) 중앙안전관리위원회, 중앙재난안전대책본부 등의 구성 · 기능 · 역할 등에 대해 알고계십니까?
(지자체) 지역대책본부 등의 구성 · 기능 · 역할 등에 대해 알고 계십니까?
⑤ 타 기관에 모범이 될만한 ㅇㅇ기관만의 재난안전관리를 위한 특수시책이 있습니까?
⑥ 재난안전부서 역량 제고를 위한 인사, 조직 보강 등 시행하고 계신 것이 있습니까?
⑦ 재난안전분야 예산은 어느 정도 확보하여 어떻게 운용할 계획이십니까?
⑧ 재난안전분야 교육 · 행사 · 훈련 참여에 대한 조직 차원의 활성화 방안이 있습니까?
⑨ 중앙부처, 지자체 또는 민간분야와 재난안전분야 상호협력을 위해 노력한 사항이 있습니까?

ㅇ **평가근거** : 재난관리평가 지침

ㅇ **제출서식** : 서면 인터뷰 자료

구분	예방	2-1. 교육 및 홍보		평가대상기관	중앙, 공공
		평가방식	부서	배점	5점
지표명	2-1-1. 재난 및 안전관리 업무 담당자 전문교육 실적				
지표 구성	측정대상				가중치(100)
	가. 재난안전 전문교육 이수 실적				100

세부 내용

가. (중앙, 공공) 재난안전 전문교육 이수 실적(100)

ㅇ **채점기준**

– 재난안전 전문교육 이수율에 따라 반기별로 점수 부여

※ 기한 내 제출서식(증빙자료 포함) 자료 미제출시 0점 처리

구분	100%	100% 미만 ~ 95% 이상	95% 미만 ~ 90% 이상	90% 미만
배점	50	40	30	0

※ 상반기, 하반기 점수 동일('22.6.30., '22.12.31. 기준)

ㅇ **평가근거**

–「재난 및 안전관리 기본법」 제29조의2

– 2022년 재난안전분야 종사자 전문교육 운영 기본계획

ㅇ **제출서식**

재난안전종사자1)	교육 이수 대상자2) A=B+C	교육 대상자3) B	교육 미대상자3)(명) C	이수율5)(%) D=B / A

1) 재난안전종사자 : 재난안전 전문교육 운영 기본계획 대상자 구분 참고

2) 반기별 교육 이수 대상자 : 재난안전종사자 중 신규 또는 정기교육을 받아야 하는 교육시한*이 상반기('22.1.1.~6.30.) 또는 하반기('22.7.1.~12.31.)에 도달한 사람

* 신규교육 : 재난 및 안전관리 업무를 맡은 후 6개월이 되는 때 정기교육 : 재난 및 안전관리 업무를 맡은 후 6개월이 지난 대로부터 매 2년이 되는 때

3) 교육 이수자 : 교육 이수 대상자 중 소정의 교육*을 이수한 사람

* 관리자 : 7시간, 실무자 : 14시간

4) 교육 미이수자 : 교육 이수 대상자 중 교육시간 미충족하거나 미이수한 사람

5) 교육 이수율 : 교육 이수자 / 교육 이수 대상자 × 100

* 증빙자료 별첨 : 기관별 재난안전 전문교육 반기별 이수 현황(상·하반기 공문)

구분	2. 예방	2-1. 교육 및 홍보		평가대상기관	중앙, 공공
		평가방식	위원	배점	2점
지표명	2-1-2. 소관분야 국민행동요령 홍보물 제작 및 홍보 실적				

지표 구성

측정대상	가중치(100)
가. 국민행동요령 등 홍보전략 개선 실적	30
나. 국민행동요령 홍보물 제작 및 홍보 실적	70

세부 내용

가. (중앙, 공공) 국민행동요령 등 홍보전략 수립 또는 개선 실적(30)

ㅇ **채점기준**

구분	배점
계획(개선) 수립 완료(실·국장급 이상 결재 필수)	완료 시 : 30점 / 미 완료시 : 0점

※ 국민을 대상으로 한 홍보추진 실적평가가 적합하지 않다고 재난관리평가단에서 인정하는 기관인 경우에는 기관종사자 및 유관 기관 등에 대한 제한적인 홍보도 인정

ㅇ **평가근거** : 재난유형별 각종 행동매뉴얼 등

ㅇ **제출서식**

구분	일자	주요내용
개선계획수립	결재일/결재자	* 개선 전·후 비교표 별첨
회의개최	회의일자/참석자	* 증빙자료 별첨
개선완료		* 증빙자료 별첨 (개선된 행동요령 배포자료 등)

나. (중앙, 공공) 국민행동요령 홍보물 제작 및 홍보 실적(70)

ㅇ **채점기준**

– 소관 재난 및 안전사고 유형에 따른 국민행동요령에 대한 홍보물 제작 실적(팜플렛, 책자, 동영상, 홈페이지 배너, 모바일 어플리케이션, 웹툰 등)

구분	3종 이상	2종	1종	없음
배점	70	45	20	0

※ 해당 홍보물 제작 후 실제 국민행동요령 홍보에 1회 이상 활용한 경우에만 인정

ㅇ **평가근거** : 재난유형별 각종 행동매뉴얼 등

ㅇ **제출서식**

연번	제목(주요내용)	홍보매체	홍보일자	비고

* 증빙자료 별첨

<table>
<tr><td rowspan="2">구분</td><td rowspan="2">2. 예방</td><td colspan="2">2-1. 교육 및 홍보</td><td>평가대상기관</td><td>중앙</td></tr>
<tr><td>평가방식</td><td>부서</td><td>배점</td><td>2점</td></tr>
<tr><td>지표명</td><td colspan="5">2-1-3. 안전교육 추진 실적</td></tr>
<tr><td rowspan="2">지표 구성</td><td colspan="4">측정대상</td><td>가중치(100)</td></tr>
<tr><td colspan="4">가. 소관 안전영역에 대한 안전교육 실시 실적</td><td>100</td></tr>
</table>

세부 내용

가. (중앙) 소관 안전역영에 대한 안전교육 실시 실적(100)

ㅇ **채점기준**

– 소관 안전영역에 대한 일반국민 대상 안전교육 실시 실적

※ 소관 안전세부영역은 제1차 국민 안전교육 기본계획(중앙안전관리위원회 심의/'17.12월) 68개 안전세부영역 주관부처* 현황에 따름

* 교육부, 과기부, 외교부, 농림부, 산업부, 복지부, 환경부, 고용부, 여가부, 국토부, 해수부, 식약처, 금융위, 원안위, 공정위, 경찰청, 문화재청, 산림청, 질병청, 소방청, 해경청 (소관 안전세부영역이 없는 경우 평균값 적용)

소관 안전세부영역	100%	100% 미만 ~ 75% 이상	75% 미만 ~ 60% 이상	60% 미만 ~ 50% 이상	50% 미만	미실시
배점	100	80	60	40	20	0

※ 안전교육은 일반국민을 대상으로 하되, 특정한 재난 및 안전관리 업무를 수행하기 위해 개별법에 근거하여 의무교육을 받도록 한 대상에 대한 안전교육은 제외

※ 안전교육 실시 기준은 강사가 안전세부영역에 대하여 일반 국민을 대상으로 실제 안전교육(집합교육, 온라인 교육 등 비대면 안전교육 포함)을 실시한 경우만 인정

※ 체험관의 체험교육은 포함하며, 한 개의 교육과정에 여러개의 안전영역이 포함된 경우에는 안전영역 수만큼 인정하되, 교육이 아닌 홍보 실적은 불인정

ㅇ **평가근거** : 「국민 안전교육 진흥 기본법」 제3조(국가 등의 책무)

ㅇ **제출서식(증빙자료 포함)**

연번	분야 (6개)	소관세부영역 (68개)	추진 여부	주관 부서	안전교육 실시 세부영역 비율	점수
1	생활안전				OO%	OO점
2	교통안전					
3						
⋮						
68						

* 증빙자료 별첨 : 세부영역별 안전교육 실시를 증빙할 수 있는 실적보고서 및 자료(연번순)

구분	2. 예방	2-2. 유형별 저감활동		평가대상기관	중앙, 공공
		평가방식	부서	배점	5점
지표명	2-2-1. 지진 안전성 확보				

지표 구성	측정대상	가중치(100)	
	가. 기존 공공시설물 내진보강사업 추진실적(중앙, 공공)	80	100
	나. 기존 공공시설물 내진보강대책 추진상황 점검 실적(중앙)	20	

세부 내용

가. (중앙, 공공) 기존 공공시설물 내진보강사업 추진실적(80, 100)

ㅇ **채점기준**

– '22년 기관별 내진보강사업(성능평가 및 보강공사) 계획* 대비 완료 실적**

* 전년도 12월 31일까지 수립한 기관별 '22년 공공시설물 내진보강대책 상의 계획 건수

** 행정안전부 '공공시설물 내진보강 정보관리시스템'에 입력된 '22년 내진보강 추진실적

(측정방식)

$$= \frac{\text{('22년 완료된 성능평가 건수 + '22년 완료된 보강공사 건수)}}{\text{('22년 성능평가 계획 건수 + '22년 보강공사 계획 건수)}} \times 100\%$$

추진실적	100% 이상	100% 미만 ~ 90% 이상	90% 미만 ~ 80% 이상	80% 미만 ~ 70% 이상	70% 미만 ~ 60% 이상	60% 미만
중앙	80	70	60	50	40	30
공공	100	90	80	70	60	50

※ 내진성능평가 및 내진보강공사 완료일(준공일) 기준('22.1.1. ~ '22.12.31.) 실적 인정

* 단, 재개발 예정 등 외부요인에 따라 사업추진이 불가피하게 변경된 경우, 1년 이상의 연차사업을 추진 중인 경우에는 기관의 사업추진 노력도 증빙시 감점하지 아니함

※ 내진율 100% 기 확보 등으로 내진보강 대상시설이 없는 경우 또는 내진보강기본계획에 따라 정상 추진 중인 경우는 가중치 만점 부여

※ 기관에서 관리 중인 시설물 중 내진성능 미확보 시설물이 있음에도 예산 미확보로 인해

– 계획에 미반영(0) 되었으며, 실적도 없는(0) 경우, 중앙 15점, 공공 25점 부여

– 계획에 미반영(0) 되었으나, 실적이 일부 있는(1개 이상) 경우, 중앙 30점, 공공 50점 부여

ㅇ **평가근거** : 「지진·화산재해대책법」 제16조(기존 시설물의 내진보강 추진 등)

ㅇ **제출서식**

구분	백분율(%) (B / A)	성능평가			실적(건수)		
		계(A)	내진성능평가	내진보강공사	계(B)	내진성능평가	내진보강공사
기관명							

※ 증빙자료 별첨

- 전년도 12월 31일까지 수립한 '22년 기존 공공시설물 내진보강대책(결제 공문 포함)
- 공공시설물 내진보강 정보관리시스템에 입력한 '22년 내진보강 추진실적 현황*(다운로드 혹은 캡쳐본)
- 기타 연차사업 등 내진보강사업 정상추진 관련 증빙자료 (필요시)

나. (중앙) 기존 공공시설물 내진보강대책 추진상황 점검 실적(20)

○ **채점기준**

- '22년 기존 공공시설물 내진보강대책 추진사항 자체 점검* 횟수에 따라 점수 부여

  * '3단계('21~'25) 기존 공공시설물 내진보강 기본계획' 목표 물량 대비 이행률 포함

구분	4회 이상	3회	2회	1회	미실시
점수	20	15	10	5	0

※ 내진율 100% 기 확보 등으로 내진보강 대상시설이 없는 경우 또는 내진보강기본계획에 따라 정상 추진 중인 경우는 20점 부여

※ 기관에서 관리 중인 시설물 중 내진성능 미확보 시설물이 있음에도 내진보강대책을 수립하지 않는 경우는 0점 부여

○ **평가근거** : 「지진·화산재해대책법」제16조(기존 시설물의 내진보강 추진 등), 3단계 기존 공공시설물 내진보강 기본계획(2021~2025)

○ **제출서식**

- '22년 기존 공공시설물 내진보강대책 추진사항 점검 결과 보고서(분기별)
- 자체점검 실시 여부 증빙을 위한 결재문서 등(전자 또는 수기)

구분	2. 예방	2-2. 유형별 저감활동		평가대상기관	중앙, 공공
		평가방식	위원	배점	10점
지표명	2-2-2. 소관분야 유형별 저감활동				

지표 구성	측정대상	가중치(100)
	가. 소관분야 유형별 저감활동(기관별 특성지표)	60
	나. 특성지표의 적절성, 추진의 적극성(정성)	40

세부 내용

가. (중앙, 공공) 소관분야 유형별 저감활동(60)

ㅇ **채점기준**

- 기관별 소관 재난, 안전 분야에 대한 저감활동 관련 제출한 지표에 대한 정량평가

ㅇ **평가근거** : 재난관리평가 지침

ㅇ **제출서식** : 기관별 특성지표에 제시된 서식

나. (중앙, 공공) 특성지표의 적절성, 추진의 적극성(정성)(40)

ㅇ **채점기준**

- 기관에서 제출한 특성지표에 대해 다음의 평가 항목에 따른 정성평가

평가 항목	상세 내용	우수	보통	미흡
대표성(10)	소관분야 재난유형과 관련하여 대표성·포괄성 있게 포함되어 있음	10	5	0
구체성(10)	지표 내용은 소관분야 유형별 저감활동의 수단으로서 구체적으로 설정되어 있고, 중요도에 따라 가중치가 적절히 배정되어 있음	10	5	0
목표치(10)	과거 추세치, 중장기 추진계획 등을 고려할 때 자동적으로 달성할 수 있는 수준을 초과하여 목표치가 설정되어 있음	10	5	0
예측성(10)	지표 내용의 저감활동을 통해 해당기관의 소관분야 재난 또는 안전사고 예방 성과가 예측됨(투입보다는 결과 목표치 설정)	10	5	0

ㅇ **평가근거** : 재난관리평가 지침

ㅇ **제출서식** : 공지사항을 통해 서식 제공(실적 입력 기간에 시스템 등록)

<table>
<tr><td rowspan="2">구분</td><td rowspan="2">2. 예방</td><td colspan="2">2-2. 유형별 저감활동</td><td>평가대상기관</td><td>공공</td></tr>
<tr><td>평가방식</td><td>부서</td><td>배점</td><td>4점</td></tr>
<tr><td>지표명</td><td colspan="5">2-2-6. 취약분야 안전관리 강화</td></tr>
<tr><td rowspan="2">지표 구성</td><td colspan="4">측정대상</td><td>가중치(100)</td></tr>
<tr><td colspan="4">가. 산업재해 저감을 위한 관리체계 마련</td><td>100</td></tr>
</table>

세부 내용

가. (공공) 산업재해 저감을 위한 관리체계 마련(100)

○ **채점기준**

– 산업재해 저감을 위한 공공기관의 자체적인 관리체계 마련

<table>
<tr><td colspan="2">구분</td><td>점수</td><td>비고</td></tr>
<tr><td rowspan="5">작업 환경 안전</td><td>작업안전과 관련된 지침, 기준 수칙 등 가이드 마련</td><td>10</td><td rowspan="5">최대 50</td></tr>
<tr><td>2. 주요 고위험 작업에 대한 작업표준 또는 절차서 마련
(소관 업무와 관련된 고위헙 작업 이외에도 발주사업 등도 해당되며, 작업자 안전에 대한 사항도 포함되어 있어야 함)</td><td>20</td></tr>
<tr><td>3. 안전작업허가제도 관련 지침, 매뉴얼 등 절차서 마련</td><td>20</td></tr>
<tr><td>4. 노동자가 참여하는 안전보건 신고 · 제안 · 포상제도 운영을 위한 규정, 매뉴얼, 지침서 등을 통한 자체 제도 마련</td><td>10</td></tr>
<tr><td>5. 재해 등의 원인조사 지침, 매뉴얼 등 절차서 마련</td><td>10</td></tr>
<tr><td rowspan="3">시설물 안전</td><td>6. 사업장 내 주요 시설물에 대한 점검 지침 또는 평가연도 계획서</td><td>20</td><td></td></tr>
<tr><td>7. 평가연도에 주요 시설물 안전점검 결과(전체 시설물, 장비, 도로 등 전체 현황(치도 인정)의 20% 이상 시 인정)</td><td>30</td><td></td></tr>
<tr><td>8. 대국민 이용시설에 대한 비상대응 매뉴얼 마련</td><td>10</td><td></td></tr>
</table>

※ 위와 관련된 자료는 소관 작업장의 특성을 반영하여 해당 기관에서 작성, 관리하는 것이야 하며, 중앙부처 등의 관리기관에서 마련한 표준 지침, 가이드라인이나 유사 업무를 수행하는 기관의 자료를 그대로 활용하는 경우는 불인정됨.

※ 고위험 작업에 대한 정의(특정)되지 않은 경우 일반작업안전에 대한 것으로 판단될 수 있음

○ **평가근거** : 재난관리평가 지침

○ **제출서식(증빙자료 별첨)**

<table>
<tr><td>구분</td><td>제출 자료명</td><td>관련 페이지</td><td>점수</td></tr>
<tr><td>1번</td><td>작업안전 가이드라인, 공공작업장 작업안전지침</td><td>전체</td><td>00</td></tr>
<tr><td>2번</td><td>전기철도 유지보수 매뉴얼(작업자 안전)</td><td>5-10</td><td>00</td></tr>
<tr><td>…</td><td></td><td></td><td>00</td></tr>
<tr><td>8번</td><td>재난현장 초기대응 매뉴얼(대국민 이용시설)</td><td>30-100</td><td>00</td></tr>
<tr><td colspan="3">종합</td><td>00</td></tr>
</table>

* 하나의 지침, 매뉴얼 등의 자료에 관련 내용이 부분적으로 반영되어 있거나 2개 이상의 관련 내용이 포함되어 있는 경우 관련 페이지를 필수 작성

<table>
<tr><td rowspan="2">구분</td><td rowspan="2">2. 예방</td><td colspan="2">2-3. 시설물 안전</td><td>평가대상기관</td><td colspan="2">중앙, 공공</td></tr>
<tr><td>평가방식</td><td>부서</td><td>배점</td><td colspan="2">5점</td></tr>
<tr><td>지표명</td><td colspan="6">2-3-1. 방재시설 유지·관리 실적</td></tr>
<tr><td rowspan="4">지표 구성</td><td colspan="4">측정대상</td><td colspan="2">가중치(100)</td></tr>
<tr><td colspan="4">가. 방재시설에 대한 점검 실적</td><td>30</td><td rowspan="3">100</td></tr>
<tr><td colspan="4">나. 방재시설 보수·보강 계획 시행실적</td><td>40</td></tr>
<tr><td colspan="4">다. 재해발생 대비 비상대처계획의 수립실적</td><td>30</td></tr>
</table>

세부 내용

가. (중앙, 공공) 방재시설에 대한 점검실적(30)

ㅇ **채점기준**

– 방재시설에 대한 정기(1회) 및 수시(1회) 점검사항 : {(방재시설 정기점검 시행 시설수/방재시설 전체 개소수) + (방재시설 수시점검 시행 시설수/방재시설 전체 개소수)} / 2 × 100

점검실적	100% ~95%이상	95%미만 ~90%이상	90%미만 ~80%이상	80%미만 ~70%이상	70%미만 ~60%이상	60%미만 ~50%이상	50% 미만
점수	30	25	20	15	10	5	0

※ 방재시설이없는 기관은 대상기관의 평균 점수 적용

– 평가대상 방재시설(가, 나, 다 모두 해당) : 7개 시설, 39개 평가대상

시설구분	평가대상 수(개)	평가대상
하천시설	11	댐, 하구둑, 제방, 호안, 수제, 보, 갑문, 수문, 수로터널, 운하, 관측시설
농업생산기반시설	10	저수지, 양수장, 관정, 배수장, 취입보, 용수로, 배수로, 유지, 방조제, 제방
항만시설	4	방파제, 방사제, 파제제, 호안
어항시설	3	방파제, 방사제, 파제제
도로시설	9	방설·제설시설, 토사유출·낙석방지시설, 공동구, 터널, 교량, 지하도, 육교, 배수로, 길도랑
산사태 방지시설	1	사방시설
재난 예·경보시설	1	재난 예·경보시설

ㅇ **평가근거** : 「자연재해대책법」제64조(방재시설의 유지·관리 평가), 「동법 시행령」 제55조(방재시설) 및 제56조제1호, 방재시설의 유지·관리 평가항목·기준 및 평가방법 등에 관한 고시

ㅇ **제출서식**

– 공문 통보 및 결과보고 서식 송부(행정안전부 재난경감과)

나. (중앙, 공공) 방재시설의 보수·보강 계획 시행실적(40)

ㅇ **채점기준**

– 방재시설에 대한 정기 및 수시 점검결과 보수·보강 대상 시설에 대한 실제 보수·보강시행시설수 : {(정기점검결과 방재시설 보수·보강 시행 시설수/정기점검결과 방재시설 보수·보강 대상 시설수)+

수시점검결과 방재시설 보수·보강 시행 시설수/수시점검결과 방재시설 보수·보강 대상 시설수)} / 2 × 100

보수·보강실적	100% ~95%이상	95%미만 ~90%이상	90%미만 ~80%이상	80%미만 ~70%이상	70%미만 ~60%이상	60%미만 ~50%이상	50% 미만
점수	40	35	30	25	15	10	0

※ 보수·보강은 방재시설물의 보수·보강한 실적이 해당

※ 단순 장애물 제거, 쓰레기 조치 등은 점수 불인정

※ 보수·보강을 위해 다음연도 예산을 확보한 경우 실적으로 인정

※ 보수·보강 대상이 없는 기관은 대상기관의 평균 점수 적용

○ **평가근거** : 「자연재해대책법」제64조(방재시설의 유지·관리 평가),「동법 시행령」제55조(방재시설) 및 제56조제3호, 방재시설의 유지·관리 평가항목·기준 및 평가방법 등에 관한 고시

○ **제출서식**

– 공문 통보 및 결과보고 서식 송부(행정안전부 재난경감과)

다. (중앙, 공공) 재해발생 대비 비상대처계획의 수립실적(30)

○ **채점기준**

– 방재시설 비상대처계획 수립 대상 시설 수 대비 실제 비상대처계획 수립한 시설수.(방재시설 비상대처계획 수립 시설수/방재시설 비상대처계획 대상 시설수)×100

비상대처 계획 수립실적	100% ~95%이상	95%미만 ~90%이상	90%미만 ~80%이상	80%미만 ~70%이상	70%미만 ~60%이상	60%미만 ~50%이상	50% 미만
점수	30	25	20	15	10	5	0

※ 자연재해대책법 시행령 제30조제3항, 저수지·댐의 안전관리 및 재해예방에 관한 법률 제 22조의 2('20.12.10. 시행), 농어촌정비법시행령 제27조제1항에 의한 댐·저수지에 한정, 비상대처계획 수립대상이 없는 기관은 대상기관의 평균 점수 적용

○ **평가근거** : 「자연재해대책법」제64조(방재시설의 유지·관리 평가),「동법 시행령」제55조(방재시설) 및 제56조제4호, 방재시설의 유지·관리 평가항목·기준 및 평가방법 등에 관한 고시

○ **제출서식**

– 공문 통보 및 결과보고 서식 송부(행정안전부 재난경감과)

구분	3. 대비	3-1. 매뉴얼 관리		평가대상기관	중앙, 공공
		평가방식	부서	배점	8점
지표명	3-1-1. 재난유형별 위기관리 매뉴얼 관리 및 개선 실적				

지표 구성

측정대상	가중치(100)
가. 재난유형에 따른 위기관리 매뉴얼 제·개정 실적	50
나. 재난유형에 따른 위기관리 매뉴얼 정기점검 추진 실적	20
다. 재난유형별 위기관리 매뉴얼 운용·관리	30

세부 내용

가. (중앙, 공공) 재난유형에 따른 위기관리 매뉴얼 제·개정 실적(50)

ㅇ **채점기준**

1) 재난관리주관기관인 중앙부처

- 작성대상 매뉴얼은 '21.12.31. 기준 행안부에서 통보한 매뉴얼 현황을 기준으로 함
- NDMS 통계현황은 증빙자료로 활용되므로 실적 입력 기간 전에 현행화 할 것
- (표준) 행정안전부 재난대응정책과-2960호(2018.09.21.)
- (실무) 행정안전부 재난대응정책과-672호(2019.02.28.) 관련한 매뉴얼 개정 실적

구분	작성대상 매뉴얼	개정실적	개정율	점수	
				100%	100% 미만
점수					

- 재난관리주관기관 작성·관리 매뉴얼의 매뉴얼 핵심활동 콘텐츠 반영 개정 실적

① 행정안전부 재난대응정책과-281호(2022.01.28.), "「재난대응 핵심활동 콘텐츠 개선」처리기준 마련 통보"의 6개 과제 반영 및 매뉴얼 개정 여부

② 행정안전부 재난대응정책과-302호(2022.02.03.), "「재난대응 현장 관리 및 통제관련 표준매뉴얼 작성기준 개정안 통보」과제 반영 및 매뉴얼 개정 여부

①, ②를 모두 반영하여 개정한 경우 대상 매뉴얼이 개정된 것으로 판단

구분	작성대상 매뉴얼(ⓐ)	개정실적 (제·개정 포함) (ⓑ)	작성율* (ⓒ)	점수			
				70%이상	70%미만 ~60%이상	60%미만 ~50%이상	50%미만
배점			ⓑ/ⓐ	30	25	15	0

* 재난유형별 재난관리주관기관 작성 표준·실무매뉴얼 개정율(50%) + 타기관(협업기관) 작성 실무 매뉴얼 개정율(30%) + 산하기관, 공공기관, 시·도 행동매뉴얼 개정율(20%)

- 재난유형별 위기관리 매뉴얼 핵심활동 콘텐츠 개선 건수

※ 재난유형별 표준, 실무, 행동매뉴얼의 핵심콘텐츠 개선 건수의 합이 7개 이상인 경우를 만점으로 하며, 2개 이상 재난을 관리하는 재난관리주관기관은 재난유형 개수로 나누어 반영.
단, 표준·실무·행동 매뉴얼에 동일하게 반영되는 콘텐츠 개선사항은 1건으로 반영

구분	개정 매뉴얼명	콘텐츠 개선 건수*	점수			
			7개 이상	6 ~ 4개	3 ~ 1개	없음
점수			10	8	5	0

2) 재난관리주관기관 이외 중앙부처, 공공기관

– 작성대상 매뉴얼은 '20.12.31. 기준 행안부에서 통보한 매뉴얼 현황을 기준으로 함

– NDMS 통계현황은 증빙자료로 활용되므로 실적 입력 기간 전에 현행화 할 것

– (표준) 행정안전부 재난대응정책과–672호(2019.02.28

– (실무) 행정안전부 재난대응정책과–1995호(2019.06.11.) 관련한 매뉴얼 개정 실적

구분	작성대상 매뉴얼	개정실적	개정율	점수	
				100%	100% 미만
점수					

– 기관별 작성·운영 전체 실무·행동매뉴얼의 매뉴얼 핵심활동 콘텐츠 반영 개정 실적

※ 행정안전부 재난대응정책과–281호(2022.01.28.), "「재난재응 핵심활동 콘텐츠 개선」처리 기준 마련 통보"의 콘텐츠 개선 개요 "5개 매뉴얼 반영 사항"에 대한 개정 여부

. 재난현장에서 실제 이루어지는 주요 조치사항 매뉴얼 반영

. 매뉴얼간 수직·수평적 상호 연계 체계 확보

. 과거 재난대응 구체적 사례 등 매뉴얼 부록 반영

. 재난대응기관간의 지대본 역할 강화

. 지대본 구성에 따른 전직원 비상동원 연계 체계 마련

구분	작성대상 매뉴얼(ⓐ)	개정실적 (제 · 개정 포함) (ⓑ)	작성율* (ⓒ)	점수			
				70%이상	70%미만 ~60%이상	60%미만 ~50%이상	50%미만
배점			ⓑ/ⓐ	40	30	20	0

○ **평가근거** : 「재난 및 안전관리 기본법」제34조의5

○ **제출서식(증빙자료 포함)**

– '22년도 매뉴얼 개선 실적 제출 공문 별도 통보 예정

* 증빙자료 별첨

– 재난분야 위기관리 매뉴얼 제·개정 결과보고서 사본 (※ 결제본)

– 재난분야 위기관리 매뉴얼 승인문서 (※ 결제본)

– NDMS 등록된 매뉴얼 목록 제·개정 확인 캡처 화면

– NDMS 재난유형별 매뉴얼 목록 EXCEL 파일

– 매뉴얼 개정(콘텐츠 개선과제 포함) 계획 보고서 (※ 결제본)

나. (중앙, 공공) 재난분야 위기관리 매뉴얼 정기점검 추진실적(20)

○ **채점기준**

1) 재난관리주관기관인 중앙부처

– 재난관리주관기관*의 재난유형에 따른 재난분야 위기관리 매뉴얼 정기점검 추진실적에 따른 점수부여 ('21년 하반기, '22년 상반기)

※ 과학기술정보통신부, 법무부, 행정안전부, 문화체육관광부, 농림축산식품부, 산업통상자원부, 보건복지부, 환경부, 고용노동부, 국토교통부, 해양수산부, 금융위원회, 원자력안전위원회, 산림청, 소방청, 질병관리청, 해양경찰청

– 소관 유형별로 재난관리책임기관에 정기점검 실시공문 및 정기점점 결과를 행정안전부에 공문으로 제출한 결과보고 문서에 한하여 인정

2) 재난관리주관기관 이외 중앙부처, 공공기관

– 기관에서 보유한 재난유형별 실무·행동매뉴얼 정기점검 추진실적에 따른 점수부여

– 재난분야 위기관리매뉴얼 정기점검 실시내용을 소관부처에 공문으로 제출한 결과보고 문서에 한하여 인정

측정항목	내용	
측정 항목	**(주관기관)** 소관 재난유형별로 '21년 하반기 재난분야 위기관리 매뉴얼 정기점검 실시 **(그외기관)** '21년 하반기 재난분야 위기관리 매뉴얼 정기점검 실시	□
	(주관기관) 소관 재난유형별로 '22년 상반기 재난분야 위기관리 매뉴얼 정기점검 실시 **(그외기관)** '22년 상반기 재난분야 위기관리 매뉴얼 정기점검 실시	□

구분	점검 2회	점검 1회	점검없음
점수	20	10	0

※ 2개 이상의 재난유형 매뉴얼을 관리하는 주관기관의 경우 (Σ 재난유형별 정기점검 취득점수/소관재난유형 개수)

○ **평가근거** : 「재난 및 안전관리 기본법」제34조의5

○ **제출서식(증빙자료 포함)**

기관명	점검기간	재난유형	주요점검내용	제출일

* 증빙자료 별첨

– (주관기관) 재난유형별 정기점검 실시 공문, 행정안전부에 제출한 공문, 점검결과 보고서

– (그외기관) 소관부처에 제출한 공문, 점검결과 보고서

다. (중앙, 공공) 재난분야 위기관리 매뉴얼 운용·관리(30)

○ **채점기준**

1) 재난관리주관기관인 중앙부처

- '22.1월부터 개정된 재난관리주관기관에서 관리하는 매뉴얼 제·개정에 대한 매뉴얼 전문가 협의체 운영 실적(20)

구분	재난유형명	협의체 운영 횟수*	점수			
			5개 이상	4 ~ 3개	2 ~ 1개	없음
점수			20	10	5	0

* 매뉴얼 전문가 협의체 구성한 경우 '미개최' 반영하되, 재난유형별 전문가, 유관기관 및 책임기관 등이 포함된 T/F를 구성하여 매뉴얼 개선을 위해 회의를 추진한 경우에는 실적으로 인정(참여기관이 기재된 T/F 운영 계획 및 결과보고서 증빙)

- 재난관리주관기관의 매뉴얼 관련 업무참여 적극성 평가(10)

① '22.3월부터 행정안전부 재난대응정책과 주관 매뉴얼 관련한 회의 참석자 기준 준수 여부

* 매뉴얼 관련 회의 개최 공문에 과장이 명시된 경우 과장 참석 필수, 부득이한 경우 객관적으로 확인할 수 있는 증빙자료를 통해 예외 인정 가능(별도 서식 없음)

② '21년 하반기, '22년 상반기 재난분야 위기관리매뉴얼 현황조사 실시 및 행정안전부 제출 여부

* ③④공문, 메일 발송(공문 미수신기관에 한함) 등 통계현황 파악, 행안부 제출 실적 확인

③ 재난유형 특성 반영 우수행동매뉴얼 발굴(자체점검, 경진대회 등)하여 행정안전부 통보

구분	2개 이상	1개	0개
점수	10	5	0

2) 재난관리주관기관 이외 중앙부처, 공공기관

2–1) 중앙·공공기관의 실무·행동매뉴얼의 개선 노력, 업무참여 적극성을 평가(20)

① 재난유형별 위기관리매뉴얼 개선을 위한 업무협의 실시

* 매뉴얼 의견조회, 유관부서와 매뉴얼 개선 협의(합의) 내용 증빙

② '21년 하반기, '22년 상반기 재난분야 위기관리매뉴얼 통계 현황 행안부, 재난관리주관기관 제출 여부

* 담당 공무원의 매뉴얼 자체교육 실적('22년도) 내용 증빙

③ '21년 하반기, '22년 상반기 재난분야 위기관리매뉴얼 통계 현황 행안부, 재난관리 주관기관 제출 여부

* 공문, 메일 발송(공문 미수신기관에 한함) 등 통계현황 파악, 행안부 제출 실적 확인

④ (★공공기관만 해당) 행안부 주최 매뉴얼 우수사례 경진대회 발표자료 제출 여부

⑤ (★공공기관만 해당) 비상연락망 상시 현행화 여부(상시 연락가능 재난업무 담당자 연락처 기재 및 담당자 변경 시 공문 통보 등)

[중앙부처]

구분	3개	2개	1개	0개
배점	20	15	10	0

[공공기관]

구분	4개 이상	3개	2개	1개 이하
배점	20	15	10	0

2-2) 매뉴얼 제·개정 시 유관기관 및 관련부서 의견수렴 여부에 대한 평가(10)

구분	제·개정 매뉴얼 (①)	의견수렴 매뉴얼 (②)	의견 수렴율 (③)	배점		
				100%	100% 미만 ~ 90% 이상	90%미만
배점			②/①	15	5	0

※ '22년 개정 매뉴얼에 대한 의견 수렴 매뉴얼 비율로 평가(의견수렴매뉴얼/제·개정매뉴얼×100%)

○ **평가근거** : 재난관리평가 지침

○ **제출서식**(증빙자료 포함)

- '22년도 매뉴얼 개선 실적 제출 공문 별도 통보 예정

* 증빙자료 별첨

- (주관기관) 전문가 자문회의·업무협의·자체교육 실시 계획(※ 결재본), 중앙합동점검반 참여 (결과보고서 제출), 행정안전부에 제출한 통계 현황 공문, 매뉴얼 전문가 협의체 구성 결과보고서 사본 (※ 결재본) 또는 협의체 명단, 협의체 운영 결과보고서 사본 (※ 결재본)
- NDMS 등록된 매뉴얼 목록 제·개정 확인 캡쳐 화면
- (그외기관) 전문가 자문회의·업무협의·자체교육 실시 계획(※ 결재본), 매뉴얼 점검 공문, 행정안전부에 제출한 통계현황 공문, NDMS 등록된 매뉴얼 목록 제·개정 확인 캡쳐 화면, 매뉴얼 비상연락망 작성 현황, 재난업무 담당자 변경 공문 사본 (※ 결재본), 매뉴얼 제·개정 유관기관 및 관련부서 의견수렴 공문 사본 (※ 결재본)

구분	3. 대비	3-2. 협력체계 구축		평가대상기관	중앙
		평가방식	부서	배점	3점
지표명	3-2-1. 안전정책조정위원회 운영				

지표 구성	측정대상	가중치(100)
	가. 안전정책조정위원회 참여 적극성	60
	나. 안건 상정 및 중요도	40

세부 내용

가. (중앙) 안전정책조정위원회 참여 적극성(60)

ㅇ **채점기준**

– 안전정책조정위원회 의결권*을 가지는 위원이 참석하는 경우 점수 부여

* 재난안전법 시행령 제9조제1항의 위원(차관급) 또는 해당 위원을 대신하는 직하급자(실장급)

※ 안전정책조정위원회 위원(평가대상기관 29개 중 19개) : 기재부차관, 교육부차관, 과기정통부차관, 외교부차관, 통일부차관, 법무부차관, 국방부차관, 행안부 안전본부장, 문체부차관, 농식품부차관, 산업부차관, 복지부차관, 환경부차관, 고용부차관, 여가부차관, 국토부차관, 해수부차관, 중기부차관, 방통위상임위원, 금융위부위원장

– 안건 관련 중앙행정기관*의 부기관장 또는 직하급자가 참석 시 점수 부여

* 식약처, 경찰청, 소방청, 문화재청, 산림청, 질병청, 기상청, 해경청, 원안위, 농진청

※ 안정정책조정위원회에 참석 요청을 받지 않은 기관은 평균값 부여

구분	안전정책조정위원회 평가연도 개최 횟수			
	1회	2회	3회	4회 이상
모두 참여	60	60	60	60
1회 불참	0	30	40	45
2회 불참	–	0	20	30
3회 불참	–	–	0	15
4회 이상 불참	–	–	–	0

ㅇ **평가근거** : 「재난 및 안전관리 기본법」 제10조, 동법 시행령 제9~10조

ㅇ **제출서식**

구분	위원회 회차	개최일자	참석자 직급	성명
참여도				

* 증빙자료 별첨(안건 및 참석자 명단 제출 메일 또는 공문)

나. (중앙) 안건 상정 및 중요도(40)

ㅇ **채점기준**

– 안전정책조정위원회 안건 상정 건수 및 중요도에 따라 차등점수 부여

상정안건	개별 안건	부처 합동
점수(건당)	20	10 (※ 주관부서 : 20)

※ 안정정책조정위원회에 참석 요청을 받지 않은 기관은 평균값 부여

o **평가근거** : 「재난 및 안전관리 기본법」 제10조, 동법 시행령 제9~10조

o **제출서식**

구분	위원회 회차	개최일자	안건명	주관/협조기관
상정안건				
⋮				

* 증빙자료 별첨(안건 및 참석자 명단 제출 메일 또는 공문)

구분	3. 대비	3-3. 자원관리		평가대상기관	중앙, 공공
		평가방식	부서	배점	중앙 5점 공공 7점
지표명	3-3-1. 재난관리자원의 비축·관리 및 공동활용시스템 활용				

지표 구성

측정대상	가중치(100)
가. 재난관리자원 비축관리계획 적시 수립 여부	30
나. 자원정기조사 및 현행화보고 제출 여부	40
다. 재난관리자원 교육·훈련 실적	30

세부 내용

가. (중앙, 공공) 재난관리자원 비축관리계획 적시 수립 여부(30)

○ **채점기준**

– 재난안전법 시행령 제43조에 따른 재난관리자원 비축관리계획을 기한 내 수립하여 제출했는지 여부 (결측사항 없음)

※ 중앙부처(~10.31./→행안부), 공공기관(~9.30./→상위기관)

구분	기한 내 제출	기한 경과 제출	미제출
배점	30	15	0

○ **평가근거** : 「재난 및 안전관리 기본법」 제34조, '22년 재난관리자원 비축관리계획 수립지침(5.31.)

○ **제출서식(증빙자료 포함)**

– '22년 재난관리자원 비축관리계획 본문 및 제출 공문

나. (중앙, 공공) 자원정기조사 및 현행화보고 제출 여부(40)

○ **채점기준**

– 자원정기조사(자원조사보고) 결과 제출 및 현행화보고 제출 횟수의 합

구분	전체 제출	1회 미제출	2회 미제출	3회 미제출	4회 이상 미제출
배점	40	30	20	10	0

[결측 대상]

· 재난관리자원 공동활용시스템(DRSS)에 자원 미등록 기관 또는 행안부로 시스템을 통한 현행화보고 제외요청서 제출 한 경우(단, 검토 결과 타당하지 않은 경우 결측 불가)

○ **평가근거** : 「재난 및 안전관리 기본법」 제34조, 재난관리자원의 공동활용 기준, '22년 재난관리자원 정기조사 실시 계획(6월)

○ **제출서식 : 해당없음**

다. (중앙, 공공) 재난관리자원 교육·훈련 실적(30)

○ **채점기준**

1) (중앙) 행안부 주관 교육* 및 중앙부처·시도 주관 재난관리자원 교육 참여 실적

* 워크숍 및 전산실습 등 집합교육, 국가민방위재난안전교육원 교육(자원관련 교과목 편성과정)

구분	2회	1회	없음
배점	30	15	0

※ (교육 인정기준) 기관의 자원업무 담당부서 직원 또는 DRSS 총괄관리자(재난관리자)인 경우만 인정

※ '22년 상반기 내 국가민방위재난안전교육원 나라배움터 사이버강의 이수 시 최대 1회 인정

2) (공공) 행안부 주관 교육*, 중앙부처 및 시도 주관 재난관리자원 교육 참여 실적+상황대처 능력향상 훈련 주관 또는 참여 실적

* 워크숍 및 전산실습 등 집합교육, 국가민방위재난안전교육원 교육(자원관련 교과목 편성과정)

※ 단, 기관의 재난관련 교육에서 자원관련 교과목 편성한 경우 실적 포함(일회성 교육은 제외)

구분	2회	1회	없음
배점	30	15	0

※ 횟수 최대 인정 기준(교육 1회, 상황대처 능력 향상 훈련 1회)

※ (교육 인정기준) 기관의 DRSS 총괄관리자(재난관리자) 또는 자원업무 담당부서 직원인 경우만 인정

※ '21년 상반기 내 국가민방위재난안전교육원 나라배움터 사이버강의 이수 시 최대 1회 인정

o **평가근거** : 「재난 및 안전관리 기본법」 제34조, 재난관리자원의 공동활용 기준

o **제출서식(증빙자료 포함)**

– 교육 참석자 명단 통보 공문 및 참석자 명단, 교육 이수증(해당 시)

※ 국가민방위재난안전교육원 교육과정이수 시 해당 과정 교과목 편성표, 이수증 필히 제출

– 자원담당 부서 사무분장 및 DRSS 총괄관리자(재난관리자) 권한 승인 이력(NDMS 개인정보 부분 캡쳐)

– 중앙부처 주관 자체 교육계획/결과보고서 또는 소속 교육기관의 재난관련 교육과정의 교과목 편성현황 및 연간 교육일정(교육 시간표)

– 행안부 주관 상황대처 능력 향상 훈련 결과보고서

<table>
<tr><th rowspan="2">구분</th><th rowspan="2">3. 대비</th><th colspan="2">3-4. 훈련</th><th>평가대상기관</th><th>중앙, 공공,</th></tr>
<tr><th>평가방식</th><th>부서</th><th>배점</th><th>8점</th></tr>
<tr><th>지표명</th><th colspan="5">3-4-1. 재난대비훈련 실시 실적</th></tr>
</table>

지표 구성	측정대상	가중치(100)
	가. 재난대응 안전한국훈련 평가 결과	70
	나. 재난대비 상시훈련 평가 결과	30

세부 내용

가. (중앙, 공공) 재난대응 안전한국훈련 평가결과(70)

○ **채점기준**

- 재난대응 안전한국훈련 평가결과* 순위를 A~C까지 등급 설정 후 점수 부여

  * 훈련과 연계된 위기관리 매뉴얼의 적절성, 유관기관 및 민간단체 참여도 등을 폼하여 안전한국훈련 평가지표에 따라 평가

구분	점수	평가결과
A그룹	70	2022년 안전한국훈련 평가 “우수”
B그룹	50	2022년 안전한국훈련 평가 “보통”
C그룹	30	2022년 안전한국훈련 평가 “미흡”

※ 안전한국훈련 평가대상이 아닌 기관(소방청, 해경청 등)은 결측값 적용

○ **평가근거**

- 재난 및 안전관리 기본법 제35조(재난대비훈련 실시)
- 재난 및 안전관리 기본법 시행령 제43조의 15(재난대비훈련의 평가)

○ **제출서식** : 해당없음

나. (중앙, 공공) 재난대비 상시훈련 평가결과(30)

○ **채점기준**

- 훈련품질 제고 분야 해당항목* 합계(최대 20점)

  * ①개인임무카드 작성, ②매뉴얼 미비점 발굴 · 개선, ③언론홍보, ④주재자

- 훈련평가 실시 분야 외부전문가 평가 10점, 내부 자체 평가 5점

<table>
<tr><th rowspan="3">구분</th><th colspan="6">훈련품질 제고
(최대 20점, 해당항목 합계)</th><th colspan="2">훈련평가 실시
(최대 10점, 해당항목 점수)</th></tr>
<tr><th rowspan="2">개인임무카드 작성</th><th rowspan="2">매뉴얼 미비점 발굴 · 개선</th><th colspan="2">언론홍보</th><th colspan="2">주재자</th><th rowspan="2">외부 전문가 평가</th><th rowspan="2">내부 자체 평가</th></tr>
<tr><th>지면, 인터넷</th><th>SNS 등</th><th>기관장</th><th>부기관장</th></tr>
<tr><td>점수</td><td>5</td><td>5</td><td>5</td><td>3</td><td>5</td><td>4</td><td>10</td><td>5</td></tr>
<tr><td colspan="9">* 언론홍보에서 지면, 인터넷 홍보 모두 해당 시, 높은 점수(지면, 인터넷 5점)로 부여</td></tr>
</table>

※ 단, 재난관리주관기관은 재난안전법 시행령 별표 1의 3에 정해진 소관 재난 및 사고 유형(이하 ‘유형’)별

	훈련평가 결과의 합계를 유형의 개수(안전한국훈련으로 실시한 유형은 제외)로 나눈 값 적용 ㅇ **평가근거** –「재난 및 안전관리 기본법」 제35조(재난대비훈련 실시) –「재난 및 안전관리 기본법 시행령」 제43조의 15(재난대비훈련의 평가) ㅇ **제출서식** – 재난대비 상시훈련 결과보고서 등 증빙자료

<table>
<tr><td rowspan="2">구분</td><td rowspan="2">3. 대비</td><td colspan="2">3-5. 위기관리</td><td>평가대상기관</td><td>중앙</td></tr>
<tr><td>평가방식</td><td>부서</td><td>배점</td><td>2점</td></tr>
<tr><td>지표명</td><td colspan="5">3-5-1. 재난안전관리를 위한 사전 대비체계</td></tr>
<tr><td rowspan="2">지표 구성</td><td colspan="4">측정대상</td><td>가중치(100)</td></tr>
<tr><td colspan="4">가. 실제 위기징후 평가결과 시스템 활용 적절성</td><td>100</td></tr>
<tr><td>세부 내용</td><td colspan="5">

가. (중앙) 실제 위기징후 평가관리 시스템 활용 적절성(100)

○ 채점기준

– 위기경보 평가결과의 관계기관 전파 여부, 위기경보 발령에 따른 대응 조치, 시스템 활용 여부 등 적절하게 이루어졌는지에 대한 진단 체크리스트를 활용

〈진단 체크리스트〉

진단항목(배점)	진단 기준	채점기준
위기징후감시 평가관리 시스템 활용 (70)	위기징후 평가결과 적기 시스템 보고 (정기보고서 시스템 등록)	정기보고 매주 목요일 등록 : 100점 정기보고 15회 이내 누락 및 지연 횟수별 감점 (1회당 3점씩 감점) : 97점~55점 정기보고 10회 초과 누락 : 0점 위기경보 심각 단계 발령시 : 3점 가점(최대 15점) ※ 정기보고 일정 변경 시 온나라 메일로 통보 (미통보 시 감점 제외) ※ 위기경보 단계 : 관심–주의–경계–심각

○ 평가근거 : 국가위기관리기본지침

○ 제출서식(증빙자료 포함)

– 실제 대응 관련 실적 증빙 자료(상황전파, 비상근무 발령 등 근거 문서)

※ 장기간 위기경보 지속 시 대응 조치 이행 여부는 1회로 처리하며, 정기보고는 매주 실시

사고유형	보고횟수	누락 및 지연 횟수	심각 단계 발령 횟수	비고

* 실제 증빙서류 별첨

</td></tr>
</table>

<table>
<tr><td rowspan="2">구분</td><td rowspan="2">3. 대비</td><td colspan="2">3-5. 위기관리</td><td>평가대상기관</td><td colspan="2">중앙, 공공</td></tr>
<tr><td>평가방식</td><td>부서</td><td>배점</td><td colspan="2">중앙 2점
공공 5점</td></tr>
<tr><td>지표명</td><td colspan="6">3-5-2. 업무연속성 유지 노력</td></tr>
<tr><td rowspan="3">지표
구성</td><td colspan="4">측정대상</td><td colspan="2">가중치(100)</td></tr>
<tr><td colspan="4">가. 기능연속성계획 수립(중앙)</td><td>100</td><td></td></tr>
<tr><td colspan="4">나. 재해경감 우수기업 인증(공공)</td><td></td><td>100</td></tr>
</table>

세부 내용

가. (중앙) 기능연속성계획 수립(100)

- 화재, 지진, 감염병 등으로 행정·공공기관의 기능수행에 꼭 필요한 자원(청사, 인력, 정보시스템 등)에 심각한 피해가 발생한 경우, 기관 자체 위기에 대응하는 별도의 계획을 수립하여 기관 중요업무의 연속성 도모 필요

ㅇ **채점기준**

- 기능연속성계획 이행실태 점검을 위한 교육 · 훈련계획 보고서(「재난안전법」제25조의2 제7항), 계획 수립(동법 제25조의2 제5항)

구분	교육 및 훈련 각1회 이상 실시*	계획 수립	미수립
배점	100	50	0

* 계획수립 완료 이후에 실시한 교육 · 훈련에 한함

ㅇ **평가근거** : 「재난 및 안전관리 기본법」 제25조의2

ㅇ **제출서식**

- 교육 · 훈련: 교육 및 훈련 결과보고서(각 1부)
- 계획수립 : 수립 완료 공문 및 기능연속성계획(행안부)

나. (공공) 재해경감 우수기업 인증(100)

- 재난이 발생하는 경우 기업활동이 중단되지 아니하고 안정적으로 유지될 수 있는 기업을 지원함으로써 국가의 재난관리 능력 증진
  ▶ "기업"이란 영리를 목적으로 「상법」 제172조에 따라 법인설립등기를 마친 기업 또는 「소득세법」 제168조 및 「부가가치세법」 제8조에 따라 사업자등록을 한 기업(공공+민간)

ㅇ **채점기준**

- 계획수립(기업재해경감법 제11조에 따른 재해경감활동계획, 재난안전법 제25조의2 기능연속성계획), 인증평가, 재해경감 우수기업 인증 여부

구분	우수기업 인증	계획 수립	미수립
배점	100	60	0

※ 인증 유효기간은 3년이며, 재해경감법 제8조 사유발생시 유효 기간안이라도 인증 취소

ㅇ **평가근거** : 「재해경감을 위한 기업의 자율활동 지원에 관한 법률」제7조, 제11조,「재난 및 안전관리 기본법」제25조의2

ㅇ **제출서식**

- 계획수립 : 재해경감활동계획(인증기관에 제출한 문서) 수립완료 공문 및 기능연속성계획(행안부 제출 공문)
- 우수기업 인증 : 기업재해경감법 시행규칙에 따른 인증서(행안부 장관 직인)

구분	4. 대응	4-1. 비상기구 구성·운영		평가대상기관	중앙, 공공
		평가방식	위원	배점	중앙 5점 공공 7점
지표명	4-1-1. 재난 대응 실무반의 편성, 역할분장, 숙지도				

지표 구성	측정대상	가중치(100)
	가. 재난발생시 대응조직, 개인별 역할분장 정도	60
	나. 직원의 업무 이해도	40

세부 내용

가. (중앙, 공공) 재난발생시 대응조직, 개인별 역할분장 정도(60)

○ **채점기준**

– 비상단계별 실무반 사전 편성 · 역할분장 정도에 따라 점수 부여

평가 기준	상세 내용	배점
2교대 이상 편성	– 상황총괄반 2교대 이상 편성	60
담당자만 편성	– 책임담당자만 편성(교대인력 사전편성 없음)	50
부서만 편성	– 부서별 임무만 편성	30
미편성	– 관련 내용을 확인할 수 없음	0

○ **평가근거** : 「재난 및 안전관리 기본법」제25조의2

○ **제출서식**

– 위기관리 표준/실무/행동 매뉴얼(재난유형에 관계없이 우수한 것)

※ 매뉴얼에 부족한 부분은 실무반 편성에 대한 내부결재본(평가연도)을 첨부하여 보충할 수 있음

나. (중앙, 공공) 직원의 업무 이해도(40)

○ **채점기준**

– (정성) 재난발생 시 재난에 대응할 실무반 책임과 역할에 대한 사전 숙지상태 정도에 따라 점수 부여(2명에 대해 각각 평가하여 합산)

평가 기준	상세 내용	배점
탁월	– 매뉴얼을 거의 보지 않고도 편성된 실무반의 역할을 충분히 설명할 수 있음	20
우수	– 매뉴얼을 보고 편성된 실무반의 역할을 충분히 설명할 수 있음	15
보통	– 매뉴얼을 보고 편성된 실무반의 역할을 단순 설명할 수 있음	10
미참여	– 평가받지 않음	0

※ 책임과 역할 숙지상태를 확인하기 위해 평가반에서 무작위로 과, 개인을 현장에서 선정

※ 부서별 임무만 편성된 경우 해당 부서의 담당자 1명이 평가받을 수 있음

○ **평가근거** : 「재난 및 안전관리 기본법」 제25조의2

○ **제출서식** : 해당없음(현장평가 시 실시)

구분	4. 대응	4-2. 상황관리		평가대상기관	중앙, 공공
		평가방식	위원	배점	2점
지표명	4-2-1. 재난 상황관리를 위한 대응체계 유지				

지표 구성	측정대상	가중치(100)
	가. 재난안전 종합상황실 운영	40
	나. 재난정보관리를 위한 대응체계 유지	60

세부 내용

가. (중앙, 공공) 재난안전 종합상황실 운영(40)

ㅇ 채점기준

– 다음의 요소들을 감안하여 정량·정성적으로 평가

핵심 사항(7점)	평가 요소	비고
재난안전 종합상황실 구축(4점)	별도 상황실 운영공간 확보(1점)	
	상황실이 있는 건물(구조체)의 내진성능 확보*(1점) * 내진설계를 적용하였거나, 내진성능 평가결과 내진양호로 판정되었거나, 내진보강 공사가 완료된 경우 내진성능 확보로 판단 ※ 상황실이 없을 시 본청의 내진성능 확보 여부	
	상황실 내 전력·통신설비(비구조체)의 내진성능 확보*(1점) * ①이중마루 설치와 ②면진테이블 설치 또는 앵커링 보강을 모두 해야만 인정	
	상황실 운영 규정 마련(1점)	
평시 운영인력 확보(3점)	주간 상황관리(접수)를 위한 담당자*가 있음(1점) * 업무분장 명시 필수, 복수 업무를 수행하는 경우에도 인정	정성
	24시간 운영*되는 재난 상황근무를 위한 정규인력이 있음(1점) * 3교대, 4조2교대 등 다양한 형태 인정	정성
	재난 상황근무 정규인력의 재난안전 전문교육* 모두 이수(1점) * 2-1-1. 재난 및 안전관리 업무 담당자 전문교육 지표의 교육 조건과 기간(신규/정기 교육) 등 동일하게 적용	

구분	매우 우수	우수	보통	미흡	매우 미흡
	7점	6~5점	4~3점	2점	1~0점
배점	40	30	20	10	0

※ 민원 등 다목적 상황실의 경우 위급상황에 재난안전 종합상황실 기능을 수행할 수 있는 충분한 기능(또는 과거 사례)이 있는 경우 채점기준 적용하지 않고 위원의 판단하에 3점 부여 가능

※ 점수산출 예시

상황	상황실 없음(0점, 본청 내진설계 적용 시 1점)		상황실 있음(1~4점)	
	상황 담당자 없음 (0점)	상황 담당자 1명(1점)	주간 담당자(1점)	3교대 이상 정규 인력(2점)
		교육 수료(1점)	야간 당직자로 운영(0점)	교육 수료(1점)
점수	0~1점	0~3점	1~5점	1~7점

○ **평가근거** : 재난관리평가 지침, 「지진·화산재해대책법」 제17조(재난안전상황실과 지역재난안전대책본부의 내진대책)

○ **제출서식(증빙자료 별첨)**

핵심 사항	평가 요소	해당 여부	비고
재난안전 종합상황실 구축	별도 상황실 운영공간 확보	O	증빙1
	상황실이 있는 건물(구조체)의 내진성능 확보	X	
	상황실 내 전력·통신설비(비구조체)의 내진성능 확보		
	상황실 운영 규정 마련		
평시 운영인력 확보	주간 상황관리(접수)를 위한 담당자가 있음(정성)		
	24시간 운영되는 재난 상황근무를 위한 정규인력이 있음(정성)		
	재난 상황근무 정규인력의 재난안전 전문교육 모두 이수		

나. (중앙, 공공) 재난정보관리를 위한 대응체계 유지(60)

○ **채점기준**

- 다음의 요소들을 감안하여 정량·정성적으로 평가

핵심 사항(7점)	평가 요소	비고
유관기관 협력체계 구축(3점)	담당자, 연락처 등 현행화 연 1회 이상(1점)	
	간담회, 세미나 등 협력체계 구축 노력도(1점)	정성
	3개 기관 이상 참여한 합동훈련 실시(1점)	
재난관리부서 정원 확보(1점)	현장평가 시 정원과 현원이 같음(1점)	
첨단 기술을 활용한 정보관리(1점)	4차 산업기술*을 활용하여 정보관리를 하고 있거나 재난사고 발생 시 정보관리를 위한 체계* 마련(1점) * 예) AI, IoT, Cloud computing, Bigdata, Mobile, Drone 등 ** 기관 내 자원 외에도 관련 기관과의 협력체계까지 넓게 인정 예) 드론을 활용한 교량 점검, 산불 위험 감지 등	정성
기관 특성을 반영한 정보관리(2점)	재난정보관리를 위한 기관의 특수시책에 대해 평가위원의 판단하여 점수 부여(0~2점)	정성

구분	매우 우수	우수	보통	미흡	매우 미흡
	7점	6~5점	4~3점	2점	1~0점
배점	60	45	30	15	0

○ **평가근거** : 재난관리평가 지침

○ **제출서식(증빙자료 별첨)**

핵심 사항	평가 요소	해당 여부	비고
유관기관 협력체계 구축	담당자, 연락처 등 현행화 연 1회 이상	O	증빙1
	간담회, 세미나 등 협력체계 구축 노력도(정성)	X	
재난관리부서 정원 확보	3개 기관 이상 참여한 합동훈련 실시		
	현장평가 시 정원과 현원이 같음 * 증빙자료 제출 시점으로 제출하고 현장평가 시 재확인		
첨단 기술을 활용한 정보관리	4차 산업기술을 활용하여 정보관리를 하고 있거나 재난사고 발생 시 정보관리를 위한 체계 마련(정성)		
기관 특성을 반영한 정보관리	재난정보관리를 위한 기관의 특수시책(정성)		

<table>
<tr><td rowspan="2">구분</td><td rowspan="2">4. 대응</td><td colspan="2">4-1. 비상기구 구성·운영</td><td>평가대상기관</td><td>중앙, 공공</td></tr>
<tr><td>평가방식</td><td>부서</td><td>배점</td><td>3점</td></tr>
<tr><td>지표명</td><td colspan="5">4-2-2. 재난발생시 신속한 초동조치 역량</td></tr>
<tr><td rowspan="2">지표 구성</td><td colspan="4">측정대상</td><td>가중치(100)</td></tr>
<tr><td colspan="4">가. 실제 재난발생시 신속한 상황보고</td><td>100</td></tr>
<tr><td>세부 내용</td><td colspan="5">
가. (중앙, 공공) 실제 재난발생시 신속한 상황보고
○ 채점기준
- 다음의 요소들을 감안하여 상황에 따라 점수 부여
<table>
<tr><td>평가 기준</td><td>상세 내용</td><td>점수</td></tr>
<tr><td>우수</td><td>보고 지연 및 누락 사례 없음</td><td>100</td></tr>
<tr><td>보통</td><td>1건 지연보고</td><td>50</td></tr>
<tr><td>미흡</td><td>2건 이상 지연보고 또는 미보고·미공유 사례 발생</td><td></td></tr>
</table>
※ 보고 대상 : 「재난 및 안전관리기본법 시행규칙」제5조의2, 「재난상황의 보고 대상 지정 고시(행안부고시 제2020-13호)」에 따른 재난상황의 보고 대상
- 단, 국방부의 경우 국방시설에서 발생한 사고 중 유관기관의 협조요청 또는 긴급구조기간에 신고한 재난상황, 민간인 피해가 발생하거나 예상되는 재난으로 한정
※ 보고 지연 기준 : 재난상황의 인지시점*을 기준으로 40분 이상 경과한 후 보고**하는 경우
* 재난상황 인지시점은「재난 및 안전관리 기본법」제18조에 따라 재난안전상황실에서 신고 또는 재난상황을 접수한 시점을 기준으로 하며, 신고·상황접수 시각은 NDMS 등 시스템 또는 통화기록 등으로 확인
** 「재난안전법 시행규칙」제5조 제1항의 최초보고를 기준으로 함.
○ 평가근거 : 「재난 및 안전관리 기본법」제18조, 동법 제20조, 동법 시행령 제 24조, 동법 시행규칙 제5조, 제5의2, 「재난상황의 보고 대상 지정 고시」(행안부고시 제2020-13호)
○ 제출서식 : 해당없음(행정안전부 중앙재난안전상황실 주관 상시 관리)
※ 증빙자료(필요시) : 재난상황 인지 및 상황보고 관련 증빙자료(서면, 전화, 팩스, NDMS 등)
</td></tr>
</table>

<table>
<tr><td rowspan="2">구분</td><td rowspan="2">4. 대응</td><td colspan="2">4-3. 대처 사례</td><td>평가대상기관</td><td>중앙, 공공</td></tr>
<tr><td>평가방식</td><td>위원</td><td>배점</td><td>5점</td></tr>
<tr><td>지표명</td><td colspan="5">4-3-1. 실제 재난, 사고 대응 사례</td></tr>
<tr><td rowspan="2">지표 구성</td><td colspan="4">측정대상</td><td>가중치(100)</td></tr>
<tr><td colspan="4">가. 실제 재난, 사고 대응 사례</td><td>100</td></tr>
<tr><td>세부 내용</td><td colspan="5">

가. (중앙, 공공) 실제 재난, 사고 대응 사례(100)

○ **채점기준**

– 각 기관별 실제 재난, 사고에 대비, 대응하기 위해 추진한 특수, 우수 시책에 대해 제출한 별도 보고서를 상대 평가

구분	상 (상위 0~25%)	중 (상위 25~75%)	하 (상위 75~100%)	미제출
배점	100	70	40	0

※ 재난, 사고 대응 예시

– 가축 질병 등 발생 시 신속한 대응반 편성, 이동정지 조치 등을 통해 확산을 방지한 경우

– 소관 재난, 사고 등에 대한 자체 위기관리를 통한 사전 대비 체계 구축

– 재난, 사고 발생 시 유관기관과 신속하고 긴밀한 협조체계 구축을 통해 인명, 재산 등 피해를 최소화한 경우

– 그 외 재난, 사고 대비 및 대응을 위한 각종 시책 추진 사례 등

※ 다음의 경우 미인정

– 기존 지표에 반영된 사항, 민방위 관련 사항, 당해 연도 사례가 아닌 사항

– 재난 예방을 위한 교육·홍보, 예방 사업, 시설물 점검 등의 사례

– 재난 발생 후 원상복구를 위한 복구 사업 추진 등의 사례

○ **평가근거** : 재난관리평가 지침

○ **제출서식**

– 자유서식(증빙자료 별첨)

※ 별도 요약서식 필수 제출(3p 이내)

</td></tr>
</table>

<table>
<tr><td rowspan="2">구분</td><td rowspan="2">5. 복구</td><td colspan="2">5-2. 복구 지원</td><td>평가대상기관</td><td>중앙</td></tr>
<tr><td>평가방식</td><td>부서</td><td>배점</td><td>5점</td></tr>
<tr><td>지표명</td><td colspan="5">5-2-1. 복구사업 관리 실적</td></tr>
<tr><td rowspan="2">지표 구성</td><td colspan="4">측정대상</td><td>가중치(100)</td></tr>
<tr><td colspan="4">가. 복구사업 관리 실적</td><td>100</td></tr>
<tr><td>세부 내용</td><td colspan="5">가. (중앙) 복구사업 관리 실적(100)
ㅇ 채점기준
– 다음 각 기준에 따라 점수 배분
① 2021년 및 2022년도 피해를 입은 소관시설 및 책무에 관계되는 재난에 대하여 자체복구계획에 따른 추진상황 및 점검계획 수립·추진 여부
② ①항에 따른 점검결과 지적사항에 대한 이행조치 여부
③ ①항에 따른 점검결과 지적사항 조치결과 보고 또는 확인·점검

구분 | 3종 실시 | 2종 실시 | 1종 실시 | 미실시
배점 | 100 | 60 | 30 | 0

ㅇ 평가근거 : 「재난 및 안전관리 기본법」 제59조 및 제59조의2
ㅇ 제출서식

연번 | 건명 | 주요내용 | 일자 | 비고
(빈칸)

– 복구기준, 자체복구계획 수립, 점검계획 및 점검결과보고서 및 통보 관련 자료(전자문서) 및 NDMS 입력자료 출력물</td></tr>
</table>

구분	6. 가감점	6-2. 기타		평가대상기관	중앙, 공공
		평가방식	위원	배점	+5점
지표명	6-2-1. 재난관리 정책추진 가점				
지표 구성	**측정대상**				**가중치(100)**
	가. 재난관리 정책추진 가점				+100

세부 내용

가. (중앙, 공공) 재난관리 정책추진 가점(+100)

○ **채점기준**

1) 행정안전부 주관 또는 재난관리주관기관에서 추진한 재난안전분야 시책, 행사에 참여해 정부포상(대통령, 국무총리표상)을 수상한 경우 건당 20점

※ 재난안전분야의 범위는 재난관리주관기관의 재난유형과 관련한 사항이면 인정, 재난관리평가로 정부포상을 받은 것은 제외

2) 행정안전부 주관 시책 및 행사에 적극 참여한 경우 건당 20점

- 행안부 주관 각종 회의(워크숍)에서 의제발표, 우수사례 발표 등
- 대한민국 안전산업박람회 등 행사 부스, 컨퍼런스 등 운영
- 안전캠페인에 대해 부기관장 이상 참여한 홍보 활동

※ 단, 재난관리평가 지표와 관련된 회의, 워크숍 등의 참여(예: 여름철 겨울철 사전대비 점검 회의)와 태풍 북상에 따른 관련기관 회의 등은 불인정

3) 행정안전부 주관 재난안전 시책, 평가, 훈련 등에 참여하여 행안부 장관 표창을 받은 경우 건당 10점

* 단, 재난관리평가로 장관표창을 받은 것은 제외

4) 다음의 재난안전관리 관련 사업 참여

① 국가핵심기반 평가실시 결과 A 등급 20점, B등급 10점, C등급 0점(행안부 사회재난대응정책과)

②공공부문 재난안전 제품·기술 등 수요조사 참여 20점(행안부 재난안전사업과)

※ 평가위원의 정성적 판단에 따라 점수가 하위점수 또는 불인정 될 수 있으며,
중앙재난관리평가위원회 및 자체평가위원회 회의를 통해 가점 부여 여부 최종 결정

○ **평가근거** : 재난관리평가 지침

○ **제출서식**

연번	배점	건명	주요내용	일정	주관부처	비고
1	20	제0회 대한민국 안전산업박람회	000 관련 부스 운영	00.00. ~00.00.	행정안전부	증빙1
2	10	00 안전캠페인	00을 활용한 홍보활동	00.00. ~00.00.	행정안전부	증빙2

* 실제 증빙서류 별첨

구분	6. 가감점	6-2. 기타		평가대상기관	중앙, 공공
		평가방식	부서	배점	-3점
지표명	6-2-2. 안전감찰 결과 및 안전점검결과 후속조치 미흡에 대한 감점				

지표 구성

측정대상	가중치(100)
가. 안전감찰 지적사항 등에 대한 감점	-50
나. 정부합동안전점검단 결과 후속조치 미흡에 대한 감점	-50

세부 내용

가. (중앙, 공공) 안전감찰 지적사항 등에 대한 감점(-50)

ㅇ **채점기준**

– 평가대상 연도 안전감찰 결과에 따라 감점 부여

구분	기관 경고	징계 요구 인원수			주의·경고 및 시정 요구 건수		
		3명이상	2명	1명	10건이상	9~5건	4~1건
배점	-20	-20	-15	-10	-10	-8	-5

※ 징계와 시정이 별도 존재할 경우 각각 감점하고, 부여된 배점 이상 감점하지 않음

ex) 1개 기관 대상 징계(1명) 및 시정(6건) 요구 : 징계요구 1명(-10) + 시정요구 6건(-8) = 총 -18점 (0.54점 감점)

ㅇ **평가근거** : 재난 및 안전관리 기본법 제77조

ㅇ **제출서식** : 해당없음

나. (중앙, 공공) 정부합동안전점검단 결과 후속조치 미흡에 관한 감점(-50)

ㅇ **채점기준**

– 2021년 안전점검 결과 개선 과제의 2022년 후속조치 미흡에 대한 감점 부여

구분	미완료된 제도개선과제 수			미완료된 지적사항수(현지시정, 시정요구) ※ 개선 권고는 제외		
	0%	0% 이상 ~ 50% 미만	50% 이상 ~ 100%	0%	0% 이상 ~ 50% 미만	50% 이상 ~ 100%
점수	0	-25	-50	0	-25	-50

※ 제도개선과제/지적사항이 없는 경우 0건으로 보며, 부여된 점수(-50) 이상 감점되지 않음

ㅇ **평가근거** : 「재난 및 안전관리 기본법」제32조(정부합동 안전점검 등), 정부합동안전점검단 안전점검 결과 후속조치 이행력 확보방안 통보(재난안전점검과-4576, 2021.12.24.)

ㅇ **제출서식 : 해당없음**

※ 매분기별로 추진상황 제출요구 시 기관에서 제출된 자료로 평가

※ 완료하는 때에는 추진상황 제출 시 증빙자료 제출하여야 실적 인정됨

<table>
<tr><td rowspan="2">구분</td><td rowspan="2">6. 가감점</td><td colspan="2">6-2. 기타</td><td>평가대상기관</td><td>중앙, 공공</td></tr>
<tr><td>평가방식</td><td>위원</td><td>배점</td><td>-5점</td></tr>
<tr><td>지표명</td><td colspan="5">6-2-3. 실제 재난, 사고로 인한 피해</td></tr>
<tr><td rowspan="2">지표 구성</td><td colspan="4">측정대상</td><td>가중치(100)</td></tr>
<tr><td colspan="4">가. 재난 및 사고로 인한 피해 발생 감점</td><td>-100</td></tr>
</table>

세부 내용

가. (중앙, 공공) 재난 및 사고로 인한 피해발생 감점(-100)

ㅇ **채점기준(행정안전부 관리)**

1) 소관 재난 및 사고로 인명·재산피해 발생, 국민의 불안감 야기(다수의 언론보도) 등을 종합적으로 고려하여 감점 부여

- 이슈 재난의 복합적인 발생 요인을 고려하여 관련 기관의 책임성 기준(최대-100점)

※ 중앙재난관리평가위원회를 통해 감점 사항을 상정하여 최종 결정

2) 전년도 주요 재난사고에 대한 재발방지대책 수립·이행 여부 점검

- 해당 내용과 관련하여 공문으로 통보받은 기관만 해당

구분	법·제도 보완 미이행 (법령, 시행령, 시행규칙, 훈령, 고시 등)	안전관리체계 개선 미이행 (매뉴얼, 지침 등)	안전문화 확산 미이행 (홍보, 행사, 문화운동 등)
점수 (중앙)	-60	-20	-20
점수 (공공)	법·제도 보완사항 발굴하여 관련 중앙 부처에 제안 시 2)에 대한 감점 없음	-50	-50

※ 실제 재난, 사고로 인한 피해(6-2-3)에 감점 적용되었던 주요 재난 및 사고에 대해 개별기관에 공문으로 제출 요청 예정(2023년 평가부터 적용)

※ 다수의 재난사고는 건별로 평가하여 평균값으로 적용, 재발방지대책 미수립시 최대감점 부여

ㅇ **평가근거** : 재난관리평가 지침

ㅇ **제출서식** : 1) 해당없음
2) 기관에서 수립한 대책 보고서, 이행 실적(별도 공지)

시도, 시군구

1	1-1-1	안전관리계획 수립 및 추진 실적(시도)
2	1-1-2	불합리한 안전제도 개선 과제 발굴 및 제출(시·도)
3	1-2-1	재난관리 조직 · 인력 운영 적절성(시·도, 시·군·구)
4	1-2-2	재난안전분야 재정투자계획 확대 실적(시·도, 시·군·구)
5	1-2-3	재난관리기금 관리 실적(시·도, 시·군·구)
6	1-3-1	기관장 인터뷰(시·도, 시·군·구)
7	1-3-2	전년도 재난안전관리 미흡사항 개선(시·도, 시·군·구)
8	2-1-1	재난 및 안전관리 업무담당자 전문교육 실적(시·도, 시·군·구)
9	2-1-3	안전교육 및 문화운동 추진 실적(시·도, 시·군·구)
10	2-2-1	지진 안전성 확보(시·도, 시·군·구)
11	2-2-2	소관분야 유형별 저감활동(시·도, 시·군·구)
12	2-2-3	가축질병(AI, ASF) 재난 저감활동 실적(시·도, 시·군·구)
13	2-2-4	어린이, 노인, 장애인 등 취약계층 대상 안전관리 강화 실적(시·도, 시·군·구)
14	2-2-5	감염병재난 저감활동 실적(시·도, 시·군·구)
15	2-2-6	취약분야 안전관리 강화(시·도, 시·군·구)
16	2-3-1	방재시설 유지 · 관리 실적(시·도, 시·군·구)
17	2-3-2	내수면 유선 및 도선 안전관리 실적(시·도)
18	3-1-1	재난유형별 위기관리 매뉴얼 관리 및 개선 실적(시·도, 시·군·구)
19	3-2-2	안전신문고 활성화 실적(시·도, 시·군·구)
20	3-2-3	민관 협력체계 구축 노력(시·도, 시·군·구)
21	3-3-1	재난관리자원의 비축 · 관리 및 공동활용시스템 활용(시·도, 시·군·구)
22	3-4-1	재난대비훈련 실시 실적(시도, 시군구)
23	3-5-1	재난안전관리를 위한 사전 대비체계(시·도, 시·군·구)
24	3-5-2	업무연속성 유지 노력(시·도, 시·군·구)
25	3-5-3	여름철 및 겨울철 자연재난 대비 실태(시·도, 시·군·구)
26	3-5-4	유형별 예경보시설 관리 실태 및 신규 · 보강 실적(시·도, 시·군·구)
27	3-5-5	민간 다중이용시설 위기관리 실적(시·도, 시·군·구)
28	3-5-6	기후재난 피해 최소화 대책 추진 실적(시·도, 시·군·구)

29	4-1-1	재난 대응 실무반의 편성, 역할분장, 숙지도(시·도, 시 · 군 · 구)
30	4-2-1	재난 상황관리를 위한 대응체계 유지(시·도, 시·군·구)
31	4-2-2	재난발생 시 신속한 초동대응 역량 배양 실적(시·도, 시·군·구)
32	4-2-3	재난문자 송출 훈련 및 실제 운영(시·도, 시·군·구)
33	4-3-1	실제 재난, 사고 대응 사례(시·도, 시·군·구)
34	5-1-1	재해구호 인프라 확보 및 관리 실적(시·도, 시·군·구)
35	5-1-2	재해구호분야 훈련 실적(시·도, 시·군·구)
36	5-2-1	복구사업 관리 역량(시·도, 시·군·구)
37	5-2-2	풍수해보험 활성화 실적(시·도, 시·군·구)
38	6-1-1	지역별 재난안전관리 만족도(시·도)
39	6-2-1	재난관리 정책추진 가점(시·도, 시·군·구)
40	6-2-2	안전감찰 결과 및 안전점검결과 후속조치에 대한 감점(시·도, 시·군·구)
41	6-2-3	실제 재난, 사고로 인한 피해(시·도, 시·군·구)

<table>
<tr><th rowspan="2">구분</th><th rowspan="2">1. 공통</th><th colspan="2">1-1. 기획</th><th>평가대상기관</th><th>시·도</th></tr>
<tr><th>평가방식</th><th>부서</th><th>배점</th><th>3점</th></tr>
<tr><th>지표명</th><th colspan="5">1-1-1. 안전관리계획 수립 및 추진 실적</th></tr>
<tr><td rowspan="4">지표 구성</td><td colspan="4">측정대상</td><td>가중치(100)</td></tr>
<tr><td colspan="4">가. 수립 적정성(시·도)</td><td>40</td></tr>
<tr><td colspan="4">나. 추진실적 점검(시·도)</td><td>30</td></tr>
<tr><td colspan="4">다. 기관 관심도(시·도)</td><td>30</td></tr>
</table>

세부 내용

가. (시·도) 수립 적정성(40)

○ **채점기준**

① 재난·안전관리 일반대책(10점) : 재난관리 단계별 주요내용(지침서식Ⅱ-3)을 예방, 대비, 대응, 복구로 구분하여 작성한 경우 10점, 단계별 추진내용 미작성시 5점, 미수립시 0점

② 재난관리역량 강화방안(5점) : 재난관리 역량강화 방안(지침서식Ⅱ-4) 작성시 지침에 제시한 사항* 반영정도에 따라 1~5점까지 차등 배점, 미수립시 0점

구분	모두 반영	3개 반영	2개 반영	1개 반영	미수립
배점	5	3	2	1	0

* 1)지자체 재난관리 조직의 재난 현장 대응역량 강화 방안, 2)재난안전분야 종사자 전문성제고를 위한 교육 및 훈련 강화 방안, 3)재난관리 부서 업무담당자 사기진작 방안, 4)민간과의 협업 및 지원을 통한 민간분야 재난관리역량 강화방안 등의 내용

③ 재난·안전 유형별 관리대책(25점) : 지침에서 유형별 대책에 포함하도록 한 사항*을 준수하였는지 여부에 따라 점수 부여

– (산식) Σ재난·안전 유형별 확보된 점수 / 주요 재난·안전 유형 수(10개)**

구분	모두 충족	4개 충족	3개 충족	2개 충족	1개 충족	미충족
배점	25	20	15	10	5	0

* 1)피해현황 파악(통계 활용), 2)원인분석(위험목록 등 지역특성 반영), 3)관련 계획 및 규정 제시, 4)포괄적·계량화된 목표 설정(피해현황 부존재 등 작성 곤란 사유를 별도 제출하는 경우, 사유가 적정하다면 지침을 준수한 것으로 인정), 5)재난관리 단계별 계획(구체적 실행계획 작성 여부) 등

** 주요 재난·안전 유형 수(10개) : 위험목록 활용 가이드라인 등 참고하여 시·도별 10개유형 자율선택(10개 이상 작성 시 10개로 간주)

○ **평가근거** :「재난 및 안전관리 기본법 시행령」제42조 제1항 제1호

○ **제출서식** : '22년 시·도 안전관리계획(전자문서, 첨부물 파일로 제출)

나. (시·도) 추진실적 점검(30)

○ **채점기준**

① 점검결과 제출(28점) : 점검계획에 따라 반기별로 제출한 점검결과에 각 14점 부여(점검계획에서

제시한 기한 1일 지연시 마다 0.5점 감점*)

* 토·일요일 등 공휴일 제외, 공문 통보 이전에 이메일로 제출한 경우는 이메일 제출일로 인정

② 과제 수에 따른 조정 점수(2점) : 추진대책 1건당 0.04점 부여(상한 총 50건)

o **평가근거** :「재난 및 안전관리 기본법 시행령」제42조 제1항 제1호

o **제출서식** : 반기별 점검 및 결과 보고 공문 제출(행정안전부 안전사업조정과)

다. (시·도) 기관 관심도(30)

o **채점기준**

① 사전 검토회의 개최(10점) : 안전관리계획(안) 최종보고 전 내부 검토회의(대면·영상) 개최 시 아래표에 따라 점수 부여

회의주재	부단체장 이상	실(본부)·국장	과장 이하	미개최
배점	10	6	2	0

※ 회의 1)개최계획과 2)결과보고에 대한 전자결재, 서면결재(자필 서명, 날짜 명시), 메모보고(수신확인된 경우)만 인정하며, 단순 대면보고나 서면회의는 회의 실적으로 불인정

② 계획(안) 최종보고 현황(10점) : 안전관리계획(안) 최종보고 내부결재 처리 시 결재권자 직위에 따라 아래표와 같이 점수 부여

결재권자	단체장	부단체장	실(본부)·국장	과장 이하
배점	10	6	2	0

※ 전자결재 또는 서면결재(자필 서명, 날짜 명시)만 가능

③ 수립기한 준수(10점) : 법정기한(전년도 12.31.) 내 지역 안전관리위원회 개최 및 안전관리계획 심의·확정. 1일 지연시마다 0.5점 감점*

* 법정기한이므로 수립기한이 토·일요일 등 공휴일이라 할지라도 예외 없음 유의

o **평가근거** :「재난 및 안전관리 기본법 시행령」제42조 제1항 제1호

o **제출서식**

① 검토회의 : 개최계획(개최일시, 주재자 명시)d[대한 전자결제문서 또는 서면결제(자필 서명, 날짜 명시) 스캔본 또는 메모보고문서(수신확인된 보고선까지만 인정)

② 보고현황 : 최종결재 전자결재문서 또는 서면결재(자필 서명, 날짜 명시) 스캔본

③ 수립기한 : 1)지역 안전관리위원회 개최계획과 2)결과 보고(개최일시 명시)에 대한 전자결재문서 또는 서면결재(자필 서명, 날짜 명시) 스캔본 또는 메모보고문서

<table>
<tr><td rowspan="2">구분</td><td rowspan="2">1. 공통</td><td colspan="2">1-1. 기획</td><td>평가대상기관</td><td>시·도</td></tr>
<tr><td>평가방식</td><td>부서</td><td>배점</td><td>1점</td></tr>
<tr><td>지표명</td><td colspan="5">1-1-2. 불합리한 안전제도 개선 과제 발굴 및 제출</td></tr>
<tr><td rowspan="2">지표
구성</td><td colspan="4">측정대상</td><td>가중치(100)</td></tr>
<tr><td colspan="4">가. 불합리한 안전제도 개선 과제 발굴 실적</td><td>100</td></tr>
</table>

세부내용

가. 불합리한 안전제도 개선 과제 발굴 실적

○ **채점기준**

– 시·도에서 제출한 과제 중 '현장중심 안전제도 개선' 등 불합리한 안전제도 개선 추진 계획에 부합하는 과제의 개수*와 최종 확정 과제의 수용비율을 기준으로 함

* 안전관련성이 낮거나, 기존과제와 중복, 과제의 구체성이 떨어지거나 법규 개정사항이 아닌 경우 제외

구분	과제발굴 실적①	과제 수용비율*②	산정점수
산식	해당기관에서 제출한 과제 중 추진계획에 부합하는 과제 수	② = 해당시도 제안과제 중 부처에서 수용한 과제 수 / 지자체 전체 제안과제 중 부처에서 수용과제 수	(① x 9) +(② x 100)

* 해당기관에서 제안한 과제(추진계획에 부합하는 과제로 한정) 중 소관부처에서 최종 수용(수정수용 포함)하여 안전정책조정위원회 상정 등 부처합동대책으로 최종 확정된 과제의 비율

《(참고)불합리한 안전제도 개선 추진 절차(공공기관, 지자체 제안 과제)》

1단계		2단계		3단계
과제발굴 제출 (공공·지자체 → 행안부)	⇨	행안부 1차 검토 및 부처 검토요청(행안부 → 소관부처)	⇨	수용여부 판단 통보(소관부처 → 행안부)

○ **평가근거** : 「재난 및 안전관리 기본법」제34조의7 '22년 현장중심 안전제도 개선 추진계획(1~2월 중 공문으로 통보.)

○ **제출서식** : 제출서식 불요, 증빙자료는 안전제도과에 제출한 자료로 갈음함

<table>
<tr><td rowspan="2">구분</td><td rowspan="2">1. 공통</td><td colspan="2">1-2. 행재정 관리</td><td>평가대상기관</td><td>시·도,
시·군·구</td></tr>
<tr><td>평가방식</td><td>위원</td><td>배점</td><td>3점</td></tr>
<tr><td>지표명</td><td colspan="5">1-2-1. 재난관리 조직·인력 운영 적절성</td></tr>
<tr><td rowspan="4">지표
구성</td><td colspan="4">측정대상</td><td>가중치(100)</td></tr>
<tr><td colspan="4">가. 방재안전직 정원 확보 노력도</td><td>40</td></tr>
<tr><td colspan="4">나. 직급별 방재안전직 정원배정(복수직 포함) 현황</td><td>30</td></tr>
<tr><td colspan="4">다. 재난관리부서 근무자 인센티브 부여실적</td><td>30</td></tr>
</table>

세부 내용

가. (시·도, 시·군·구) 방재안전직 정원 확보 노력도(40)

ㅇ **채점기준**

– 총 정원 대비 방재안전직렬 정원 확보 실적 측정

(측정방식)

= ①(신규채용 여부) + ②(정원 확보 여부)

① 평가연도 방재안전직 신규채용 여부(20점)

: 평가연도에 신규 방재안전직을 1명 이상 채용한 경우 20점 부여

· 공채·경채·전직 등 채용방식 무관, 예) '11~'20 : OO직렬 근무, '21년 방재안전직으로 전직 ⇒ '21년 채용인원 반영

· '21년도 재난관리 평가를 '22년에 진행할 때, "평가연도"는 2021.12.31.까지 채용된 인원을 말함

② 평가연도 방재안전직 정원 확보 여부(20점)

: 평가연도에 방재안전직 정원을 1명 이상 추가 확보한 경우 20점 부여

· '21년도 재난관리 평가를 '22년에 진행할 때, "평가연도"는 2021년도 12월 31일까지 확정된 정원표를 말함
예) 평가전년도 대비 평가연도에 방재안전직 정원이 1명이라도 늘었으면 점수 부여

· 〈㉯ 지표〉의 복수직 정원 반영하였을 경우 중복인정 가능. 단, 추가확보가 아닌 경우 미인정
예) 현재 8급 직원이 7급으로 승진하기 위해, 8급 정원을 없애고 7급 정원을 반영하는 경우는 추가 확보로 인정받지 못함

ㅇ **평가근거** : 재난관리평가 지침

ㅇ **제출서식**

– 방재안전직 채용관련 문서 사본(채용자 수를 증빙할 수 있는 자료)

– 해당기관 정원표(평가연도 방재안전직 정원 확보 증빙 자료)

신규채용 여부		정원확보 여부	
채용	미채용	확보	미확보

* 증빙자료 별첨

나. (시·도, 시·군·구) 직급별 방재안전직 정원배정(복수직 포함) 현황(30)

○ **채점기준**

(측정방식)

= ①(방재안전직 최고급수 현황) + ②(방재안전직 직급의 연속성)

① 방재안전직 최고급수 현황(15점)

: 해당기관의 직급별 정원표상 방재안전직이 반영된 최종 직급을 평가

최고급수	5급	6급	7급	8급	9급
배점	15	12	9	6	3

* 직급별 정원표상 다른 직렬과 함께 복수직으로 정원을 배정한 경우에도 인정

② 방재안전직 직급의 연속성(15점)

: 해당기관의 직급별 정원표상 방재안전직 정원이 연속적으로 배정된 정도에 따라 평가

구분	4개 직급 이상 연속 배정	3개 직급 연속 배정	2개 직급 연속 배정	1개 직급 배정
배점	15	10	5	0

* 직급별 정원표상 다른 직렬과 함께 복수직으로 정원을 배정한 경우에도 인정

– 해당기관의 직급별 방재안전직 정원배정(복수직 포함) 현황

○ **평가근거** : 재난관리평가 지침

○ **제출서식** : 정원표(방재안전직 직급 확인 가능 서류)

다. (시·도, 시·군·구) 재난관리부서 근무자 인센티브 부여실적(30)

○ **채점기준**

– 재난관리부서 근무자 대상(재난관리부서, 모든 재난안전 매뉴얼 업무 담당자, 계장, 과장을 말함) 승진 가점부여, 인사가점(근평실적 등) 부여, 전문관 직위부여, 국내·외 연수기회, 국외훈련 및 파견 기회, 특별휴가, 시간외 수당 개선, 자체 표창 등 각종 인센티브 부여 여부

구분	4종 이상	3종	2종	1종	미실시
배점	30	20	10	5	0

【인정되는 것】

* 승진·인사가점 부여(해당기관 인사지침 명시여부로 확인) / 전문관 직위부여(재난관리 관련 부서 근무자의 전문관 직위지정 및 관련 수당 지급 등) / 국내·외 연수시행(배낭여행 등) / 국외 훈련 및 파견(재난관리 관련부서 근무자 우대) / 재난업무 유공자 특별휴가 실시 / 재난업무 수행자에 대한 시간 외 근무수당 우대 / 재난관리업무 우수공무원에 대한 해당기관의 자체표창 (※ 공적내용이 재난업무 내용이어야 함을 유의)
단, 같은 종류로 여러명이 받은 인센티브는 1종으로 인정됨(예, 단체로 국내연수를 갔을 경우 1건으로 인정됨)

【미 인정되는 것】

* 일괄적으로 시행하거나 타 기관 평가에서 수상하여 포상하는 것 등은 불인정

【예외인정 요청】

* 기타 해당기관에서만 특별히 재난관리부서 근무자에게 인센티브를 시행하는 경우, 중앙재난관리평가위원회 또는 자체평가위원회에 인정 요청하면 위원회에서 최종 결정

o **평가근거** : 재난관리평가 지침

o **제출서식**

연번	건명	내용	비고
합계	0 종 부여		

* 실제 증빙서류 별첨

<table>
<tr><td rowspan="2">구분</td><td rowspan="2">1. 공통</td><td colspan="2">1-2. 행재정 관리</td><td>평가대상기관</td><td>시·도,
시·군·구</td></tr>
<tr><td>평가방식</td><td>부서</td><td>배점</td><td>시도 2점
시군구 3점</td></tr>
<tr><td>지표명</td><td colspan="5">1-2-2. 재난안전분야 재정투자계획 확대 실적</td></tr>
<tr><td rowspan="2">지표
구성</td><td colspan="4">측정대상</td><td>가중치(100)</td></tr>
<tr><td colspan="4">가. 지자체 재난 및 안전관리 사업예산 증가 실적</td><td>100</td></tr>
</table>

세부 내용

가. (시·도, 시·군·구) 안전관리계획상 재정투자계획 증가 실적(100)

ㅇ **채점기준**

– '22년 대비 '23년 편성 재난안전예산*의 증가 비율에 따라 점수 부여

> ※ 산식 : 증가율(%) = '23회계연도 재난안전예산 / '23회계연도 재난안전예산

구분	10% 초과	10% 이하 ~7.5% 초과	7.5% 이하 ~ 5% 초과	5% 이하 ~2.5% 초과	2.5% 이하 ~ 0% 초과	0% (전년동)	0%미만
배점	100	85	70	55	40	25	10

※ 재난안전 예산 : 지방자치단체의 모든 사업 중 「재난안전법」제10조의4 제1항에 따라 제1호부터 제5호까지에 속하는 사업으로서, 지방재정관리시스템(e호조) 상 재난안전 속성을 부여한 사업의 예산액 기준

ㅇ **평가근거**

–「재난 및 안전관리 기본법」제10조의4, 지자체 재난안전예산 사전검토 운영지침

ㅇ **제출서식**

– 지자체 재난안전예산 사전검토(재난안전법 제10조의4)를 완료한 '22회계연도 및 '23회계연도 재난안전예산 현황 공문 제출(시·도 취합제출, 시군구→시도→행안부)

'23회계연도 재난안전예산(①)	'22회계연도 재난안전예산(②)	증가율 (②/①×100)	점수
백만원	백만원	%	

※ 증빙자료(미제출 시 0점 처리)

1. '22회계연도와 '23회계연도의 의회확정 재난안전예산 현황 공문 제출

2. 지방재정관리시스템(e호조)에서 입력·추출한 재난안전예산 현황(엑셀) 자료만 인정

<table>
<tr><td rowspan="2">구분</td><td rowspan="2">1. 공통</td><td colspan="2">1-2. 행재정 관리</td><td>평가대상기관</td><td>시·도,
시·군·구</td></tr>
<tr><td>평가방식</td><td>부서</td><td>배점</td><td>3점</td></tr>
<tr><td>지표명</td><td colspan="5">1-2-3. 재난관리기금 관리 실적</td></tr>
<tr><td rowspan="5">지표
구성</td><td colspan="4">측정대상</td><td>가중치(100)</td></tr>
<tr><td colspan="4">가. 당해 연도 재난관리기금 법정기준액 이상 확보 실적</td><td>30</td></tr>
<tr><td colspan="4">나. 재난관리기금 누적기준 100% 충족 여부 적용</td><td>30</td></tr>
<tr><td colspan="4">다. 당해 연도 의무예치금액 법정기준액 이상 확보 실적</td><td>25</td></tr>
<tr><td colspan="4">라. 당해 연도 재난관리기금 법정기준액 이상 잔액 확보 실적</td><td>15</td></tr>
</table>

세부 내용

가. (시·도, 시·군·구) 당해 연도 재난관리기금 법정기준액 이상 확보 실적(30)

○ **채점기준**

– 재난관리기금 확보액은 이자를 제외한 금액임(※ 12.31. 기준으로 평가)

구분	100% 이상 확보	100% 미만 확보
배점	30	0

※ 단, 서울특별시는 「지방세기본법」 제9조에 따른 특별시분 재산세 제외, 서울특별시 관할구역의 자치구는 「지방세기본법」 제10조에 따라 교부받은 특별시분 재산세를 포함

○ **평가근거** : 「재난 및 안전관리 기본법」제67조(재난관리기금의 적립), 제68조

○ **제출서식**

– 당해 연도 재난관리기금 확보 실적

당해 연도 확보 기준액*(①)	확보액**(②)	확보율 (②/①×100)	점수
백만원	백만원	%	

※ 증빙서류 별첨

* 자치단체 최근 3년 결산서(해당 금액 표기)

** 당해 연도 자치단체 세입예산사업명세서(해당 금액 표기), 전용계좌(당해연도 일반회계에서 적립된 금액 표시)

나. (시·도, 시·군·구) 재난관리기금 누적기준 100% 충족 여부 적용(30)

○ **채점기준**

– 재난관리기금 확보액은 이자를 제외한 금액임(※ 12.31. 기준으로 평가)

구분	100%이상	100%미만 ~90%이상	90%미만 ~70%이상	70%미만 ~50%이상	50% 미만
배점	30	25	20	15	10

※ 단, 서울특별시는 「지방세기본법」 제9조에 따른 특별시분 재산세 제외, 서울특별시 관할구역의 자치구는 「지방세기본법」 제10조에 따라 교부받은 특별시분 재산세를 포함

○ **평가근거** : 「재난 및 안전관리 기본법 시행령」 제74조(재난관리기금의 용도), 제 75조

○ **제출서식**

– 누적 기준 재난관리기금 확보 실적

누적 확보 기준액(①)	누적 확보액(②)	확보율 (②/①×100)	점수
백만원	백만원	%	

※ 증빙서류 별첨

* 재난관리기금 전용 계좌(당해연도 일반회계에서 적립된 금액 표기)

다. (시·도, 시·군·구) 당해 연도 의무예치금액 법정기준액 이상 확보 실적(25)

○ **채점기준**

– 재난관리기금의 최저 적립액*의 15%이상** 확보 여부(與–25점, 否–0점)

* 최저적립액 : 최근 3년동안의「지방세법」에 의한 보통세의 수입결산액의 평균연액의 1%

** 단, 의무예치금액의 누적 금액이 해당 연도의 최저 적립액의 10배를 초과한 경우 5%로 낮추어 예치

※ 12.31. 기준으로 평가

○ **평가근거** :「재난 및 안전관리 기본법 시행령」제74조(재난관리기금의 용도), 제75조

○ **제출서식**

– 재난관리기금 의무예치금액의 법정기준 준수 여부

당해 연도 최저적립액×15%	당해 연도 의무예치금액	확보(여/부)	점수
백만원	백만원		

* 증빙서류 별첨

– 당해 연도 자치단체 세출예산사업명세서(해당 금액 표기)

** 의무예치금 전용 계좌(당해연도 의무예치금으로 예치한 금액 표기)

라. (시·도, 시·군·구) 당해 연도 재난관리기금 법정기준액 이상 잔액 확보 실적(15)

○ **채점기준**

– 재난관리기금 연말잔액이 최저적립액* 이상 확보 여부(與–15점, 否–0점)

* 최저적립액 : 최근 3년동안의「지방세법」에 의한 보통세의 수입결산액의 평균연액의 1%

※ 의무예치금을 포함한 재난관리기금 전체 잔액(12.31. 기준으로 평가)

○ **평가근거** :「재난 및 안전관리 기본법 시행령」제74조(재난관리기금의 용도), 제75조

○ **제출서식**

– 재난관리기금 연말잔액 기준 최저적립액 이상 잔액 확보 여부

당해 연도 확보 기준액	재난관리기금			확보 (여/부)	점수	비고
	계	일반예치금	의무예치금			
백만원	백만원	백만원	백만원			

* 증빙서류 별첨

– 재난관리기금 전용계좌 및 의무예치금 전용 계좌 잔액증명서(해당 금액 표기)

<table>
<tr><td rowspan="2">구분</td><td rowspan="2">1. 공통</td><td colspan="2">1-3. 리더십</td><td>평가대상기관</td><td>시·도,
시·군·구</td></tr>
<tr><td>평가방식</td><td>위원</td><td>배점</td><td>5점</td></tr>
<tr><td>지표명</td><td colspan="5">1-3-1. 기관장 인터뷰</td></tr>
<tr><td rowspan="3">지표
구성</td><td colspan="4">측정대상</td><td>가중치(100)</td></tr>
<tr><td colspan="4">가. 기관장 인터뷰 참여</td><td>30</td></tr>
<tr><td colspan="4">나. 기관장 인터뷰 결과</td><td>70</td></tr>
</table>

세부 내용

가. (시·도, 시·군·구) 기관장 인터뷰 참여(30)

○ **채점기준**

– 기관장 인터뷰 참여 여부에 따라 점수 부여

구분	기관장 인터뷰 참여	부기관장 인터뷰 참여	기관장 인터뷰 미참여
배점	30	10	0

* 기관장 부재로 직무대행체제인 경우 기관장 인터뷰로 인정함

○ **평가근거** : 재난관리평가 지침

○ **제출서식** : 해당없음

나. (시·도, 시·군·구) 기관장 인터뷰 결과(70)

○ **채점기준**

– 기관장 인터뷰 결과 재난관리에 대한 업무방침(비전), 추진계획(의지), 대응역량(업무숙지도) 등 재난관리에 대한 종합적 평가(정성)

구분	탁월 (상위 20%까지)	우수 (상위 40%까지)	보통 (60~100%)	미참여
배점	70	45	30	0

※ 탁월/우수한 기관이 없을 시, 전체(100%) 보통으로 평가할 수 있음

※ 최종 배점은 중앙 및 자체 재난관리평가위원회에서 결정

※ 인터뷰 질문(인터뷰 2일 전 서면 자료를 평가시스템 게시판에 제출)

① ○○기관 차원에서 재난안전관리를 위한 특별한 비전과 추진계획이 있으십니까?

② 전년도 ○○기관의 주요 재난사고가 있습니까? 있다면 그에 대한 재발방지대책은 어떻게 추진하고 계십니까?

③ ○○기관 소관 재난안전관리의 가장 큰 위해요소는 무엇이라 생각하십니까? 기관의 유해요소를 줄이기 위해 어떤 대책을 추진하고 계십니까?

④ 재난 발생 시 ○○기관의 역할에 대해 알고 계십니까?
(중앙) 중앙안전관리위원회, 중앙재난안전대책본부 등의 구성·기능·역할 등에 대해 알고 계십니까?
(지자체) 지역대책본부 등의 구성·기능·역할 등에 대해 알고 계십니까?

⑤ 타 기관에 모범이 될만한 ○○기관만의 재난안전관리를 위한 특수시책이 있습니까?

⑥ 재난안전부서 역량 제고를 위한 인사, 조직 보강 등 시행하고 계신 것이 있습니까?

⑦ 재난안전분야 예산은 어느 정도 확보하여 어떻게 운용할 계획이십니까?

⑧ 재난안전분야 교육·행사·훈련 참여에 대한 조직 차원의 활성화 방안이 있습니까?

⑨ 중앙부처, 지자체 또는 민간분야와 재난안전분야 상호협력을 위해 노력한 사항이 있습니까?

○ **평가근거** : 재난관리평가 지침

○ **제출서식** : 서면 인터뷰 자료

구분	1. 공통	1-3. 리더십		평가대상기관	시·도, 시·군·구
		평가방식	부서	배점	3점
지표명	1-3-2. 전년도 재난안전관리 미흡사항 개선				

지표 구성

측정대상	가중치(100)	
가. 전년도 재난안전관리 미흡사항 개선(시·도, 시·군·구)	50	100
나. 관할 시군구 미흡사항 개선율(시도)	50	

세부 내용

가. (시·도, 시·군·구) 전년도 재난안전관리 미흡사항 개선(50, 100)

ㅇ **채점기준**

* 전년도 평가 결과 미흡지표가 없는 경우 만점(50, 100) 부여

1) 평가 결과 미흡사항 개선을 위해 계획을 수립하고 개선 노력

– 미흡사항 개선계획 수립은 결재 단계에 따라 차등점수 부여

구분	단체장	부단체장	실장	국·과장급
배점(시도는 50%)	40	30	10	0

※ 미흡사항 개선을 위해 충분한 기간이 필요한 점을 고려해 공식적으로 통보된 기한 이후에결재를 받은 경우 상기 배점의 50% 적용

2) 전년도 재난관리평가 결과 미흡사항 개선 실적

잔여(개선되지 않은) 미흡지표 수	0개	1개	2개	3개 이상
배점(시도는 50%)	60	40	20	0

ㅇ **평가근거** : 재난관리평가 지침

ㅇ **제출서식**

1) 미흡사항 개선계획 결재본(전자 또는 서면(날짜 포함), 메모보고(수신확인된 경우))

2) 각 지표별 개선 성과 자료(각 미흡지표별 등록)

※ 재난관리평가시스템을 통해 제출(평가환류→미흡사항관리), 개선계획 결재본은 최상단 미흡지표에 등록

나. (시·도) 관할 시군구 미흡사항 개선율(50)

ㅇ **채점기준**

– 전년도 관할 시·군·구 미흡지표의 개선율이 높을수록 가점 부여

관할 시군구의 미흡지표 개선율	95% 이상	95% 미만 ~ 90% 이상	90% 미만 ~ 85% 이상	85% 미만 ~ 80% 이상	80% 미만
배점	50	40	30	20	0

※ 평가 대상으로 관할 시군구가 없는 세종시와 제주도의 경우 15개 시도의 평균값 부여

※ 미흡지표 개선율은 소수점 첫째자리에서 반올림

ㅇ **평가근거** : 재난관리평가 지침

ㅇ **제출서식** : 해당없음

구분	예방	2-1. 교육 및 홍보		평가대상기관	시·도, 시·군·구
		평가방식	부서	배점	2점
지표명	2-1-1. 재난 및 안전관리 업무담당자 전문교육 실적				
지표 구성	측정대상				가중치(100)
	가. 재난안전 전문교육 이수 실적				100

세부 내용

가. (시·도, 시·군·구) 재난안전 전문교육 이수 실적(100)

○ **채점기준**

– 재난안전 전문교육 이수율에 따라 반기별로 점수 부여

※ 기한 내 제출서식(증빙자료 포함) 자료 미제출시 0점 처리

구분	100%	100% 미만 ~ 95% 이상	95% 미만 ~ 90% 이상	90% 미만
배점	50	40	30	0

※ 상반기, 하반기 점수 동일('22.06.30., '22.12.31. 기준)

○ **평가근거**

–「재난 및 안전관리 기본법」 제29조의2

– 2022년 재난안전분야 종사자 전문교육 운영 기본계획

○ **제출서식**

재난안전종사자1)	교육 이수 대상자2) A = B + C	교육 이수자3)(명) B	교육 미이수자4)(명) C	이수율4)(%) D = B / A

1) 재난안전종사자 : 재난안전 전문교육 운영 기본계획 대상자 구분 참고

2) 법반기별 교육 이수 대상자 : 교육 대상자 중 신규 또는 정기교육을 받아야 하는 법정시한*이 상반기('22.1.1.~6.30) 또는 하반기('22.7.1.~12.31.)에 도달한 사람

* 신규교육 : 재난 및 안전관리 업무를 맡은 후 6개월이 되는 때

기교육 : 재난 및 안전관리 업무를 맡은 후 6년이 지난 때로부터 매 2년이 되는 때

3) 교육 이수자 : 법정이수 대상자 중 소정의 교육*을 이수한 사람

* 관리자 : 7시간, 실무자 : 14시간

4) 교육 미이수자 : 교육 이수 대상자 중 교육 시간 미충족하거나 미이수한 사람

5) 교육 이수율 : 교육 이수자/교육 이수 대상자 × 100

* 증빙자료 별첨 : 기관별 재난안전 전문교육 반기별 이수 현황(상·하반기 공문)

<table>
<tr><td rowspan="2">구분</td><td rowspan="2">2. 예방</td><td colspan="2">2-1. 교육 및 홍보</td><td>평가대상기관</td><td>시·도,
시·군·구</td></tr>
<tr><td>평가방식</td><td>부서</td><td>배점</td><td>2점</td></tr>
<tr><td>지표명</td><td colspan="5">2-1-3. 안전교육 및 문화운동 추진 실적</td></tr>
<tr><td rowspan="3">지표
구성</td><td colspan="4">측정대상</td><td>가중치(100)</td></tr>
<tr><td colspan="4">가. 생애주기별 안전교육 추진 실적</td><td>50</td></tr>
<tr><td colspan="4">나. 안전문화운동추진 활동 실적</td><td>50</td></tr>
</table>

세부 내용

가. (시·도, 시·군·구) 생애주기별 안전교육 추진 실적(50)

※ 제1차 국민 안전교육 기본계획(중앙안전관리위원회 심의/'17.12월)에 따른 68개 안전세부영역에 대한 안전교육 추진 실적

○ **채점기준**

– (시·도) 생애주기별 68개 안전세부영역에 대한 안전교육 실적

안전교육 실시 안전세부영역	40개 이상	39개~30개	29개~20개	19개~10개	9개~5개
배점	50	40	30	20	10

– (시·군·구) 생애주기별 68개 안전세부영역에 대한 안전교육 실적

안전교육 실시 안전세부영역	20개 이상	19개~15개	14개~10개	9개~5개	4개~2개
배점	50	40	30	20	10

※ 안전교육은 일반국민을 대상으로 하되, 특정한 재난 및 안전관리 업무를 수행하기 위해 개별법에 근거하여 의무교육을 받도록 한 대상에 대한 안전교육은 제외

※ 안전교육 실시 기준은 강사가 안전세부영역에 대하여 일반 국민을 대상으로 실제 안전교육(집합교육, 온라인 교육 등 비대면 안전교육 포함)을 실시한 경우만 인정

※ 체험관의 체험교육은 포함하며, 한 개의 교육과정에 여러개의 안전영역이 포함된 경우에는 안전영역 수만큼 인정하되, 교육이 아닌 홍보 실적은 불인정

○ **평가근거** : 「국민 안전교육 진흥 기본법」 제3조(국가 등의 책무)

○ **제출서식(증빙자료 포함)**

연번	분야 (6개)	영역 (23개)	세부영역 (68개)	추진여부	주관부서	안전교육 실시 세부영역 합계	점수
1	생활안전					OO개	OO점
2	교통안전						
3							
⋮							
68							

* 증빙자료 별첨 : 세부영역별 안전교육 실시를 증빙할 수 있는 실적보고서 및 자료(연번순)

나. (시 · 도, 시 · 군 · 구) 안전문화운동추진 활동 실적(50)

ㅇ **채점기준**

구분	안문협 구성(5점)		운영조례 제정(5점)		민·관 협업 안전문화 활동(20점)					안전문화 우수사례 발굴 (20점)			
										우수사례 선정	제출건수		
	여	부	여	부	4회 상	3회	2회	1회	미실시		2건 이상	1건	미제출
배점	5	0	5	0	20	15	10	5	0	10	10	5	0

※ 운영조례 제정 : 지자체 안전문화운동추진협의회 운영조례(또는 운영규정) 제정 여부

※ 민·관 협업 안전문화 활동 : 안전문화 확산을 위한 민·관 MOU 체결(건당 1회), '코로나19 극복' 등 안전의식 개선(안전수칙 실천)을 위한 민·관 협업 캠페인 및 홍보 (온·오프라인 광고, 기고문, 홍보물 배포 등) 실적(기관(단체)가 안문협 회원이 아닌 경우에도 인정)

※ 안전문화 우수사례 발굴

- 우수사례 선정 : 최근 3년('19~'21년) 내 안전문화대상 수상 여부
- 제출건수 : 2021년 안전문화 우수사례 공모전에 제출한 사례(개인, 단체) 건수(공적조서 상 추천기관이 평가대상기관이어야 인정)

ㅇ **평가근거** : 재난관리평가 지침

ㅇ **제출서식(증빙자료 포함)**

안문협 구성		운영조례 제정여부	민·관 협업 안전문화 활동 횟수	우수사례 선정		안전문화 우수사례 제출건수
일자	위원수			연도	훈격	
	OO명		OO회			OO건

* 증빙자료 별첨 : 추진실적을 증빙할 수 있는 실적보고서 및 자료

<table>
<tr><td rowspan="2">구분</td><td rowspan="2">2. 예방</td><td colspan="2">2-2. 유형별 저감활동</td><td>평가대상기관</td><td colspan="2">시·도,
시·군·구</td></tr>
<tr><td>평가방식</td><td>부서</td><td>배점</td><td colspan="2">3점</td></tr>
<tr><td>지표명</td><td colspan="6">2-2-1. 지진 안정성 확보</td></tr>
<tr><td rowspan="6">지표
구성</td><td colspan="4">측정대상</td><td colspan="2">가중치(100)</td></tr>
<tr><td colspan="4">가. 기존 공공시설물 내진보강사업 추진 실적(시·도, 시·군·구)</td><td>40</td><td>60</td></tr>
<tr><td colspan="4">나. 기존 공공시설물 내진보강대책 추진사항 점검 실적(시·도)</td><td>10</td><td></td></tr>
<tr><td colspan="4">다. 지진안전 시설물 인증지원사업 추진 실적(시·군·구)</td><td>25</td><td>25</td></tr>
<tr><td colspan="4">라. 시도 주관, 지진·지진해일 대비 훈련 추진 실적(시·도)</td><td>15</td><td></td></tr>
<tr><td colspan="4">마. 지진 피해시설물 위험도 평가단 운영부서 지정 및 평가단원 교육 실적(시·도, 시·군·구)</td><td>10</td><td>15</td></tr>
</table>

세부 내용

가. (시·도, 시·군·구) 기존 공공시설물 내진보강사업 추진실적(40, 60)

○ **채점기준**

– '22년 기관별 내진보강사업(성능평가 및 보강공사) 계획* 대비 완료 실적**

* 전년도 12월 31일까지 수립한 기관별 '22년도 기존 공공시설물 내강보강대책 상의 계획 건수

** 행정안전부 '공공시설물 내진보강 정보관리시스템'에 입력된 '22년 내진보강 추진실적

(측정방식)

$$= \frac{\text{('22년 내진성능평가 완료 건수 + '22년 내진보강공사 완료 건 수)}}{\text{('22년 내진성능평가 계획 건수 + '22년 내진보강공사 계획 건 수)}} \times 100$$

추진실적	100% 이상	100% 미만 ~ 90% 이상	90% 미만 ~ 80% 이상	80% 미만 ~ 70% 이상	70% 미만 ~ 60% 이상	60% 미만
시도	40	35	30	25	20	15
시군구	60	50	40	30	20	10

※ 내진성능평가 및 내진보강공사 완료일(준공일) 기준('22.1.1. ~ '22.12.31.) 실적 인정

* 단, 재개발 예정 등 외부요인에 따라 사업추진이 불가피하게 변경된 경우, 1년 이상의 연차 사업을 추진 중인 경우에도 기관의 사업추진 노력도 증빙시 감점하지 아니함

※ 내진율 100% 기 확보 등으로 내진보강 대상시설이 없는 경우 또는 내진보강기본계획에 따라 정상 추진 중인 경우는 가중치 만점 부여

※ 기관에서 관리 중인 시설물 중 내진성능 미확보 시설물이 있음에도 예산 미확보 등으로 인해

– 계획에 미반영(0) 되었으며, 실적도 없는(0) 경우, 시도 7.5점, 시군구 5점,

– 계획에 미반영(0) 되었으나, 실적이 일부 있는(1개 이상) 경우, 시도 5점, 시군구 10점 부여

○ **평가근거** : 「지진·화산재해대책법」제16조(기존 시설물의 내진보강 추진 등)

○ **제출서식**

<table>
<tr><th rowspan="2">구분</th><th rowspan="2">백분율(%)
(B / A)</th><th colspan="3">계획(건수)</th><th colspan="3">완료(건수)</th></tr>
<tr><th>계(A)</th><th>내진성능평가</th><th>내진보강공사</th><th>계(A)</th><th>내진성능평가</th><th>내진보강공사</th></tr>
<tr><td>기관명</td><td></td><td></td><td></td><td></td><td></td><td></td><td></td></tr>
</table>

※ 증빙자료 별첨

– 전년도 12월 31일까지 수립한 '22년 기존 공공시설물 내진보강대책(결제 공문 포함)

– 공공시설물 내진보강 정보관리시스템에 입력한 '22년 내진보강 추진실적 현황*(다운로드 혹은 캡쳐본)

– 기타 연차사업 등 내진보강사업 정상추진 관련 증빙자료(필요시)

나. (시·도) 기존 공공시설물 내진보강대책 추진사항 점검 실적(10)

○ **채점기준**

– '22년 기존 공공시설물 내진보강대책 추진사항 자체점검* 횟수에 따라 점수 부여

* '3단계('21~'25) 기존 공공시설물 내진보강 기본계획' 목표 물량 대비 이행률 포함

구분	4회 이상	3회	2회	1회	미실시
점수	10	8	6	4	0

※ 내진율 100% 기 확보 등으로 내진보강 대상시설이 없는 경우 또는 내진보강기본계획에 따라 정상 추진 중인 경우는 10점 부여

※ 기관에서 관리 중인 시설물 중 내진성능 미확보 시설물이 있음에도 내진보강대책을 수립하지 않은 경우 0점 부여

○ **평가근거** : 「지진·화산재해대책법」 제16조(기존 시설물의 내진보강 추진 등), 3단계 기존 공공시설물 내진보강 기본계획(2021~2025)

○ **제출서식**

– '22년 기존 공공시설물 내진보강대책 추진사항 점검 결과 보고서(분기별)

– 자체점검 실시 여부 증빙을 위한 결재문서 등(전자 또는 수기)

다. (시·도, 시·군·구) 지진안전 시설물 인증지원사업 추진 실적(25, 25)

○ **채점기준**

– '22년 지진안전 시설물 민간 인증 실적

<table>
<tr><th rowspan="2">구분</th><th colspan="3">실 시</th><th rowspan="2">미실시</th></tr>
<tr><th>상
(지자체 순위 상위 20%)</th><th>중
(지자체 순위 상위
20~50%)</th><th>하
(지자체 순위 상위
50~100%)</th></tr>
<tr><td>배점</td><td>25</td><td>20</td><td>15</td><td>0</td></tr>
</table>

▸ 산정방법 = '22년 시군구별 지진인증사업실적 x 가중치*

* 가중치 = 시군구별 건축물 개소**에 따른 가중치 적용

가중치	2.0	1.5	1.0

시·도	20만 개소 이하	20만 ~ 50만 개소	50만 개소 이상
	5개 시도	6개 시도	6개 시도
	광주 대전 울산 세종 제주	부산 대구 인천 강원 충북 전북	성루 경기 충남 전남 경북 경남

시·군·구	2.5만 이하	2.5만 ~ 3.5만	3.5만 이상
	92개 시군구	65개 시군구	69개 시군구
	과천시 안양시 옹진군 진천군 영월군 함양군 등	동대문구 시흥시 수성구 완도군 영동군 하동군 등	강화군 안산시 거제시 포항시 천안시 창원시 등

** 국토교통부 세움터 건축물 현황 자료 기준

※ 인증 실적은 인증 신청일 기준, 내진성능평가 불만족(NG)인 경우 1건 당 0.5건으로 인정

○ **평가근거** : 「지진·화산재해대책법」제16조의3(지진안전 시설물의 인증 및 인증의 취소)

○ **제출서식**

구분	평가연도 지진인증 신청 건수	내진성능평가 불만족(NG) 건수
시·도명		

※ 증빙자료 별첨(제출 건별 실적 등을 확인할 수 있는 자료)

라. (시·도) 시도 주관, 지진·지진해일 대비 훈련 추진 실적(15)

○ **채점기준**

– 시·도 주관, 지진·지진해일 대비 훈련 추진 실적(연2회)

시도 주관 훈련 횟수	점수	시군구 훈련 참여율(2회 평균)	점수	총 점수
2회 모두 실시	5	전체 시군구 중 평균 참여율 100%	10	15
		전체 시군구 중 평균 참여율 80% 이상	7	12
		전체 시군구 중 평균 참여율 50% 이상	3	8
		전체 시군구 중 평균 참여율 50% 미만	0	5
1회만 실시	3	전체 시군구 중 평균 참여율 100%	10	13
		전체 시군구 중 평균 참여율 80% 이상	7	10
		전체 시군구 중 평균 참여율 50% 이상	3	6
		전체 시군구 중 평균 참여율 50% 미만	0	3
미실시	0	=	=	0

○ **평가근거** : 재난관리평가 지침

○ **제출서식** : 훈련 계획서(결재본) 및 결과 보고서 등 훈련 결과물

마. (시·도, 시·군·구) 지진 피해시설물 위험도 평가단 운영부서 지정 및 평가단원 교육 실적(10, 15)

○ 채점기준

– 시·도, 시·군·구 지진 피해시설물 위험도 평가단 운영부서 지정 및 위험도 평가 단원 교육 시릿 여부

구분		시·도	시·군·구
피해 건축물 위험도 평가단 운영 부서	건축담당 부서	5	8
	재난대응 부서	0	0
위험도 평가단원 교육 여부	평가단원 교육 실시	5	7
	평가단원 교육 미실시	0	0

○ 평가근거 : 「지진·화산재해대책법」제21조(피해시설물 위험도 평가)

○ 제출서식

– 행동매뉴얼, 지진 피해시설물 위험도 평가단 운영 계획 등 건축담당부서 임무·역할 발췌

– 시도, 시군구 지진 피해시설물 위험도 평가단원 교육 실적(교육자료 제공 포함)

<table>
<tr><td rowspan="2">구분</td><td rowspan="2">2. 예방</td><td colspan="2">2-2. 유형별 저감활동</td><td>평가대상기관</td><td>시·도</td></tr>
<tr><td>평가방식</td><td>위원</td><td>배점</td><td>3점</td></tr>
<tr><td>지표명</td><td colspan="5">2-2-2. 소관분야 유형별 저감활동</td></tr>
<tr><td rowspan="2">지표 구성</td><td colspan="4">측정대상</td><td>가중치(100)</td></tr>
<tr><td colspan="4">가. 관내 재난사고 예방을 위한 점검활동 추진</td><td>100</td></tr>
</table>

세부 내용

가. (시·도) 관내 재난사고 예방을 위한 점검활동 추진(100)

○ **채점기준**

– 관내 재난사고 예방을 위한 자체적인 점검 활동 추진

구분	전수 점검 (80% 이상 ∩ 30개소 이상)	표본 점검 (20% 이상 ∩ 5개소 이상)
배점	건당 15점	건당 5점

※ 전체 현황이 30개소가 되지 않는 전수조사는 표본 점검으로 인정

【인정되는 것】

– (유형별 점검활동) 산재, 방역, 지역축제, 산불, 화학사고, 공사장 안전사고, 붕괴, 사고다발지역(도로, 터널), 물놀이 사고, 내수면 인명 사고, 연안 해양사고 등 예방을 위한 선제적으로 실시한 점검

– (시설별 점검활동) 전통시장, 다중밀집건축물, 다중생활시설(예. 고시원), 노유자시설(예. 요양원) 등

※ 동 재난사고 유형이나 시설 점검의 경우 일반적으로 1건으로 인정되나, 3개월 이상의 시간 차이가 있고, 추가 점검의 효과가 있을 것으로 예상되는 경우 최대 2건으로 인정될 수 있음

– (점검 방식) 자체 점검(시·도 주관, 지역소방본부 주관)

※ 중앙부처 주관 합동점검 제외됨

【미 인정되는 것】

– 방재시설(2-3-1), 유·도선 현장 안전점검(2-2-7), 민간 다중이용시설(3-5-5), 여름철 및 겨울철 점검(3-5-3) 등 평가연도 재난관리평가 지표로 포함된 유형은 제외

– 전체 현황(추정치도 인정)이 파악되지 않거나, 전체의 20% 미만(5개소 미만)로 표본 점검을 한 경우

– 계획서만 있고 해당 결과보고서가 없는 경우(계획서와 결과보고서 모두 있어야 인정되나, 점검 기간이 평가연도를 넘기거나, 연말에 추진(점검 마감)하여 결과보고서를 작성할 충분한 시간적 여유가 없는 경우는 평가위원의 판단에 따라 전수, 표본 점검 관계없이 10점 범위 내(전수10, 표본5) 인정 가능)

【판단 예시】

구분	방역			안전점검		
합동	시·도 주관 합동 방역점검(2월) – 표본			요양원 화재 안전점검(2월) – 표본		
자체	체육시설 자체 점검	체육시설 자체 점검	체육시설 자체 점검	**노유자시설** 화재 안전점검	요양원 **대피 계획 점검**	**고시원** 화재 안전점검
	표본**(3월)**	**전수**(4월)	**전수(6월)**	표본(3월)	표본(3월)	표본(3월)
인정	1건(5)	1건(15)	2건(20)	1~2건*	1~2건*	1~2건*

* 점검 목적, 전체 표본 수, 점검 시기, 효과 등을 고려하여 평가위원 판단

※ 방역점검(재난사고 유형) 시 식당, 체육시설, 종교시설 등 다양한 시설 유형을 실시하여도 최대 2건 인정

○ **평가근거** : 재난관리평가 지침

○ **제출서식** : 관련 계획서 및 결과보고서 결재본

연번	배점	건명	주요내용	일정	주관	비고
1	15	경기도 아파트 옥상 출입문 실태조사(전수)	화재발생 시 피난경로 이탈 우려대상 환경 개선	00.00. ~00.00.	경기도 (소방재난본부)	증빙1
2						
⋮						

<table>
<tr><td rowspan="2">구분</td><td rowspan="2">2. 예방</td><td colspan="2">2-2. 유형별 저감활동</td><td>평가대상기관</td><td colspan="2">시·도, 시·군·구</td></tr>
<tr><td>평가방식</td><td>부서</td><td>배점</td><td colspan="2">2점</td></tr>
<tr><td>지표명</td><td colspan="6">2-2-3. 가축질병(AI, ASF) 재난 저감활동 실적</td></tr>
<tr><td rowspan="5">지표 구성</td><td colspan="4">측정대상</td><td colspan="2">가중치(100)</td></tr>
<tr><td colspan="4">가. 가축전염병 예방 및 관리대책 수립·개정 여부</td><td>20</td><td>20</td></tr>
<tr><td colspan="4">나. 양돈농장의 강화된 방역시설 설치 비율</td><td>30</td><td>30</td></tr>
<tr><td colspan="4">다. 야생멧돼지 포획 실적 달성 여부</td><td>20</td><td>20</td></tr>
<tr><td colspan="4">라. 가축전염병 발생 시 긴급 살처분 적정 대응 여부</td><td>30</td><td>30</td></tr>
</table>

세부 내용

가. (시·도, 시·군·구) 가축전염병 예방 및 관리대책 수립·개정 여부(20)

○ **채점기준**

– 가축전염병 예방 및 관래대책을 수립하였는지 여부 및 개정 여부

구분	평가 요소	비고
가축전염병 예방 및 관리대책 수립 및 개정여부	관리대책을 수립하였는지 여부(20) * 단, 수립하고 3년 주기의 개정이 없는 경우 10점 부여	–

○ **평가근거** : 「가축전염병 예방법」제3조 제1항

○ **제출서식** : 가축전염병 예방 및 관리대책 수립 또는 개정 작업 결재본(국과장 전자 또는 수기 결제 得) 시스템 입력(기한: '23.1.6.)

나. (시·도, 시·군·구) 양돈농장의 강화된 방역시설 설치 비율(30)

○ **채점기준**

– 가축전염병 예방법 시행규칙 제3조의5 별표1의2에 따른 방역시설을 갖춘 농장의 비율

평가 요소	점수					
전체 양돈농장 중 방역시설 설치 농장 비율	100%	100% 미만 ~ 80% 이상	80% 미만 ~ 60% 이상	60% 미만 ~ 40% 이상	40% 미만 ~ 20% 이상	20% 미만
	30	25	20	15	10	5

※ 농림축산검역본부 점검결과 미흡한 농장이 보완되지 않은 경우 해당 인정비율에 제외

○ **평가근거** : 「가축전염병 예방법」시행규칙 제3조의 5 및 별표1의2

※ ① 중점방역관리지구로 지정되어 강화된 방역시설 설치 의무가 있는 시군, ②양돈농장이 없는 시군은 평가 대상에서 제외

※ 다만, 방역시설 설치 농장 범위 관련 법령의 개정이 있는 경우, 개정된 법령에 따라 설치 대상 농장 및 증빙자료가 달라질 수 있음

○ **제출서식**

– 강화된 방역시설 설치 관련 시·도, 시·군·구 결과보고(국과장 전자 또는 수기 결제 得) 시스템 입력(기

한 : '23.1.6.)

다. (시·도, 시·군·구) 야생멧돼지의 포획 실적 달성 여부(20)

ㅇ **채점기준**

– 아프리카돼지열병(ASF) 확상 차단 및 개체수 저감을 위해 2021년말 서식밀도를 기준으로 2022년 포획목표 개체수를 설정하고 그 달성여부를 평가

* 달성 정도에 따라 차등 점수 부여

평가요소	점수			
2022년 야생멧돼지 포획목표 개체수 달성률	80% 이상	80% 미만 ~ 60% 이상	60% 미만 ~ 40% 이상	40% 미만
	20	15	10	5

* 달성률 = ('22년 포획개체수 / '22년 목표 포획수)×100(%)

ㅇ **평가근거** : 야생멧돼지 아프리카돼지열병 표준행동지침(SOP), 야생생물 실태조사(국립생물자원관), 시·도별 야생멧돼지 포획 통계(포획포상금 지급내역 포함)

ㅇ **제출서식** : △시·군·구 포획실적 포함하여 공문 붙임2 서식 시스템 입력 △'22년 시·군·구별 포획실적 월보 등 증빙자료(부서장급 결제 得) ZIP파일 공문제출(기한 : '23.1.6.)

※ 상기 서식 및 증빙자료를 시·도에서 취합하여 시스템 입력 및 공문제출

라. (시·도, 시·군·구) 가축전염병 발생 시 긴급 살처분 적정 대응여부(30)

ㅇ **채점기준**

– 가축질병(AI) 발생 시 발생·예방적 살처분 농장의 가축 살처분 처리 완료까지 긴급대응계획 준수 여부 평가

– 기본 35점을 부여하고 미충족 되는 경우 해당 점수만큼 감점

구 분	평가요소	점수
긴급대응계획 준수	24시간 이내 살처분 완료	–15
	72시간 이내 사체 처리 완료	–15

* 달성률 = ('22년 포획개체수 / '22년 목표 포획수)×100(%)

ㅇ **평가근거** : 가축전염병 기동방역기구 일일 보고(검역본부)

ㅇ **제출서식** : 해당없음

<table>
<tr><td rowspan="2">구분</td><td rowspan="2">2. 예방</td><td colspan="2">2-2. 유형별 저감활동</td><td>평가대상기관</td><td>시·도,
시·군·구</td></tr>
<tr><td>평가방식</td><td>부서</td><td>배점</td><td>시·도 2점
시·군·구 3점</td></tr>
<tr><td>지표명</td><td colspan="5">2-2-4. 어린이, 노인, 장애인 등 취약계층 안전관리 강화 실적</td></tr>
<tr><td rowspan="4">지표
구성</td><td colspan="4">측정대상</td><td>가중치(100)</td></tr>
<tr><td colspan="4">가. '어린이안전법'에 따른 어린이안전교육 이수 실적</td><td>30</td></tr>
<tr><td colspan="4">나. 취약계층 안전 우수시책 추진 실적</td><td>30</td></tr>
<tr><td colspan="4">다. 어린이 놀이시설 안전관리 실적</td><td>40</td></tr>
</table>

세부 내용

가. (시·도, 시·군·구) '어린이안전법'에 따른 어린이안전교육 이수 실적(30)

ㅇ **채점기준**

– 어린이안전교육 이수 실적 = (어린이안전교육 이수자/어린이안전교육 대상자*)×100

* 어린이이용시설 종사자 중 주된 업무가 대면업무(교육, 보육, 상담, 체험활동 등)가 아닌 자는 제외

교육 이수율	70% 이상	70% 미만 ~ 65% 이상	65% 미만 ~ 60% 이상	60% 미만 ~ 55% 이상	55% 미만 ~ 50% 이상	50% 미만
점수	30	25	20	15	10	0

ㅇ **평가근거** : 「어린이안전관리에 관한 법률」제16조, 같은법 시행령 제9조

ㅇ **제출서식**

기관명	어린이이용시설 전체종사자	어린이안전교육 대상 종사자	어린이안전교육 실시 인원	교육대상자 / 실시인원(%)	비고
00시·도					
00시군구					

나. (시·도, 시·군·구) 취약계층 안전 우수시책 추진 실적(30)

ㅇ **채점기준**

– 어린이·노인·장애인·외국인 등 안전을 위한 우수시책 추진사례(우수사례)에 대한 안전취약계층 시책평가 자문단을 통해 평가

구분	상 (지자체 순위 상위 0~30%)	중 (지자체 순위 상위 30~70%)	하 (지자체 순위 상위 70~100%)	미실시
배점	30	20	10	0

ㅇ **평가근거** : 재난관리평가 지침

ㅇ **제출서식** : 취약계층 안전을 추진한 우수시책 제출

〈예시〉
– 안전하고 편리한 등·하굣길 보행환경 개선을 위한 지자체 추진 실적
– 노인보호구역 내 법규 위반행위 개선을 위한 방안
– 장애인 활동 지원을 위한 시책
– 취약계층(어린이, 노인, 장애인 등) 교육 실적

※ 3페이지 내외 요약본으로 시책내용 작성

다. (시·도, 시·군·구) 어린이 놀이시설 안전관리 실적(40)

○ **채점기준**

① 어린이놀이시설 안전관리 의무 추진실적(20점)

※ 운영 및 이용금지 놀이시설 중 시스템 입력 기준으로 안전검사, 보험가입, 안전교육 의무 이행률, 안전관리자 입력률에 따라 점수 부여

※ 시·도의 안전관리의무 실적은 시군구 점수로 산정

※ 가중치 및 산식

구분	산식	가중치
안전검사율	(안전검사 합격 시설 수/전체 시설 수) × 100	20%
보험가입률	(보험가입 시설 수/전체 시설 수) × 100	30%
안전교육이수율	(안전교육 이수 시설 수/전체 시설 수) × 100	50%

※ 점수 산정 : (안전검사율*가중치)+(보험가입률*가중치)+(안전교육이수율*가중치)

구분	99.5점 이상	99.5점 미만 ~ 99점 이상	99점 미만 ~ 98.5점 이상	98.5점 미만 ~ 98점 이상	98점 미만
배점	20	15	10	5	0

② 우수 어린이놀이시설 발굴·선정 건수(10점)

※ 2022년 우수 어린이놀이시설을 발굴하여 최종 선정 건수에 따라 점수 부여

※ 점수 : 우수 놀이시설 선정 시설 2개 이상 10점, 1개 7점, 제출 시도·시군구 : 3점

※ 시·도의 우수놀이시설 지정은 시군구 점수로 산정

③ 시·도, 시·군·구별 10점 부여 후 감점사유 발생 시 차감(10점)

※ 시설물 결함 안전사고 및 부당한 방법으로 평가제외 건은 시스템 입력 기준으로 부여, 지적사항 발생 건은 점검결과 통보서(확인서) 근거로 감점처리

※ 시설물 결함에 의한 안전사고 발생 건당 : −2.5점

※ 부당한 방법으로 평가대상에서 제외한 경우(운영여부 변경) 건당 : −2.5점

* 어린이놀이시설 안전관리시스템 내 철거, 임시폐쇄, 삭제 상태 시설 점검

※ 행정안전부 및 기타 점검기관으로부터 지적사항 발생 건당 : −1.0점

※ 시·도의 감점 점수는 시군구 감점 점수 합계로 산정

○ **평가근거** : 재난관리평가 지침

○ **제출서식**

① 우수 어린이놀이시설 발굴·선정 건수는 2022년 우수 어린이놀이시설 지정 결과보고서 활용(증빙자료 제출 불필요)

② 안전관리의무 추진실적, ③ 감점 사항은 어린이놀이시설 안전관리시스템 및 문서 활용(증빙자료 제출 불필요)

<table>
<tr><td rowspan="2">구분</td><td rowspan="2">2. 예방</td><td colspan="2">2-2. 유형별 저감활동</td><td>평가대상기관</td><td colspan="2">시·도, 시·군·구</td></tr>
<tr><td>평가방식</td><td>위원</td><td>배점</td><td colspan="2">3점</td></tr>
<tr><td>지표명</td><td colspan="6">2-2-5. 감염병재난 저감활동 실적</td></tr>
<tr><td rowspan="5">지표 구성</td><td colspan="4">측정대상</td><td colspan="2">가중치(100)</td></tr>
<tr><td colspan="4">가. 60세이상 접종 대상자 대비 코로나19 동절기 추가접종률(시·도, 시·군·구)</td><td>50</td><td>50</td></tr>
<tr><td colspan="4">나. 확진자조사서 입렬률(시·도, 시·군·구)</td><td>25</td><td>25</td></tr>
<tr><td colspan="4">다. 역학조사관 확보 노력도(시·도)</td><td>25</td><td></td></tr>
<tr><td colspan="4">라. 보건소 감염병 담당자 확보 노력도(시·군·구)</td><td></td><td>25</td></tr>
</table>

세부 내용

가. (시·도, 시·군·구) 60세이상 접종대상자 대비 코로나19 동절기 추가접종률(50)

○ **채점기준**

– 60세이상 접종대상자 대비 동절기 추가접종률 60% 이상 달성

접종률	60% 이상	60% 미만 ~ 50% 이상	50% 미만 ~ 40% 이상	40% 미만
배점	50	40	30	20

○ **평가근거** : 감염병의 예방 및 관리에 관한 법률 제4조(국가 및 지방자치단체의 책무)

○ **제출서식**

시·도	시·군·구	인구	접종인원	접종률

※ (접종대상자) 마지막 접종일로부터 90일이 지난 사람
(동절기 추가접종) 기초접종(1,2차) 또는 3,4차 접종을 완료한 대상자 중 2가 백신을 활용하여 접종 ('22.10.11.~)

* 증빙자료 별첨

– 질병보건 통합관리 시스템 내 60세이상 코로나19 동절기 추가접종 완료자 명단 인원 통계

나. (시·도, 시·군·구) 확진자조자서 입력률(25)

○ **채점기준**

– 확진자조사서 입력률 = (확진자조사서 입력건수* / 확진자 발생 수) × 100

* 확진자 발생 신고 후 24시간 이내 확진자조사서 코로나19 정보관리시스템 입력 건수

확진자조사서 입력률	90% 이상	90% 미만 ~ 70% 이상	70% 미만 ~ 50% 이상	50% 미만
점수	25	20	15	10

○ **평가근거** : 「감염병의 예방 및 관리에 관한 법률」 제4조(국가 및 지방자치단체의 책무) 및 제18조(역학조사)

○ **제출서식** : 해당없음

– 질병관리청 역학조사분석담당관실에서 제공한 평가결과 활용

다. (시·도) 역학조사관 교육과정 수료자 확보 및 배치 안정화(30)

○ **채점기준**

– (수료자) 역학조사관 교육과정(3년)을 수료한 역학조사관 수

구분	2명 이상	1명	없음
배점	25	15	0

– (가점) 역학조사관 배치 안정화 노력도

* 역학조사관 수료 독려 및 배치 안정화를 위한 노력도를 평가하여 가점(최대 15점) 부여 가능

* 가점 포함하여 50점 초과의 경우, 50점으로 인정

구분	전문직위 지정 또는 승진가점제도 운영	역학조사관 활동비 또는 수당 지원	역학조사관 채용 공고
배점	4	4	2

○ **평가근거** : 「감염병의 예방 및 관리에 관한 법률」 제4조(국가 및 지방자치단체의 책무)

○ **제출서식**

성명	근무기간	채점기준	비고
홍길동	근무기간(월.일~월.일)	교육 수료증	전문직위 지정
홍길동	근무기간(월.일~월.일)	교육 수료증	활동비 지원

* 증빙자료 별첨

– 역학조사관 수료증, 전문직위 지정(전자문서), 승진 가점, 활동비·수당 증빙자료, 공고문 등

라. (시·군·구) 보건소 감염병 담당자 확보 노력도(30)

○ **채점기준** : 시·군·구 보건소당 감염병 담당자* 3명 배치

구분	3명 이상	2명	1명	없음
배점	30	20	10	0

* 보건소(보건의료원 포함) 현직 공무원(일반직·임기제) 중 담당업무에 감염병 업무 비중(업무분장)이 전체 업무의 50%인 경우(12.31기준) 만 인정(불인정 : 담당업무에 검사, 검역, 결핵, 방역, 실험 및 진단, 에이즈 성매개질환, 예방접종만 있는 경우)

○ **평가근거** : 「감염병의 예방 및 관리에 관한 법률」 제4조(국가 및 지방자치단체의 책무)

○ **제출서식**

보건소명	홍길동	근무기간(월.일~월.일)	감염병업무비중 0%
	홍길동	근무기간(월.일~월.일)	감염병업무비중 0%
	홍길동	근무기간(월.일~월.일)	감염병업무비중 0%
	담당자 소계		0명

* 증빙자료 별첨

– 업무분장표, 담당자별 금년(1.1~12.31) 접수·기안·결재 공문목록(온나라시스템 추출 엑셀파일)

구분	2. 예방	2-2. 유형별 저감활동		평가대상기관	시·도, 시·군·구
		평가방식	위원/부서	배점	3점
지표명	2-2-6. 취약분야 안전관리 강화				

지표 구성

측정대상	가중치(100)	
가. 지역 화학물질 안전관리 강화(시·도, 시·군·구)	25	60
나. 지역 산업재해 예방활동 강화(시·도, 시·군·구)	30	40
다. 지역 산불 예방활동 강화(시·도)	25	
라. 출렁다리·스카이워크 안전점검 실적(시·도)	20	

세부 내용

가. (시·도, 시·군·구) 지역 화학물질 안전관리 강화(60, 100)　　* 위원평가

○ **채점기준**

– 개정된 화학물질관리법 시행('21.4.1.~)에 따른 지자체의 관리의무 이행

구분		배점(시·도)	배점(시·군·구)	비고
조례, 계획 수립 시·도 4, 시·군·구 10	1. 화학물질 안전관리 조례 제정	–	5	
	2. 지역화학사고대응계획 수립	7	5	
정보 제공 시·도 4, 시·군·구 8	1. 화학안전계획의 주요 추진상황을 주민에게 알리기 위하여 화학안전관리 보고서 공개(매년)	5	8	
	2. 관내 화학사고 대피소 지정, 공개	–	10	
교육·훈련 시·도 8, 시·군·구 24	1. 화학사고 대응 담당자 지정 및 화학사고대응정보 시스템(CARIS) 권한 부여(1명당 2점)*	4	8	정성
	2. 지방환경청, 고용청, 소방관서 등 합동훈련(연1회 이상)	5	16	정성
안전문화 확산 시·도 4, 시·군·구 8	1. 지역 화학안전관리위원회 구성·운영	2	4	정성
	2. 화학물질 안전 관련 홍보나 민간활동에 대한 지원	2	4	정성
총 점		25	60	

* 화학사고대응정보시스템(CARIS)의 경우 컴퓨터 프로그램과 사고상황공유앱 각각 인정하며, 동일인이 각각의 권한을 부엽다은 경우 2명으로 인정(환경부 화학물지안전원에서는 일반적으로 각각 2개의 권한을 부여)

※ 평가위원의 정성적 판단에 따라 관리상태 미흡, 목표 수준에 미달한 경우 점수가 불인정 될 수 있음

○ **평가근거** : 「화학물질관리법」 제4조, 제7조의2, 제23조의4

○ **제출서식**(증빙자료 별첨)

구분	조례, 계획 수립	정보 제공	교육·훈련	안전문화 확산
1번	O / X	O / X	0명	O / X
2번	O / X	O / X	O / X	O / X
점수	00점	00점	00점	00점

나. (시·도, 시·군·구) 지역 산업재해 예방활동 강화(30, 40) * 부서평가

○ **채점기준**

1) 산업재해 예방 관련 조례 제정 실적(30, 40)

– (시·도) 「산업재해 예방 조례」제정 및 시군구 독려 실적(20)

구분		점수
시도 조례 제정실적 (70%)	표준조례(안) 반영 제정 완료	14
	표준조례(안) 반영 시·도 조례 제정(안) 의회 계류 중	10
	미제정	0
시군구 조례 제정 독려 실적 (30%)	시군구 조례 제정율(70% 이상)	6
	시군구 조례 제정율(50% 이상)	5
	시군구 조례 제정율(30% 이상)	4
	시군구 조례 제정율(30% 미만)	0

※ 세종특별자치시, 제주특별자치도는 시군구 조례 제정 독려 실적의 평균값 적용

– (시·군·구) 「산업재해 예방 조례」제정 실적(40)

구분		점수
시군구 조례 제정 실적	표준조례(안) 반영 제정 완료	40
	표준조례(안) 반영 시·도 조례 제정(안) 의회 계류 중	20
	미제정	0

2) 산업재해 예방을 위한 대책 마련 및 활동(10)

– (시·도) 개정된 산업안전보건법 시행('21.11.19.~)에 따른 지자체의 책무 이행

① 산업재해 예방 종합대책 수립

② 지자체형 안전보건지킴이 구성(별도 인원 기준은 없고 자격 기준은 조례 활용)

③ 안전보건지킴이를 활용한 사업장 지도 점검 실시(점검 건수 무관)

④ 산업재해 예방을 위한 홍보* 활동

* 팜플렛, 책자, 동영상, 홈페이지 배너, 모바일 앱, 웹툰, 보도자료 배포 등

구분	3건 이상 이행	2건 이행	1건 이행	미이행
점수(시도)	10	7	4	0

○ **평가근거** : 「산업안전보건법」 제4조의2(지방자치단체의 책무) 및 제4조의3**)지방자치단체의 산업재해 예방 활동 등), 지자체 산재예방 매뉴얼***

* 지자체는 관할 지역의 산업재해 예방을 위한 대책을 수립·시행해야 함

** 지자체장은 산업재해 예방을 위해 자체 계획의 수립, 교육, 홍보 및 안전한 작업환경 조성을 지원하기 위한 사업장 지도 등 필요한 조치 수행

*** 지자체 산재예방 종합대책 표준안 및 지자체 산재예방 조례 표준안

ㅇ **제출서식**(증빙자료 별첨)

1) 산업재해 예방 종합대책 수립 공문

2) 안전보건지킴이 구성 결재 문서

3) 안전보건지킴이를 활용한 산업장 지도 점검 결과 보고서

4) 홍보 실적에 대한 증빙자료

※ 홍보계획 수립 방침서, 홍보물 이미지, 홍보 화면 캡쳐 등 다양한 형태로 증빙 가능, 산업 안정보건 강조기간 운영, 산업재해 예방 종합대책 수립, 안전보건지킴이 구성 등에 대한 보도자료 배포한 경우 기사 스크랩도 인정

다. (시·도) 지역 산불 예방활동 강화(25)　　* 부서평가

ㅇ **채점기준**

1) 산업재해 예방 관련 조례 제정 실적(30, 40)

– 관할 지역의 산불 예방을 위한 자체적인 점검/홍보활동 추진

구분	주요내용	점수
점검활동	지자체 담당부서에서 특정기간*에 사전 위험요인 제거, 소각행위 단속 등 지자체 중심으로 유관기관과 합동 또는 단독으로 점검할 실적 * (건당 2점) 설날, 추석, 정월대보름, 석가탄신일, 청명·한식, 어린이날 (건당 1점) 강풍/건조 특보 ※ 산불감시원의 일상적 감시활동은 제외, 지자체 다망부서에서 직접 실시한 현장 점검실적을 인정	15
홍보활동	산불 예방을 위한 대국민 홍보활동 실적 ※ (유형별 2점) 교통시설(버스, 지하철 등) 광고, 전광판, 캠페인, 보도자료 배표 등(단, 현수막 게시는 미인정)	10

※ 산불 원인 중 입산자실화(34%), 소각산불(29%) 등이 전체 63%를 차지

ㅇ **평가근거**

– 산림보호법 제29조(연도별 산불방지대책의 수립)

– 산림보호법 제33조(산불의 예방 등)

ㅇ **제출서식(증빙자료 별첨)**

구분	주요내용	증빙
점검활동	특정기간 : 예) 설날, 정월대보름	점검 결과 결재문서 ※ 점검 결과 보고서가 여러기간의 점검실적을 종합하여 작성된 경우 개별 건당 1회 실적인정
	특보 : 예) 강풍(00.00.), 건조(00.00.)	
홍보실적	홍보유형 : 예) 전광판, 캠페인	홍보계획 또는 결과 결재문서

라. (시·도) 출렁다리·스카이워크 안전점검 실적(40)　　* 부서평가

* (출렁다리) 보행교의 한 종류로서 케이블 또는 로프에 의해 지지되며 보행 시 어느 정도의 흔들림을 허용하는 교량('21.12월 기준 208개) (스카이워크) 높은 지대에 바닥이 유리 등 투명한 시설로 된 보도교, 전망대 등의 구조물('21.6월 기준 43개)

※ 가점을 포함하여 20점이 넘는 지자체의 경우 최대점수 20점 부여

○ **채점기준** ※ 출렁다리·스카이워크가 없는 시·도는 대상 시□도의 평균 점수 적용

① 출렁다리·스카이워크에 제3종 시설물 지정 실적

구분	100%	100% 미만 ~90% 이상	90% 미만 ~80% 이상	80% 미만 ~70% 이상	70% 미만 ~60% 이상	60% 미만 ~50% 이상	50% 미만
점수	20	18	16	14	12	10	0

※ 산식 : (해당 시·도의 제3종 시설물 지정 출렁다리·스카이워크* 수 / 해당 시·도에 소재하는 출렁다리·스카이워크 수) × 100

* '22.1.1. 기준 운영 중인 지자체 소관 출렁다리·스카이워크(민간 시설 및 중앙행정기관 소관 시설물 제외)

② (가점) 당해연도 출렁다리·스카이워크* 제3종 시설물 지정 실적

구분	12개	11개	10개	9개	8개	7개	6개	5개	4개	3개	2개	1개
가점	12	11	10	9	8	7	6	5	4	3	2	1

* 지자체 소관 출렁다리·스카이워크(민간 시설 및 중앙행정기관 소관 시설물 제외)

③ (가점) 3종시설물 미지정 출렁다리에 대한 정기점검 실적

– 산식 : (3종시설물 미지정 출렁다리·스카이워크* 정기안전점검** 시행 출렁다리 수 / 3종시설물 미지정 출렁다리·스카이워크 전체 개소수) × 100

* '22.1.1. 기준 운영 중인 지자체 소관 출렁다리·스카이워크(민간 시설 및 중앙행정기관 소관 시설물 제외)중 3중시설물 미지정된 출렁다리

** 정기안전점검은 '출렁다리 안전관리 매뉴얼', '제3종시설물 안전등급 평가 매뉴얼' 등을 고려하여 전문가 등과 함께 시·도 주관 점검을 실시한 실적을 인정(시군구가 자체적으로 「시설물안전법」에 준하여 외부 안전점검을 실시하고 결과보고서를 제출한 경우 시·도 주관 점검실적으로 인정)

구분	100% 미만 ~90% 이상	90% 미만 ~80% 이상	80% 미만 ~70% 이상	70% 미만 ~60% 이상	60% 미만 ~50% 이상	50% 미만
점수	3	2.5	2	1.5	1	0

○ **평가근거** : '출렁다리 안전관리 강화방안' 및 '출렁다리 안전관리 강화 보완대책'(안전정책조정위원회, '19.9월 '20.6월.)

※ 스카이워크 안전관리 강화방안 마련 추진('22 상 완료 예정)

○ **제출서식**

– 제출서식 불요, 증빙자료는 안전제도과에 제출한 자료로 갈음(서식 별도 통보)

<table>
<tr><td rowspan="2">구분</td><td rowspan="2">2. 예방</td><td colspan="2">2-3. 시설물 안전</td><td>평가대상기관</td><td>시·도,
시·군·구</td></tr>
<tr><td>평가방식</td><td>부서</td><td>배점</td><td>3점</td></tr>
<tr><td>지표명</td><td colspan="5">2-3-1. 방재시설 유지·관리 실적</td></tr>
</table>

지표 구성

측정대상	가중치(100)
가. 방재시설에 대한 점검실적	30
나. 방재시설의 보수·보강 계획 시행실적	40
다. 재해발생 대비 비상대처계획의 수립실적	30

세부 내용

가. (시·도, 시·군·구) 방재시설에 대한 점검실적(30)

○ **채점기준**

- 방재시설에 대한 정기(1회) 및 수시(1회) 점검사항 : {(방재시설 정기점검 시행 시설수/방재시설 전체 개소수) + (방재시설 수시점검 시행 시설수/방재시설 전체 개소수)} /2 × 100

점검실적	100% ~95%이상	95%미만 ~90%이상	90%미만 ~80%이상	80%미만 ~70%이상	70%미만 ~60%이상	60%미만 ~50%이상	50%미만
배점	30	25	20	15	10	5	0

※ 방재시설이 없는 기관은 대상기관의 평균 점수 적용

※ 시도 점수는 시·도 자체 점수 및 시·군·구 점수의 평균으로 계산

- 평가대상 방재시설(가, 나, 다 모두 해당) : 10개 시설, 50개 평가대상

시설구분	평가대상수	평가대상
소하천시설	5개	제방, 호안, 보, 수문, 배수펌프장
하천시설	11개	댐, 하구둑, 제방, 호안, 수제, 보, 갑문, 수문, 수로터널, 운하, 관측시설
농업생산기반시설	10개	저수지, 양수장, 관정, 배수장, 취입보, 용수로, 배수로, 유지, 방조제, 제방
공공하수도시설	4개	하수(우수)관로, 공공하수처리시설, 하수저류시설, 빗물펌프장
항만시설	4개	방파제, 방사제, 파제제, 호안
어항시설	3개	방파제, 방사제, 파제제
도로시설	9개	방설·제설시설, 토사유출·낙석방지시설, 공동구, 터널, 교량, 지하도, 육교, 배수로, 길도랑
산사태 방지시설	1개	사방시설
재난 예·경보시설	1개	재난 예·경보시설
기타시설	2개	우수유출 저감시설, 고지배수로

○ **평가근거** : 「자연재해대책법」 제64조(방재시설의 유지·관리 평가), 「동법 시행령」 제55조(방재시설) 및 제56조제1호, 방재시설의 유지·관리 평가항목·기준 및 평가방법 등에 관한 고시

○ **제출서식**

- 공문 통보 및 결과보고 서식 송부(행정안전부 재난경감과)

나. (시·도, 시·군·구) 방재시설의 보수·보강 계획 시행실적(40)

○ **채점기준**

– 방재시설 정기 및 수시 점검 결과 보수·보강 대상 시설에 대한 실제 보수·보강 시행 시설수 : {(정기점검결과 방재시설 보수·보강 시행 시설수/정기점검결과 방재시설 보수·보강 대상 시설수) + (수시점검결과 방재시설 보수·보강 시행 시설수 / 수시점검결과 방재시설 보수·보강 대상 시설수)} / 2 × 100

보수·보강 실적	100% ~95%이상	95%미만 ~90%이상	90%미만 ~80%이상	80%미만 ~70%이상	70%미만 ~60%이상	60%미만 ~50%이상	50%미만
배점	40	35	30	25	15	10	0

※ 보수·보강은 방재시설물을 보수·보강한 실적이 해당

※ 단순 장애물 제거, 쓰레기 조치 등은 점수 불인정

※ 보수·보강을 위해 다음연도 예산을 확보한 경우 실적으로 인정

※ 보수·보강 대상이 없는 기관은 대상기관의 평균 점수 적용

※ 시도 점수는 시도 자체 점수 및 시군구 점수의 평균으로 계산

○ **평가근거** : 「자연재해대책법」 제64조(방재시설의 유지·관리 평가), 「동법 시행령」 제55조(방재시설) 및 제56조제3호, 방재시설의 유지·관리 평가항목·기준 및 평가방법 등에 관한 고시

○ **제출서식**

– 공문 통보 및 결과보고 서식 송부(행정안전부 재난경감과)

다. (시·도, 시·군·구) 재해발생 대비 비상대처계획의 수립실적(30)

○ **채점기준**

– 방재시설 비상대처계획 수립 대상 시설 수 대비 실제 비상대처계획 수립한 시설수 : (방재시설 비상대처계획 수립 시설수 / 방재시설 비상대처계획 대상 시설수) × 100

비상대처계획 수립실적(%)	100% ~95%이상	95%미만 ~90%이상	90%미만 ~80%이상	80%미만 ~70%이상	70%미만 ~60%이상	60%미만 ~50%이상	50%미만
배점	30	25	20	15	10	5	0

※ 자연재해대책법시행령 제30조제3항, 저수지·댐의 안전관리 및 재해예방에 관한 법률 제22조의2('20.12.10. 시행), 농어촌정비법시행령 제27조제1항 에 의한 댐·저수지에 한정, 비상대처계획 수립 대상이 없는 기관은 대상기관의 평균 점수 적용

※ 시·도 점수는 시·도 자체 점수 및 시·군·구 점수의 평균으로 계산

○ **평가근거** : 「자연재해대책법」 제64조(방재시설의 유지·관리 평가), 「동법시행령」 제55조(방재시설) 및 제56조제4호, 방재시설의 유지·관리 평가항목·기준 및 평가방법 등에 관한 고시

○ **제출서식**

– 공문 통보 및 결과보고 서식 송부(행정안전부 재난경감과)

구분	2. 예방	2-3. 시설물 안전		평가대상기관	시·도
		평가방식	부서	배점	1점
지표명	2-3-2. 내수면 유선 및 도선 안전관리 실적				

지표 구성	측정대상	가중치(100)
	가. 유·도선 현장 안전점검 실적	50
	나. 사업자·종사자 안전교육 실적	30
	다. 권역별 유·도선 사고 대응체계 훈련	20

세부 내용

가. (시·도) 유·도선 현장 안전점검(4~10월 : 7회) 실적(50)

○ **채점기준**

– (점검이행횟수/7) × 100 ※성수기간(4~10월) 중 점검횟수 총 7회

※ 점검횟수는 실제 점검한 횟수를 입력

점검실적(%)	100%	100%미만 ~85%이상	85%미만 ~70%이상	70%미만 ~55%이상	55%미만
배점	50	40	30	20	10

○ **평가근거** : 안전관리계획 수립 지침

○ **제출서식** : 총괄표(지도 · 점검 실적)

지자체명	점검실적(회)			점검일시	점검대상 (개소/척)	점검내용
	계	정기	수시			
합계	302					
시도	57				16개 시도	
시 · 군 · 구 합계	245				41개 시군구	강원-14,경기 -20,전북-8
○○시						
○○군						
○○구						

나. (시·도) 사업자·종사자 안전교육 실적(30)

○ **채점기준**

– (산식) 2021년도 교육실적(교육이수자 수) / 교육대상자 수 × 100

※ 시도 면허사업자가 없는 경우 시군구 교육 실적으로만 평가 산식에 반영

교육실적(%)	100%	100% 미만 ~90% 이상	90% 미만 ~80% 이상	80% 미만 ~60% 이상	60% 미만
배점	30	25	20	15	10

※ 코로나19 관련 사항에 따라 한시적 업체 주관 자율교육 인정(결과 관할관청 제출 요)

○ **평가근거** : 안전관리계획 수립 지침

○ **제출서식** : 총괄표(교육 실적)

지자체명	교육일시 (장소)	교육인원							
		계=(㉠+㉡+㉢)		사업자(㉠)		선원(㉡)		기타 종사자(㉢)	
		대상	실적	대상	실적	대상	실적	대상	실적
합계									
시도									
시군구 합계									
○○시									

다. (시·도) 권역별 유·도선 사고 사고 대응체계 훈련(20)

○ **채점기준**

– 산식 : (훈련실시 횟수 ÷ 2(연 2회)) ÷ 훈련 대상권역 × 100

※ 예시) 훈련대상 권역이 2개 시도의 경우 연 4회 훈련 실시해야 만점 – [훈련 실시 2회 ÷ 2(연2회)] ÷ 훈련 대상권역 2개소 × 100 = 50%

미흡 횟수	100%	100% 미만 ~ 50% 이상	50% 미만	미실시
배점	20	15	10	0

※ 권역별 훈련 미대상 시도 평균값 부여

○ **평가근거** : 안전관리계획 수립 지침

○ **제출서식** : 권역별 유도선사고 대응체계 훈련 결과보고서(증빙자료)

권역별	훈련일시	주요 내용	비고

<table>
<tr><td rowspan="2">구분</td><td rowspan="2">3. 대비</td><td colspan="2">3-1. 매뉴얼 관리</td><td>평가대상기관</td><td>시·도,
시·군·구</td></tr>
<tr><td>평가방식</td><td>부서</td><td>배점</td><td>5점</td></tr>
<tr><td>지표명</td><td colspan="5">3-1-1. 재난유형별 위기관리 매뉴얼 관리 및 개선 실적</td></tr>
<tr><td rowspan="6">지표
구성</td><td colspan="4">측정대상</td><td>가중치(100)</td></tr>
<tr><td colspan="4">가. 재난유형에 따른 위기관리 매뉴얼 제·개정 실적</td><td>30</td></tr>
<tr><td colspan="4">나. 재난유형에 따른 위기관리 매뉴얼 정기점검 실적</td><td>20</td></tr>
<tr><td colspan="4">다. 재난유형별 위기관리 매뉴얼 운용·관리</td><td>20</td></tr>
<tr><td colspan="4">라. 매뉴얼 개정 시 유관기관 및 관련부서 의견수렴 여부</td><td>20</td></tr>
<tr><td colspan="4">마. 재난유형별 상황판단회의 참석기관 지정</td><td>10</td></tr>
</table>

세부 내용

가. (시·도, 시·군·구) 재난유형에 따른 재난분야 위기관리 매뉴얼 제·개정 실적(30)

○ **채점기준**

- 작성대상 매뉴얼은 '21.12.31. 기준 행안부에서 통보한 매뉴얼 현황을 기준으로 함
- NDMS 통계현황은 증빙자료로 활용되므로 실적 입력 기간 전에 현행화 할 것
- (실무) 행정안전부 재난대응정책과-672호(2019.02.28.) (행동) 행정안전부 재난대응정책과-1995호(2019.06.11.) 관련한 매뉴얼 개정 실적

<table>
<tr><td rowspan="2">구분</td><td rowspan="2">작성대상
매뉴얼</td><td rowspan="2">개정실적</td><td rowspan="2">개정율</td><td colspan="2">배점</td></tr>
<tr><td>100%</td><td>90% 미만</td></tr>
<tr><td>점수</td><td></td><td></td><td></td><td>10</td><td>0</td></tr>
</table>

- 매뉴얼 통계기준 상 시·도, 시·군·구에서 작성·운용해야 하는 실무·행동 매뉴얼의 매뉴얼 핵심활동 콘텐츠 반영 개정 실적에 따라 점수 부여

※ 행정안전부 재난대응정책과-281호(2022.01.28.), "「재난대응 핵심활동 콘텐츠 개선」처리 기준 마련 통보"의 콘텐츠 개선 개요 "6개 매뉴얼 반영 사항"에 대한 개정 여부

- 재난현장에서 실제 이루어지는 주요 조치사항 매뉴얼 반영
- 매뉴얼간 수직·수평적 상호 연계 체계 확보
- 과거 재난대응 구체적 사례 등 매뉴얼 부록 반영
- 재난대응기관간의 지대본 역할 강화
- 지대본 구성에 따른 전직원 비상동원 연계 체계 마련

<table>
<tr><td rowspan="2">구분</td><td rowspan="2">작성대상
매뉴얼(ⓐ)</td><td rowspan="2">개정실적
(제·개정
포함) (ⓑ)</td><td rowspan="2">작성율
(ⓒ)</td><td colspan="4">배점</td></tr>
<tr><td>70%</td><td>70% 이상
~ 60%
미만</td><td>60% 이상
~ 50%
미만</td><td>50% 미만</td></tr>
<tr><td>배점</td><td></td><td></td><td>ⓑ/ⓐ</td><td>20</td><td>15</td><td>10</td><td>0</td></tr>
</table>

* ① 시·도 : 시·도 실무·행동매뉴얼 제·개정율(50%)+시·군·구 행동매뉴얼 제·개정율(50%)
② 시·군·구 : 시·군·구 행동매뉴얼 제·개정율(100%)

* 작성대상 매뉴얼 : 「재난 및 안전관리 기본법」제3조 제1호 가목, 나목에 따른 재난

○ **평가근거** : 「재난 및 안전관리 기본법」제34조의5

○ **제출서식(증빙자료 포함)**

– '22년도 매뉴얼 개선 실적 제출 공문 별도 통보 예정

* 증빙자료 별첨

– 재난분야 위기관리 매뉴얼 제·개정 결과보고서 사본 (※ 결재본)

– 재난분야 위기관리 매뉴얼 승인문서 (※ 결재본)

– NDMS 등록된 매뉴얼 목록 캡쳐 화면

– NDMS 재난유형별 매뉴얼 목록 EXCEL 파일

나. (시·도, 시·군·구) 재난유형에 따른 재난분야 위기관리 매뉴얼 정기점검 실적(20)

○ **채점기준**

1) 시·도

– 시·도 재난유형에 따른 재난분야 위기관리 매뉴얼 정기점검 추진실적에 따른 점수부여('21년 하반기, '22년 상반기)

– 재난유형 소관부서별로 재난관리책임기관에 정기점검 실시공문 및 정기점검 결과를 재난관리주관기관에 공문으로 제출한 결과보고 문서에 한하여 인정

2) 시·군·구

– 시·군·구에서 보유한 재난유형별 행동매뉴얼 정기점검 추진실적에 따른 점수부여

– 재난분야 위기관리매뉴얼 정기점검 실시내용을 시·도에 공문으로 제출한 결과보고 문서에 한하여 인정

측정 항목	'21년 하반기 재난분야 위기관리 매뉴얼 정기점검 실시	□
	'22년 상반기 재난분야 위기관리 매뉴얼 정기점검 실시	□

구분	점검 2회	점검 1회	점검없음
배점	20	15	0

※ 재난유형 소관부서별 매뉴얼 정기점검 추진 실적 점수를 평균 (Σ 재난유형별 정기점검 취득점수/재난유형 개수)

○ **평가근거** : 「재난 및 안전관리 기본법」제34조의5

○ **제출서식(증빙자료 포함)**

– '22년도 매뉴얼 개선 실적 제출 공문 별도 통보 예정

* 증빙자료 별첨

– (시·도) 재난유형 소관부서별 정기점검 실시 공문, 재난관리주관기관 및 행안부에 제출한 공문, 점검결과 보고서

– (시·군·구) 시·도에 제출한 공문, 점검결과 보고서

다. (시·도, 시·군·구) 재난분야 위기관리 매뉴얼 운용·관리(20)

○ **채점기준**

– 실무·행동매뉴얼의 개선 노력, 업무참여 적극성을 평가

① (공통) 행안부에서 주최하는 행동매뉴얼 우수사례 경진대회 발표자료 제출 여부

② (공통) 정기점검 및 중앙합동 점검 시 행동매뉴얼 우수사례 제출

③ (공통) 재난유형별 위기관리매뉴얼 운영 숙달을 위한 교육 및 훈련 등 실시

④ (공통) 재난유형별 상·하반기 매뉴얼 중앙합동점검반 참여('21년 하반기, '22 상반기 중 한번 참여 실적 인정)

⑤ (공통) 비상연락망 상시 현행화 여부(상시 연락가능 재난업무 담당자 연락처 기재 및 담당자 변경 시 공문 통보 등)

⑥ (시·도) '21년 하반기 재난분야 위기관리매뉴얼 통계 현황 제출 여부

⑦ (시·군·구) '22년 행동매뉴얼 작성운용 현황 재난관리실태공시 여부

구분	5개 이상	4개	3개	2개	1개 이하
배점	20	15	10	5	0

○ **평가근거** : 재난관리평가 지침

○ **제출서식(증빙자료 포함)**

기관명	운용관리	재난유형	주요내용	제출일	1개 이하
					0

* 증빙자료 별첨

– 우수사례 경진대회 제출 공문, 정기점검·중앙합동점검 결과보고서, 전문가 자문회의, 업무협의, 훈련 실시 계획, 중앙합동점검반 참여(결과보고서 제출)

– NDMS 등록된 매뉴얼 목록 제·개정 확인 캡쳐 화면

– 매뉴얼 비상연락망 작성 현황, 재난업무 담당자 변경 공문 사본 (※ 결재본)

– (시·도) 행정안전부에 제출한 공문, (시·군·구) 재난관리 실태공시 공고문

라. (시·도, 시·군·구) 매뉴얼 제·개정시 유관기관 및 관련부서 의견수렴 여부(25)

○ **채점기준**

– 매뉴얼 제·개정 시 개선사항 발굴*을 위한 유관기관 및 관련부서 회의 실시 여부

* 기관별 임무와 역할 명확화, 수평체계 확보 등

※ 매뉴얼 개선을 위한 회의는 증빙자료(회의 계획 및 결과) 제출시 실적 반영

구분	지자체별 관리 · 운영 매뉴얼 수 (ⓐ)	기관별 전체 회의 실적 합 (ⓑ)	평균횟수* (③)	점수		
				3회 이상	2 ~ 1회	미실시
배점			ⓑ/ⓐ	20	10	0

* 지자체별 관리하는 행동매뉴얼의 개수별 평균횟수를 평가(전체회의 실시 횟수/행동매뉴얼 개수)

○ **평가근거** : 재난관리평가 지침

○ **제출서식(증빙자료 포함)**

– '22년도 매뉴얼 개선 실적 제출 공문 별도 통보 예정

– 매뉴얼 개선 회의 계획 및 결과보고서 사본(※ 결재본)

– 매뉴얼 제·개정결과보고서 사본 (※ 결재본)

– NDMS 등록된 매뉴얼 목록 제·개정 확인 캡쳐 화면

마. (시·도, 시·군·구) 재난유형별 상황판단회의 참석 기관 지정(10)

○ **채점기준**

– 재난유형별 상황판단회의 참석 기관 지정 여부

– 산식 : 2개 기관 이상 지정 매뉴얼 수 / 전체 매뉴얼 수 × 100

구분	50% 이상	50% 미만 ~ 25% 이상	25% 미만
배점	10	5	0

※ 기관 내 부서는 지정기관 수에서 제외, 소방 및 경찰은 참석기관으로 인정하며, 소방과 경찰이 필요하지 않은 재나 ㄴ유형인 경우 재난유형별 특성에 맞는 유관기관 지정시 실적 인정

○ **평가근거** : 「재난 및 안전관리 기본법」 제16조

○ **제출서식(증빙자료 포함)**

– '22년도 매뉴얼 개선 실적 제출 공문 별도 통보 예정

* 증빙자료 별첨

– 재난유형별 상황판단회의 참석기관 지정 공문

– 매뉴얼 작성 현황(참석기관 지정)

<table>
<tr><td rowspan="2">구분</td><td rowspan="2">3. 대비</td><td colspan="2">3-2. 협력체계 구축</td><td>평가대상기관</td><td>시·도,
시·군·구</td></tr>
<tr><td>평가방식</td><td>부서</td><td>배점</td><td>2점</td></tr>
<tr><td>지표명</td><td colspan="5">3-2-2. 안전신문고 활성화 실적</td></tr>
</table>

지표 구성	측정대상	가중치(100)
	가. 안전한 사회를 만들기 위해 안전신고 수용율 및 조치완료율	50
	나. 주민들의 안전신고비율 및 참여비율	40
	다. 안전모니터봉사단 안전신고 실적	10

세부 내용

가. (시·도, 시·군·구) 안전한 사회를 만들기 위해 안전신고 수용율 및 조치완료율(50)

○ **채점기준**

– 안전신고와 정책지원 신고 건수 적용

* 생활불편신고, 일반 불법 주정차 신고, 교통위반신고 제외

– 지자체별 안전신고 처리실적 대비 수용율 및 조치완료율을 절대평가

– 산식 : [(해당 지자체 안전신고 수용건수 / 해당 지자체 안전신고 처리건수) × 50%] +[(해당 지자체 조치완료 건수 / 해당 지자체 안전신고 수용건수) × 50%]

구분	80% 이상	80% 미만 ~ 60% 이상	60% 미만 ~ 40% 이상	40% 미만
배점	50	40	30	20

※ (지자체별 안전신고 수용건수) 2022년 1월부터 12월까지 해당 시·도(시·군·구 포함)가 처리한 안전신고 중 수용(일부수용, 기완료 포함) 답변한 신고 건수

※ (지자체별 안전신고 처리건수) 2022년 1월부터 12월까지 해당 시·도(시·군·구 포함)가 처리한 안전신고 총 건수(수용, 일부수용, 검토중, 불수용, 기완료 포함)

※ (지자체별 안전신고 조치완료 건수) 2022년 1월부터 12월까지 해당 시·도(시·군·구 포함)가 처리한 안전신고 중 추가 답변시 조치완료 사진을 등록한 총 건수, 다만 경미한 사항이 신고된 것으로 조기에 개선된 경우는 '초기 답변시' 완료 사진을 등록하면 '조치완료 건수'로 집계

※ 다만, 신고·조치 특수성을 감안하여 '코로나19 신고'와 '5대 불법 주정차 신고'는 '수용·일부수용·기완료'한 1차 초기 답변으로도 '조치완료'로 집계

※ 다만, 안전신고자와 처리기관 담당자가 동일한 경우는 수용건수(일부수용 포함)건수 제외

※ 취하 신고 제외

○ **평가근거 : 재난관리평가 지침**

○ **제출서식 (증빙자료 없음)**

– 행정안전부(안전개선과) 자체 분석 결과

나. (시·도, 시·군·구) 주민들의 안전신고비율 및 참여비율(40)

○ **채점기준**

– 안전신고와 정책지원 신고 건수 적용

* 생활불편신고, 일반 불법 주정차 신고 제외, 단 교통안전신고는 포함

– 지자체별 인구수 대비 주민들의 안전신고 실적을 특별·광역시와 도단위로 구분하여 상대평가

– 산식 : [(해당 지자체 안전신고율 / 지자체별 안전신고율 합계) × 50%] +[(해당 지자체 안전신고 참여율 / 지자체 안전신고 참여율 합계) × 50%]

구분	상위 20% 이상	상위 20~50%	상위 50~90%	상위 90~100%
배점	40	30	20	10

* 안전신고율 : 지자체 인구수 대비 '안전분야 신고' 건수(불편신고, 일반불법주정차신고 제외)

** 신고참여율 : 지자체 인구수 대비 '안전신고' 참여자 수(다수신고자라도 참여자는 1명)

※ 지자체별 안전신고 건수: 2022년 1월부터 12월까지 신고발생지역 기준 안전신고 건수

※ 다만, 안전신고자와 처리기관 담당자가 동일한 경우는 안전신고 건수 제외

※ 취하 신고 제외

○ **평가근거** : 재난관리평가 지침

○ **제출서식 (증빙자료 없음)**

– 행정안전부(안전개선과) 자체 분석 결과

※ 행정안전부 안전신고관리분석시스템 시·도(시·군·구 포함) 인구 자료 활용

다. (시·도, 시·군·구) 안전모니터봉사단 안전신고 실적(10)

○ **채점기준**

– 안전신고와 정책지원 신고 건수 적용

* 생활불편신고, 일반 불법 주정차 신고 제외

– 지자체별 인구수 대비 안전모니터봉사단 안전신고 실적을 특별·광역시와 도단위로 구분하여 상대평가

– 산식 : [(지자체별 안전모니터봉사단 안전신고율 / 지자체별 안전모니터봉사단 안전신고율 합계)*50%] +[(지자체별 안전모니터봉사단 신고참여율 / 지자체별 안전신고모니터봉사단 신고참여율 합계)*50%]

구분	상위 0~20%	상위 20~50%	상위 50~90%	상위 90~100%	모니터봉사단 신고실적 없는 경우
배점	10	8	6	4	2

* 안전모니터봉사단 안전신고율 : 안전모니터 봉사단 수 대비 안전모니터봉사단 안전신고 건수

** 안전모니터봉사단 신고참여율 : 지자체 인구수 대비 안전모니터봉사단 '안전신고' 참여자수

※ 지자체별 안전신고 건수: 2021년 1월부터 12월까지 신고발생지역 기준 안전신고 건수, 지자체별 안전모니터봉사단 회원수는'행정안전부 안전신문고 통계자료'활용

※ 취하 신고 제외

○ **평가근거** : 재난관리평가 지침

○ **제출서식 (증빙자료 없음)**

– 행정안전부(안전개선과) 자체 분석 결과

※ 행정안전부 안전시고관리분서시스템 시·도(시·군·구 포함) 인구 자료 활용

구분	3. 대비	3-2. 협력체계 구축		평가대상기관	시·도, 시·군·구
		평가방식	부서	배점	1점
지표명	3-2-3. 민관 협력체계 구축 노력				

지표 구성

측정대상	가중치(100)	
가. 안전보안관의 고질적 안전무시 관행 신고실적(시·도, 시·군·구)	40	40
나. 지역자율방재단 활성화 추진실적(시·도, 시·군·구)	30	60
다. 통합자원봉사지원단 구성 및 운영 조례 제정(시·도)	30	

세부 내용

가. (시·도, 시·군·구) 안전보안관의 고질적 안전무시 관행 신고실적(40)

ㅇ **채점기준**

– 지자체별 안전보안관의 고질적 안전무시 관행 신고건수 : 2022년 1월부터 12월까지 신고발생지역 기준 신고 건수(안전신문고)

– 지자체별 안전보안관의 수 : 2022년 12월까지 해당 시도(시군구 포함)에서 교육훈련을 수료하고 안전보안관증을 발급 받은 인원

※ 다부처 관련 신고 및 취하 신고는 제외함

– (산식) 지자체별 안전보안관의 고질적 안전무시 관행 신고 건수 / 지자체별 안전보안관 수

구분	상위 0~20%	상위 20~50%	상위 50~90%
점수	40	30	15

ㅇ **평가근거** : 재난관리평가 지침

ㅇ **제출서식(없음)** : 행정안전부(예방안전과) 자체 분석

나. (시·도, 시·군·구) 지역자율방재단 활성화 추진실적(30)

ㅇ **채점기준**

– (시·도) (Σ관할 시군구별 평가결과 점수/관할 시군구 수)

– (시·군·구) 2022년 지역자율방재단 운영 등 평가 점검 결과

구분	상(상위 0~30%)	중(상위 30~80%)	하(상위 80~100%)
점수(시·도)	30	15	0
점수(시·군·구)	60	30	0

ㅇ **평가근거**

–「자연재해대책법 시행령」 제63조(평가 등)

– 세부 평가표는 별도 통보예정

ㅇ **제출서식**

– 2022년 지역자율방재단 운영 등 평가점검 증빙자료

※ 증빙자료는 '19.11~평가서류 제출 마감일까지의 자료

다. (시·도, 시·군·구) 통합자원봉사지원단 구성 및 운영 조례 제출 실적(30)

ㅇ **채점기준**

– 산식 : (Σ조례 제정한 관할 시군구 수 / 관할 시군구 수) × 10

지역명	관할 시군구 수(A)	조례 제정한 관할 시군구 수(B)	점수
(예) 서울특별시	25	20	8

– 시도 재난현장 통합자원봉사지원단 구성 및 운영 조례 제정 여부 : 20점

평가항목	조례제정	
	여	부
시도 통합자원봉사지원단 구성 및 운영 조례 제정	30	0

※ 공식적인 조례 제정절차(의회법안상정, 조례규칙심의회 등)가 진행 중임을 증빙하면 제정과 동일하게 인정

ㅇ **평가근거** : 「재난 및 안전관리 기본법」 제17조의2

ㅇ **제출서식**

지역명	조례명	조례시행일
(예) 대전광역시 본청	대전광역시 통합자원봉사지원단 구성 및 운영 등에 관한 조례	2022.12.29.
대전광역시 동구	대전광역시 동구 재난현장 통합자원봉사단 구성 및 운영 등에 관한 조례	2022.06.29.
...		

* 증빙자료 별첨

– 시도에서 관할 시군구 통합자원봉사지원단 구성 및 운영 조례 제정 현황 제출

※ 채점(예시)

– 대전광역시(본청)에서 통합자원봉사지원단 구성 및 운영에 관한 조례(이하 통지단 조례)를 제저하였지만 관할 시군구(동구·유성구·대덕구·서구·중구) 중 동구에서만 통지단 조례를 제정하였을 경우

⇒ 시도 조례 제정 20점 + 2점(조례제정한 시군구 1(동구)/관할 시군구 5(동구, 유성구, 서구, 대덕구, 중구)×10)= 22점

구분	3. 대비	3-3. 자원관리		평가대상기관	시·도, 시·군·구
		평가방식	부서	배점	3점
지표명	3-3-1. 재난관리자원의 비축·관리 및 공동활용시스템 활용				

	측정대상	가중치(100)
지표 구성	가. 재난관리자원 비축관리계획 적시 수립 여부	20
	나. 자원정기조사 및 현행화보고 제출 여부	20
	다. 재난관리자원 교육 주관·참여 횟수	30
	라. 상황대처능력 향상훈련 및 응원 실적	30

세부 내용

가. (시·도, 시·군·구) 재난관리자원 비축관리계획 적시 수립 여부(20)

ㅇ **채점기준**

– 재난관리자원 비축관리계획을 기한 내 수립하여 제출했는지 여부(결측사항 없음)

※ 시·도(~10.31./→행안부), 시·군·구(~9.30./→시·도)

구분	기한 내 제출	기한 경과 제출	미제출
배점	20	10	0

ㅇ **평가근거** : 「재난 및 안전관리 기본법」 제34조, '22년 재난관리자원 비축관리계획 수립 지침(5.31.)

ㅇ **제출서식**

– '22년 재난관리자원 비축관리계획 본문 및 제출 공문

나. (시·도, 시·군·구) 자원정기조사 및 현행화보고 제출 여부(20)

ㅇ **채점기준**

– 자원정기조사(자원조사보고) 제출 및 현행화보고 제출 횟수

구분	자원조사보고 기한 내 제출	기한 경과 제출	미 제출
배점	10	5	0

구분	현행화보고 전체 제출	1회 미제출	2회 미제출
배점	10	7	4

구분	현행화보고 전체 제출	1회 미제출	2회 미제출	3회 이상 미실시
배점	10	7	4	0

※ 자원조사보고 10점 + 현행화 횟수 점수 10점

※ 자원관리시스템을 통한 전자적인 방법으로 제공이 어려운 경우 문서등의 방법으로 증빙 가능

ㅇ **평가근거** : 「재난 및 안전관리 기본법」 제34조, 재난관리자원의 공동활용 기준, '22년 재난관리자원

정기조사 실시 계획(6월)

○ **제출서식**

– 별도 증빙 불필요(DRSS 상에서 일괄 추출)

* 점수 이상 시 이의신청을 통해 수정·확인

다. (시·도, 시·군·구) 재난관리자원 교육 주관·참여 횟수(30)

○ **채점기준**

– 행안부 주관 교육(워크숍, 전산실습 등 교육, 국가민방위재난안전교육원 교육) 및 시도 주관 재난관리자원 교육 참여 실적

※ 연내 국가민방위재난안전교육원 나라배움터 사이버강의 이수 시 최대 1회 인정

※ 시도의 경우, 주관 실적도 참여 실적으로 인정

※ (교육 인정기준) 기관의 자원업무 담당부서 직원 또는 DRSS 총괄관리자(재난관리자)인 경우만 인정

구분	2회 이상	1회	없음
배점	30	15	0

○ **평가근거** : 「재난 및 안전관리 기본법」 제34조, 재난관리자원의 공동활용기준

○ **제출서식**

– 교육 참석자 명단 통보 공문, 참석자 명단, 교육 이수증(해당 시)

※ 국가민방위재난안전교육원 교육과정이수 시 해당 과정 교과목 편성표, 이수증 필히 제출

– 자원담당 부서 사무분장 및 DRSS 총괄관리자(재난관리자) 권한 승인 이력(NDMS 개인정보 부분 캡쳐)

라. (시·도, 시·군·구) 재난관리자원 상황대처능력 향상훈련 및 응원 실적(30)

○ **채점기준**

– (시도) 상황대처 능력 향상 훈련(도상 · 현장훈련 및 기능훈련) 실시 횟수

구분	3회 이상	2회	1회	없음
배점	30	20	10	0

– (시군구) 상황대처 능력 향상 훈련(도상 · 현장훈련 및 기능훈련) 참여 횟수 + (훈련 외) DRSS를 활용한 자원 응원 횟수

구분	3회 이상	2회	1회	없음
배점	30	20	10	0

※ 횟수 최대 인정 기준(상황대처 능력향상 훈련 2회, 자원응원 1회)

○ **평가근거** : 「재난 및 안전관리 기본법」 제34조, 재난관리자원의 공동활용기준

○ **제출서식**

– (훈련 시) 상황대처 능력 향상 훈련 결과보고서

– (훈련 외) DRSS를 활용하여 자원 응원한 경우만 제출(DRSS 화면 캡처)

구분	내용
응원 개요	응원 배경, 요청기관 및 승인기관 등 간략하게 기재
자원 현황	응원 자원의 종류 및 수량 등 기재

<table>
<tr><td rowspan="2">구분</td><td rowspan="2">3. 대비</td><td colspan="2">3-4. 훈련</td><td>평가대상기관</td><td>시·도, 시·군·구</td></tr>
<tr><td>평가방식</td><td>부서</td><td>배점</td><td>5점</td></tr>
<tr><td>지표명</td><td colspan="5">3-4-1. 재난대비훈련 실시 실적</td></tr>
<tr><td rowspan="3">지표 구성</td><td colspan="4">측정대상</td><td>가중치(100)</td></tr>
<tr><td colspan="4">가. 재난대응 안전한국훈련 추진실적</td><td>70</td></tr>
<tr><td colspan="4">나. 재난대비 상시훈련 평가 결과</td><td>30</td></tr>
</table>

세부 내용

가. (시·도, 시·군·구) 재난대응 안전한국훈련 추진 실적(70)

ㅇ **채점기준**

– 재난대응 안전한국훈련 평가결과* 순위를 A~C까지 등급 설정 후 점수부여

* 훈련과 연계된 위기관리 매뉴얼의 적절성, 유관기관 및 민간단체 참여도 등을 폼하여 안전한국훈련 평가지표에 따라 평가

구분	점수	평가결과
A그룹	70	2022년 안전한국훈련 평가 "우수"
B그룹	50	2022년 안전한국훈련 평가 "보통"
C그룹	30	2022년 안전한국훈련 평가 "미흡"

※ 특별재난지역 선포로 인해 안전한국훈련 평가대상이 아닌 경우(서울시, 서울 용산·영등포·관악·동작·서초, 경기 성남·광주·양평·여주, 강원 횡성·홍천, 충남 부여·청야, 경북 포항·경주)은 결측값 적용

ㅇ **평가근거**

– 재난 및 안전관리 기본법 제35조(재난대비훈련 실시)

– 재난 및 안전관리 기본법 시행령 제43조의 15(재난대비훈련의 평가)

ㅇ **제출서식** : 해당없음

나. (시·도, 시·군·구) 재난대비 상시훈련 평가결과(30)

ㅇ **채점기준**

– 훈련품질 제고 분야 해당항목* 합계(최대 20점)

* ①개인임무카드 작성, ②매뉴얼 미비점 발굴·개선, ③언론홍보, ④주재자

– 훈련평가 실시 분야 외부전문가 평가 10점, 내부 자체 평가 5점

<table>
<tr><td rowspan="3">구분</td><td colspan="6">훈련품질 제고
(최대 20점, 해당항목 합계)</td><td colspan="2">훈련평가 실시
(최대 10점, 해당항목 점수)</td></tr>
<tr><td rowspan="2">개인임무카드 작성</td><td rowspan="2">매뉴얼 미비점 발굴·개선</td><td colspan="2">언론홍보*</td><td colspan="2">주재자</td><td rowspan="2">외부전문가 평가</td><td rowspan="2">내부 자체 평가</td></tr>
<tr><td>지면, 인터넷</td><td>SNS등</td><td>기관장</td><td>부기관장</td></tr>
<tr><td>점수</td><td>5</td><td>5</td><td>5</td><td>3</td><td>5</td><td>4</td><td>10</td><td>5</td></tr>
</table>

	* 언론홍보에 지면, 인터넷 홍보 모두 해당 시, 모든 점수(지면, 인터넷 5점)로 부여 ○ **평가근거** –「재난 및 안전관리 기본법」 제35조(재난대비훈련 실시) –「재난 및 안전관리 기본법 시행령」 제43조의 15(재난대비훈련의 평가) ○ **제출서식** – 재난대비 상시훈련 결과보고서 등 증빙자료

<table>
<tr><td rowspan="2">구분</td><td rowspan="2">3. 대비</td><td colspan="2">3-5. 위기관리</td><td>평가대상기관</td><td>시·도,
시·군·구</td></tr>
<tr><td>평가방식</td><td>부서</td><td>배점</td><td>1점</td></tr>
<tr><td>지표명</td><td colspan="5">3-5-1. 재난안전관리를 위한 사전 대비체계</td></tr>
<tr><td rowspan="3">지표
구성</td><td colspan="4">측정대상</td><td>가중치(100)</td></tr>
<tr><td colspan="4">가. 지역재난안전대책본부 및 재난안전상황실 표준운영절차 관리·활용 실적</td><td>50</td></tr>
<tr><td colspan="4">나. 재난안전통신망 단말기 자원 확보</td><td>50</td></tr>
<tr><td>세부
내용</td><td colspan="5">

가. (시·도, 시·군·구) 지역 재난안전대책본부 및 재난안전상황실 표준운영절차 관리·활용(50)

ㅇ **채점기준**

- (시·도) 시도가 수립한 지역 재난안전대책본부 및 재난안전상황실의 표준운영절차를 상시 관리하고, 연간 180일이상 정기교신을 실시한 실적을 행정안전부장관(재난안전통신망관리과)에서 공문으로 제출·확인한 경우에 인정
- (시·군·구) 시도를 통해 지역 재난안전대책본부 및 재난안전상황실의 표준운영절차를 상시 관리하고, 연간 180일이상 정기교순이르 실시한 실적을 행정안전부장관(재난안전통신망관리과)에서 공문으로 제출·확인한 경우에 인정

<table>
<tr><td rowspan="2">구분</td><td>표준운영절차 상시 관리</td><td>O</td><td>O</td><td>X</td><td>X</td></tr>
<tr><td>정기교신 180일 이상 실시</td><td>O</td><td>X</td><td>O</td><td>X</td></tr>
<tr><td colspan="2">점수</td><td>50</td><td>0</td><td>0</td><td>0</td></tr>
</table>

【인정받지 못하는 것】

* 행정안전부의 수정, 보완, 변경을 요청한 사항이 반영되어 있지 않거나 실적이 허위인 경우

ㅇ **평가근거**

- 「재난안전통신망법」 제6조(재난안전 관련기관의 재난안전통신망 활용계획), 제17조(재난안전통신망 사용 절차 등의 마련) 및 같은 법 시행령 제14조(재난안전대응 절차)
- 행정안전부고시「재난안전통신망 표준운영절차의 관리와 활용에 관한 규정」제6조(표준운영절차의 수립), 제8조(표준운영절차의 확정), 제13조(상시 상황 공유 등), 제15조(활용 자원 확보 등), 제16조(활용 현황의 점검)

ㅇ **제출서식**

1) 재난안전통신망 표준운영절차 현행화 등 상·하반기 관리 실적

2) 재난안전상황실 공통통화그룹 정기교신 실적(각종 훈련 포함)

나. (시·도, 시·군·구) 재난안전통신망 단말기 자원 확보(50)

ㅇ **채점기준**

- 지역 재난안전대책본부, 재난현황 통합지원본부의 자체 편성기준 등을 고려하여 최소 16대 이상의 단말기(행안부가 대여한 단말기는 제외)를 자체 확보

</td></tr>
</table>

구분	기관별 단말기 확보 수량	
	16대 이상	16대 미만
점수	50	0

○ **평가근거**

– 「재난안전통신망법」제6조(재난안전 관련기관의 재난안전통신망 활용계획), 제17조(재난안전통신망 사용 절차 등의 마련) 및 같은 법 시행령 제14조(재난안전대응 절차)

– 행정안전부고시「재난안전통신망 표준운영절차의 관리와 활용에 관한 규정」제6조(표준운영절차의 수립), 제8조(표준운영절차의 확정), 제13조(상시 상황 공유 등), 제15조(활용 자원 확보 등), 제16조(활용 현황의 점검)

○ **제출서식**

– 재난안전통신망 단말기 구매 수량 입증 서류(납품확인서 등), 단말 부서(인원)별 배치 현황 관련 증빙 자료

<table>
<tr><td rowspan="2">구분</td><td rowspan="2">3. 대비</td><td colspan="2">3-5. 위기관리</td><td>평가대상기관</td><td>시·도,
시·군·구</td></tr>
<tr><td>평가방식</td><td>부서</td><td>배점</td><td>2점</td></tr>
<tr><td>지표명</td><td colspan="5">3-5-2. 업무연속성 유지 노력</td></tr>
<tr><td rowspan="2">지표
구성</td><td colspan="4">측정대상</td><td>가중치(100)</td></tr>
<tr><td colspan="4">가. 기능연속성계획 수립</td><td>100</td></tr>
<tr><td>세부
내용</td><td colspan="5">

가. (시·도, 시·군·구) 기능연속성계획 수립(100)

※ 화재,. 지진, 감염병 등으로 행정·공공기관의 기능수행에 꼭 필요한 자원(청사, 인력, 정보시스템 등)에 심각한 피해가 발생한 경우, 기관 자체 위기에 대응하는 별도의 계획을 수립하여 기관 중요업무의 연속성 도모 필요

○ 채점기준

- 기능연속성계획 이행실태 점검을 위한 교육·훈련계획 보고서(「재난안전법」제25조의2 제7항), 계획 수립(동법 제25조의2 제5항)

구분	교육 및 훈련 각 1회 이상 실시*	계획 수립	미수립
배점	100	50	0

* 계획수립 완료 이후에 실시한 교육·훈련에 한함

○ 평가근거

- 「재난 및 안전관리 기본법」 제25조의2

○ 제출서식

1) 교육·훈련: 교육 및 훈련 결과보고서(각 1부)

2) 계획수립: 수립 완료 공문 및 기능연속성계획(행안부)

</td></tr>
</table>

구분	3. 대비	3-5. 위기관리		평가대상기관	시·도, 시·군·구
		평가방식	부서	배점	5점
지표명	3-5-3. 자연재난 대비 실태 점검				

지표 구성

측정대상	가중치(100)	
가. 여름철 및 겨울철 중앙점검 결과(시·도)	60	
나. 여름철 및 겨울철 시도 주관 시·군·구 점검 결과(시·군·구)		60
다. 자연재해저감 종합계획 저감대책 시행실적(시·도, 시 ·군·구)	40	40

세부 내용

가. (시·도) 여름철 및 겨울철 중앙점검 결과(60)

○ **채점기준**

– '22년 여름철 및 겨울철 행정안전부 주관으로 실시한 시·도 중앙점검 결과 '우수', '양호', '미흡' 시도에 대해 단계별 점수 반영

중앙합동점검 결과	6점	5점	4점	3점	2점
점수	60	48	36	24	12

《 산정방법 》

▸ 중앙점검 결과 =
[(여름철) 우수(3점), 양호(2점), 미흡(1점) 중 해당 점수] +
[(겨울철) 우수(3점), 양호(2점), 미흡(1점) 중 해당 점수]

※ 중앙점검 결과 점수순으로 우수(20%), 양호(60%), 미흡(20%) 기관을 선정

○ **평가근거** : '22년 여름철 자연재난(태풍·호우) 사전대비 추진지침 '22년 겨울철 자연재난(대설·한파) 사전대비 추진지침

○ **제출서식(증빙자료 불필요)**

– '22년 여름철 자연재난(태풍·호우) 사전대비 점검 결과(자연재난대응과 작성)

– '22년 겨울철 자연재난(대설·한파) 사전대비 점검 결과(자연재난대응과 작성)

나. (시·군·구) 여름철 및 겨울철 시·도 주관 시·군 ·구 점검 결과(600)

○ **채점기준**

– '22년 여름철 및 겨울철 사전대비 점검시 시·도 주관으로 실시한 시·군·구 점검 결과*에 따라 점수 부여

* 시·도에서 '우수', '양호', '미흡'으로 시군구 분류

시·도 주관 / 시·군·구 점검결과	6점	5점	4점	3점	2점
점수	60	48	36	24	12

《 산정방법 》

▸ 사 도 주관 시군구 점검결과 =
[(여름철) 우수(3점), 양호(2점), 미흡(1점) 중 해당 점수] +
[(겨울철) 우수(3점), 양호(2점), 미흡(1점) 중 해당 점수]

※ 시 · 도 주관 시군구 점검결과 우수(20%), 양호(60%), 미흡(20%) 기관을 선정

ㅇ **평가근거** : '22년 여름철 자연재난(태풍 · 호우) 사전대비 추진지침 '22년 겨울철 자연재난(대설 · 한파) 사전대비 추진지침

ㅇ **제출서식(증빙자료 불필요)**

– '22년 여름철 자연재난(태풍 · 호우) 및 겨울철 자연재난(대설 · 한파) 사전대비 점검시 시 · 도에서 결과 기제출 (→ 행안부)

※ (참고) 사전대비 점검 추진체계

<시 · 도, 시 · 군 · 구 자체점검>		**<시 · 도 확인점검>**		<중앙합동점검>
- 점검대상 : 시 · 도, 시 · 군 · 구 - 점검주체 : 기관 자체	➜	**- 점검대상 : 228개 시 · 군 · 구** **- 점검주체 : 17개 시도**	➜	- 점검대상 : 17개 시 · 도, 47개 시 · 군 · 구* * 시도별 3개 시 • 군 • 구 (예외 - 제주 2, 세종 0) - 점검주체 : 행안부 등 관계부처

다. (시 · 도, 시 · 군 · 구) 자연재해저감대책 시행실적(40)

ㅇ **채점기준**

– 시 · 도 및 시 · 군 자연재해저감 종합계획 저감대책 시행 실적

※ 자치구는 자연재해저감 종합계획 수립 대상이 아니므로 제외, 평균값 처리

– 저감대책 연차별 시행계획에 따라 2022년 계획 대비 추진실적 건수로 측정

※ 최종 수립된 계획(1차 수립된 경우 1차 계획, 2차 수립 완료한 경우 2차 계획)을 활용

– (산식) 2022년 시행 건수 / 2022년 계획건수

교육실적(%)	70% 이상	70% 미만 ~ 60% 이상	60% 미만 ~ 50% 이상	50% 미만 ~ 40% 이상	40% 미만
배점	100	75	50	25	0

* 2022년 계획 및 시행 건수는 행정안전부에 제출한 자료

– (2022년 계획) 행정안전부 재난영향분석과–5739호(2021.10.27.) 관련하여 제출된 자료 기준 (2022년 시행) 2022년 12월 시행건수 관련 공문 시행 예정

ㅇ **평가근거** :「자연재해대책법」제16조의2(자연재해저감 시행계획의 수립)

ㅇ **제출서식**

– 2022년 자연재해저감 종합계획 시행계획 (지자체→행정안전부 제출 공문)

– 2022년 자연재해저감 종합계획 추진 실적 제출 (지자체→행정안전부 제출 공문, 11월 ~ 12월 조사 예정)

– 시행 건수 착수계 및 준공계 (2022년 착공된 경우 시행으로 간주)

2022년 저감대책 계획건수(①)	2022년 저감대책 시행 건수(②)	시행율 (② / ①)	점수

* 증빙자료 별첨

구분	3. 대비	3-5. 위기관리		평가대상기관	시·도, 시·군·구
		평가방식	부서	배점	2점
지표명	3-5-4. 유형별 예경보시설 관리 실태 및 신규·보강 실적				

지표 구성	측정대상	가중치(100)
	가. 재난 예경보시설에 대한 구축계획 수립 및 점검 실적	50
	나. 재난 예경보시설 신규·보강 구축 및 예·경보 선제적 조치 실적	50

세부 내용

가. (시·도, 시·군·구) 재난 예경보시설에 대한 구축계획 수립 및 점검 실적(50)

ㅇ **채점기준**

① 재난 예보·경보시설* 구축 사업시행계획 중 신규 및 보강 구축 계획 수립 여부

* 자동음성통보, 자동우량경보(단독 계측기 제외), 재해문자전광판 등

소관 예경보시설에 대한 신규(보강)설치 계획 수립 여부	계획 수립	미수립
점수	10	0

② 재난 예보·경보시설* 구축 사업시행계획 중 재해위험구역내 예보·경보 구축 계획 수립 여부

* 자동음성통보, 자동우량경보(단독 계측기 제외), 재해문자전광판 등

소관 재해위험 구역내 예경보시설에 대한 구축 계획 수립 여부	계획 수립	미수립
점수	5	0

③ 자동우량경보시설, 자동음성통보시스템, 재해문자전광판 등 재난 예·경보시설에 대한 점검계획 수립 여부

소관 예경보시설에 대한 점검 계획 수립 여부	계획 수립	미수립
점수	5	0

④ 자동우량경보시설, 자동음성통보시스템, 재해문자전광판 등 재난 예·경보 시설에 대한 평시 전수 점검 실시 여부

소관 예경보시설에 대한 전수 점검 실적	6회 이상	5회 이상	4회 이상	3회 이상	2회 이상	1회 이하
점수	20	16	12	8	4	0

ㅇ **평가근거** : 재난 및 안전관리 기본법

ㅇ **제출서식(증빙자료 포함)**

연번	시군구	점검일정	점검 지구수	점검 개소수	지적사항	조치결과(완료일)
1	○○시	'22.5.25~6.5	4	15	○○읍 ○○로 12 자동우량경보시설 1식 경보국 미작동	미작동 경보국 시설 수리 완료('22.6.20)
2	○○군					
...						

* 증빙서류 별첨

– (시·도)

• 시 ·도 재난 예보·경보체계 구축 사업시행계획 및 제출(시·도 → 행안부) 공문(재해위험지역 예·경보구축 계획 포함)

• 예·경보시설 점검 계획서, 여름철 자연재난 대책기간 현장점검 결과 제출(시·도 → 행안부) 공문

– (시·군·구)

• 시·군·구 재난 예보·경보체계 구축 사업시행계획 및 제출(시·군·구 → 시·도) 공문(재해위험지역 예경보구축 계획 포함)

• 예·경보시설 점검 계획서, 여름철 자연재난 대책기간 현장점검 결과 제출(시·군·구 →시·도) 공문

나. (시·도, 시·군·구) 재난 예경보시설에 신규·보강 구축 및 예·경보 선제적 조치 실적(50)

○ 정의

① 신규 구축 : 기존 시설의 철거 없이 신규로 재난 예경보 시설을 설치하는 경우

② 보강 구축 : 기 운영 중인 재난 예경보시설의 증설 및 개선하는 경우

③ 노후시설 교체 : 내용연수 경과된 시설중 물품관리법 시행규칙 제51조(불용결정 및 폐기처분의 기준), 정부물품정비관리규정 13조부터 15조에 의한 경제적 수리한계를 고려하여 선정된 대상을 교체하는 경우

* 조달청 고시 내용연수(제2018-14호) : 경보장치 9년, 전광판 8년

○ 채점기준

① 재난 예보·경보시설* 구축 사업시행계획 중 신규(보강)구축 사업 추진 실적(20)

※ 시·도는 소관 시군구 사업 추진 실적을 포함하여 평가

* 자동음성통보, 자동우량경보(단독 계측기 제외), 재해문자전광판, 라디오재난경보 등

신규(보강) 설치 계획에 따른 사업 추진 실적	100%	100% 미만 ~90% 이상	90% 미만 ~80% 이상	80% 미만 ~70% 이상	70% 미만 ~60% 이상	60% 미만
점수	20	16	12	8	4	0

▷ 산출식 :{(사업시행계획 전체 건수) – (사업 미시행 건수) / 사업시행계획 전체 건수} × 100

② 재난 예보·경보시설* 구축 사업시행계획 중 노후화시설 교체 실적(20)

※ 시·도는 소관 시군구 사업 추진 실적을 포함하여 평가

* 자동음성통보, 자동우량경보(단독 계측기 제외), 재해문자전광판, 라디오재난경보 등

노후화 시설 개선 계획 따른 노후화시설 교체 실적	100%	100% 미만 ~90% 이상	90% 미만 ~80% 이상	80% 미만 ~70% 이상	70% 미만 ~60% 이상	60% 미만
점수	20	16	12	8	4	0

▷ 산출식 :{(전체시설 수 – 경제적수리한계 경과 시설수)/전체 시설수}× 100

③ 재해위험구역 내 재난 예·경보 선제적 조치 실적(20)

– 재난상황별 예·경보 조치 이행율

재난상황별 예·경보 조치이행율	100%	100% 미만 ~90% 이상	90% 미만 ~80% 이상	80% 미만 ~70% 이상	70% 미만 ~60% 이상	60% 미만
점수	15	12	9	6	3	0

▷ 산출식 : (단계별 대응조치/예·경보 횟수) × 100

※ ① 예경보 확인 : NDMS 〉 대응 〉 중대본(지대본) 상화관리 〉 지자체 대처상황관리 〉 대처상황출력 〉 사전조치(홍보활동)

② 이외 재난 상황별 예경보를 확인할 수 있는 자료(발송시스템에서 날짜별 발송 횟수(로그) 등

* (재난 예·경보 시스템) 자동우량경보시설, 자동음성통보시스템, 재해문자전광판 등

* (재해위험구역) 재난(재해)이 발생하거나 발생할 우려가 있는 구역

► 위험구역 : 재난및안전관리기본법 제41조(위험구역의 설정)

► 자연재해위험개선지구 : 자연재해법 제12조(자연재해위험개서지구의 지정 등)

► 산사태취약지역, 붕괴위험지역, 재해위험저수지 등 개별 법령에 따른 위험구역 지정

ㅇ **평가근거** : 재난 및 안전관리 기본법 제38조2

ㅇ **제출서식(증빙자료 포함)**

– 실제 사업 추진 실적 등

연번	시군구	사업명 (시행계획 기준)	사업명 (계약서 기준)	구분	사업내용	사업기간
1	ㅇㅇ시	ㅇㅇ천 예경보시설 신설	ㅇㅇ천 자동음성통보 시설 구축 사업	신규	자동음성통보시설 3식	'22.7.1 ~ 10.31
2	ㅇㅇ군	재해문자전광판 노후시설 교체	ㅇㅇ사거리 노후 재해문자전광판 교체사업	교체	재해문자전광판 1식	'22.8.30 ~ 9.30
3	ㅇㅇ구	ㅇㅇ천 예경보시설 보강	ㅇㅇ천 자동음성통보 시설 보강 사업	보강	자동음성통보시설 1식	'22.5.30 ~ 8.30
…						

– 내용연수 경과 시설에 대한 정부물품정비관리규정(조달청고시 제2020–67호) 정비기준에 따른 경제적 수리한계치의 산정결과(조달청 RFID기반 물품관리시스템의 경제적 수리한계 계산하기 참조)

1. 경제적 수리한계 비율 경제적 수리한계비율 = 최초년도의 최대치 − (최초년도의 최대치 − 최종년도의 최대치) ÷ 내용년수 × 사용년수 = $\frac{70}{100}-(\frac{70}{100}-\frac{20}{100})$ ÷ 내용년수 × 사용년수 $=\frac{70}{100}-\frac{\text{사용연수}}{2\times\text{내용연수}}$	2. 경제적 수리한계 금액 경제적 수리한계금액 = 최초년도의 최대치 × 취득가격 $-\frac{\text{사용연수}}{2\times\text{내용연수}}\times$ 취득가격 $=\frac{70\times\text{취득가격}}{100}-\frac{\text{사용연수}\times\text{취득가격}}{2\times\text{내용연수}}$

* 증빙서류 별첨

① (시·도) 시·도 재난 예보·경보체계 구축 사업 착수계·준공(완료)계 공문*

② (시·도) 시·도 재난 예보·경보체계 도입 연도별 구축 현황(도입 연도별 구분 필수)

* 시·도 소관 예·경보시설 있을 경우에 한정

연번	시·도	도입연도	자동우량 경보시설수	재해문자 전광판 시설수	자동음성통보 시스템 시설수	라디오 재난경보 방송시스템 시설수
1	○○도	1995	2			
2		1998	3		1	
3		2000		5		5
...	...	...	...	...	...	...
15		2019	4	5	3	5
16		2020	5	3	6	3

③ (시·군·구) 시·군·구 재난 예보·경보체계 구축 사업 착수계·준공(완료)계 공문

④ (시·군·구) 시·군·구 재난 예보·경보체계 도입 연도별 구축 현황(도입 연도별 구분 필수)

연번	시·도	도입연도	자동우량 경보시설수	재해문자 전광판 시설수	자동음성통보 시스템 시설수	라디오 재난경보 방송시스템 시설수
1	○○시	1995	2			2
2		1998	3			3
3		2000		5		
...	...	...	...	...	...	...
14		2019	3	3	4	3
15		2020	3	2	5	3

⑤ 재해위험구역 내 재난 예·경보 시스템 구축 현황(서식)

연번	재해위험 구역명	자동우량경보시설					소 계 (지구수)	재해문자 전광판				라디오 재해경보 방송시스템 (지구수)	자동 음성통보 시스템 (지구수)
		경보시스템 단말기 유형						설치지역 유형					
		계	통제	우량	수위	경보		산간계곡 야영지	하천변 유원지	바닷가 유원지	재해 위험 지구		
1													

구분	3. 대비	3-5. 위기관리		평가대상기관	시·도, 시·군·구
		평가방식	부서	배점	2점
지표명	3-5-5. 민간 다중이용시설 위기관리 실적				

지표 구성

측정대상	가중치(100)	
가. 민간 다중이용시설 위기상황 매뉴얼 대상시설 지도·점검 실적(시·도)	100	
나. 민간 다중이용시설 위기상황 매뉴얼 대상시설 지도·점검 실적(시·군·구)		40
다. 민간 다중이용시설 위기상황에 대비한 매뉴얼 작성·관리 실적(시·군·구)		20
라. 민간 다중이용시설 위기상황 매뉴얼에 따른 훈련실시 실적(시·군·구)		40

세부 내용

가. (시 · 도) 민간 다중이용시설 위기상황 매뉴얼 대상시설 지도·점검 실적(100)

ㅇ **채점기준**

– 민간 다중이용시설 위기상황 매뉴얼 대상시설 지도·점검 실적에 따라 점수 부여

구분	점검 방법	시·도별 관내 다중이용시설에 대한 표본 점검 실적				
		16개소(4%*) 이상	12개소(3%*) 이상	8개소(2%*) 이상	4개소(1%*) 이상	4개소(1%*) 미만
시·도	표본	100	75	50	25	0

* 관내 다중이용시설 수가 500개 이상인 시·도인 경우 대상시설에 비율(%) 값은 적용(서울, 경기)

ㅇ **평가근거** : 「재난 및 안전관리 기본법」 제34조의6

ㅇ **제출서식**

– 위기상황 매뉴얼 대상시설 지도·점검 계획 및 결과보고서(전자문서)

나. (시·군·구) 민간 다중이용시설 위기상황 매뉴얼 대상시설 지도·점검 실적(40)

ㅇ **채점기준**

– 민간 다중이용시설 위기상황 매뉴얼 대상시설 지도·점검 실적에 따라 점수 부여

※ 상·하반기 각 1회 이상

구분	점검방법	연 2회	연 1회	실적없음
시·군·구	상반기 : 전수 하반기 : 미흡시설 위주	40점	20점	0점

※ 민간 다중이용시설이 없는 시군구는 평균값 적용

ㅇ **평가근거** : 「재난 및 안전관리 기본법」 제34조의6

ㅇ **제출서식**

– 위기상황 매뉴얼 대상시설 지도·점검 계획 및 결과보고서(전자문서)

다. (시·군 · 구) 민간 다중이용시설 위기상황에 대비한 매뉴얼 작성·관리 실적(20)

○ **채점기준**

– 소유자, 관리자 또는 점유자가 위기상황에 대비한 매뉴얼 작성·관리 실적에 따라 점수부여

구분	100%	100% 미만 ~ 80% 이상	80% 미만 ~ 60% 이상	60% 미만
배점	20	15	10	5

※ 민간 다중이용시설이 없는 시군구는 평균값 적용

○ **평가근거** : 「재난 및 안전관리 기본법」 제34조의6

○ **제출서식**

– 소유자 등이 제출한 매뉴얼 작성·관리 제출 문서사본

라. (시·군·구) 민간 다중이용시설 위기상황 매뉴얼에 따른 훈련실시 실적(40)

○ **채점기준**

– 소유자, 관리자 또는 점유자가 위기상황 매뉴얼에 따른 훈련실시 실적에 따라 점수부여

구분	80% 이상	80% 미만 ~ 60% 이상	60% 미만 ~ 30% 이상	30% 미만
배점	40	30	10	5

※ 민간 다중이용시설이 없는 시군구는 평균값 적용

○ **평가근거** : 「재난 및 안전관리 기본법」 제34조의6

○ **제출서식**

– 소유자 등이 제출한 매뉴얼에 따른 훈련실시 실적 제출 문서사본

<table>
<tr><td rowspan="2">구분</td><td rowspan="2">3. 대비</td><td colspan="2">3-5. 위기관리</td><td>평가대상기관</td><td>시·도,
시·군·구</td></tr>
<tr><td>평가방식</td><td>부서</td><td>배점</td><td>3점</td></tr>
<tr><td>지표명</td><td colspan="5">3-5-6. 기후재난 피해 최소화 대책 추진 실적</td></tr>
<tr><td rowspan="5">지표
구성</td><td colspan="4">측정대상</td><td>가중치(100)</td></tr>
<tr><td colspan="4">가. 폭염 대비 세부계획 수립 및 추진 실적</td><td>20</td></tr>
<tr><td colspan="4">나. 폭염 대응 시설 설치·관리 및 우수사례 실적</td><td>20</td></tr>
<tr><td colspan="4">다. 고농도 미세먼지 대응체계 구축 실적</td><td>40</td></tr>
<tr><td colspan="4">마. 가뭄 대비 세부계획 수립 및 관리 실적</td><td>20</td></tr>
</table>

세부 내용

가. (시·도, 시·군·구) 폭염 대비 세부계획 수립 및 추진 실적(20)

ㅇ **채점기준**

① 폭염대책 추진 체계 및 비상연락망 구축 : 5점

- (1)폭염대책 수립, (2)TF 구성, (3)매뉴얼 제정 및 현행화, 비상연락망 구축((4)관계부서, (5)재난도우미, (6)전파시스템) 각 항목별 완료 여부

구분	완료 여부					
	6개	5개	4개	3개	2개	1개
배점	5	4	3	2	1	0

※ 시·도의 평가는 본청 실적으로 평가함

② 폭염 취약지역·계층 안전대책 추진 성과 : 10점

- (1)취약계층 보호 지원대책 수립*, (2)논밭 작업자 보호 지원대책**, (3)공사장 근로자 보호 지원대책***

* 취약계층 보호 및 지원대책 수립, 노숙인·쪽방주민 무더위 쉼터 운영대책, 재난도우미 대상 교육 실시 계획, 스마트기기 활용 취약계층 보호 계획(4개)

** 자율방재단 이통장 등 활용 예찰계획, 마을방송 지역라디오 방송 홍보계획, 드론 활용 예찰 계획(3개)

*** 건설현장 등 점검 및 홍보계획, 지자체 발주공사 노동자 보호 대책(2개)

<table>
<tr><td rowspan="3">구분</td><td colspan="6">완료 여부</td></tr>
<tr><td colspan="2">취약계층 보호 지원대책</td><td colspan="2">논밭 작업자 보호 지원대책</td><td colspan="2">공사장 근로자 보호 지원대책</td></tr>
<tr><td>6개</td><td>5개</td><td>4개</td><td>3개</td><td>2개</td><td>1개</td></tr>
<tr><td>배점</td><td>10</td><td>9</td><td>8</td><td>7</td><td>6</td><td>5</td></tr>
</table>

※ 시·도의 평가는 본청 실적으로 평가함

ㅇ **평가근거** : '22년 폭염 대책 추진실태 점검결과 알림(기후재난대응과-1203, '22.5.17.) 등

ㅇ **제출서식** : 해당없음(기 제출 자료 활용)

나. (시·도, 시·군·구) 폭염 대응 시설 설치·관리 및 우수사례 실적(20)

ㅇ **채점기준**

① 그늘막 설치·관리 상태 : 5점

구분	평가 지표	운영실적		
		85% 이상	70%이상~85%미만	70%미만
합계		5	3.6	2.5
그늘막 설치	운영 갯수/확충계획×100	2	1.5	1
NDMS 입력	입력 갯수/전체갯수×100	1	0.7	0.5
보험가입	가입 갯수/전체갯수×100	1	0.7	0.5
점검 대장 및 일지 비치	비치 갯수/전체갯수×100	1	0.7	0.5

※ 시·도의 평가는 시·군·구 실적점수의 평균으로 평가함

② 무더위쉼터 설치 및 운영 실태 : 5점

구분	평가 지표	운영 실적		
		85% 이상	70%이상~85%미만	70%미만
계		5점	4점	3점
실내	운영시설 수/지정 시설×100	2.5점	2.0점	1.5점
실외	운영시설 수/확충계획×100	2.5점	2.0점	1.5점

※ 시·도의 평가는 시·군·구 실적점수의 평균으로 평가함

③ 폭염 대응 우수사례 : 10점

- 폭염 대응사례가 우수한 경우 10점, 보통인 경우 7점, 미제출 시 5점

※ 전 지자체 공유할 만한 폭염 우수사례를 정성평가

ㅇ **평가근거** : NDMS 등록실적, '22년 폭염 대책 추진실태 점검결과 알림(기후재난대응과-1203, '22.5.17.) 등

ㅇ **제출서식** : 해당없음(기 제출 자료 활용)

다. (시·도, 시·군·구) 고농도 미세먼지 대응체계 구축 실적(15)

ㅇ **채점기준**

① 시도·시군구별 미세먼지 담당자 구축 실적 : 5점

② 미세먼지 계절관리제 이행 관련 시도·시군구 협력도 평가 : 20점

- 계절관리제 이행 관련 환경부-행안부 합동 교육 참석 여부 : 5점

- 계절관리제 기간 동안 제출한 이행실적(계절관리제, 비상저감조치)에 대한 평가 : 15점

제출비율 (제출횟수*/제출요청수**)	80% 이상	50% 이상 ~ 80% 미만	30% 이상 ~ 50% 미만	50% 미만
점수	15	10	5	5

제출비율 (제출횟수*/제출요청수**)	80% 이상	50% 이상 ~ 80% 미만	30% 이상 ~ 50% 미만	50% 미만
점수	15	10	5	5

* 제출횟수는 공문, 온메일 제출 모두 포함됨

** 제출요청수는 비상저감조치 발령 횟수(시도마다 다름)+주월간 계절관리제 실적 제출횟수

*** 시·군·구는 시·도 실적에 따라 동일한 점수 부여

③ 미세먼지 정책 우수사례 정성평가 : 15점

– 미세먼지 정책 우수사례가 우수한 경우 : 15점, 보통 8점, 미제출 시 0점

※ 전 지자체 공유할 만한 미세먼지 정책 우수사례를 정성평가

ㅇ **평가근거** : 범정부 미세먼지 고농도 시기 대응 특별대책 초미세먼지 재난 위기관리 표준매뉴얼

ㅇ **제출서식(증빙자료 포함)**

① 비상연락망 구축 여부 확인 가능한 자료(전자문서)

② 기 제출자료 활용 ※ 계절관리제 기간 중 행안부와 환경부에 제출한 자료 활용

③ 기 제출자료 활용 ※ 평가 자료가 없는 경우 별도 서식으로 요청할 수 있음

라. (시·도, 시·군·구) 가뭄 대비 체계 구축 및 관리 실적(20)

ㅇ **채점기준**

① 가뭄 대비·대응을 위한 가뭄 종합대책 수립·추진 : 15점

* 제출기한이 4주 이상 지난 후에 제출한 경우는 미제출로 간주

② 미세먼지 정책 우수사례 정성평가 : 15점

– 미세먼지 정책 우수사례가 우수한 경우 15점, 보통 10점, 미제출 시 0점

※ 전 지자체 공유할 만한 미세먼지 정책 우수사례를 정성평가

※ 시·도는 시·도별, 시·군·구는 시·군·구별로 상대평가하여 결정

ㅇ **평가근거** : 범정부 미세먼지 고농도 시기 대응 특별대책 초미세먼지 재난 위기관리 표준매뉴얼

ㅇ **제출서식** : 해당없음(기 제출 자료 활용)

※ 계절관리제 기간 중 행안부와 환경부에 제출한 자료 활용(단, 기한 내 제출)

구분	4. 대응	4-1. 비상기구 구성·운영		평가대상기관	시·도, 시·군·구
		평가방식	위원	배점	5점
지표명	4-1-1. 재난 대응 실무반의 편성, 역할분장, 숙지도				

지표 구성	측정대상	가중치(100)
	가. 재난발생시 대응조직, 개인별 역할분장 정도	60
	나. 직원의 업무 이해도	40

세부 내용

가. (시·도, 시·군·구) 재난발생시 대응조직, 개인별 역할분장 정도(60)

ㅇ **채점기준**

– 비상단계별 실무반 사전 편성· 역할분장 정도에 따라 점수 부여

평가 기준	상세 내용	배점
2교대 이상 편성	– 상황총괄반 2교대 이상 편성 – 13개 협업반 편성(담당자)	60
담당자만 편성	– 책임담당자만 편성(교대인력 사전편성 없음) – 13개 협업반 편성(담당자)	50
부서만 편성	– 부서별 임무만 편성	30
미편성	– 관련 내용을 확인할 수 없음	0

※ 상세 내용 중 모두가 충족되어야 배점(한 가지만 충족 시 하위점수 부여)

※ 「재난 및 안전관리 기본법」제3조제1호 가~나목의 재난별 상황총괄반을 편성한 경우 10점 가점(총점(60)을 초과할 수 없음)

ㅇ **평가근거** : 「재난 및 안전관리 기본법」 제25조의2

ㅇ **제출서식**

– 위기관리 행동 매뉴얼(재난유형에 관계없이 우수한 것)

※ 매뉴얼에 부족한 부분은 실무반 편성에 대한 내부결재본(평가연도)을 첨부하여 보충할 수 있음

나. (시·도, 시·군·구) 직원의 업무 이해도(40)

ㅇ **채점기준**

– (정성) 재난발생 시 재난에 대응할 실무반 책임과 역할에 대한 사전 숙지상태 정도에 따라 점수 부여(2명에 대해 각각 평가하여 합산)

평가 기준	상세 내용	배점
탁월	– 매뉴얼을 거의 보지 않고도 편성된 실무반의 역할을 충분히 설명할 수 있음	20
우수	– 매뉴얼을 보고 편성된 실무반의 역할을 충분히 설명할 수 있음	15
보통	– 매뉴얼을 보고 편성된 실무반의 역할을 단순 설명할 수 있음	10
미참여	– 평가받지 않음	0

	※ 책임과 역할 숙지상태를 확인하기 위해 평가반에서 무작위로 과, 개인을 현장에서 선정 ※ 부서별 임무만 편성된 경우 해당 부서의 담당자 1명이 평가받을 수 있음 ○ **평가근거** : 「재난 및 안전관리 기본법」 제25조의2 ○ **제출서식** : 해당없음(현장평가 시 실시)

<table>
<tr><td rowspan="2">구분</td><td rowspan="2">4. 대응</td><td colspan="2">4-2. 상황관리</td><td>평가대상기관</td><td>시·도,
시·군·구</td></tr>
<tr><td>평가방식</td><td>위원</td><td>배점</td><td>2점</td></tr>
<tr><td>지표명</td><td colspan="5">4-2-1. 재난 상황관리를 위한 대응체계 유지</td></tr>
</table>

지표 구성

측정대상	가중치(100)
가. 재난안전 종합상황실 운영	40
나. 재난정보관리를 위한 대응체계 유지	60

세부 내용

가. (시·도, 시·군·구) 재난안전 종합상황실 운영(40)

ㅇ 채점기준

– 다음의 요소들을 감안하여 정량·정성적으로 평가

핵심 사항(7점)	평가 요소	비고
재난안전 종합상황실 구축 (4점)	별도 상황실 운영공간 확보(1점)	
	상황실이 있는 건물(구조체)의 내진성능 확보*(1점) * 내진설계를 적용하였거나, 내진성능 평가결과 내진양호로 판정 되었거나, 내진보강공사가 완료된 경우 내진성능 확보로 판단 ※ 상황실이 없을 시 본청의 내진성능 확보 여부	
	상황실 내 전력·통신설비(비구조체)의 내진성능 확보*(1점) * ①이중마루 설치와 ②면진테이블 설치 또는 앵커링 보강을 모두 해야만 인정	
	상황실 운영 규정 마련(1점)	
평시 운영인력 확보(3점)	주간 상황관리(접수)를 위한 담당자*가 있음(1점) * 업무분장 명시 필수, 복수 업무를 수행하는 경우에도 인정	정성
	24시간 운영*되는 재난 상황근무를 위한 정규인력이 있음(1점) * 3교대, 4조2교대 등 다양한 형태 인정	정성
	재난 상황근무 정규인력의 재난안전 전문교육* 모두 이수(1점) * 2-1-1. 재난 및 안전관리 업무 담당자 전문교육 지표의 교육 조건과 기간(신규/정기교육) 등 동일하게 적용	

구분	매우 우수	우수	보통	미흡	매우 미흡
	7점	6~5점	4~3점	2점	1~0점
배점	40	30	20	10	0

※ 민원 등 다목적 상황실의 경우 위급상황에 재난안전 종합상황실 기능을 수행할 수 있는 충분한 기능(또는 과거 사례)이 있는 경우 채점기준 적용하지 않고 위원의 판단하에 3점 부여 가능

※ 점수산출 예시

<table>
<tr><td rowspan="3">상황</td><td colspan="2">상황실 없음(0점, 본청 내진설계 적용 시 1점)</td><td colspan="2">상황실 있음(1~4점)</td></tr>
<tr><td rowspan="2">상황 담당자 없음
(0점)</td><td>상황 담당자 1명(1점)</td><td>주간 담당자(1점)</td><td>3교대 이상 정규 인력(2점)</td></tr>
<tr><td>교육 수료(1점)</td><td>야간 당직자로 운영(0점)</td><td>교육 수료(1점)</td></tr>
<tr><td>점수</td><td>0~1점</td><td>0~3점</td><td>1~5점</td><td>1~7점</td></tr>
</table>

ㅇ **평가근거** : 재난관리평가 지침, 「지진 · 화산재해대책법」제17조(재난안전상황실과 지역재난안전대책본부의 내진대책)

ㅇ **제출서식(증빙자료 별첨)**

핵심 사항	평가 요소	해당 여부	비고
재난안전 종합상황실 구축	별도 상황실 운영공간 확보	O	증빙1
	상황실이 있는 건물(구조체)의 내진성능 확보	X	
	상황실 내 전력 · 통신설비(비구조체)의 내진성능 확보		
	상황실 운영 규정 마련		
평시 운영인력 확보	주간 상황관리(접수)를 위한 담당자가 있음(정성)		
	24시간 운영되는 재난 상황근무를 위한 정규인력이 있음(정성)		
	재난 상황근무 정규인력의 재난안전 전문교육 모두 이수		

나. (시 · 도, 시 · 군 · 구) 재난정보관리를 위한 대응체계 유지(60)

ㅇ **채점기준**

– 다음의 요소들을 감안하여 정량 · 정성적으로 평가

핵심 사항(7점)	평가 요소	비고
유관기관 협력체계 구축(3점)	담당자, 연락처 등 현행화 연 1회 이상(1점)	정성
	간담회, 세미나 등 협력체계 구축 노력도(1점)	
	3개 기관 이상 참여한 합동훈련 실시(1점)	
재난관리부서 정원 확보(1점)	현장평가 시 정원과 현원이 같음(1점)	
첨단 기술을 활용한 정보관리(1점)	4차 산업기술*을 활용하여 정보관리를 하고 있거나 재난사고 발생 시 정보관리를 위한 체계* 마련(1점) * 예) AI, IoT, Cloud computing, Bigdata, Mobile, Drone 등 ** 기관 내 자원 외에도 관련 기관과의 협력체계까지 넓게 인정	정성
기관 특성을 반영한 정보관리(2점)	재난정보관리를 위한 기관의 특수시책에 대해 평가위원의 판단하여 점수 부여(0~2점)	정성

구분	매우 우수	우수	보통	미흡	매우 미흡
	7점	6~5점	4~3점	2점	1~0점
배점	60	45	30	15	0

ㅇ **평가근거** : 재난관리평가 지침

ㅇ **제출서식(증빙자료 별첨)**

핵심 사항	평가 요소	해당 여부	비고
유관기관 협력체계 구축	담당자, 연락처 등 현행화 연 1회 이상	O	증빙1
	간담회, 세미나 등 협력체계 구축 노력도(정성)	X	
	3개 기관 이상 참여한 합동훈련 실시		
재난관리부서 정원 확보	현장평가 시 정원과 현원이 같음 * 증빙자료 제출 시점으로 제출하고 현장평가 시 재확인		
첨단 기술을 활용한 정보관리	4차 산업기술을 활용하여 정보관리를 하고 있거나 재난사고 발생 시 정보관리를 위한 체계 마련(정성)		
기관 특성을 반영한 정보관리	재난정보관리를 위한 기관의 특수시책(정성)		

구분	대응	4-2. 상황관리		평가대상기관	시·도, 시·군·구
		평가방식	정량	배점	시·도 3점 시·군·구 5점
지표명	4-2-2. 재난발생 시 신속한 초동대응 역량				

구분	측정대상	가중치(100)
지표 구성	가. 훈련 메시지 5분 이내 수신 실적(시·도, 시·군·구)	20
	나. 행정안전부 주관 재난상황보고 훈련 실적 평가(시·도, 시·군·구)	30
	다. 시·도 주관 시군구 대상 자체훈련 실적(시·도)	10
	라. 실제 재난발생시 신속한 상황 보고(시·도, 시·군·구)	40

세부 내용

가. (시·도, 시·군·구) 훈련 메시지 5분 이내 수신 실적(20)

ㅇ **채점기준**

– 상황전파시스템(NDMS)을 통한 훈련메시지 전파 후 5분 이내 수신

– (산식) (Σ5분 이내 수신 횟수 / Σ행정안전부 메시지 전파 횟수) × 20점

ㅇ **평가근거** : 「재난 및 안전관리 기본법」 제23조, 중앙재난안전상황실 운영 규정

ㅇ **제출서식(없음)**: 행정안전부(중앙재난안전상황실) 주관 평가 결과 활용

나. (시·도, 시·군·구) 행정안전부 주관 재난상황보고 훈련 실적 평가(30, 40)

ㅇ **채점기준**

– (신속성: 50%) 훈련메시지 부여 후 시군구 상황보고(행안부 및 시도/30분), 시도 상황보고(행정안전부 /40분)

– (적정성: 50%) ①재난일시, ②재난장소, ③상황개요 등 평가항목 별 각 5점(시군구 20/3점)

– (산식)

▸ (목표시간 달성횟수/훈련횟수) × 15(시군구 20) +(Σ적정성 평가점수/훈련횟수)

ㅇ **평가근거** : 「재난 및 안전관리 기본법」제23조, 중앙재난안전상황실 운영 규정

ㅇ **제출서식(없음)** : 행정안전부(중앙재난안전상황실) 주관 평가 결과 활용

다. (시·도) 시·도 주관 시군구 대상 재난상황 보고 자체훈련 실적(10)

ㅇ **채점기준**

충족개월수	12개월	10 ~ 11개월	8 ~ 9개월	6 ~ 7개월	5개월 이하
배점	20	15	10	5	0

– 산식 : 광역주관 기초 대상 훈련 2회 이상 실시한 月수

※ 특별재난지역 선포 등으로 인하여 훈련이 면제된 경우 훈련을 실시한 것으로 간주

ㅇ **평가근거** : 「재난 및 안전관리 기본법」제23조, 중앙재난안전상황실 운영 규정

ㅇ **제출서식(없음)** : 행정안전부(중앙재난안전상황실) 주관 평가 결과 활용

라. (시·도, 시·군· 구) 실제 재난발생시 신속한 상황 보고(40)

ㅇ **채점기준**

– 다음의 요소들을 감안하여 상황보고에 따라 점수 부여

평가기준	상세 내용	점수
우수	보고 지연 및 누락 사례 없음	40
보통	1건 지연 보고	20
미흡	2건 이상 지연 보고 또는 미보고·미공유 사례 발생	0

※ 보고 대상 : 「재난 및 안전관리기본법 시행규칙」제5조의2, 「재난상황의 보고 대상 가정 지정 고시(행안부고시 제2020-13호)」에 따른 재난상황의 보고 대상

※ 보고 지연 기준 " 재난상황의 인지시점*을 기준으로 40분 이상 경과한 후 보고**하는 경우

* 재난상황 인지 시점은 「재난 및 안전관리 기본법」제18조에 따라 운영하는 재난안전상황실에서 신고 또는 재나 상황을 접수한 시점을 기준으로 하며, 신고·상황접수 시각은 NDMS 등 시스템 또는 통화기록 등으로 확인

** 「재난안전법 시행규칙」제5조 제1항의 최초 보고를 기준으로 함

ㅇ **평가근거** : 「재난 및 안전관리 기본법」제18조, 동법 제20조, 동법 시행령 제24조, 동법 시행규칙 제5조, 제5조의2,「재난상황의 보고대상 지정 고시」(행안부고시 제2020-13호)

ㅇ **제출서식** : 해당없음(행정안전부 중앙재난안전상황실 주관 상시 관리)

※ 증빙자료(필요시) : 재난상황 인지 및 상황보고 관련 증빙자료(서면, 전화, 팩스, NDMS 등)

<table>
<tr><td rowspan="2">구분</td><td rowspan="2">4. 대응</td><td colspan="2">4-2. 상황관리</td><td>평가대상기관</td><td>시·도,
시·군·구</td></tr>
<tr><td>평가방식</td><td>부서</td><td>배점</td><td>2점</td></tr>
<tr><td>지표명</td><td colspan="5">4-2-3. 재난문자방송 송출 훈련 및 실제 운영</td></tr>
<tr><td rowspan="3">지표
구성</td><td colspan="4">측정대상</td><td>가중치(100)</td></tr>
<tr><td colspan="4">가. 재난문자 송출 훈련 실적</td><td>25</td></tr>
<tr><td colspan="4">나. 지자체 재난문자방송 운영실적</td><td>75</td></tr>
</table>

세부내용

가. (시 · 도, 시·군·구) 재난문자 송출 훈련 실적(25)

ㅇ **채점기준**

– 신속성(50%): 훈련메시지 부여후 재난문자 송출 조치 〈20분 이내〉

– 적정성(50%): ①재난 발생일시, ②재난지역, ③재난유형, ④행동요령 누락, ⑤오타 등 평가항목별 각 2.5점

– (산식) (20분 이내 송출 횟수/훈련횟수) × 12.5 + (Σ적정성 평가점수/총 훈련메시지 부여횟수)

ㅇ **평가근거** : 「재난안전기본법 시행규칙」 제11조의4 (재난문자방송에 대한 기준 · 운영 등) 「재난문자방송 기준 및 운영규정」 (행정안전부 예규 제14호)

ㅇ **제출서식(없음)** : 행정안전부(중앙재난안전상황실) 주관 평가 결과 활용

나. (시·도 시·군·구) 지자체 재난문자방송 운영실적(75)

ㅇ **채점기준**

① 재난문자방송 미흡 비율(75)

– (시·도) 미흡 송출 비율에 따른 차등 가점(시군구 포함)

– (시·군·구) 미흡 송출 비율에 따른 차등 가점

※ 운영실적이 없는 시군구는 시도 점수 부여

미흡 비율	5% 미만	5% 이상 ~ 10% 미만	10% 이상 ~ 15% 미만	15% 이상
배점	75	50	25	0

※ 미흡 비율(%): 미흡 송출 건수 / 총 송출 건수 × 100

② (감점) 기관 홍보 성격의 안내 송출(75)

– (시·도) 송출 시 건당 -5점, 관할 시군구 송출 시 건당 –2점

– (시·군·구) 송출 시 건당 –5점

ㅇ **평가근거** : 「재난 및 안전관리 기본법 시행규칙」 제11조의4, 재난문자방송 기준 및 운영규정

ㅇ **제출서식(없음)** : 행정안전부(상황총괄담당관실) 주관 평가 결과 활용

※ 참고사항

– '21년 지자체 미흡 송출 비율: 14.5%

<table>
<tr><td rowspan="2">구분</td><td rowspan="2">4. 대응</td><td colspan="2">4-3. 대처 사례</td><td>평가대상기관</td><td>시·도, 시·군·구</td></tr>
<tr><td>평가방식</td><td>위원</td><td>배점</td><td>3점</td></tr>
<tr><td>지표명</td><td colspan="5">4-3-1. 실제 재난, 사고 대응 사례</td></tr>
<tr><td rowspan="2">지표 구성</td><td colspan="4">측정대상</td><td>가중치(100)</td></tr>
<tr><td colspan="4">가. 실제 재난, 사고 대응 사례</td><td>100</td></tr>
<tr><td>세부 내용</td><td colspan="5">

가. (시·도, 시·군·구) 실제 재난, 사고 대응 사례(100)

○ **채점기준**

– 각 기관별 실제 재난, 사고에 대비, 대응하기 위해 추진한 특수, 우수 시책에 대해 제출한 별도 보고서를 상대 평가

구분	상 (상위 0~25%)	중 (상위 25~75%)	하 (상위 75~100%)	미제출
배점	100	70	40	0

※ 재난, 사고 대응 예시

– 가축 질병 등 발생 시 신속한 대응반 편성, 이동정지 조치 등을 통해 확산을 방지한 경우

– 소관 재난, 사고 등에 대한 자체 위기관리를 통한 사전 대비 체계 구축

– 재난, 사고 발생 시 유관기관과 신속하고 긴밀한 협조체계 구축을 통해 인명, 재산 등 피해를 최소화한 경우

– 그 외 재난, 사고 대비 및 대응을 위한 각종 시책 추진 사례 등

※ 다음의 경우 미인정

– 기존 지표에 반영된 사항, 민방위 관련 사항, 당해 연도 사례가 아닌 사항

– 재난 예방을 위한 교육·홍보, 예방 사업, 시설물 점검 등의 사례

– 재난 발생 후 원상복구를 위한 복구 사업 추진 등의 사례

○ **평가근거** : 재난관리평가 지침

○ **제출서식**

– 자유서식(증빙자료 별첨)

※ 별도 요약서식 필수 제출(3p 이내)

</td></tr>
</table>

<table>
<tr><td rowspan="2">구분</td><td rowspan="2">5. 복구</td><td colspan="2">5-1. 재난구호</td><td>평가대상기관</td><td>시·도,
시·군·구</td></tr>
<tr><td>평가방식</td><td>부서</td><td>배점</td><td>시·도 2점
시·군·구 5점</td></tr>
<tr><td>지표명</td><td colspan="5">5-1-1. 재해구호 인프라 확보 및 관리 실적</td></tr>
</table>

<table>
<tr><td rowspan="5">지표 구성</td><td>측정대상</td><td colspan="2">가중치(100)</td></tr>
<tr><td>가. 재해구호물자 관리의 정확성(시도, 시군구)</td><td>25</td><td>50</td></tr>
<tr><td>나. 재해구호물자 관리 및 지진겸용 임시주거시설 확보(시도, 시군구)</td><td>25</td><td>50</td></tr>
<tr><td>다. 재해구호기금 적립 실적(시도)</td><td>25</td><td></td></tr>
<tr><td>라. 재해구호기금 집행 실적(시도)</td><td>25</td><td></td></tr>
</table>

세부 내용

가. (시·도, 시·군·구) 재해구호물자 관리의 정확성(25, 50)

○ **채점기준**

– 시·군·구 재해구호물자*를 비축기준 이상 확보하였는지 여부(시도는 배점의 50%)

* 응급구호세트, 취사구호세트

<table>
<tr><td colspan="3">구분</td><td>확보</td><td>미확보</td></tr>
<tr><td rowspan="2">점수</td><td rowspan="2">재해구호물자
('22.12.31. 기준)</td><td>응급구호세트</td><td>50</td><td>0</td></tr>
<tr><td>취사구호세트</td><td></td><td></td></tr>
</table>

※ 시·도 점수는 관할 시군구가 취득한 점수의 평균 적용(관할 시군구 취득 점수의 합/관할 시군구수)

○ **평가근거** : 「재해구호법」 제4조의2, 제6조, 재해구호계획 수립지침

○ **제출서식(해당없음)**

※ NDMS 재해구호물자 현황 확인('22.12.31. 기준)

나. (시·도, 시·군·구) 재해구호물자 관리 및 지진겸용 임시주거시설 확보(25, 50)

○ **채점기준(시도는 배점의 50%)**

– 재해구호물자 보관창고 내 앵글 및 바닥재 설치 여부

구분	앵글 설치	바닥재 설치
배점	설치 10 / 미설치 0	설치 10 / 미설치 0

– 시·군·구별 지진겸용 임시주거시설 수용가능인원이 해당 시군구 인구의 2% 이상 확보

<table>
<tr><td colspan="2">구분</td><td>확보</td><td>미확보</td></tr>
<tr><td>배점</td><td>지진겸용 임시주거시설 시군구 인구의 2%이상 확보</td><td>30</td><td>0</td></tr>
</table>

※ 시·도 점수는 관할 시·군·구가 취득한 점수의 평균 적용(관할 시·군·구 취득 점수의 합/관할 시·군구수)

○ **평가근거** : 「재해구호법」 제4조의2, 제6조, 재해구호계획 수립지침

○ **제출서식**

– 재해구호물자 보관창고 관리 : 보관창고 현황 사진 제출

※ 보관 창고명, 바닥재·선반, 현황판이 보이도록 현황 사진 공문 제출(전자문서)

– 임시주거시설 확보 실적(확보 여부는 시스템으로 자동계산)

구분	인구(A)	수용가능인원(B)	확보율	비고
지진겸용 임시주거시설				

※ 인구수(주민등록 통계, 평가 전월 말일 기준), 수용가능인원(NDMS 통계)

다. (시·도) 재해구호기금 적립 실적(25)

○ **채점기준**

– 재해구호기금 적립 실적에 따라 점수 부여

구분	(누적적립액 / 누적적립기준액) ≥ 1 or ('22년 실적립액 / '22년 법정적립액) ≥ 1인 경우	(누적적립액 / 누적적립기준액) 〈 1 and ('22년 실적립액 / '22년 법정적립액) 〈 1인 경우
배점	25	0

– 누적적립액 : '21년 이월액 + '22년 총 수입액

– 누적적립기준액 : 최근 3년 동안('18~'20) 「지방세기본법」에 따른 보통세 수입 결산액 연평균액의 30/1,000에 해당하는 금액

– '22년 실적립액 : '22년 기금운용계획의 수입계획에 반영되어 실제로 적립된 금액*

– '22년 법정적립액 : 최근 3년 동안('18~'20) 「지방세기본법」에 따른 보통세 수입 결산액 연평균액의 5/1,000(단, 특별시는 2.5/1,000)에 해당하는 금액

○ **평가근거** : 「재해구호법」 제4조의2, 제6조, 재해구호계획 수립지침

– 적립 관련 공문서 사본 등 증빙 별첨

(단위 : 백만원)

구분	누적적립액 ('22.12.31. 현재)	누적적립 기준액	'22년 실적립액	'22년 법정적립액
시·도명				

라. (시·도) 재해구호기금 집행 실적(25)

○ **채점기준**

– 재해구호기금 집행실적에 따라 점수 부여

구분	100% 이상	100% 미만~ 90% 이상	90% 미만
배점	25	12.5	0

– '22년 총집행액 : '22. 1. 1. ~ 12. 31.까지 재해구호기금 집행* 금액

* 시·군·구로 사전 교부되어 사후 정산하는 사업은 시·군·구 실집행액만 인정

○ **평가근거** : 「재해구호법」 제4조의2, 제6조, 재해구호계획 수립지침

- 적립 및 집행 관련 공문서 사본 등 증빙 별첨

(단위 : 백만원)

구분	'22년 집행액	집행 목표액*	집행률 배점
시·도명			

* 집행목표액 : '22년 법정적립액 × 12%

⇒ '22년도 평가목표치를 준용하여 목표값(12%) 설정

※ 법정적립액 대비 집행액이 18년 8.6%, 2019년 15.2%, '20년 895%, '21년 191%으로, 최근 2년 급격한 비율 증가 상황을 고려하여 기금 안정성 확보를 위해 전년 목표치 유지

<table>
<tr><td rowspan="2">구분</td><td rowspan="2">5. 복구</td><td colspan="2">5-1. 재난구호</td><td>평가대상기관</td><td>시·도,
시·군·구</td></tr>
<tr><td>평가방식</td><td>부서</td><td>배점</td><td>시·도 2점
시·군·구 3점</td></tr>
<tr><td>지표명</td><td colspan="5">5-1-2. 재해구호분야 훈련 실적</td></tr>
</table>

지표 구성

측정대상	가중치(100)
가. 재해구호훈련(NDMS 활용) 실적	70
나. 의연금 배분 관련 시스템 활용 훈련 실적	30

세부 내용

가. (시·도, 시·군·구) 재해구호훈련(NDMS 활용) 실적(70)

ㅇ 채점기준

– 재해구호훈련 결과, 평가를 통한 등급별 점수 부여

구분	우수 3회 이상	우수 2회	우수 1회	우수 0회
훈련 결과 점수(우수)	30	20	10	0

구분	미흡지적 0회	미흡지적 1회	미흡지적 2회	미흡지적 3회 이상
훈련 결과 점수(우수)	30	20	10	0

※ 시·도 점수는 관할 시군구가 취득한 점수의 평균 적용(관할 시군구 취득 점수의 합/관할 시군구수)

ㅇ **평가근거** :「재해구호법」제16조의5,「재난 및 안전관리 기본법」35조

ㅇ **제출서식 : 해당없음**

* 증빙자료 : 훈련결과 통보 공문(행정안전부→시도→시군구)

나. (시·도, 시·군·구) 의연금 배분 관련 시스템 활용 훈련 실적(30)

ㅇ 채점기준

– 의연금배분 시스템 활용 훈련 참여 횟수 및 결과에 따라 점수 부여

구분	연 2회 이상 참여	연 1회 참여	불참
훈련 참여 실적 배점	20	10	0

구분	미흡지적 없음	미흡지적 1회 이상
훈련 결과 배점	10	0

※ 시·도 점수는 관할 시·군·구가 취득한 점수의 평균 적용(관할 시·군·구 취득 점수의 합/ 관할 시·군 ·구수)

ㅇ **평가근거** :「재해구호법」제16조의5, 「재난 및 안전관리 기본법」35조

ㅇ **제출서식 : 해당없음**

* 증빙자료 : 훈련결과 통보 공문(행정안전부→시도→시군구)

구분	5. 복구	5-2. 복구지원		평가대상기관	시·도, 시·군·구
		평가방식	부서	배점	시·도 2점 시·군·구 3점
지표명	5-2-1. 복구사업 관리 역량				

지표 구성	측정대상	가중치(100)	
	가. 복구계획수립(NDMS) 훈련 참여 성과	100	50
	나. 재난지원금 본예산 편성 여부		50

세부 내용

가. (시·도, 시·군·구) 복구계획수립(NDMS) 훈련 참여 성과(100, 50)

ㅇ **채점기준**

– 지방자치단체 복구지원 분야 NDMS 활용 역량 증진을 위한 훈련(6회 : 여름철/겨울철 대비, 분기별 사회재난 대비)* 참여 성과

구분	관할 시군구 훈련 우수 성과				
	90% 이상	90% 미만 ~ 80% 이상	80% 미만 ~ 70% 이상	70% 미만 ~ 60% 이상	60% 미만
시도	100	70	40	10	0

※ 연간 훈련 기준 관할 시군구의 자체훈련 또는 재훈련에 해당하지 않는 관할 시군구 비율
– 산식 : 1 - 자체훈련 또는 재훈련 시군구 수 / (관할 시군구 수 × 훈련 횟수)

구분	훈련 참여 횟수					훈련 결과 감점	
	6회 이상	5회	4회	3회	2회 이하	자체훈련	재훈련
시군구	50	35	20	10	0	건당 -5	건당 -10

※ 미흡사항 주요 사례
– 피해수습지원(수색구조비, 잔해물처리비, 합동분향소) 분야 입력 누락
– 복구계획 수립 시 소요 복구비를 잘못 계산
– NDMS에 피해 사항 입력 후 최종 '피해확인' 절차를 누락(행안부로 제출되지 않음

ㅇ **평가근거** :「재난 및 안전관리 기본법」제35조(재난대비훈련 실시)

ㅇ **제출서식(해당없음)**

– 행정안전부(복구지원과) 분기별 NDMS 훈련 결과 활용

나. (시·군·구) 재난지원금 본예산 편성 여부(50)

ㅇ **채점기준**

– 재난피해 발생시 피해주민에 대한 재난지원금의 신속 지급을 위한 재난지원금 자치단체 본예산 편성

구분	관할 시군구 훈련 우수 성과					점수
	0.6 이상	0.6 미만 ~0.4 이상	0.6 미만 ~0.4 이상	0.6 미만 ~0.4 이상	0.1 미만	
기준 편성액 2.5배	2,500만원 이상	2,000만원 이상	1,500만원 이상	1,000만원 이상	500만원 이상	50
기준 편성액	1,000만원 이상	800만원 이상	600만원 이상	400만원 이상	200만원 이상	25

○ **평가근거** :「재난 및 안전관리 기본법」제66조의2(복구비 등의 선지급)

○ **제출서식**

– 시·군·구 본예산 재난지원금 편성 세출예산서 사본

<table>
<tr><td rowspan="2">구분</td><td rowspan="2">5. 복구</td><td colspan="2">5-2. 복구 지원</td><td>평가대상기관</td><td>시·도,
시·군·구</td></tr>
<tr><td>평가방식</td><td>부서</td><td>배점</td><td>시·도 2점,
시·군·구 3점</td></tr>
<tr><td>지표명</td><td colspan="5">5-2-2. 풍수해보험 활성화 실적</td></tr>
</table>

지표 구성

측정대상	가중치(100)	
가. 풍수해보험 가입 활성화(시·도)	60	
나. 재해취약지역 풍수해보험 가입 목표치 달성 실적(시·도)	40	
다. 풍수해보험 가입 활성화(시· 군·구)		100

세부 내용

가. (시·도) 풍수해보험 가입 활성화(60)

ㅇ **채점기준**

– 언론보도 실적*(20%), 지자체 내 타 부서·유관기관·단체 협업 및 설명회 개최** 횟수(40%), 온·오프라인 홍보*** 횟수(40%)

구분	1	1 미만 ~ 0.8 이상	0.8 미만 ~ 0.6 이상	0.6 미만 ~ 0.4 이상	0.4 미만 ~ 0.2 이상	0.2 미만
배점	60	50	40	30	20	0

※ (세부지표별 산출식)

– 풍수해보험 홍보 활성화 실적 : 100%

$$\left(\frac{\text{언론보도}}{4\text{회}}\right)^{*} \times 0.2 + \left(\frac{\text{협업 및 설명회 개최}}{12\text{회}}\right)^{**} \times 0.4 + \left(\frac{\text{온오프라인홍보}}{12\text{회}}\right)^{***} \times 0.4$$

* 단순 보도자료 배포가 아닌 실제 언론에 보도된 실적

** 비대면(영상회의, 서면 협업 등) 실적 포함

*** (온·오프라인 홍보) 방송(TV, 라디오) / 지자체 홈페이지·SNS / 다중이용시설(지하철 역사, 버스터미널) / 홍보물(포스터·리플릿) / 플래카드'에 한함

※ (실적기간) '22.1.1.~12.31.

※ (증빙자료) 보도자료 및 보도실적 스크랩, 협업·설명회 결과 내부결재 문서(사진포함), 문서1건당 1회

ㅇ **평가근거** : 「풍수해보험법」 제23조

ㅇ **제출서식** : 공문 통보 및 결과보고 서식 송부

나. (시·도) 재해취약지역 풍수해보험 가입 목표치 달성 실적(40)

ㅇ **채점기준**

– ① 연도별 재해취약지역 풍수해보험 가입 촉진계획 수립 및 대상선정(25%)

– ② 연도별 재해취약지역 보험 가입 목표치 달성여부(75%, 목적물별 각 25%)

※ 국가와 자치단체는 재해취약지역 보험 가입촉진을 위해 계획 수립 의무화('21.6.6. 법개정)

※ (세부지표별 산출식)

① (연도별 촉진계획 수립 및 대상 선정 : 25%)

$$[(\frac{시\cdot 도\ 계획}{1회})\times 0.5+(\frac{시\cdot 군\cdot 구\ 계획}{시\cdot 군\cdot 구수\times 1회})\times 0.5]\times 25\%$$

② (재해취약지역 보험 가입 목표치 달성 여부 : 75%)

– 행정안전부에서 재해취약지역 보험가입 촉진 기본계획 수립시 제시한 가입 목표치('22년 주택 14.1%, 온실 9.0%, 소상공인 2.7%)에 달성한 여부

구분	100% 달성	100% 미만 ~ 80% 이상	80% 미만 ~ 60% 이상	60% 미만 ~ 40% 이상	40% 미만 ~ 20% 이상	20% 미만
배점	25	20	15	10	5	0

※ 각 목적물별(주택, 온실, 소상공인) 25% 점수를 적용하여 총점 75% 환산

○ **평가근거** : 「풍수해보험법」 제23조(보험가입의 촉진)

○ **제출서식** : ① 연도별 재해취약지역 보험 가입 촉진 계획 및 대상선정
② 재해취약지역 보험가입 현황

※ (실적기간) '22.1.1.~12.31.

※ (증빙자료) 수시 조사실적 반영

다. (시·군·구) 풍수해보험 가입 활성화(100)

○ **채점기준**

– 주택 풍수해보험(Ⅰ·Ⅱ·Ⅲ) 가입률(40), 온실 풍수해보험 가입률(30), 소상공인 풍수해보험 가입률(30), 재해취약지역 보험 가입률(가점 10)

※ 온실 모수가 없는 자치단체의 경우, 주택(55), 소상공인(45)의 가중치로 평가

※ (세부지표별 평가기준)

① 주택 풍수해보험(Ⅰ·Ⅱ·Ⅲ) 가입률(40)

– 주택 풍수해보험(Ⅰ·Ⅱ·Ⅲ) 가입대상 대비 가입건수 비율 순위 측정

구분	상위 20%이내	상위 20%초과 ~40%이내	상위 40%초과 ~60%이내	상위 60%초과 ~80%이내	상위 80% 초과
점수	40	30	20	10	0

② 온실 풍수해보험(Ⅰ) 가입률(30)

– 소상공인 풍수해보험 가입대상 대비 가입건수 비율 순위 측정

구분	상위 20%이내	상위 20%초과 ~40%이내	상위 40%초과 ~60%이내	상위 60%초과 ~80%이내	상위 80% 초과
배점	30	22.5	15	7.5	0

③ 소상공인 풍수해보험 가입률(30)

– 소상공인 풍수해보험 가입대상 대비 가입건수 비율 순위 측정

구분	상위 20%이내	상위 20%초과 ~40%이내	상위 40%초과 ~60%이내	상위 60%초과 ~80%이내	상위 80% 초과
배점	30	22.5	15	7.5	0

④ (가점) 재해취약지역 주택 가입률(10)

– 재해취약지역 보험 가입률(목적물별) 상위 20% 자치단체에 대해 가점 부여(최대 10)

구분	목적물별 가입률 상위 20% 이내	목적물별 가입률 상위 20% 초과
배점	10	0

※ (실적기간) '22.1.1.~12.31.

※ (증빙자료) 사전분석지표(증빙 불필요)

ㅇ **평가근거** : 「풍수해보험법」 제23조

ㅇ **제출서식(해당없음)**

※ (행정안전부) 풍수해보험 업무지원시스템 자료실 내 가입 실적 확인(12월31일 기준)

<table>
<tr><td rowspan="2">구분</td><td rowspan="2">6. 가감점</td><td colspan="2">6-1. 국민체감도</td><td>평가대상기관</td><td>시·도</td></tr>
<tr><td>평가방식</td><td>부서</td><td>배점</td><td>+2점</td></tr>
<tr><td>지표명</td><td colspan="5">6-1-1. 지역별 재난안전관리 만족도</td></tr>
<tr><td rowspan="2">지표 구성</td><td colspan="4">측정대상</td><td>가중치(100)</td></tr>
<tr><td colspan="4">가. 지역별 재난안전관리 만족도 설문조사 결과</td><td>+100</td></tr>
</table>

세부내용

가. (시·도) 지역별 재난안전관리 만족도 설문조사 결과(+100)

ㅇ **채점기준**

– 시·도별 주민 설문조사를 통한 재난안전관리 만족도 순위에 따라 가점 부여

시도별 순위	가점
1위~3위	100
4위~7위	75
8위~10위	50
11위~14위	25
15위~17위	0

ㅇ **평가근거** : 재난관리평가 지침

ㅇ **제출서식** : 해당없음(행안부 자체 설문조사 결과 활용)

<table>
<tr><td rowspan="2">구분</td><td rowspan="2">6. 가감점</td><td colspan="2">6-2. 기타</td><td>평가대상기관</td><td>시·도,
시·군·구</td></tr>
<tr><td>평가방식</td><td>위원</td><td>배점</td><td>+5점</td></tr>
<tr><td>지표명</td><td colspan="5">6-2-1. 재난관리 정책추진 가점</td></tr>
<tr><td rowspan="2">지표
구성</td><td colspan="4">측정대상</td><td>가중치(100)</td></tr>
<tr><td colspan="4">가. 재난관리 정책추진 가점</td><td>+100</td></tr>
</table>

세부 내용

가. (시·도, 시·군·구) 재난관리 정책추진 가점(+100)

○ **채점기준**

1) 행정안전부 주관 또는 재난관리주관기관에서 주관한 재난안전분야 시책, 행사에 참여해 정부포상(대통령표창, 국무총리표창)을 수상한 경우 건당 20점

※ 재난안전분야의 범위는 재난관리주관기관의 재난유형과 관련된 사항이면 인정, 재난관리평가로 정부포상을 받은 것은 제외

2) 행정안전부 주관 시책 및 행사에 적극 참여한 경우 건당 20점

- 행안부 주관 각종 회의(워크숍)에서 의제발표, 우수사례 발표 등
- 대한민국 안전산업박람회 등 행사 부스, 컨퍼런스 등 운영
- 안전캠페인에 대해 부기관장 이상 참여한 홍보 활동

※ 단, 재난관리평가 지표와 관련된 회의, 워크숍 등의 참여(예: 여름철 겨울철 사전대비 점검 회의)와 태풍 북상에 따른 관련기관 회의 등은 미인정

3) 행정안전부 주관 재난안전분야 시책, 평가, 훈련 등에 참여하여 행안부 장관 표창을 받은 경우 건당 10점

※ 단, 재난관리평가로 장관표창을 받은 것은 제외

4) 다음의 재난안전관리 관련 사업 참여

① 공공부문 재난안전 제품·기술 등 수요조사 참여 20점(행안부 재난안전산업과)

② 산불에 강한 마을 가꾸기 사업 참여 10점(행안부 환경재난대응과)

※ 평가위원의 정성적 판단에 따라 점수가 하위점수 또는 불인정 될 수 있으며, 중앙재난관리평가위원회 및 자체평가위원회 회의를 통해 가점 부여 여부 최종 결정

○ **평가근거** : 재난관리평가 지침

○ **제출서식**

연번	배점	건명	주요내용	일정	주관부처	비고
1	20	제0회 대한민국 안전산업박람회	000 관련 부스 운영	00.00. ~00.00.	행정안전부	증빙1
2	10	00 안전캠페인	00을 활용한 홍보활동	00.00. ~00.00.	행정안전부	증빙2
⋮						

* 실제 증빙서류 별첨

<table>
<tr><td rowspan="2">구분</td><td rowspan="2">6. 가감점</td><td colspan="2">6-2. 기타</td><td>평가대상기관</td><td>시·도,
시·군·구</td></tr>
<tr><td>평가방식</td><td>부서</td><td>배점</td><td>-3점</td></tr>
<tr><td>지표명</td><td colspan="5">6-2-2. 안전감찰 결과 및 안전점검 결과 후속조치 미흡에 대한 감점</td></tr>
<tr><td rowspan="3">지표
구성</td><td colspan="4">측정대상</td><td>가중치(100)</td></tr>
<tr><td colspan="4">가. 안전감찰 지적 사항 등에 대한 감점</td><td>-50</td></tr>
<tr><td colspan="4">나. 정부합동안전점검단 결과 후속조치 미흡에 대한 감점</td><td>-50</td></tr>
</table>

세부 내용

가. (시·도, 시·군·구) 안전감찰 지적 사항 등에 대한 감점(-50)

ㅇ **채점기준**

- 평가대상 연도 안전감찰 결과에 따라 감점 부여

구분	기관 경고	징계 요구 인원수			주의·경고 및 시정 요구 건수		
		3명 이상	2명	1명	10건이상	9~5건	4~1건
점수	-70	-50	-40	-30	-30	-20	-10

※ 징계와 시정이 별도 존재할 경우 각각 감점하고, 부여된 배점 이상 감점하지 않음

ex) 1개 기관 대상 징계(1명) 및 시정(6건) 요구

: 징계요구 1명(-30) + 시정요구 6건(-20) = 총 -50점(1.5점 감점)

ㅇ **평가근거** : 「재난 및 안전관리 기본법」 제77조

ㅇ **제출서식** : 해당없음

나. (시·도, 시·군·구) 정부합동안전점검단 결과 후속조치 미흡에 대한 감점(-50)

ㅇ **채점기준**

- 2021년 안전점검결과 개선 과제의 2022년 후속조치 미흡에 대한 감점 부여

구분	미완료된 지적사항 수(현지시정, 시정요구) ※ 개선 권고는 제외		
	0%	0% 이상 ~ 50% 미만	50% 이상 ~ 100%
점수	0	-25	-50

※ 지적사항이 없는 경우 0건으로 보며, 부여된 점수(-50) 이상 감점되지 않음

ㅇ **평가근거** : 「재난 및 안전관리 기본법」 제32조(정부합동 안전점검 등), 정부합동안전 점검단 안전점검 결과 후속조치 이행력 확보방안 통보(재난안전점검과-4576, 2021.12.24.)

ㅇ **제출서식** : 해당없음

※ 매분기별로 추진사항 제출요구 시 기관에서 제출된 자료로 평가

※ 완료하는 대에는 추진사항 제출 시 증빙자료 제출하여야 실적 인정됨

<table>
<tr><td rowspan="2">구분</td><td rowspan="2">6. 가감점</td><td colspan="2">6-2. 기타</td><td>평가대상기관</td><td>시·도,
시·군·구</td></tr>
<tr><td>평가방식</td><td>위원</td><td>배점</td><td>-5점</td></tr>
<tr><td>지표명</td><td colspan="5">6-2-3. 실제 재난, 사고로 인한 피해</td></tr>
<tr><td rowspan="2">지표
구성</td><td colspan="4">측정대상</td><td>가중치(100)</td></tr>
<tr><td colspan="4">가. 재난 및 사고로 인한 피해발생 감점</td><td>-100</td></tr>
</table>

세부 내용

가. (시·도, 시·군·구) 재난 및 사고로 인한 피해발생 감점(-100)

○ 채점기준(행정안전부 관리)

1) 소관 재난 및 사고로 인명·재산피해 발생, 국민의 불안감 야기(다수의 언론 보도) 등을 종합적으로 고려하여 감점 부여

- 이슈 재난의 복합적인 발생 요인을 고려하여 관련 기관의 책임성 기준(최대-100점)

※ 중앙재난관리평가위원회를 통해 감점 사항을 상정하여 최종 결정

2) 전년도 주요 재난 및 사고에 대한 재발방지대책 수립·이행 여부 점검

- 해당 내용과 관련하여 공문으로 통보받은 기관만 해당

구분	법·제도 보완 미이행 (조례, 고시 등)	안전관리체계 개선 미이행 (매뉴얼, 지침 등)	안전문화 확산 미이행 (홍보, 행사, 문화운동 등)
배점	-60	-20	-20

※ 실제 재난, 사고로 인한 피해(6-2-3)에 감점 적용되었던 주요 재난 및 사고에 대해 개별기관에 공문으로 제출 요청 예정(2023년 평가부터 적용)

※ 다수의 재난사고는 건별로 평가하여 평균값으로 적용, 재발방지대책 미수립시 최대감점 부여

3) 자연재해에 대한 관리실태가 부적절한 경우 감점 부여

- 2020년부터 평가연도까지 자연재해로 침수피해를 입어 재난지원금을 지원받은 시설물 등이 위치한 침수지역의 침수흔적도 작성 의무 불이행에 대한 감점

구분	모두 작성	1건 이상 미작성
시·도	관할 시군구의 침수흔적도 미작성율(비율에 따라 -30점 환산)	
시·군·구	0	-30

※ 시도별 관할 시군구의 침수흔적도 미작성율(%) × (-30) 후 소수 첫째 자리 반올림

- (예시) 경기도 31개 시·군 중 20개 시·군이 침수흔적도 미작성한 경우 (20/31)×(-30) = -19점

※ 침수피해로 재난지원금을 지급받은 지역이 침수흔적도 작성 의무대상으로 포함된 2020년부터 평가연도까지 침수흔적도 작성여부를 확인하고,작성의무 대상지역 모두 작성하여야 미감점

- (예시1) '20년/'21년/'22년 침수피해로 재난지원금 지급받은 지역 모두 침수흔적도 작성 ⇒ 미감점

- (예시2) '20년/'21년/'22년 침수피해로 재난지원금 지급받은 지역 중 '21년, '22년 침수흔적도 작성 ⇒ 감점

	※ 침수흔적도 작성기한과 과업수행 기간 등을 고려하여 작성계획을 지자체장 결재를 득한 경우는 평가연도 12.31.까지 작성으로 인정 ○ **평가근거** : 1~2) 재난관리평가 지침 2) 「자연재해대책법」 제21조, 같은 법 시행령 제19조, 재해지도 지침 3-1-4. ○ **제출서식** : 1), 3) 해당없음 2) 기관에서 수립한 대책 보고서, 이행 실적(별도 공지)

Chapter

3

재난대응 안전한국훈련 평가

1. 재난대응 안전한국훈련 평가 개요

1) 평가 개요

안전한국훈련 평가는 실행기반훈련의 중점적인 실시에 따른 재난현장대응체계의 미비점을 발굴하고 개선대책을 마련하며, 현장조치 행동매뉴얼, 지자체 재난대응수습 가이드라인 등 매뉴얼의 현장 작동여부 평가를 통해 문제점을 도출하고 개선하기 위해 실시한다. 안전한국훈련 평가는「재난 및 안전관리 기본법」제35조 및 동법 시행령 제43조의 15(재난대비훈련의 평가)를 근거로 실시한다. 행정안전부장관, 중앙행정기관의 장, 자치단체장 및 응급구조기관의 장은 매년 정기적으로 또는 수시로 재난대비훈련을 실시해야 하는데(제1항), 이를 위해 자체계획을 토대로 재난대비훈련 실시계획을 수립하여 훈련참여기관의 장에게 통보해야 한다(제2항). 훈련참여기관의 장은 훈련 상황을 점검하고, 그 결과를 훈련주관기관 장에게 제출해야 하며(제3항), 훈련주관기관은 훈련과정 및 결과에 대한 점검 · 평가, 훈련과정의 미비사항이나 개선·보완 사항에 대한 보완조치 요구, 위기관리 매뉴얼에 대한 개선 · 보완등의 조치를 취할 수 있음을 규정한다(제4항). 재난대비훈련에 대한 평가에 관한 내용은 동법 시행령에서 구체화되어 있다. 훈련주관기관의 장은 적절한 평가항목을 선정하여 평가를 실시할 수 있으며, 평가 결과는 훈련 종료일로부터 30일 이내에 재난관리책임기관의 장 및 관계 긴급구조지원기관의 장에게 통보하고, 통보받은 기관은 다음 훈련 계획 수립 및 훈련 때 평가결과를 반영해야 한다(제1, 2항). 또한 평가결과가 우수한 기관에 대해서는 포상 조치를 취할 수 있으며, 체계적이고 효율적인 평가를 위하여 민간전문가로 구성된 평가단을 운영할 수 있다(제3, 4항).

2) 평가투입

2023년에는 훈련기간을 모두 3회로 나누고, 1회차(6/5~6/16), 2회차(8/28~9/8), 3회차(10/23~11/3)로 실시하였다. 각 기관은 주요 재난 및 사고 유형을 바탕으로 훈련 참여 회차를 선택하여 행정안전부에 제출하며, 행정안전부는 기관별 훈련 참여 계획을 접수하여 이를 주요재난 및 사고 유형으로 구분하여 1회차는 풍수해, 도로터널 사고, 식품·의약품 안전사고, 원자력안전 사고 등을 실시하였고, 2회차는 지진, 인파밀집 사고, 가축질병, 항공기 사고, 유해화학물질 유출 사고, 건축물붕괴 사고 등을 실시하였다. 3회차는 화재, 산불, 정보통신 사고 등을 실시하였다(표1).

표 1 회차별 주요 재난 및 사고 유형 * 훈련 회차, 재난 유형 난이도 고려하여 인센티브 부여

1회차 (6/5 ~ 6/16)	2회차 (8/28 ~ 9/8)	3회차 (10/23 ~11/3)
▪ 풍수해, 도로터널 사고, 식품 · 의약품 안전사고, 원자력 안전사고 등	▪ 지진, 인파밀집 사고, 가축 질병, 항공기 사고, 유해화학물질 유출 사고, 건축물 붕괴 사고 등	▪ 화재, 산불, 정보통신 사고 등

2023년 평가의 경우 총 335개의 기관(중앙부처 24, 시•도 17, 시 · 군 · 구 228, 공공기관 66(중앙 56, 지방 10)으로 평가대상이 확정되었고, 중앙행정기관, 지방자치단체, 공공기관 등이 해당한다. 이 가운데 97개 중앙행정기관, 중앙공공기관 및 시 · 도는 중앙평가를 실시하고 나머지 238개의 기초자치단체와 지방공공기관은 자체평가단 및 중앙평가단의 합동평가가 진행된다. 시 · 군 · 구 및 지방공공기관의 경우 관할 감독기관인 시 · 도와 중앙부처에 평가를 위임하였으나 자체평가단의 전문성 등의 문제가 제기되면서 2023년 자체평가시 중앙평가단을 투입하여 평가의 전문성과 공정성을 확보하고자 하였다. 재난대응 안전한국훈련 평가체계는 그림1과 같다.

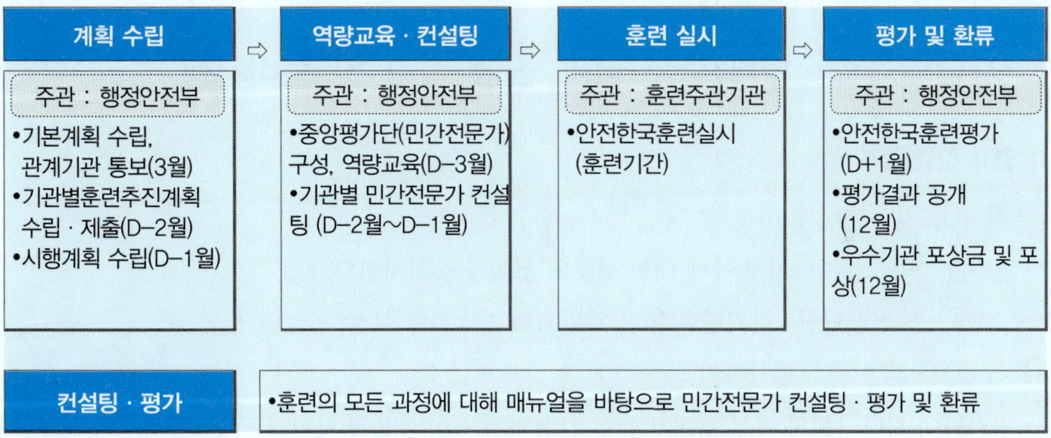

그림 1 재난대응 안전한국훈련 평가체계

3) 평가과정

재난대응 안전한국훈련 평가는 평가계획을 수립하고 지표를 확정하면서 시작된다. 그 다음 평가의 전문성과 공정성을 확보하기 위해 평가단을 구성해 교육하고, 재난 유형별로 훈련주관기관에게 컨설팅을 지원한다. 이후 중앙평가단 워크숍을 통해 평가방법을 소개하고 평가의 주안점을 검토한다. 훈련기관이 평가 자료를 재난훈련관리시스템에 입력하면, '훈련기획'과 '훈련설계' 분야의 6개 지표에 대한 서면평가가 이루어진다. 다음 단계는 중앙평가단의 현장평가로 중앙평가단이 현장에서 직접 훈련을 참관하고 재난대응 적정성, 현장훈련 기관 참여율 등을 중심으로 평가한다.

훈련을 실시한 후 전년도 지적사항의 개선, 도출된 문제점에 대한 개선계획 등 훈련 주관기관이 제출한 증빙자료를 바탕으로 환류평가가 진행된다. 중앙평가위원회는 평가결과를 바탕으로 325개 기관의 실적을 우수, 보통, 미흡 등급으로 최종 결정하고 평가 결과에 대한 피드백을 제시한다. 평가가 종결되면 평가결과를 기관에 통보하는 한편 언론에 공개한다. 평가결과에 따라 우수·미흡 기관을 선정하여 포상을 추진하거나 재훈련을 실시한다.

4) 평가결과 및 활용

평가결과는 3등급(우수, 보통, 미흡)으로 부여하고, 해당 기관에 통보될 뿐 아니라 언론에도 공개된다. 평가위원별 평가보고서는 반드시 훈련기관에 통보하고, 기관별 평가 결과 통보 시 등급 및 우수·미흡한 점 등 피드백을 제시하고 기관별 훈련 성과, 개선 필요사항, 평가 등급 등 언론 홍보와 평가 결과 및 기관 협력도 고려해야 한다. 우수기관에는 포상 및 포상금을 지급(정부포상, 장관표창 및 지자체 포상금 7천만원)하는 등 재정적 인센티브를 제공한다. 미흡기관에 대해서는 미흡 사항에 대한 상세한 검토 결과를 제공한다.

2. 재난대응 안전한국훈련 평가 진행 절차 및 준비사항

1) 평가 진행 절차

- 컨설팅(1,2차) : 훈련 3~10주 전
  • 훈련 전 계획서, 시나리오 등에 대한 전문가 컨설팅을 실시한다.
  ※ 2023년은 컨설팅단 - 평가단을 동일 위원으로 지정하여 실시하였다.
- 사전 평가 : 훈련 실시 전일까지
  • 평가단이 시나리오의 적절성, 재난유형 선정의 적절성 등을 평가한다.
  • 훈련 주관기관이 등록한 자료를 바탕으로 서면 평가한다.
- 현장 평가 : 훈련 실시일
  • 평가단은 훈련 장소에 직접 참관하여 토론 기반 훈련과 실행 기반 훈련의 중점 항목, 주재자·참여기관 관심도 및 역할 등에 대해 평가한다.
- 사후 평가 : 훈련 종료 후 1~2주 이내
  • 훈련 실시 후 훈련주관기관이 제출한 증빙자료(자체평가 계획·실적, 개선계획, 추가 자료)를 바탕으로 서면 평가를 실시한다.

※ 훈련 실시 이후 행정안전부는 중앙 평가단 임원 회의를 개최한다(시·도는 시·도 평가단 회의)

- 평가 확정 : 훈련 종료 후 6주 이내
  - 시 · 도 평가단 회의에서 소관 시 · 군 평가등급(우수, 보통, 미흡)을 결정한다.
  - 평가 결과보고서는 행정안전부에 제출한다(훈련 종료 후 3주 이내).
  - 중앙평가단 임원회의에서 중앙부처, 시 · 도, 공공기관 에 대한 평가등급을 확정한다.

※ 시 · 도 가 주관한 시 · 군 · 구 훈련 평가 결과서에 대해 중앙평가단이 메타평가를 실시한다.

2) 평가단 컨설팅·평가 수행

활동 시기 : 2023년 기준

4월 컨설팅 1차
5월 컨설팅 2차
6월 평가
7월 평가등급 확정

1 회차 : 6. 5. ~ 6.16.(2주간)

▶ 풍수해, 도로터널 사고, 식품·의약품 안전사고, 원자력 사고 등

2 회차 : 8. 28. ~ 9.8.(2주간)

▶ 지진, 인파밀집 사고, 가축 질병, 항공기 사고, 유해화학물질 유출사고, 건축물 붕괴사고 등

7월 컨설팅 1차
8월 컨설팅 2차
8-9월 평가
10월 평가등급확정

9월 컨설팅 1차
10월 컨설팅 2차
10-11월 평가
12월 평가등급 확정

3 회차 : 10. 23. ~ 11.3.(2주간)

▶ 화재, 산불, 정보통신 사고 등

활동 기본 방향

- 평가부장(임원)은 소관 평가반원의 활동을 확인 · 지원하며, 소속 평가반원(2인1조)은 평가부장에게 자문 및 지원 요청

※ 임무 수행 과정에서 평가부장과 소통체계 유지, 자문 또는 지원이 필요한 때 먼저 소속 평가부장과 협의(메일, 문자, 유선연락 등)

3. 재난대응 안전한국훈련 평가단 운영

재난대응 안전한국훈련 평가단은 중앙부처, 공공기관, 시·도, 시·군·구로 평가단을 구분하여 운영한다.

1) 2023년 안전한국훈련 중앙평가단 운영

평가단 개요

(목적) 훈련에 대한 사전 컨설팅과 체계적인 평가를 통해 내실있는 훈련을 추진하기 위하여 민간전문가를 평가위원으로 위촉해 운영

(근거) 「재난 및 안전관리 기본법」 제35조(재난대비훈련 실시) 제4항 및 같은 법 시행령 제43조의15(재난대비훈련의 평가) 제4항*

* 행정안전부장관은 체계적이고 효율적인 훈련평가를 위하여 필요한 경우 민간전문가로 이루어진 평가단을 구성하여 운영할 수 있다.

운영 기본방침

○ 컨설팅·평가의 품질 향상, 절대평가 도입에 따른 평가의 객관성 확보를 위해 전문성과 실력 위주의 평가위원을 확보

※ 평가단 개편 : 임원 전수면접 실시, 기존위원 선별, 모의평가를 통한 신규위원 선발

○ 훈련기관 대상의 컨설팅 및 평가 수행 시 평가단의 임무와 역할을 명확히 하여 원활한 훈련 지원

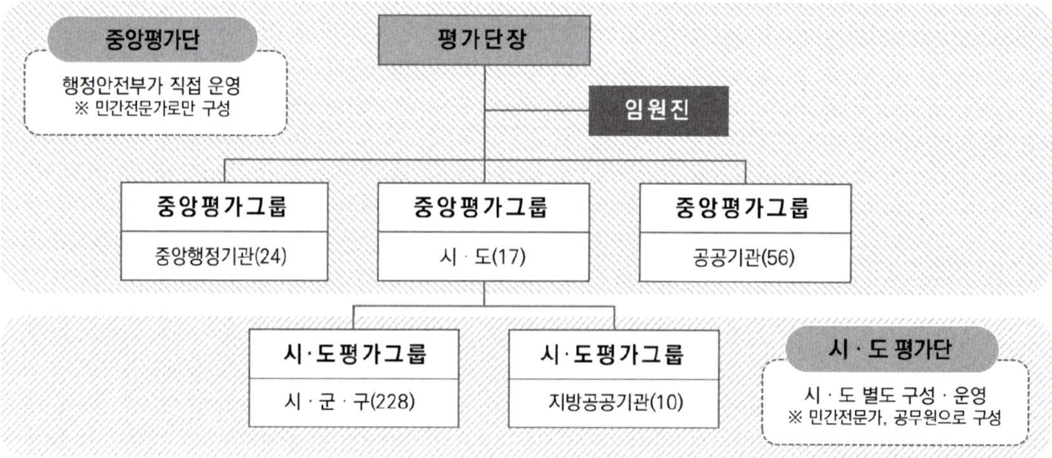

그림 2 재난대응 안전한국훈련 평가단 운영

중앙평가단 구성

- (인원) 민간전문가 144명 (단장 1, 임원 11, 위원 132)
- (임기) '23. 3. 20. ~ '25. 2. 28.(2년)
- (조직) 총 4개 평가부 편성, 각 부에 평가반 배정
- (위원배정) 컨설팅·평가위원은 재난유형을 고려, 기관별 2명 배정

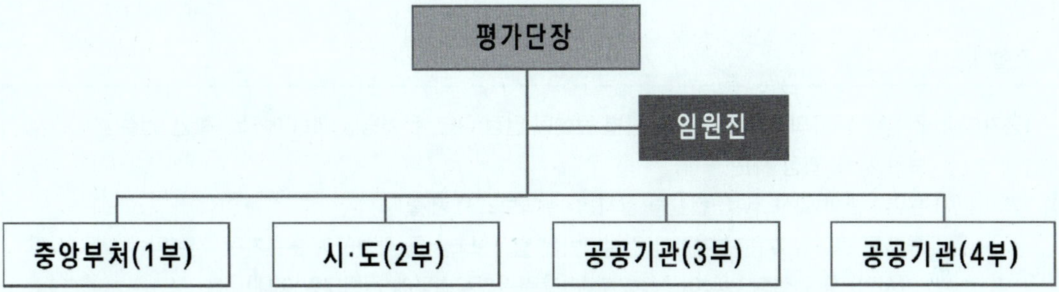

※ 재난대응 안전한국훈련 중앙평가 : 97개 기관(중앙부처 24, 시·도 17, 공공기관 56)

그림 3 재난대응 안전한국훈련 중앙평가단 편성

임무와 역할

- (인원) 민간전문가 144명 (단장 1, 임원 11, 위원 132)
- (임기) '23. 3. 20. ~ '25. 2. 28.(2년)
- (조직) 총 4개 평가부 편성, 각 부에 평가반 배정
- (위원배정) 컨설팅 · 평가위원은 재난유형을 고려, 기관별 2명 배정
  - 훈련 全 과정에(기획·설계·실시·평가·환류) 걸쳐 컨설팅 지원
  - 3단계(사전·현장·사후)에 걸쳐 평가 실시

중앙평가단 역할

(단장) 평가단 총괄 및 평가단 회의 주재

(임원) 평가부장으로 소관 평가부 감독, 상황점검, 교육 지원 등

※ 컨설팅·평가 참여 등 역할 확대에 따른 변경 : '22년 부단장 → '23년 임원

(위원) 중앙부처, 시·도, 공공기관 컨설팅·평가 수행

운영 절차

- 평가단은 위촉 후 설명회, 간담회, 워크숍 등을 통해 역량 제고
- 훈련기관 배정에 따라 컨설팅과 평가 담당하여 실시

설명회·간담회(3월) ⇨ **전체 워크숍**(4월) ⇨ **컨설팅**(2회)(4~10월) ⇨ **평가**(사전·현장·사후)(6~11월)

– 컨설팅 단계

(평가부장) 컨설팅 전 유의사항 전달, 평가반별 컨설팅 일정 확인, 컨설팅 결과를 메일로 확인, 컨설팅 미흡시 보완 지시, 과정 자문

(평가반원) 훈련기관과 일정 조율, 컨설팅 실시 후 결과보고서 제출

※매회 컨설팅 후 훈련기관과 컨설팅반은 합동보고서를 작성하여 훈련기관, 컨설팅반 모두 확인(서명) 후 컨설팅 반장이 행정안전부 훈련관리시스템에 등록(7일 이내)

- 컨설팅 단계별 내용

(1차) 훈련 주관기관이 훈련 기본계획을 확립하는 단계 지원 (훈련 10~7주 전)	(2차) 훈련 실행계획 수립 단계 지원 (훈련 6~3주 전)
① 훈련기획팀 구성 ② 훈련일정표 수립 ③ 훈련 기본계획서 확인 ④ 훈련목표 및 범위 설정 ⑤ 통합시나리오 작성 ⑥ 평가 중점사항 확인	① 훈련 실행계획서 작성 ② 통합시나리오에 따른 훈련 운용방법 지도 ③ 훈련 수행 준비사항 점검 ④ 주재자 · 참가자 역할 조언 ⑤ 부서 임무카드 보완

– 평가 단계

(평가부장) 훈련 전 유의사항 전달, 평가반별 훈련 일정 확인, 훈련결과를 메일로 확인, 훈련과정 자문

(평가반원) 훈련기관 일정 확인, 사전·현장·사후 평가 실시 후 결과보고서 제출 (사전평가, 현장·사후 평가기간 평가계획 참고)

※평가반원 각각 평가결과보고서 작성한 후 행정안전부 훈련관리시스템에 등록, 소관 평가부장에게 이메일로 전달(훈련기관 자료입력 후 7일 이내)

- 평가 단계별 내용

사전평가	(훈련당일) 현장평가	사후평가
훈련 수행 전 준비과정에서 작성된 자료를 중심으로 평가	평가반이 훈련주관기관에서 실시하는 훈련 직접 참여하여 평가	훈련이 종료 후 훈련주관기관의 훈련 문제점 개선계획을 평가

중앙평가단 운영 지침

운영목적

중앙평가단(이하 '평가단') 운영은 실효적 훈련 컨설팅 · 평가 수행을 통해 훈련기관에 효율적인 훈련의 계획, 실행 및 평가 · 개선을 위한 수단을 제공하여 재난대응역량 강화를 목적으로 한다.

행정안전부의 책무

행정안전부는 중앙평가단 운영이 내실있게 운영될 수 있도록 노력하며, 이에 필요한 교육 및 행정적 · 재정적 지원을 제공한다.

평가단의 기능

평가단은 다음의 업무를 수행한다.

① 재난대비훈련기관의 컨설팅 및 평가 수행
② 훈련 평가체계 및 평가지표 개발 등 평가 운영 지원을 위한 활동
③ 훈련 미비점 및 개선사항 발굴을 위한 활동
④ 평가단 업무 수행에 따른 워크숍, 역량교육 등 참여 활동
⑤ 평가단 회의에 부의하는 사항에 대한 협의

자격 및 구성

민간전문가로 이루어진 평가단은 단장을 포함하여 임원과 평가위원으로 구성한다.

① 평가단의 장(이하 '단장')은 행정안전부장관이 위촉하는 사람으로 한다.
② 평가위원 중에서 운영사항 논의를 위해 임원을 둘 수 있다.
③ 평가위원은 다음의 자격을 가진 사람 중에서 행정안전부장관이 위촉한다.

가. 「고등교육법」 제2조제1호에 따른 대학 또는 같은 조 제4호에 따른 전문대학에서 해당 분야의 부교수 이상으로 재직하고 있는 사람
나. 해당 분야의 박사학위를 취득한 후 2년 이상 해당 분야에 관한 연구 또는 실무경험이 있는 사람
다. 해당 분야의 석사학위를 취득한 후 5년 이상 해당 분야에 관한 연구 또는 실무경험이 있는 사람
라. 해당 분야의 「국가기술자격법」에 따른 기술사 자격을 취득한 후 2년 이상 해당 분야에 관한 실무경험이 있는 사람
마. 중앙행정기관에서 재난안전 및 비상대비 업무와 관련하여 5년 이상의 실무경험이 있는 사람으로서 5급 이상 또는 전문경력관 가군 이상 공무원으로 퇴직한 사람
바. 재난관리책임기관에서 재난안전에 관한 업무를 담당하는 직원
사. 그 밖에 행정안전부에서 필요하다고 인정되는 사람

단장의 직무

단장은 평가단을 대표하고, 평가단의 운영 및 업무에 관한 사항을 총괄한다. 단장이 부득이한 사유로 직무를 수행할 수 없을 때는 단장이 지명한 임원이 그 직무를 대행한다.

임기

평가위원의 임기는 2년으로 하되 연임할 수 있고, 결원에 따라 새로 위촉되는 위원의 임기는 남은 기간으로 한다.

해촉

행정안전부장관은 평가위원이 다음사항의 하나에 해당하는 때에는 임기 중에도 해촉할 수 있다.

① 심신장애로 인하여 직무를 수행할 수 없게 된 경우
② 직무와 관련된 비위사실이 있는 경우
③ 직무태만, 품위손상, 평가보고서 작성 부실이나 그 밖의 사유로 인하여 평가위원으로 적합하지 아니하다고 인정되는 경우
④ 위원 스스로 직무를 수행하는 것이 곤란하다고 의사를 밝힌 경우
⑤ 그 밖에 행정안전부장관리 평가위원으로서 부적격하다고 판단되는 경우

비밀엄수

평가위원은 평가단으로 활동하는 동안 취득한 정보를 평가 외에 다른 목적으로 활용하거나 타인에게 누설하지 않아야 한다.

운영

평가단은 효율적인 활동을 위하여 여러 개의 평가부를 둘 수 있으며, 임원은 소관 평가부의 운영 및 업무에 관한 사항을 총괄한다.

수당 등 지급

「예산 및 기금 집행지침」에 따른 위원회 참석수당 규정을 적용한 수당과 「공무원 여비 규정」에 따른 운임 등 여비를 지급한다.

2) 안전한국훈련 시·도 평가단 운영 지침

시 · 도에 안전한국훈련 시 · 도 평가단 구성 및 운영 방법과 기준을 마련하여 제시하고, 시 · 도 평가단에 임무와 역할을 안내하고자 함

※ 본 지침에서 정하고 있지 않은 사항은 '2023년 안전한국훈련 평가계획' 및 '중앙평가단 운영계획'을 토대로 추진

기본방침

- 시·군·구(228개) 및 지방 공공기관(10개) 컨설팅 · 평가를 위한 시·도 평가단은 소관 시·도에서 주관
- 시·도에서 수립한 평가계획에 따라 민간전문가와 타 시·도(시·군·구 포함) 훈련 담당 공무원을 활용하여 평가단을 구성, 기관별 훈련의 전 과정(기획–설계–실시–평가–개선)에 대해 컨설팅을 지원하고 평가 실시
- 훈련기관 컨설팅 및 평가 실시 전, 시·도평가단을 대상으로 역량교육을 반드시 실시, 컨설팅의 품질 및 평가의 신뢰도 제고
- 시·도는 평가단 운영이 내실있게 운영될 수 있도록 노력하며, 이에 필요한 행정적·재정적 지원을 제공
- 훈련 종료 후 시·도 평가단 평가 결과 행정안전부 제출

평가 주체 : 시 · 도

평가대상 : 238개 기관

구분	합계	서울	부산	대구	인천	광주	대전	울산	경기	강원	충북	충남	전북	전남	경북	경남	제주
합계	238	27	17	9	11	6	6	5	33	18	11	15	14	22	23	19	2
시군구	228	25	16	8	10	5	5	5	31	18	11	15	14	22	23	18	2
공공기관*	10	2	1	1	1	1	1	–	2	–	–	–	–	–	–	1	–

* 지방공기업법에 따라 설립되어 운영 조례가 있는 경우나 시·도 민간투자 시설계획에 따라 설립한 경우에 소관 시·도가 평가

평가 절차

시 · 도 평가단 운영

시·도는 소관 시·군·구 및 공공기관의 '평가계획'에 평가단 운영에 관한 사항을 포함하여 수립, 소관 시·군·구 및 공공기관에 통보

평가단 구성 및 운영

(구성) 시·도는 소관 시·군·구 및 공공기관의 컨설팅·평가에 필요한 인원*을 파악하여 전체 평가단 규모를 확정, 기관별 컨설팅·평가반은 민간전문가 1명과 타 시·도(시·군·구 포함) 훈련 담당 공무원 1명으로 편성

* 훈련기관이 선정한 재난유형과 민간전문가의 전문분야를 매칭

※ 컨설팅 · 평가반 구성 시 시 · 도 민간전문가 인력풀을 활용하되, 행안부에 민간전문가 추천 요청 시 인력풀 지원

(운영) 컨설팅과 평가의 일관성을 유지토록 '기관담당제'로 운영하여 '컨설팅반'과 '평가반'을 동일기관 동일 위원으로 운영

(임무·역할) 훈련기관 배정에 따른 컨설팅 및 평가 실시

역량 교육

- '23년 안전한국훈련 중점사항과 컨설팅·평가 관련 제반사항 등 안내를 위한 시·도별 설명회 실시
- 행정안전부 주관 시·도 평가단 대상 워크숍에 참석 조치* 또는 자체 역량교육 추진**

  * 행정안전부 주관 평가단 워크숍 참석 안내 추후 공지

  ** 자체교육 추진할 경우 행정안전부와 협의하고 강사 추천 요청시 지원

- 행정안전부 이러닝* 또는 민간전문가용 가이드북 활용

  * 국가민방위재난안전교육원 교육과정(국가재난관리체계의 이해과정 등)

컨설팅 지원

- 컨설팅은 기관별 2회 실시, 기관별 컨설팅 진행사항 점검

구분	주요내용
시·도	• 컨설팅반 배정 및 진행사항 점검 • 컨설팅 결과보고서 확인 • 컨설팅 수당 등 비용 지급
시·군·구 지방공공기관	• 담당자가 컨설팅반에서 연락 및 일정 조율 • 컨설팅을 위한 훈련계획, 시나리오 등 사전에 자료 공유 • 컨설팅반과 합동으로 컨설팅보고서 작성
컨설팅반	훈련기관과 합동으로 컨설팅 결과보고서 작성하여 시·도에 제출

- 컨설팅 단계별 내용

(1차) 훈련 주관기관이 훈련 기본계획을 확립하는 단계 지원 (훈련 10~7주 전)	(2차) 훈련 실행계획 수립 단계 지원 (훈련 6~3주 전)
① 훈련기획팀 구성 ② 훈련일정표 수립 ③ 훈련 기본계획서 확인 ④ 훈련목표 및 범위 설정 ⑤ 통합시나리오 작성 ⑥ 평가 중점사항 확인	① 훈련 실행계획서 작성 ② 통합시나리오에 따른 훈련 운용방법 지도 ③ 훈련 수행 준비사항 점검 ④ 주재자·참가자 역할 조언 ⑤ 부서 임무카드 보완

평가 실시

- 3단계(사전·현장·사후)에 걸쳐 평가 실시, 기관별 훈련평가 점검

구분	주요내용
시·도	• 컨설팅반 배정(컨설팅반과 동일) 및 진행사항 점검 • 컨설팅 결과보고서 확인 • 컨설팅 수당 등 비용 지급
시·군·구 지방공공기관	• 담당자가 컨설팅반에서 연락 및 일정 조율 • 평가계획에 따른 사전, 현장·사후 평가 증빙자료 자료 제출
컨설팅반	• 평가반원 각각 평가결과보고서 작성하여 시·도에 제출

- 평가 단계별 내용

사전평가	(훈련당일) 현장평가	사후평가
훈련 수행 전 준비과정에서 작성된 자료를 중심으로 평가	평가반이 훈련주관기관에서 실시하는 훈련 직접 참여하여 평가	훈련이 종료 후 훈련주관기관의 훈련 문제점 개선계획을 평가

평가등급 결정 및 결과 제출

- 시·도평가단의 평가 결과에 따라 획득점수를 산정, 시·도평가단 회의를 통해 절대평가 기준에 따라 점수·등급 확정 등급 결정
- 훈련 종료 후 평가단 구성 및 운영 결과, 기관별 평가 점수 및 등급, 평가 결과보고서를 행안부에 제출
  ※ 상세한 기관별 평가 증빙자료는 시·도에서 취합·관리(행안부에서 요청시 제출)

(메타평가) 시·도 평가 운영의 적절성에 대한 2차 평가 실시, 평가 운영 우수·미흡 시·도 선정

수당 및 여비 지급

- 소관 시·군·구 및 공공기관 평가·컨설팅 운영에 소요되는 비용은 원칙적으로 시·도에서 부담하나 시·도에서 피평가기관과 협의를 통해 일부 부담 가능
  - 시·도 평가계획 수립 시 평가단 운영과 관련, 컨설팅과 평가에 소요되는 비용에 대한 지급기관과 기준을 정하고 피평가기관과 평가단에 사전 안내하여 혼선 방지
- 평가단 활동과 관련, 수당*과 여비**를 예산의 범위 내에서 지급
  - * 「예산 및 기금 집행지침」에 따른 위원회 참석수당 적용
  - ** 「공무원 여비 규정」에 따른 운임 등 여비 적용
  - ※ 기관 '수당 및 여비 기준'이 있을 경우, 별도 기준에 따라 지급 가능

협조사항

- 시·도 평가단 운영계획 수립, 시·군·구 및 공공기관 통보(4.21.)
- 시·도 평가단 구성(4.28.) ※ 평가단 구성 명단 및 워크숍 참석 명단 제출
- 시·도 평가단 워크숍(행안부 주관) 실시(5.2.)
- 시·도 평가 결과 제출(훈련 종료 후 3주 이내)

3) 2023년 안전한국훈련 국민체험단 운영 지침

안전한국훈련 국민체험단 운영지침을 수립하여 훈련기관에 국민체험단 운영 방법과 기준을 제시하고, 국민체험단에게 임무와 역할을 안내한다.

국민체험단 개요

(목적) 안전한국훈련에 대한 국민 관심과 이해도를 높이고, 다양한 계층의 경험과 의견을 반영하여 훈련기관의 재난대응역량 향상

(대상) 만 19세 이상 성인으로 다양한 성별, 연령, 직업 포함

(구성) 단장 1명을 포함하여 총 6명 이상*으로 구성

* 자율방재단, 의용소방대, 안전생활실천시민연합 등 안전관련 단체 인원 1명 이상 포함

국민체험단 운영

(운영절차) 모집(훈련 2주일 전 선정) → 사전교육(훈련시작 1시간 전 훈련장소) → 훈련 참여 및 참관 → 훈련 평가(훈련종료 후 평가) → 공문 제출 (평가표, 총괄표, 체험단 명단 등 훈련일로부터 7일 이내)

모집 및 선정	⇨	현장사전교육	⇨	현장참여 및 평가	⇨	공문 제출
~D-2주		D-1시간		D-day		D+7일

(모집방법) 기관 홈페이지, SNS 등에 7일 이상 공고하여 모집하고, 체험단 선발에 관한 기관 자체기준을 수립하여 최종 명단 선정

(운영방법) 훈련에 방해되지 않는 선에서 기관별 중점훈련*을 체험단이 참여·참관하고 평가할 수 있도록 안내 및 참관·평가장소 제공

* 중앙·광역–토론훈련(상황실 또는 회의실), 기초·공공–현장훈련(훈련장소)

※ 평가 대상기관 간 합동훈련 시 각 기관별 체험단을 구성하고, 각각의 중점훈련에 체험단이 참관(영상회의 등 비대면 참관은 국민체험단 실적으로 인정하지 않음)

(훈련 참여) 훈련에 직접 참여 · 참관하고 훈련 전 과정 모니터링

(훈련 평가) 체험단은 훈련 종료 후 배부받은 평가표에 따라 평가를 실시하고, 훈련 강평에 참여하여 느낀 점이나 개선사항 등 발표

훈련기관의 책무

훈련기관은 체험단을 내실 있게 운영할 수 있도록 노력하여야 하며, 이에 필요한 교육(안전교육 포함) 및 행정적·재정적 지원을 제공하여야 한다.

(공모) 훈련기관은 기관 홈페이지, 사회망 서비스(SNS) 등에 최소 7일 이상 공고하여 체험단 후보를 모집하고, 체험단 선발 관련 기관 자체기준을 수립하여 최종 명단을 선정한다.

(교육) 훈련기관은 훈련 시작 1시간 전까지 체험단을 훈련장소에 집결하여 훈련 개요, 참여 및 평가방법, 안전 및 보안에 관한 사항 등을 교육하고 훈련계획서, 평가표와 명찰을 배부한다.

※ 체험단에 후한 평가점수를 부탁하거나, 다과 이외의 기념품 등 제공 금지

(훈련참여) 체험단이 참여 가능한 훈련 요소가 있는 경우, 훈련기관은 체험단이 훈련에 참여할 수 있도록 역할 및 임무를 부여하고 안내한다.

(좌석) 체험단 좌석은 훈련에 방해되지 않는 선에서 기관별로 중점훈련을 전체적으로 살펴볼 수 있는 위치에 마련한다.

- 토론기반훈련을 중점으로 실시하는 기관(중앙행정기관 및 광역자치단체)은 체험단이 토론훈련을 참관하고 평가할 수 있도록 상황실에 좌석 마련
- 실행기반훈련을 중점으로 실시하는 기관(기초자치단체 및 공공기관)은 체험단이 현장훈련을 참관하고 평가할 수 있도록 현장에 좌석 마련

※ 영상회의 등 비대면 참관은 국민체험단 실적으로 인정하지 않음

(평가지원) 훈련기관은 체험단의 평가 종료 후 평가표 및 총괄표 사본을 평가단에게 제출하고, 총괄표·평가표·체험단 명단을 훈련일로부터 7일 이내에 행정안전부에 공문으로 제출한다.

※ 시·군·구, 지방공기업은 시·도에 제출하고, 시·도가 평가결과 표본 점검

(관리인력) 체험단 안내 및 관리를 위한 별도 인력을 배치한다.

(수당 등 지급) 「예산 및 기금 집행지침」에 따른 위원회 참석수당 규정을 적용한 수당과 「공무원 여비 규정」에 따른 식비(식사를 제공하지 않는 경우)·운임 등 여비(장애인 체험단원의 경우, 보호자 1인 포함)를 지급한다.

※ 2023년 국가재난대응훈련 국고보조금(지자체 경상보조금) 활용 가능

※ 기관 자체 '수당 및 여비 기준'이 있을 경우, 자체 기준에 따라 지급가능

※ **재난대비 훈련 유형**

- 재난대응 안전한국훈련, 상시훈련, 어린이안전한국훈련 등이 있다.

상시훈련 평가 제도

1) 중앙·지자체 등 자체훈련

(1) 훈련 개요

근 거 : 「재난 및 안전관리 기본법」 제35조, 같은 법 시행령 제43조의14 및 「재난대비훈련지침」(행정안전부예규 제173호)

※ 중앙부처 및 지자체, 공공기관(단체)에서는 매년 자체 계획에 따라 훈련 실시

내 용 : 훈련주관기관이 계절별 · 유형별 재난 발생을 고려하여, 자체 계획에 따라 소관 분야별 · 유형별 훈련 및 전문기관 컨설팅 · 평가 실시

(2) '23년 중점 훈련방향

자체훈련과 안전한국훈련 간 훈련범위 차별화

- 재난 유형별로 특히 높은 수준의 대응·수습 역량이 요구되는 부분, 안전한국훈련 중 미비점 발생 분야 등을 선정, 집중 숙달 훈련 실시
  ※ (예시1, 건축물 붕괴) 실종자 위치 파악 및 구조, 현장통제 및 추가붕괴 예방조치
  (예시2, 화학물질 유출) 확산경로 및 행동요령 안내, 유사시 대피명령 및 교통통제
- 위기관리 매뉴얼 개선사항*을 부서 · 개인 임무카드에 반영하고, 훈련 실시 후 매뉴얼 개선안에 대한 피드백 제공
  * 「국가 안전시스템 개편」에 따라 위기관리 매뉴얼 개선 추진(행안부 주관)
- 최근 발생 재난(이태원 사고 등) 관련 대응 미흡 사항 훈련 강화
  – 인파 밀집사고 대응, 1차 대응기관 간 협업, 지자체 상황실 상황전파, PS-LTE 활용 등 주요 과제에 대한 문제해결형 훈련 실시

지자체 단체장(부단체장) 역할의 확대

- 재난 발생 시, 지자체 단체장(부단체장) 대응 역량에 따라 초기대응의 성패가 좌우되므로 지자체장 및 부단체장의 적극적 훈련 참여 필수
  – 상황전파 및 관리, 지역재난안전대책본부·통합지원본부 지휘 및 운영 등 단체장의 재난관리 역량 제고를 위한 훈련 중점 실시
- 기관장 참여를 적극 유도하기 위해 '23년 재난관리평가의 상시훈련 관련 항목 배점을 강화

훈련 담당자 전문성 배양

- 재난 발생 시, 지자체 단체장(부단체장) 대응 역량에 따라 초기대응의 성패가 좌우되므로 지자체장 및 부단체장의 적극적 훈련 참여 필수
  - 상황전파 및 관리, 지역재난안전대책본부·통합지원본부 지휘 및 운영 등 단체장의 재난관리 역량 제고를 위한 훈련 중점 실시
- 기관장 참여를 적극 유도하기 위해 '23년 재난관리평가의 상시훈련 관련 항목 배점을 강화

(3) 자체훈련 평가 방향

(컨설팅 · 평가) 매년 50여개* 기관 선정하여 민간전문가 컨설팅 실시, 희망 기관을 대상으로 중앙평가단 위원이 평가지표에 따라 평가

* 컨설팅 요청 기관 및 중앙평가단에서 선정한 재난유형 소관 기관 지정

(재난관리평가) 훈련기관 실적을 행안부 주관 재난관리평가에 반영

※ 훈련 품질에 대한 변별력 강화를 위하여 평가지표를 3개에서 8개로 세분화

〈 '23년 재난관리평가 지표(안) 〉

<table>
<tr><th rowspan="3">구분</th><th colspan="6">훈련품질 제고(최대 20점, 해당항목 합계)</th><th colspan="2">훈련평가(최대 10점, 해당항목 배점)</th></tr>
<tr><th rowspan="2">개인 임무카드 작성</th><th rowspan="2">매뉴얼 미비점 발굴 · 개선</th><th colspan="2">대국민 홍보</th><th colspan="2">주재자</th><th rowspan="2">외부 전문가 평가</th><th rowspan="2">내부 자체 평가</th></tr>
<tr><th>지면, 인터넷</th><th>SNS 등</th><th>기관장</th><th>부 기관장</th></tr>
<tr><td>배점</td><td>5</td><td>5</td><td>3</td><td>3</td><td>7</td><td>4</td><td>10</td><td>5</td></tr>
</table>

(우수기관 선정) ①중앙평가단 컨설팅·평가 실시기관, ②우수사례* 제출 기관(단, 재난안전통신망 활용 기관) 중에서 선정 및 포상 실시

* 훈련 전 과정을 동영상으로 제작하여 제출, 안전한국훈련 유튜브 채널 등에 게시

2) 중수본 상황조치훈련

(1) 훈련 개요

근 거 : 「재난 및 안전관리 기본법」 제35조, 동법 시행령 제43조의14 및 「재난대비훈련지침」(행정안전부예규 제173호)

※ 중앙부처 및 지자체, 공공기관(단체)에서는 매년 자체계획에 따라 훈련 실시

내 용 : 중수본이 위기관리 최고 단계인 '심각' 상황을 가정, 각 기관별 상황대응훈련(30분)+관계기관 토론(30분) 실시

〈상황조치훈련 운영방식〉

① 영상회의 연결 → ②관련기관 상황전파 → ③ 초동조치 및 각종 2차피해 예방조치 등에 대해 관계기관 지휘·통제 중심 훈련 → ④ 토론

– 훈련 지휘 : 재난관리 주관기관(담당 국장)

– 진행 방식 : 기관별 상황대응훈련(30분), 관계기관 토론(30분)

(2) 중점 훈련방향 (2023년)

상황관리 및 초기 대응훈련 집중 실시

재난 발생 시 직접 피해 최소화와 2차 연계 피해 예방을 위한 상황관리 및 초기 대응훈련 집중 실시(최근 국가적 이슈가 된 재난 상황에서 재난 초기 상황관리, 초동 조치 등 재난 발생 직후 적절한 대응의 중요성이 강조)하고 최근 재난 대응사례의 문제점 해결에 중점, 심층 토론훈련 실시(단, 2022년 주요 사고 동향 : 태풍 힌남노 지하 주차장 침수사고(9월), 대전 현대 아울렛 화재(9월), 이태원 사고(10월), 고병원 AI 농가 확산(12월))하고 위기관리 매뉴얼 개정사항을 중심으로 중수본의 상황 인지보고·전파 등 초기 대응역량 집중 점검 및 매뉴얼 개정안에 환류하여야 한다.

문제해결형 훈련 방식 지향

사전 준비된 단편적 발표식 토론을 지양하고 훈련주관 및 참여 기관 간 심도 있는 토론 실시하여 시간대별 조치과정 중 최근 실제 사례를 토의과제(협업·자원조정 문제로 인한 초동대처 미흡, 대규모 민원, 언론 지적사항 등)에 반영하고 완벽한 대응 모습을 보여주는 훈련보다 미비점 발굴 훈련 실시하여 평이한 상황 선정 및 완벽한 대응·종결 방식을 지양하고 다양한 장애·위기 상황 부여를 통해 문제해결형 훈련 실시한다.

훈련 주관기관의 역량 강화

훈련 주관기관 및 주재자 역량의 상향 평준화·표준화를 지원하고 시나리오 개발·보급 및 우수기관 훈련 내용 확산과 희망 기관에 대해 전문가 컨설팅을 제공하여 훈련의 품질을 강화하고 훈련 시나리오 중심으로 적절성 및 보완사항 파악 지원하고 훈련 실시 후 개선과제 관리 강화를 위해 기관별 관리카드 작성·점검, 개선사항 보고·공유(대통령실, 주관기관, 관계기관) 등 추진한다(단, 미흡 또는 지적사항, 주요 개선 계획, 관계기관 협조 요청 사항 등 포함).

※ 2023년 재난대응 안전한국훈련 평가대상기관

중앙평가(97) : 중앙부처 24, 시도 17, 중앙 공공기관 56,
자체평가(238) : 시군구 228(행정시 포함), 지방 공공기관 10

기관 유형별

중앙부처(24개/재난관리주관기관 18, 그 외 6)

구분	기관명
재난관리 주관기관 (18)	교육부, 과학기술정보통신부, 외교부, 법무부, 국방부, 문화체육관광부, 농림축산식품부, 산업통상자원부, 보건복지부, 환경부, 고용노동부, 국토교통부, 해양수산부, 문화재청, 산림청, 질병관리청, 금융위원회, 원자력안전위원회
그 외(6)	여성가족부, 중소벤처기업부, 식품의약품안전처, 경찰청, 기상청, 방송통신위원회

지방자치단체(245개/시 · 도 17, 시 · 군 · 구 228)

시·도	시·군·구
서울특별시 (25)	종로구, 중구, 용산구, 성동구, 광진구, 동대문구, 중랑구, 성북구, 강북구, 도봉구, 노원구, 은평구, 서대문구, 마포구, 양천구, 강서구, 구로구, 금천구, 영등포구, 동작구, 관악구, 서초구, 강남구, 송파구, 강동구
부산광역시 (16)	중구, 서구, 동구, 영도구, 부산진구, 동래구, 남구, 북구, 해운대구, 사하구, 금정구, 강서구, 연제구, 수영구, 사상구, 기장군
대구광역시 (8)	중구, 동구, 서구, 남구, 북구, 수성구, 달서구, 달성군
인천광역시 (10)	중구, 동구, 미추홀구, 연수구, 남동구, 부평구, 계양구, 서구, 강화군, 옹진군
광주광역시 (5)	동구, 서구, 남구, 북구, 광산구
대전광역시 (5)	동구, 중구, 서구, 유성구, 대덕구
울산광역시 (5)	중구, 남구, 동구, 북구, 울주군
세종특별자치시	-
경기도 (31)	수원시, 용인시, 고양시, 성남시, 화성시, 부천시, 남양주시, 안산시, 평택시, 안양시, 시흥시, 김포시, 파주시, 의정부시, 광주시, 광명시, 하남시, 군포시, 오산시, 양주시, 이천시, 구리시, 안성시, 의왕시, 포천시, 양평군, 여주시, 동두천시, 과천시, 가평군, 연천군
강원도 (18)	춘천시, 원주시, 강릉시, 동해시, 태백시, 속초시, 삼척시, 홍천군, 횡성군, 영월군, 평창군, 정선군, 철원군, 화천군, 양구군, 인제군, 고성군, 양양군
충청북도 (11)	청주시, 충주시, 제천시, 보은군, 옥천군, 영동군, 증평군, 진천군, 괴산군, 음성군, 단양군
충청남도 (15)	천안시, 공주시, 보령시, 아산시, 서산시, 논산시, 계룡시, 당진시, 금산군, 부여군, 서천군, 청양군, 홍성군, 예산군, 태안군
전라북도 (14)	전주시, 군산시, 익산시, 정읍시, 남원시, 김제시, 완주군, 진안군, 무주군, 장수군, 임실군, 순창군, 고창군, 부안군
전라남도 (22)	목포시, 여수시, 순천시, 나주시, 광양시, 담양군, 곡성군, 구례군, 고흥군, 보성군, 화순군, 장흥군, 강진군, 해남군, 영암군, 무안군, 함평군, 영광군, 장성군, 완도군, 진도군, 신안군
경상북도 (23)	포항시, 경주시, 김천시, 안동시, 구미시, 영주시, 영천시, 상주시, 문경시, 경산시, 군위군, 의성군, 청송군, 영양군, 영덕군, 청도군, 고령군, 성주군, 칠곡군, 예천군, 봉화군, 울진군, 울릉군
경상남도 (18)	창원시, 진주시, 통영시, 사천시, 김해시, 밀양시, 거제시, 양산시, 의령군, 함안군, 창녕군, 고성군, 남해군, 하동군, 산청군, 함양군, 거창군, 합천군
제주특별자치도 (2)	제주시, 서귀포시

공공기관(66개 / 중앙공공 56, 지방공공 10)

< 기능별 구분 >

분야	분류	공공기관명	
에너지 (11)	중앙(11)	전력(8)	한국전력공사, 한국남동발전(주), 한국중부발전(주), 한국서부발전(주), 한국남부발전(주), 한국동서발전(주), 한국수력원자력(주), 한국지역난방공사
		유류(3)	한국석유공사, 대한송유관공사, 한국가스공사
도로 (22)	중앙(22)	도로(22)	한국도로공사, 서울고속도로(주), 신공항하이웨이(주), 신대구부산고속도로(주), 천안논산고속도로(주), 부산울산고속도로(주), 경수고속도로(주), 경기고속도로(주), 서울춘천고속도로(주), 인천대교(주), 제이서해안고속도로(주), 수도권서부고속도로(주), 제이영동고속도로(주), 인천김포고속도로(주), 상주영천고속도로(주), 서울북부고속도로(주), 제이경인연결고속도로(주), 옥산오창고속도로(주), 부산신항제이배후도로(주), 서울문산고속도로(주), 화성광주고속도로(주), 경기동서순환도로(주)
교통 (20)	중앙(10)	항공(2)	인천국제공항공사, 한국공항공사
		항만(4)	여수광양항만공사, 인천항만공사, 부산항만공사, 울산항만공사
		철도(4)	공항철도(주), 한국철도공사, ㈜에스알, 신분당선(주),
	지방(10)	철도(10)	서울교통공사, 서울시메트로9호선(주), 부산교통공사, 인천교통공사, 대구교통공사, 대전교통공사, 광주광역시도시철도공사, 용인경량전철(주), 부산김해경전철(주), 의정부경전철(주)
환경·안전관리 (13)	중앙(13)	환경(2)	수도권매립지관리공사, 국립공원공단
		용수(2)	한국농어촌공사, 한국수자원공사
		안전관리 (9)	국가철도공단, 한국전기안전공사, 원자력환경공단, 한국가스안전공사, 국토안전관리원, 한국토지주택공사, 한국산업단지공단, 한국전력거래소, 한국산업안전보건공단

< 평가 기관별 >

구분	주관	기관명
중앙 (56)	**산업부 (16)**	(주)대한송유관공사, 한국전력거래소, 한국전력공사, 한국석유공사, 한국가스공사, 한국지역난방공사, 한국가스안전공사, 한국산업단지공단, 한국원자력환경공단, 한국전기안전공사, 한국남동발전(주), 한국남부발전(주), 한국동서발전(주), 한국서부발전(주), 한국중부발전(주), 한국수력원자력(주)
	해수부(4)	부산항만공사, 여수광양항만공사, 울산항만공사, 인천항만공사
	국토부 (31)	한국공항공사, 인천국제공항공사, 한국철도공사, 한국도로공사, 국토안전관리원, 가철도공단, 한국토지주택공사, 신분당선(주), 공항철도(주), (주)에스알, 경기고속도로(주), 수고속도로(주), 부산울산고속도로(주), 서울고속도로(주), 서울춘천고속도로(주), 신공항하이웨이(주), 신대구부산고속도로(주), 천안논산고속도로(주), 인천대교(주), 제이서해안고속도로(주), 수도권서부고속도로(주), 제이영동고속도로(주), 인천김포고속도로(주), 상주영천고속도로(주), 서울북부고속도로(주), 제이경인연결고속도로(주), 옥산오창고속도로(주), 부산신항제이배후도로(주), 서울문산고속도로(주), 화성광주고속도로(주), 경기동서순환도로(주)
	고용부(1)	한국산업안전보건공단
	환경부(3)	한국수자원공사, 국립공원공단, 수도권매립지관리공사
	농식품부(1)	한국농어촌공사
지방 (10)	**서울(2)**	서울교통공사, 서울시메트로9호선(주)
	경기(2)	용인경량전철(주), 의정부경전철(주)
	인천(1)	인천교통공사
	대전(1)	대전교통공사
	대구(1)	대구교통공사
	경남(1)	부산김해경전철(주)
	광주(1)	광주광역시도시철도공사
	부산(1)	부산교통공사

4. 재난대응 안전한국훈련 평가지표 및 해설

1) 재난대응 안전한국훈련 평가지표 (중앙 및 시도)

훈련단계	평가영역	평가지표	배점	방법
1. 훈련기획 및 훈련설계	1-1 훈련 사전 준비과정의 적정성	1. 위기관리 매뉴얼 교육 및 훈련기획팀 구성·운영의 적절성	3	사전
	1-2 훈련 설계과정의 적정성(20)	2. 훈련 목표 및 재난유형 선정의 적절성	7	
		3. 훈련 설계시 컨설팅 운영의 적절성	3	
		4. 훈련 시나리오의 적절성	6	
		5. 부서 임무카드 및 훈련 실행계획의 적절성	4	
	소 계		23	
2. 훈련실시	2-1 토론기반 훈련의 적정성(32)	6. 상황접수 및 보고, 전파의 적절성	6	현장
		7. 상황판단회의 및 비상기구 가동의 충실성	6	
		8. 재난상황 문제해결 과정의 적절성	7	
		9. 재난상황 불시메시지 처리의 적절성	7	
		10. 토론기반 훈련 목표 달성도	6	
	2-2 실행기반 훈련의 적정성	11. 재난현장 지원 기구 가동의 충실성	5	
	2-3 재난안전통신망 활용	12. 재난안전통신망(PS-LTE) 활용도	6	
	2-4 훈련 참여 노력도(21)	13. 훈련 주재자의 관심도 및 역할	10	
		14. 훈련 참여기관 관심도 및 역할	4	
		15. 대국민 훈련 홍보 실적	7	사후
	2-5 국민 체감도	16. 국민체험단 훈련 평가 결과	5	현장
	소 계		69	
3. 훈련평가 환류	3-1 자체평가의 적정성	17. 자체평가 계획 수립 및 실시 실적	3	사후
	3-2 개선 및 환류의 적정성	18. 개선계획(매뉴얼 개정 포함) 수립의 적절성	5	
	소 계		8	
합 계			100	

가점	감점
-훈련 동영상 유튜브 채널 게시 기관(+2점) -타 훈련 주관기관의 훈련에 참여 또는 지원(+1점) -대규모 국민 참여(+2점) ※ 올해 최초로 훈련 3회차 실시에 따라, 1회차 훈련기관 +6점, 2회차 훈련기관 +2점 추가 부여	-통합 연계훈련* 미실시(-10점) * 실행 및 토론 기반 훈련 실시간 연계 진행 -보여주기식 훈련 언론보도(-5점) -허위 평가 자료 적발(건당 -2점) -평가 자료 지연 제출(건당 -0.5점) -훈련 관련 회의 불참(건당 -0.5점) -훈련 시 안전사고 발생 기관(-5점)

<table>
<tr><td>평가분류</td><td>1. 훈련 기획 및 훈련 설계</td><td colspan="2">1-1. 훈련 사전 준비과정의 적정성</td></tr>
<tr><td>평가지표</td><td colspan="3">1. 위기관리 매뉴얼 교육 및 훈련기획팀 구성·운영의 적절성</td></tr>
<tr><td>평가내용</td><td colspan="3">훈련에 해당하는 재난 유형의 위기관리 매뉴얼의 평시 활용 수준을 점검하고,
훈련 재난유형에 적합한 기획팀 구성/운영에 대하여 평가한다.</td></tr>
<tr><td>평가대상</td><td>중앙 부처 및 광역 자치단체</td><td>배점</td><td>3 (사전평가)</td></tr>
<tr><td>평가기준</td><td colspan="3">

(1) **(매뉴얼 교육 실적)** 평가자는 위기관리 매뉴얼을 활용하여 정기 또는 수시로 추진된 교육, 훈련 등 실적을 확인함

매뉴얼 교육 실적 (①)	교육	☐
	훈련	☐
	워크숍	☐
	기타 매뉴얼 내용 숙지를 위한 활동	☐

※ 평가자는 교육, 훈련, 워크숍, 공문처리 등 증빙자료가 있는지 여부를 확인하고, 실적은 직전연도 1월부터 현재까지의 결과만 인정함 / 하나의 증빙자료로 복수사항 인정 불가

(2) **(훈련기획팀 구성 · 운영의 적절성)** 훈련범위에 따라 훈련기획팀이 적정 규모로 구성·운영되었는지 여부를 평가함

※ 훈련기획팀은 훈련기획팀장 아래 지휘반, 실행반, 기획반, 행·재정반 등으로 업무가 분장되어 구성하는 것이 기본이나 이러한 조직이 정례화되어 있는 것은 아님

훈련 기획팀 구성·운영 적절성 (②)	구성	훈련기획팀에 재난유형별 실무자(담당자) 포함됨 ※ 유형별 매뉴얼에 명시되어 있는 실무자(담당자)	v
		훈련기획팀에 업무가 분장되어 있음	☐
		과거 훈련 기획/설계 관련 경험자가 포함됨	☐
	운영	훈련기획팀 주요 일정표가 작성됨	☐
		훈련기획팀 사전 회의를 실시함	☐
		기관장의 별도의 훈련 지시사항, 중점사항 등이 있음	☐
		훈련기획팀은 별도의 보상체계가 있음 (직전연도 훈련기획팀에게 포상, 인센티브 실적이 있거나 당해연도 훈련 기획팀 대상 포상, 인센티브 계획에 대해 내부결재를 받은 경우 인정함)	☐

</td></tr>
<tr><td>평가방법</td><td colspan="3">

매뉴얼 교육 실적(①)	4~3개		2개		1개 이하	
	1점		0.5점		0점	
훈련 기획팀 구성·운영 적절성 (②)	6개 이상	4개~5개		2개~3개		1개 이하
	2점	1.5점		1점		0.5점
산식 (①+②)	합계	매뉴얼 교육 실적(①)		훈련 기획팀 구성·운영 적절성(②)		

</td></tr>
</table>

유의사항	• 중앙부처는 "위기관리 표준매뉴얼"과 "위기대응 실무매뉴얼"을, 지자체는 "현장조치 행동매뉴얼"을 대상으로 작성, 관리 및 활용 실적의 적절성을 점검한다. • 훈련기획팀 구성 및 운영에 관한 사항은 해당기관의 국장급 이상 결재가 명시된 경우에만 평가한다. • 훈련범위, 재난유형에 따라 관련 부서(실 · 과 · 소)가 훈련기획팀에 포함되어야 한다.
관련자료	• 위기관리 매뉴얼 교육 실적과 관련된 서류 및 사진 • 훈련기획팀 조직도 및 운영과 관련된 서류

<table>
<tr><td>평가분류</td><td>1. 훈련 기획 및 훈련 설계</td><td colspan="2">1-2. 훈련 설계과정의 적정성</td></tr>
<tr><td>평가지표</td><td colspan="3">2. 훈련 목표 및 재난유형 선정의 적절성</td></tr>
<tr><td>평가내용</td><td colspan="3">1. 훈련 주관기관의 훈련 목표가 적절한지 여부를 확인한다.
(훈련 목표는"무엇을 달성하고자 훈련을 실시하는지"에 관한 내용을 작성한다)
2. 훈련 재난유형을 관성에 따라 선택하지 않고, 적절하고 체계적인 분석을 통해 선정하였는지 여부를 확인한다.</td></tr>
<tr><td>평가대상</td><td>중앙 부처 및 광역 자치단체</td><td>배점</td><td>7 (사전평가)</td></tr>
<tr><td>평가기준</td><td colspan="3">(1) (훈련 목표의 적절성) 평가자는 훈련 기본계획서 또는 세부 추진계획서에 작성된 훈련 목표가 적절하게 설정되었는지 여부를 정성적으로 평가함
<table>
<tr><td rowspan="4">훈련 목표의 적절성 (①)</td><td>올해 기관 자체의 세부 목표 설정됨
※ 올해 행정안전부의 훈련계획(국가재난대비 기본계획, 안전한국훈련 시행계획 등)에서의 훈련 지향점을 목적으로 기관에서는 훈련을 통하여 수행된 과업의 달성 정도를 측정할 수 있게 설정된 기준을 훈련 목표라 할 수 있음</td><td>□</td></tr>
<tr><td>훈련 목표의 일부는 측정 가능한 용어로 설정됨(정량적 목표)</td><td>□</td></tr>
<tr><td>과거 재난대응 사례 및 훈련을 통하여 도출된 문제 또는 기관의 취약성이 확인된 사항을 중심으로 훈련 목표를 설정함</td><td>□</td></tr>
<tr><td>기관의 재난대응 역량을 강화할 수 있도록 도전적으로 목표를 설정함
※ 매년 유사한 목표 설정 또는 구체성이 미흡한 목표 설정 시 미해당</td><td>□</td></tr>
</table>
(2) (훈련 재난유형 선정의 적절성) 평가자는 훈련 기본계획서, 세부 추진계획서 또는 추가 증빙자료에 작성된 재난유형 선정근거를 검토하고 정성적으로 평가함
<table>
<tr><td rowspan="4">재난유형 선정의 적절성 (②)</td><td>재해연감, 재해연보, 기관별 재난현황보고서 등 통계자료를 토대로 재난발생 빈도 및 규모를 분석, 재난유형 선정에 활용</td><td>□</td></tr>
<tr><td>최근 3~5년 훈련 재난유형을 검토하여 적절한 올해 재난유형을 선정함
※ 다년간 같은 재난유형으로 훈련할 경우, 그 사유를 제시 필요</td><td>□</td></tr>
<tr><td>소관 위기관리 매뉴얼 재난유형별 훈련 실적을 분석하여 훈련의 필요성이 높은 재난유형(또는 재난유형군)을 도출</td><td>□</td></tr>
<tr><td>예상되는 주요 재난에 대한 위험도 분석을 실시하여 재난유형 선정에 활용
※ '23년은 위험도 분석 최초 도입에 중점을 두고, 분석 절차나 내용이 다소 부족하거나 미흡한 경우도 실적으로 인정</td><td>□</td></tr>
</table></td></tr>
<tr><td>평가방법</td><td colspan="3">
<table>
<tr><td rowspan="2">훈련 목표의 적절성 (①)</td><td>3개 이상</td><td>2개</td><td>1개 이하</td><td></td></tr>
<tr><td>2점</td><td>1점</td><td>0점</td><td></td></tr>
<tr><td rowspan="2">재난유형 선정의 적절성 (②)</td><td>4개</td><td>3개</td><td>2개</td><td>1개</td></tr>
<tr><td>5점</td><td>4점</td><td>3점</td><td>2점</td></tr>
<tr><td rowspan="2">산식 (①+②)</td><td>합계</td><td>훈련 목표의 적절성(①)</td><td>재난유형 선정의 적절성(②)</td><td></td></tr>
<tr><td></td><td></td><td></td><td></td></tr>
</table></td></tr>
<tr><td>유의사항</td><td colspan="3"></td></tr>
<tr><td>관련자료</td><td colspan="3">훈련 추진계획서 / 별도의 재난유형 선정 근거자료</td></tr>
</table>

<table>
<tr><td>평가분류</td><td>1. 훈련 기획 및 훈련 설계</td><td colspan="3">1-2. 훈련 설계과정의 적정성</td></tr>
<tr><td>평가지표</td><td colspan="4">3. 훈련 설계시 컨설팅 운영의 적절성</td></tr>
<tr><td>평가내용</td><td colspan="4">훈련 준비단계(기획, 설계단계)에 유관기관, 민간단체 그리고 민간전문가가 참여하고 컨설팅이 적절하게 진행되었는지를 평가한다.</td></tr>
<tr><td>평가대상</td><td>중앙 부처 및 광역 자치단체</td><td>배점</td><td>3</td><td>(사전평가)</td></tr>
<tr><td>평가기준</td><td colspan="4">
(1) (참여실적) 평가자는 회의 준비과정에 관련 기관 또는 민간전문가의 참석정도에 따라 점수를 부여함
<table>
<tr><th>참여 실적</th><th>2회 이상</th><th>1회</th><th>미참여</th></tr>
<tr><td>유관기관 (①)</td><td>0.5점</td><td>0.3점</td><td>0점</td></tr>
<tr><td>민간단체, 민간기업 (②)</td><td>0.5점</td><td>0.3점</td><td>0점</td></tr>
<tr><td>민간전문가 (③) (컨설팅위원 이외의 민간전문가)</td><td colspan="2">0.5점</td><td>0점</td></tr>
</table>
(2) (적절성) 평가자는 문서(훈련 컨설팅 합동보고서)를 바탕으로 컨설팅이 적절하게 운영되었는지 여부를 평가함
<table>
<tr><td rowspan="6">적절성 (④)</td><td rowspan="2">운영</td><td>컨설팅위원의 지도 및 자문에 대한 결과(반영, 미반영, 미수용 등)를 문서에서 확인할 수 있음</td><td>□</td></tr>
<tr><td>일정한 간격(5일 이상)을 두고 컨설팅이 진행됨</td><td>□</td></tr>
<tr><td rowspan="4">내용</td><td>훈련 목표 및 범위에 대한 컨설팅이 이루어졌음을 문서에서 확인됨</td><td>□</td></tr>
<tr><td>훈련 시나리오에 대한 컨설팅이 이루어졌음을 문서에서 확인됨</td><td>□</td></tr>
<tr><td>토론과 실행기반 훈련에 대한 절차, 방법 등에 관한 컨설팅이 이루어졌음을 문서에서 확인됨</td><td>□</td></tr>
<tr><td>훈련 평가절차, 방법 등에 대한 컨설팅이 이루어졌음을 문서에서 확인됨</td><td>□</td></tr>
</table>
</td></tr>
<tr><td>평가방법</td><td colspan="4">
<table>
<tr><td rowspan="3">참여 실적</td><td>유관기관 (①)</td><td>0.5점</td><td>0.3점</td><td>0점</td></tr>
<tr><td>민간단체 (②)</td><td>0.5점</td><td>0.3점</td><td>0점</td></tr>
<tr><td>민간전문가 (③)</td><td>0.5점</td><td>0.3점</td><td>0점</td></tr>
<tr><td colspan="2" rowspan="2">적절성 (④)</td><td>6개~5개</td><td>4개~3개</td><td>2개 이하</td></tr>
<tr><td>1.5점</td><td>1점</td><td>0.5점</td></tr>
<tr><td colspan="2">산식 (①+②+③+④)</td><td colspan="3"></td></tr>
</table>
</td></tr>
<tr><td>유의사항</td><td colspan="4">참여율에 관한 평가는 증빙자료가 있는 경우만 점수를 부여한다.</td></tr>
<tr><td>관련자료</td><td colspan="4">회의 결과보고서 / 참석자 명부 / 컨설팅 결과 활용 리스트</td></tr>
</table>

<table>
<tr><td>평가분류</td><td>1. 훈련 기획 및 훈련 설계</td><td colspan="3">1-2. 훈련 설계과정의 적정성</td></tr>
<tr><td>평가지표</td><td colspan="4">4. 훈련 시나리오의 적절성</td></tr>
<tr><td>평가내용</td><td colspan="4">훈련 시나리오(재난유형 및 규모, 발생상황, 피해상황, 시간대별 상황변화)가 적절하게 작성되었는지 여부를 평가한다.</td></tr>
<tr><td>평가대상</td><td>중앙 부처 및 광역 자치단체</td><td>배점</td><td>6</td><td>(사전평가)</td></tr>
<tr><td>평가기준</td><td colspan="4">
(1) (상황시나리오 작성의 적절성) 평가자는 훈련 시나리오의 “상황 시나리오”를 살펴보고 적절하게 작성되었는지를 평가함
※ 통합 훈련 시나리오 = 상황시나리오 + 대응시나리오
<table>
<tr><td rowspan="6">상황 시나리오 작성의 적절성 (①)</td><td>주요사건 발생상황과 세부사건 발생상황이 구분되어 작성</td><td>□</td></tr>
<tr><td>위기관리 매뉴얼의 위기 형태, 전개 양상이 포함되어 작성</td><td>□</td></tr>
<tr><td>시간 흐름(타임라인)에 따라 사건발생, 피해상황, 대응조치 작성</td><td>□</td></tr>
<tr><td>인적, 물적 피해 그리고 경제·사회적 영향에 따른 피해상황이 구분되어 작성</td><td>□</td></tr>
<tr><td>2차 피해, 간접 및 연계 피해에 대한 사건 발생상황 작성(예시 : 서비스 중단, 기능 마비, 대규모 이재민 발생, 약탈·방화 등의 소요사태 발생 등)</td><td>□</td></tr>
<tr><td>현실감을 더해 줄 배경정보 작성(예시 : 기상조건, 교통정보 등)</td><td>□</td></tr>
</table>
(2) (상황메시지 문제은행 활용) 훈련 주관기관이 문제은행에서 상황메시지를 선택 하여 사용하였는지 여부를 평가함
※ 소관 재난 유형이 없는 경우 평가단과 협의하여 문제은행과 비슷한 수준의 상황메시지를 작성하여 훈련 실시할 경우 '활용'으로 평가
<table>
<tr><td rowspan="2">상황 메시지 문제은행(②)</td><td>활용</td><td>미활용</td></tr>
<tr><td>1점</td><td>0점</td></tr>
</table>
(3) (대응시나리오 작성의 적절성) 평가자는 훈련 시나리오의 “대응 시나리오”를 살펴보고 상황별 임무와 역할이 모두 작성되었는지를 평가함
<table>
<tr><td rowspan="6">대응 시나리오 작성의 적절성 (③)</td><td>대응단계 및 절차(예시: 징후감지-초기대응(*)-비상대응-수습복구)가 구분되어 조치 내용이 기초 지자체 혹은 산하기관 대응활동과 연계되어 작성됨
(*) 관련 부서, 유관기관 등에게 재난상황 전파 및 비상소집, 현장연락관 파견, 상황판단회의 소집 등의 대응활동</td><td>□</td></tr>
<tr><td>지휘부의 임무와 역할이 별도로 작성됨</td><td>□</td></tr>
<tr><td>부서별(실·과·소별)로 조치목록과 조치내용이 작성됨</td><td>□</td></tr>
<tr><td>조치내용의 세부 행동(자원(*), 정보 등 기재)이 작성됨
(*) 인적자원, 물적자원 및 효율적인 훈련진행과 과학적 관리를 위해 필요한 기능시스템 자원(정보 데이터베이스, 훈련상황관리시스템, NDMS, 훈련유형 관련 업무전산망 등)을 훈련자원이라 함</td><td>□</td></tr>
<tr><td rowspan="2">협업기관의 대응활동이 구체적으로 기술되어 있음
(누가 누구에게 무엇을 지원, 요청 등의 사항이 명시되어 있음)</td><td>□</td></tr>
<tr><td>□</td></tr>
</table>
</td></tr>
</table>

(4) **(충실성)** 평가자는 훈련 시나리오를 살펴보고 종합적으로 훈련 목표 추진, 달성 가능성 정도를 정성적으로 평가함

훈련 시나리오 충실성 (④)	내용	점수
훈련 시나리오 충실성 (④)	모든 사건의 인과관계가 구조적으로 연결되었고 시나리오에 필요한 구성요소를 모두 포함하고 있고, 상황시나리오와 대응시나리오의 일관성이 적절히 유지되었음. 따라서, '기관 및 조직의 규모 대비 훈련 목표 달성'이 우수하다고 판단됨	우수 (1점)
	대부분 사건의 인과관계가 구조적으로 연결되었고 시나리오에 필요한 구성요소를 대부분 포함하고 있음. 따라서, '기관 및 조직의 규모 대비 훈련 목표 달성'이 가능할 것, 으로 판단됨	적절 (0.5점)
	시나리오에 필요한 구성요소가 일부 포함되지 않은 내용이 있고 사건의 인과관계도 불명확하여 구조(연결)화 되어 있지 못함. 따라서 '훈련의 실효성이 미흡할 것'으로 판단됨	미흡 (0점)

평가방법

상황 시나리오 작성의 적절성(①)	5개~6개		3개~4개	2개 이하
	2점		1점	0.5점
상황메시지 문제은행 활용(②)	활용		미활용	
	1점		0점	
대응 시나리오 작성의 적절성(③)	5개		4~3개	2개 이하
	2점		1점	0.5점
충실성 (④)	우수		적절	미흡
	1점		0.5점	0점
산식 (①+②+③+④)	합계	상황 시나리오 작성의 적절성 (①)	상황메시지 문제은행 활용(②)	대응 시나리오 작성의 적절성 (③)	시나리오 충실성 (④)

유의사항

- 통합 훈련 시나리오 미작성의 경우 0점 부여
- 계획서 상에 포함된 요약된 시나리오가 아닌 별도의 훈련 시나리오 작성 여부를 평가한다.
- 평가자는 위기관리 매뉴얼을 최대한 적용하였는지 여부를 평가하고, 훈련 또는 현장 특성상 전부 반영하기 어려운 점 등을 고려하여 평가한다.

관련자료

훈련 계획서 / 훈련 시나리오 / 소관 재난유형의 매뉴얼

<table>
<tr><td>평가분류</td><td>1. 훈련 기획 및 훈련 설계</td><td colspan="3">1-2. 훈련 설계과정의 적정성</td></tr>
<tr><td>평가지표</td><td colspan="4">5. 부서 임무카드 및 훈련 실행(실시) 계획의 적절성</td></tr>
<tr><td>평가내용</td><td colspan="4">1. 재난분야 위기관리 매뉴얼의 구체적 이행을 위해 부서별 행동계획이 구체적으로 작성되었는지 여부를 평가한다.
2. 훈련 실행계획에 재난 대응에 필요한 기능, 참여기관, 자원, 홍보, 안전 등 관련 내용이 적절하게 작성되었는지 여부를 평가한다.</td></tr>
<tr><td>평가대상</td><td>중앙 부처 및 광역 자치단체</td><td>배점</td><td>4</td><td>(사전평가)</td></tr>
<tr><td>평가기준</td><td colspan="4">(1) (부서 임무카드의 적절성) 평가자는 훈련 참여 부서의 부서 임무카드 작성 여부에 따라 점수를 부여함
(단, 위기관리 매뉴얼상 13개 협업기능에 따라 역할이 있는 경우만 작성하고, 이 경우 구체적으로 작성*한 경우만 인정)
* 구체적 작성 기준 : 임무카드의 매뉴얼 내용 반영, 역할·대상·자원 명확히 기재, 대응 시나리오 조치사항과 연관성, 담당자·연락처 현행화 등 기준을 대부분 충족
※ (예시) 5개 훈련 참여 부서 중 4개 부서가 작성 시, 80%이므로 1.5점 부여
<table>
<tr><th>참여 부서</th><th>100% 작성</th><th>80% 이상 100% 미만 작성</th><th>60% 이상 80% 미만 작성</th><th>60% 미만 작성</th></tr>
<tr><td>부서 임무카드의 절성 (①)</td><td>2점</td><td>1.5점</td><td>1점</td><td>0.5점</td></tr>
</table>
(2) (훈련 실행계획의 적절성) 평가자는 '훈련 실행(실시)계획서'를 바탕으로 훈련에 필요한 요소가 제시되어 있는지 확인함
※ 평가자는 컨설팅 결과 논의된 훈련 실행(실시)계획서 검토사항을 기준으로 확인함
<table>
<tr><td rowspan="6">훈련 실행 계획의 적절성 (②)</td><td>재난 유형 또는 기관, 지역의 특성에 따라 훈련에 필요한 협업기능 작성</td><td>☐</td></tr>
<tr><td>통합 훈련 시나리오가 포함되어 있음</td><td>☐</td></tr>
<tr><td>훈련당일(토론훈련 및 현장훈련)에 관한 주요일정표(시간표), 예행연습 등에 관한 일정표가 포함되어 작성</td><td>☐</td></tr>
<tr><td>재난 유형에 필요한 방재자원(인력, 장비, 물품 등)의 소요계획, 동원기준 등이 포함되어 있음</td><td>☐</td></tr>
<tr><td>훈련 참여하는 부서(실·과·소), 유관기관, 민간단체 등이 직접 작성</td><td>☐</td></tr>
<tr><td>기타 훈련에 필요한 홍보, 안전에 관한 사항(안전사고 예방 조치 등)의 세부 사항 작성</td><td>☐</td></tr>
</table></td></tr>
<tr><td>평가방법</td><td colspan="4"><table>
<tr><td rowspan="2">부서 임무카드의 적절성 (①)</td><td>100% 작성</td><td>80% 이상 100% 미만 작성</td><td>60% 이상 80% 미만 작성</td><td>60% 미만 작성</td></tr>
<tr><td>2점</td><td>1.5점</td><td>1점</td><td>0.5점</td></tr>
<tr><td rowspan="2">훈련 실행 계획의 적절성(②)</td><td>6~5개</td><td>4개</td><td>3개</td><td>2개 이하</td></tr>
<tr><td>2점</td><td>1.5점</td><td>1점</td><td>0.5점</td></tr>
<tr><td>산식(①+②)</td><td colspan="4"></td></tr>
</table></td></tr>
<tr><td>유의사항</td><td colspan="4">• 민간전문가가 컨설팅 한 훈련 실행(실시)계획서를 평가한다.</td></tr>
<tr><td>관련자료</td><td colspan="4">훈련 참여 부서별 임무카드 / 훈련 실행(실시) 계획서</td></tr>
</table>

<table>
<tr><td>평가분류</td><td>2. 훈련 실시</td><td colspan="2">2-1. 토론기반 훈련의 적정성</td></tr>
<tr><td>평가지표</td><td colspan="3">6. 상황접수 및 보고, 전파의 적절성</td></tr>
<tr><td>평가내용</td><td colspan="3">평가자는 훈련의 메시지(재난발생 등)가 적절하게 전달되었는지 여부를 확인한다.
* 비상발생 상황에서 상황 메시지를 상황(보고)체계에 따라 전파하는 활동을 관찰하고 평가함</td></tr>
<tr><td>평가대상</td><td>중앙 부처 및 광역 자치단체</td><td>배점</td><td>6 (사전평가)</td></tr>
<tr><td>평가기준</td><td colspan="3">평가자는 상황실로 접수된 재난 또는 사고 등이 일괄로 전달되는 사항이 아닌 재난관리 주관부서가 재난 또는 사고 상황을 인지하고 관련 부서, 유관기관 등에게 비상소집, 상황판단회의 소집 등 초기대응 활동을 전파하는 사항을 점검한다.
(*) 평가단은 매뉴얼 상 상황전파 주체를 확인한다.
(*) 토론훈련 당일 평가관(반장)은 실제로 메시지를 확인한다.
(1) (대상의 적절성) 평가자는 전파 대상기관(부서, 조직, 유관기관 등)의 범위가 적정하였는지 여부를 확인하고 평가함. 다만, 「재난 및 안전관리 기본법 시행규칙」 제5조의2 각 호의 재난 상황을 「재난 및 안전관리 기본법」제 20조에 따른 보고 또는 통보하여야 하는 기관에 보고 또는 통보하지 않은 경우 "미흡"으로 평가하여야 함
<table>
<tr><td rowspan="3">대상의 적절성 (①)</td><td>발생한 재난 또는 사고의 특성, 시급성, 중요성, 확대가능성 등을 고려하여 적절하게 전파되었다고 판단됨</td><td>적정 (1.5점)</td></tr>
<tr><td>불필요한 기관이 포함되어 있는 것으로 판단됨
(재난유형의 특성 등을 고려하지 않고 일괄로 전파함)</td><td>보통 (1점)</td></tr>
<tr><td>누락된 기관이 있는 것으로 판단됨</td><td>미흡 (0.5점)</td></tr>
</table>
(2) (내용의 적절성) 평가자는 전달된 상황전파 메시지(훈련 메시지)의 내용을 살펴보고 적절하였는지 여부를 정성적으로 확인함
<table>
<tr><td rowspan="3">내용의 적절성 (②)</td><td>상황전파 메시지가 육하원칙에 의거하여 초기대응 활동에 필요한 사항이 포함되어 작성되어 있음</td><td>적정 (1.5점)</td></tr>
<tr><td>불필요한 내용이 메시지에 포함되어 있는 것으로 판단됨
(상황실로 접수된 내용이 그대로 전달됨)</td><td>보통 (1점)</td></tr>
<tr><td>일시, 장소 등이 누락되어 있음</td><td>미흡 (0.5점)</td></tr>
</table>
(3) (절차의 신속성) 평가자는 전달된 상황전파 메시지 도착 시간, 상황전파 활동을 살펴보고 신속하게 전파되었는지 여부를 정성적으로 확인함
<table>
<tr><td rowspan="2">절차의 신속성 (③)</td><td>접수-보고/전달-전파의 절차가 빠르게 전파되어 실제 재난 발생 시 신속하게 운영될 것으로 판단됨</td><td>적정 (1.5점)</td></tr>
<tr><td>상황전파 활동이 늦어 개선이 필요한 것으로 판단됨</td><td>미흡 (0.5점)</td></tr>
</table></td></tr>
</table>

(4) (운영의 적절성) 평가자는 상황전파 활동에서 관찰된 사항을 확인함

구분	내용	확인
운영의 적절성 (④)	상황전파체계도[*]가 적정함(매뉴얼 포함 가능)	□
	재난상황 전파를 위한 별도의 시스템, 체계 등이 활용됨(메신저 포함)	□
	대국민 협조·홍보를 위한 상황전파 활동 또는 시스템, 체계 등이 활용됨	□
	비상연락망 점검 실적 등 현행화 활동이 있음	□

평가방법

대상의 적절성 (①)	적정	보통	미흡
	1.5점	1점	0.5점
내용의 적절성 (②)	적정	보통	미흡
	1.5점	1점	0.5점
절차의 신속성 (③)	적정		미흡
	1.5점		0.5점
운영의 적절성 (④)	3개 이상	2개	1개 이하
	1.5점	1점	0.5점

산식 (①+②+③+④)	합계(①+②+③+④)	대상의 적절성 (①)	내용의 적절성 (②)	절차의 신속성 (③)	운영의 적절성 (④

유의사항	• 결측처리시 0점 처리 후, 시스템 의견입력란 및 평가 결과보고서에 반드시 "결측치 처리"로 입력
관련자료	상황전파체계도(비상연락망 등), 상황전파 메시지(NDMS 메신저, 팩스 전문 등)

<table>
<tr><td>평가분류</td><td>2. 훈련 실시</td><td colspan="3">2-1. 토론기반 훈련의 적정성</td></tr>
<tr><td>평가지표</td><td colspan="4">7. 상황판단회의 및 비상기구 가동의 충실성</td></tr>
<tr><td>평가내용</td><td colspan="4">상황판단회의의 적절성을 확인하고, 중앙(지역)재난안전대책본부, 중앙(지역)사고수습본부 등 각 비상기구 운영규정에 따라 원활하게 가동되었는지 평가한다.</td></tr>
<tr><td>평가대상</td><td>중앙 부처 및 광역 자치단체</td><td>배점</td><td>6</td><td>(현장평가)</td></tr>
<tr><td>평가기준</td><td colspan="4">
(1) (상황판단회의) 평가자는 상황판단회의를 살펴보고 적절하였는지를 정성적으로 평가함
<table>
<tr><td rowspan="8">상황
판단
회의
(①)</td><td>재난 발생 피해정도를 확인할 수 있는 자료 준비 여부를 확인한다.</td><td>☐</td></tr>
<tr><td>상황판단회의 자료가 충실(상황인식, 조치사항, 영향요소, 상황전개예상, 상황판단근거, 문제점 도출, 건의)하였는지 판단한다.</td><td>☐</td></tr>
<tr><td>해당 재난담당 통제관에 의하여 회의가 주재되었는지 확인한다.
※ 훈련주관기관 자체 재난 비상기구 운영 규정에 따른 회의 주재자임을 확인</td><td>☐</td></tr>
<tr><td>재난발생 초기 가장 중요한 신속한 상황전파, 사회질서유지, 교통통제, 긴급 주민대피(*) 등의 협업기능별 긴급조치사항이 논의되었는지 확인한다.
(*) 어린이·노인·장애인 등 안전취약계층 보호조치 포함</td><td>☐</td></tr>
<tr><td>상황에 부합한 재난위기 단계 및 비상기구 운용이 결정되었는지 여부를 확인한다.</td><td>☐</td></tr>
<tr><td>현장연락관이 임명되었는지 여부를 확인한다.</td><td>☐</td></tr>
<tr><td>상황판단회의가 상황접수 후 최단시간에 이루어졌음을 확인한다.
* 평가자는 재난상황 브리핑 후 의사결정까지 소요시간이 20분~30분 범위 내에서 이루어졌음을 확인</td><td>☐</td></tr>
<tr><td>상황판단회의를 통하여 위기관리 매뉴얼을 근거로 위기단계를 결정하였다.
(훈련 장소에서 "~~ 근거로", "~~기준으로" 위기단계를 결정함)</td><td>☐</td></tr>
</table>
(2) (비상기구 가동) 평가자는 비상기구 운영규정에 따라 원활하게 가동되었는지 정성적으로 평가함
<table>
<tr><td rowspan="5">비상
기구
가동
(②)</td><td>편성기준에 따라 비상기구가 구성된다.</td><td>☐</td></tr>
<tr><td>비상기구 가동 시기가 비상단계로 돌입한 시점으로 적당하다고 판단된다.</td><td>☐</td></tr>
<tr><td>비상기구 회의 주재자는 문제해결위주의 진행방식을 준수하였다.</td><td>☐</td></tr>
<tr><td>비상기구는 규정된 절차에 따라 운영되었다고 판단된다.</td><td>☐</td></tr>
<tr><td>비상기구 가동 결과가 적절한 대응이었다고 판단된다.</td><td>☐</td></tr>
</table>
평가 참고사항
(중 앙) 각 기관별 중앙사고수습본부(또는 중앙재난안전대책본부) 운영규정에 맞추어 회의가 주재 되는지를 확인하고 내용의 타당성 점검
(지자체) 해당 지자체의 지대본(또는 지수본) 구성·운영 조례에 맞추어 회의가 주재 되는지를 확인하고 내용의 타당성 점검
☞ 중대본, 중수본, 지대본이 설치되지 않는 중앙행정기관은 자체 규정에 따라 설치되는 비상기구 가동 여부를 평가한다.
</td></tr>
</table>

<table>
<tr><td rowspan="9">평가방법</td><td rowspan="3">상황판단
회의
(①)</td><td>평가기준 6개 이상 충족
(또는, 상황판단회의가 원활하게 진행되었고 그 결과 신속한 초기대응체계를 구축할 수 있는 내용이었다고 판단됨)
* 가능한 경우 상기 평가기준 충족 개수에 따라 점수를 부여하고, 부득이한 경우 ( )안의 내용에 따라 평가가 가능하나, 점수 부여의 객관성이 확보되고 또한 메타평가(2차평가)가 가능하도록 최대한 상세히 기술 필요(모든 평가지표에 동일 적용)</td><td>적정
(3점)</td></tr>
<tr><td>평가기준 4개~5개 충족
(또는, 상황판단회의가 원활하게 진행되었으나 그 결과가 일반적이고 단순한 사항으로 신속한 초기대응체계를 구축하기에 부족하다고 판단됨)</td><td>보통
(2점)</td></tr>
<tr><td>평가기준 3개 이하 충족
(또는, 상황판단회의가 원활하게 진행되지 못했고 그 결과가 미흡함)</td><td>미흡
(1점)</td></tr>
<tr><td rowspan="3">비상기구
가동
(②)</td><td>평가기준 4개 이상 충족
(또는, 비상기구가 운영규정에 맞추어 원활하게 구성 및 설치되어 가동함으로써 신속한 초기대응체계를 구축함)</td><td>적정
(3점)</td></tr>
<tr><td>평가기준 3개 충족
(또는, 비상기구가 운영규정에 맞추어 원활하게 구성 및 설치되었지만 가동 시점, 회의주재 등 운영 결과 신속한 초기대응체계를 구축하기에 부족한 부분이 있다고 판단됨)</td><td>보통
(2점)</td></tr>
<tr><td>평가기준 2개 이하 충족
(또는, 비상기구가 설치되었으나 운영규정에 맞지 않아 가동 결과가 미흡함)</td><td>미흡
(1점)</td></tr>
<tr><td rowspan="3">산식
(①+②)</td><td>합계(①+②) | 상황판단회의(①) | 비상기구가동(②)</td><td></td></tr>
<tr><td> </td><td></td></tr>
<tr><td></td><td></td></tr>
<tr><td>유의사항</td><td colspan="3">• 토론기반 훈련 시나리오의 반별 편성과 비상기구 운영규정을 비교 · 확인한다.
• 결측처리시 0점 처리 후, 시스템 의견입력란 및 평가 결과보고서에 반드시 “결측치 처리”로 입력</td></tr>
<tr><td>관련자료</td><td colspan="3">상황판단회의 자료, 자체 비상기구 운영 규정 (조례 등) , 훈련 비상기구 운영 계획서</td></tr>
</table>

산식 (①+②)	합계(①+②)	상황판단회의(①)	비상기구가동(②)

평가분류	2. 훈련 실시	2-1. 토론기반 훈련의 적정성		
평가지표	8. 재난상황 문제해결 과정의 적절성			
평가내용	토론기반 훈련의 진행 절차, 운영 방식, 토론 내용의 적절성을 평가한다.			
평가대상	중앙 부처 및 광역 자치단체	배점	7	(현장평가)

평가기준

(1) **(방식의 적절성)** 평가자는 토론기반 훈련의 진행 절차, 방식 등을 확인함

방식의 적절성 (①)	재난 상황 단계별로 훈련 메시지가 전달	☐
	훈련 시간(실시간)과 재난시간(개념적 시간)이 구분되어 진행 (토론 훈련 진행 중 특정 시점부터 적용)	☐
	충분한 의사진행과 토론 기회 제공	☐
	자발적 참여 유도	☐
	훈련 참여기관이 조치사항 발표	☐

(2) **(내용의 적절성)** 평가자는 토론 내용을 살펴보고 이행 결과를 확인함

내용의 적절성 (②)	재난대응 단계별로 문제점 및 이슈사항이 도출되어 토의	☐
	부서별, 협업기능별 상호 문제점(지원, 갈등요소 등)이 도출되어 토의	☐
	제시되거나 건의된 사항, 발생가능성이 높은 문제해결에 대해 중점으로 토의	☐
	재난현장에서 발생할 수 있는 민원사항, 지원·조정 요청사항에 대해 토의	☐
	재난 확대 가능성(피해규모, 복합재난으로 확대 등)에 대해 토의 ※ (예시)_대규모 재난에 따른 약탈, 방화 등의 소요사태 상황 해결방안 등	☐
	수습복구 활동 장기화(일주일, 한 달 등)에 대해 토의	☐

(3) **(결과의 적절성)** 평가자는 토론훈련 결과 확인(도출)되어야 할 사항이 모두 포함되었는지 이행결과를 확인함

결과의 적절성 (③)	발생된 상황에 대한 문제인식	☐
	유관기관(협업기능)의 재난대응 협력체계와 역할 분담	☐
	위기관리 매뉴얼 상 주요 임무·역할에 따른 대응	☐
	문제해결 방안이 기존의 재난사례 분석, 경험을 통한 최적 대안 도출	☐
	최적 문제해결 대안에 대한 의사결정 포함 (매뉴얼, 지침 개정, 훈련, 예산 등에 포함할 수 있음)	☐

(4) (참여자의 적극성) 평가자는 훈련 참여자의 태도를 살펴보고 정성적으로 판단함
※ 비판적 토론을 통하여 문제점을 발굴·보완 하는데 중점을 두었는지를 정성적으로 평가한다.

참여자 적극성 (④)	훈련참여자가 상호 간 문제해결을 위해 활발하게 토론	적정 (2점)
	단순 질의 또는 지시에 대한 단순 답변	보통 (1점)
	훈련 진행자 또는 회의 주재자의 일방적 진행	미흡 (0.5점)

<table>
<tr><td rowspan="10">평가방법</td><td rowspan="2">방식의 적절성
(①)</td><td>5개~4개</td><td colspan="2">3개~2개</td><td colspan="2">1개 이하</td></tr>
<tr><td>1.5점</td><td colspan="2">1점</td><td colspan="2">0.5점</td></tr>
<tr><td rowspan="2">내용의 적절성
(②)</td><td>6개~5개</td><td colspan="2">4~3개</td><td colspan="2">2개 이하</td></tr>
<tr><td>2점</td><td colspan="2">1점</td><td colspan="2">0점</td></tr>
<tr><td rowspan="2">결과의 적절성
(③)</td><td>5개~4개</td><td colspan="2">3개~2개</td><td colspan="2">1개 이하</td></tr>
<tr><td>1.5점</td><td colspan="2">1점</td><td colspan="2">0.5점</td></tr>
<tr><td rowspan="2">참여자의 적극성
(④)</td><td>적정</td><td colspan="2">보통</td><td colspan="2">미흡</td></tr>
<tr><td>2점</td><td colspan="2">1점</td><td colspan="2">0.5점</td></tr>
<tr><td rowspan="2">산식
(①+②+③+④)</td><td>합계(①+②+③+④)</td><td>방식의
적절성
(①)</td><td>내용의
적절성
(②)</td><td>결과의
적절성
(③)</td><td>참여자의
적극성
(④)</td></tr>
<tr><td>* 대본읽기 훈련의 경우 총
합계의 50%만 부여</td><td></td><td></td><td></td><td></td></tr>
<tr><td>유의사항</td><td colspan="6">• 실질적 토론훈련을 하지 않고, 대본에 쓰여진 대로 읽는 형태의 '대본 읽기'훈련으로 판단될 경우 총 합계점수의 50%만 부여
• 결측처리시 0점 처리 후, 시스템 의견입력란 및 평가 결과보고서에 반드시 "결측치 처리"로 입력</td></tr>
<tr><td>관련자료</td><td colspan="6">훈련 계획서 및 토론훈련 결과보고서</td></tr>
</table>

<table>
<tr><td>평가분류</td><td>2. 훈련 실시</td><td colspan="3">2-1. 토론기반 훈련의 적정성</td></tr>
<tr><td>평가지표</td><td colspan="4">9. 재난상황 불시메시지 처리의 적절성</td></tr>
<tr><td>평가내용</td><td colspan="4">평가자가 제시한 불시메시지 처리 여부를 평가한다.</td></tr>
<tr><td>평가대상</td><td>중앙 부처 및 광역 자치단체</td><td>배점</td><td>7</td><td>(현장평가)</td></tr>
<tr><td>평가기준</td><td colspan="4">(처리의 적절성) 평가자는 훈련 메시지(불시·추가)를 전달하고 대답의 적절성 여부를 평가함
※ 전체적인 토론훈련 진행 및 여타 토론훈련 평가지표에 따른 평가에 영향을 미치지 않도록 주의하여 불시·추가 메시지 부여
<table>
<tr><td rowspan="6">적절성</td><td>훈련참가자는 훈련메시지의 문제를 해결함</td><td>☐</td></tr>
<tr><td>훈련참가자는 훈련메시지(상황)로 인하여 발생이 예상되는 문제점, 향후 확산 가능성 등을 확인함</td><td>☐</td></tr>
<tr><td>훈련참가자는 훈련메시지를 해결하기 위한 대응절차(프로세스)를 인지하고 있음</td><td>☐</td></tr>
<tr><td>훈련참가자는 메시지를 해결하기 위한 관련 유관기관, 민간단체 등의 범위를 인지하고 있음</td><td>☐</td></tr>
<tr><td>훈련참가자는 메시지를 해결하기 위한 관련 자원 또는 대체자원 등을 인지하고 있음</td><td>☐</td></tr>
<tr><td>관련된 대응 부서 훈련참가자가 추가적인 문제 해결을 위해 적극적으로 토론에 참여함</td><td>☐</td></tr>
</table></td></tr>
<tr><td>평가방법</td><td colspan="4"><table>
<tr><td rowspan="2">점수
결과</td><td>6개</td><td>5개</td><td>4개</td><td>3개</td><td>2개</td><td>1개</td><td>0개</td></tr>
<tr><td>7점</td><td>6점</td><td>5점</td><td>4점</td><td>3점</td><td>2점</td><td>1점</td></tr>
</table></td></tr>
<tr><td>유의사항</td><td colspan="4">• 적절한 평가가 이루어지도록 적당한 개수의 불시·추가 메시지를 부여하되, 전체적인 토론훈련 진행 및 여타 토론훈련 평가지표에 따른 평가에 영향을 미치지 않도록 주의
• 결측처리시 0점 처리 후, 시스템 의견입력란 및 평가 결과보고서에 반드시 “결측치 처리”로 입력</td></tr>
<tr><td>관련자료</td><td colspan="4"></td></tr>
</table>

<table>
<tr><td>평가분류</td><td colspan="3">2. 훈련 실시</td><td colspan="2">2-1. 토론기반 훈련의 적정성</td></tr>
<tr><td>평가지표</td><td colspan="5">10. 토론기반 훈련 목표의 달성도</td></tr>
<tr><td>평가내용</td><td colspan="5">토론기반 훈련의 목표 달성 정도를 평가한다.</td></tr>
<tr><td>평가대상</td><td>중앙 부처 및 광역 자치단체</td><td>배점</td><td>6</td><td colspan="2">(현장평가)</td></tr>
<tr><td>평가기준</td><td colspan="5">(목표 달성도) 평가자는 토론기반 훈련 결과를 종합적으로 판단함
<table>
<tr><td rowspan="6">목표
달성도</td><td>훈련계획서 또는 대응계획 상의 기능 대부분을 포함하여 실시되었다.</td><td>□</td></tr>
<tr><td>발생한 재난 상황을 해결하기 위한 토의가 진행되었다고 판단된다.
(문제 해결형 훈련)</td><td>□</td></tr>
<tr><td>시간에 제약을 받는 환경(개념적 시간개념 포함)에서 훈련이 실시되었다고 판단된다.</td><td>□</td></tr>
<tr><td>가상 상황에 대한 대응활동을 실제 재난상황과 흡사하게 진행되었다고 판단된다.</td><td>□</td></tr>
<tr><td>토론훈련을 통해 13개 협업기능, 협업기관, 유관기관 등 훈련 참가자들이 현재의 대응계획과 매뉴얼에 익숙해졌다고 판단된다.</td><td>□</td></tr>
<tr><td>비판적 토론을 통해 기작성된 재난단계별 대응계획과 매뉴얼의 보완 필요사항, 개선점 등을 적절히 도출하였다고 판단된다.</td><td>□</td></tr>
</table></td></tr>
<tr><td>평가방법</td><td colspan="5">
<table>
<tr><td rowspan="2">점수
결과</td><td>최종 점수</td><td>6개</td><td>5개</td><td>4개</td><td>3개</td><td>2개</td><td>1개</td><td>0개</td></tr>
<tr><td>* 대본읽기 훈련의 경우 해당 점수의 50%만 부여</td><td>6점</td><td>5점</td><td>4점</td><td>3점</td><td>2점</td><td>1점</td><td>0점</td></tr>
</table></td></tr>
<tr><td>유의사항</td><td colspan="5">• 실질적 토론훈련을 하지 않고, 대본에 쓰여진 대로 읽는 형태의 '대본 읽기'훈련으로 판단될 경우 총 합계점수의 50%만 부여
• 결측처리시 0점 처리 후, 시스템 의견입력란 및 평가 결과보고서에 반드시 "결측치 처리"로 입력</td></tr>
<tr><td>관련자료</td><td colspan="5">훈련 계획서 및 토론훈련 결과보고서</td></tr>
</table>

<table>
<tr><td>평가분류</td><td>2. 훈련 실시</td><td colspan="3">2-2. 실행기반 훈련의 적정성</td></tr>
<tr><td>평가지표</td><td colspan="4">11. 재난현장 지원 기구 가동의 충실성</td></tr>
<tr><td>평가내용</td><td colspan="4">1. 재난 현장을 지원하는 기구를 운영규정에 따라 원활하게 가동하였는지를 평가한다
2. 재난 현장에서 발생할 수 있는 문제를 인지하고 해결할 수 있는 방안 마련을 위한 활동이 적절하게 운영되었는지 여부를 평가한다.</td></tr>
<tr><td>평가대상</td><td>중앙 부처 및 광역 자치단체</td><td>배점</td><td>5</td><td>(현장평가)</td></tr>
<tr><td>평가기준</td><td colspan="4">(충실성) 평가자는 재난현장에 설치된 훈련 주관기관의 지원 기구*가 운영규정에 따라 원활하게 가동되었는지, 적절한 활동이 이루어졌는지 여부를 정성적으로 평가함
* 재난현장 지원기구 : 현장대응지원반, 현장상황관리관 등 중앙 및 시도에서 재난현장 대응 활동을 위해 파견하는 지원 기구 또는 인력
<table>
<tr><td rowspan="5">충실성</td><td>편성기준에 따라 지원기구가 구성되었다.</td><td>□</td></tr>
<tr><td>지원기구 가동 시기가 비상단계로 돌입 시점 고려 시 적당하다고 판단된다.</td><td>□</td></tr>
<tr><td>지원기구는 재난 현장에서 발생할 수 있는 문제를 해결하기 위하여 회의를 진행하거나 현장 대응회의를 지원하였다.</td><td>□</td></tr>
<tr><td>현장에 설치된 지원기구 및 대응기구 간 정보를 주고받을 수 있는 의사소통 활동이 이루어졌다.</td><td>□</td></tr>
<tr><td>현장에 설치된 지원기구의 상황판이 존재하여 인명피해 및 조치활동 등을 확인할 수 있었다.(필요시 대응기구 상황판 활용)</td><td>□</td></tr>
</table></td></tr>
<tr><td>평가방법</td><td colspan="4"><table>
<tr><td rowspan="3">충실성</td><td>평가기준의 4개 이상 충족
(또는, 지원기구가 운영규정에 맞추어 원활하게 구성 및 설치되었고 활동내용이 적절하여 재난현장에 대한 지원체계가 우수하다고 판단되고, 재난현장에 필요한 지원활동을 훈련하려고 노력함)</td><td>우수
(5점)</td></tr>
<tr><td>평가기준의 3개 충족
(또는, 지원기구가 운영규정에 맞추어 원활하게 구성 및 설치되었지만 현장 적극 지원, 회의주재 및 참가, 커뮤니케이션 활동 등이 미흡하여 재난현장에서 발생할 수 있는 문제를 충분히 해결하지 못할 것으로 판단함)</td><td>보통
(3점)</td></tr>
<tr><td>평가기준의 2개 이하 충족
(또는, 지원기구가 설치되었으나 운영규정에 맞지 않아 가동 결과가 미흡함)</td><td>미흡
(1점)</td></tr>
</table></td></tr>
<tr><td>유의사항</td><td colspan="4">• 현장 지원기구 준비상태가 형식적일 경우(보여주기식)‘미흡’조치
• 불시훈련 및 구조 인력·장비 실제 출동 훈련을 실시하여 재난현장 지원기구 가동에 문제점이 발생한 경우, 문제점에 대한 개선점 발굴 및 적정한 개선계획을 마련하면‘우수’점수 부여
• 결측처리시 0점 처리 후, 시스템 의견입력란 및 평가결과보고서에 반드시 “결측치 처리”로 입력</td></tr>
<tr><td>관련자료</td><td colspan="4">현장설치배치도 등</td></tr>
</table>

<table>
<tr><td>평가분류</td><td>2. 훈련 실시</td><td colspan="3">2-3. 재난안전통신망 활용</td></tr>
<tr><td>평가지표</td><td colspan="4">12. 재난안전통신망(PS-LTE) 활용도</td></tr>
<tr><td>평가내용</td><td colspan="4">재난안전통신망(PS-LTE) 활용 수준을 단계별로 나누어 평가한다.</td></tr>
<tr><td>평가대상</td><td>중앙 부처 및 광역 자치단체</td><td>배점</td><td>6</td><td>(현장평가)</td></tr>
<tr><td>평가기준</td><td colspan="4">(PS-LTE 활용도) 훈련 중 지휘부·참여자의 재난안전통신망 단말기 휴대 및 재난상황 전파·보고, 대응·수습 등 전 과정에 활용하였는지를 종합적으로 판단함(중수본, 지대본 상황실에서 평가)
<table>
<tr><td rowspan="5">PS-LTE 활용도</td><td>1. 재난안전통신망을 통해 최초상황 보고 또는 전파 발언 여부
※ 재난안전법 시행령 제24조(재난상황의 보고)에 명시된 항목을 포함하여 상급기관에 신속히 보고 여부(재난발생 일시·장소·원인, 피해내용, 응급조치 사항, 대응 및 복구활동, 향후 조치계획 등)</td><td>□</td></tr>
<tr><td>2. 훈련주재자가 단말기를 휴대하고, 1회 이상 재난안전통신망을 통한 상황지시 발언 여부</td><td>□</td></tr>
<tr><td>3. 훈련 참여기관의 재난안전통신망을 통한 상황보고 및 전파 발언 여부</td><td>□</td></tr>
<tr><td>4. 각 참여기관 책임자의 재난안전통신망 단말기 휴대 여부</td><td>□</td></tr>
<tr><td>5. 훈련참여자의 재난안전통신망 단말기 기능 및 사용방법 충분한 숙지 여부</td><td>□</td></tr>
</table></td></tr>
<tr><td>평가방법</td><td colspan="4">
<table>
<tr><td rowspan="2">PS-LTE 활용도</td><td>5개</td><td>4개</td><td>3개</td><td>2개</td><td>1개</td><td>0개</td></tr>
<tr><td>6점</td><td>5점</td><td>4점</td><td>3점</td><td>2점</td><td>1점</td></tr>
</table></td></tr>
<tr><td>유의사항</td><td colspan="4"></td></tr>
<tr><td>관련자료</td><td colspan="4"></td></tr>
</table>

평가분류	2. 훈련 실시	2-4. 훈련 참여 노력도	
평가지표	13. 훈련 주재자의 관심도 및 역할		
평가내용	훈련 주재자의 참여 의지, 관심 정도 등을 평가한다.		
평가대상	중앙 부처 및 광역 자치단체	배점	10 (현장평가)

평가기준

(토론기반 훈련 관심도 및 역할)

① 평가자는 토론기반 훈련 주재자의 직책을 확인하여 점수를 부여한다.
(단, 인사말씀 등의 활동만 관찰될 경우 미참석으로 점수를 부여하지 않는다)

② 평가자는 훈련 주재자의 활동을 관찰하여 점수를 부여한다. 매뉴얼 또는 기관의 특성에 따라 추가적으로 활동한 사항이 있을 경우, 적절성 여부를 판단하여 이를 작성하고 점수를 부여한다.

(※) 훈련 주재자가 사전훈련(예비훈련)에 참석한 경우 추가적인 활동으로 인정함
(단, 공문서 확인 필)

③ 평가자는 훈련 주재자의 활동을 관찰하여 정성적으로 점수를 부여한다.

구분	내용	점수
훈련 주재자 직급 (①)	위기관리 매뉴얼 상 주재자(일반적으로 기관장)	6점
	차상위자	3점
	기타	0점
역할 충실성 (②)	회의 주재 (진행 등)	☐
	회의 참석자에게 질의응답	☐
	긴급(응급)조치 사항 지시	☐
	도출된 문제점에 대한 해결방안 마련	☐
	기타 활동	☐
지휘 역량 (③)	재난 또는 위기상황을 이해하고 있음	☐
	관련 법률에 관한 이해와 지식을 바탕으로 위기경보 단계, 특별재난지역 선포 등의 대응활동 처리 할 수 있음	☐
	재난 또는 위기상황의 핵심이 무엇인지 규명 할 수 있음	☐
	기관의 문제 또는 이슈사항에 대하여 조정 할 수 있음	☐
	기관 또는 유관기관 간 갈등상황 발생시 중재할 수 있음	☐

평가방법

토론기반 훈련 관심도 및 역할	구분			
	직급 (①)	매뉴얼 상 주재자	차상위자	기타
		6점	3점	0점
	역할 충실성 (②)	4개~5개	3개~2개	1개 이하
		2점	1점	0점
	역량 (③)	4개~5개	3개~2개	1개 이하
		2점	1점	0점

산식 (①+②+③)	합계(①+②+③)	직급(①)	역할 충실성(②)	역량(③)

유의사항	• 기관장이 공석인 경우, 직무대행 체제를 감안하여 평가
관련자료	훈련 결과보고서 (훈련 참석자 명부, 사진자료 등)

<table>
<tr><td>평가분류</td><td>2. 훈련 실시</td><td colspan="3">2-4. 훈련 참여 노력도</td></tr>
<tr><td>평가지표</td><td colspan="4">14. 훈련 참여기관 관심도 및 역할</td></tr>
<tr><td>평가내용</td><td colspan="4">훈련에 참여한 기관의 관심정도를 평가한다.</td></tr>
<tr><td>평가대상</td><td>중앙 부처 및 광역 자치단체</td><td>배점</td><td>4</td><td>(현장평가)</td></tr>
<tr><td>평가기준</td><td colspan="4">평가자는 토론기반 훈련 시 참여기관의 범위와 활동사항을 관찰하여 평가한다.
① 평가자는 훈련에 참여한 기관을 확인한다. (단, 훈련 주관기관은 제외한다)
② 평가자는 훈련에 참여한 기관의 활동을 관찰하여 정성적으로 점수를 부여한다.
(토론기반 훈련 관심도)
<table>
<tr><td rowspan="4">참여 범위</td><td>중앙부처 또는 시도</td><td>6점</td></tr>
<tr><td>시군구</td><td>3점</td></tr>
<tr><td>유관기관</td><td>0점</td></tr>
<tr><td>민간단체 또는 민간기업</td><td>□</td></tr>
<tr><td rowspan="3">역할 충실성</td><td>전반적으로 훈련 참여기관이 재난 또는 위기상황을 이해하고 있으며, 시나리오, 매뉴얼 등 보조 자료에 의존하지 않고 훈련에 참여하고 있다고 판단됨</td><td>적정 (2점)</td></tr>
<tr><td>전반적으로 훈련 참여기관이 재난 또는 위기상황은 이해하고 있으나, 시나리오, 매뉴얼 등 보조 자료에 어느정도 의존하여 훈련에 참여하고 있다고 판단됨(예시: 시나리오의 임무와 역할을 읽은 수준임)
또는, 일부 훈련 참여기관이 시나리오 임무와 역할이 없이 참관함</td><td>보통 (1점)</td></tr>
<tr><td>대부분 훈련 참여기관이 재난 또는 위기상황을 이해하고 있지 못하며 실제 재난발생 시 대응 활동이 이루어지지 못할 것으로 판단됨</td><td>미흡 (0점)</td></tr>
</table></td></tr>
<tr><td>평가방법</td><td colspan="4">
<table>
<tr><td rowspan="4">토론 기반 훈련 관심도</td><td rowspan="2">참여 범위 (①)</td><td>3개 이상</td><td>2개</td><td>1개 이하</td></tr>
<tr><td>2점</td><td>1.5점</td><td>1점</td></tr>
<tr><td rowspan="2">역할 충실성 (②)</td><td>적정</td><td>보통</td><td>미흡</td></tr>
<tr><td>2점</td><td>1점</td><td>0점</td></tr>
<tr><td colspan="2" rowspan="2">산식 (①+②)</td><td>합계①+②</td><td>참여범위(①)</td><td>역할 충실성(②)</td></tr>
<tr><td></td><td></td><td></td></tr>
</table>
※ 국방부 국방시설 사고 훈련의 경우, 참여범위 항목에서 민간단체, 민간기업 제외하고 2개 이상 충족 시 2점, 1개 충족 시 1점, 미충족 시 0점으로 배점</td></tr>
<tr><td>유의사항</td><td colspan="4"></td></tr>
<tr><td>관련자료</td><td colspan="4">훈련 결과보고서 (훈련 참석자 명부)</td></tr>
</table>

평가분류	2. 훈련 실시	2-4. 훈련 참여 노력도		
평가지표	15. 대국민 훈련 홍보 실적			
평가내용	훈련을 대국민 및 관계자에게 홍보하기 위하여 다양한 매체(TV, 신문, 인터넷, SNS, 배너, 전광판, 유인물 등)를 활용하여 적극적으로 홍보하였는지 여부를 평가한다.			
평가대상	중앙 부처 및 광역 자치단체	배점	7	(사후평가)

평가기준

(1) **(종류의 적절성)** 대국민 홍보매체 종류 수를 확인함

매체종류 (①)	5개 매체 이상	2점
	3개 매체 이상	1점
	2개 매체 이하	0점

※ TV, 신문, 인터넷, SNS, 배너, 전광판, 유인물 등

(2) **(운영 적절성)** 대국민 홍보가 적절하였는지 정성적으로 평가함

적절성 (②)	절차	지역내 주요 거리 대상 다수의 가로등 배너, 옥외 초대형 현수막 등 홍보 효과가 큰 오프라인 매체 활용	□
		TV, 신문 등 홍보 효과가 큰 온라인 매체 활용	□
		기타 홍보 효과가 큰 매체 활용	□
		홍보 기간이 적절하였다고 판단(훈련일자를 기준으로 15일 수준)	□
	효과	홍보물 설치장소가 지하철, 공공장소 등 인구이동이 많은 곳에 설치되어 홍보의 효과성이 높다고 판단	□
		홍보물에 파급효과, 영향정도가 큰 요소(캐릭터, 사진 등)가 포함되어 효과성을 높였다고 판단	□
		홍보물에 시민의 참여를 유도(QR코드, 이벤트 등)할 수 있는 요소를 포함시켜 효과성을 높였다고 판단	□

평가방법

매체종류 (①)	5개 매체 이상		3개 매체 이상		2개 매체 이하	
	2점		1점		0점	
적절성 (②)	7~6개	5개	4개	3개	2개	1개 이하
	5점	4점	3점	2점	1점	0점
산식 (①+②)	합계 (①+②)		종류의 적절성 (①)		운영의 적절성 (②)	

유의사항	• 홍보 관련 증빙자료가 없는 경우 점수를 부여하지 않는다. • 재난대응 안전한국훈련 홍보에 직접적으로 기여한 경우에만 점수를 부여한다.
관련자료	홍보 관련 실적 자료(홍보 계획서, 홍보 사진 등)

<table>
<tr><td>평가분류</td><td>2. 훈련 실시</td><td colspan="3">2-5. 국민 체감도</td></tr>
<tr><td>평가지표</td><td colspan="4">16. 국민체험단 훈련 평가 결과</td></tr>
<tr><td>평가내용</td><td colspan="4">국민이 직접 체감한 훈련의 성과를 평가한다.</td></tr>
<tr><td>평가대상</td><td>중앙 부처 및 광역 자치단체</td><td>배점</td><td>5</td><td>(현장평가)</td></tr>
<tr><td>평가기준</td><td colspan="4">(국민체험단 훈련 평가 결과) 국민체험단이 평가한 결과를 환산하여 반영
※ 국민체험단 평가지표 : 1.계획의 현실성, 2.기관장 적극성, 3.훈련의 충실성, 4.훈련의 효과성, 5.총평</td></tr>
<tr><td>평가방법</td><td colspan="4">
<table>
<tr><td rowspan="2">국민체험단 훈련 평가 결과</td><td>90점 이상
(매우 우수)</td><td>90점 미만
65점 이상
(우수)</td><td>65점 미만
40점 이상
(보통)</td><td>40점 미만
15점 이상
(미흡)</td><td>15점 미만
(매우 미흡)</td></tr>
<tr><td>5점</td><td>4점</td><td>3점</td><td>2점</td><td>1점</td></tr>
</table>
※ 영상회의 등 비대면 참여는 국민체험단 실적으로 인정하지 않고 점수는 0점 처리</td></tr>
<tr><td>유의사항</td><td colspan="4">• 현장에서 국민체험단 평가 결과를 반드시 확인하고, 사후 증빙자료와의 정합성 점검 필요</td></tr>
<tr><td>관련자료</td><td colspan="4">국민체험단 평가결과</td></tr>
</table>

<table>
<tr><td>평가분류</td><td>3. 훈련 평가 환류</td><td colspan="3">3-1. 자체평가의 적정성</td></tr>
<tr><td>평가지표</td><td colspan="4">17. 자체평가 계획 수립 및 실시 실적</td></tr>
<tr><td>평가내용</td><td colspan="4">훈련기관에서 자체평가 계획을 수립하고 실시하였는지 여부를 평가한다.</td></tr>
<tr><td>평가대상</td><td>중앙 부처 및 광역 자치단체</td><td>배점</td><td>3</td><td>(사후평가)</td></tr>
<tr><td>평가기준</td><td colspan="4">(운영 실적) 자체평가 수립 여부와 자체평가 실시 여부를 확인 및 점검하고 평가함
<table>
<tr><td rowspan="2">구분</td><td colspan="2">자체평가계획 수립
(①)</td><td colspan="2">산하(소속)기관 포함
(②)</td><td colspan="2">자체 평가 실시
(③)</td></tr>
<tr><td>계획 수립</td><td>미수립</td><td>포함</td><td>미포함</td><td>실시</td><td>미실시</td></tr>
<tr><td>배점</td><td>1</td><td>0</td><td>1</td><td>0</td><td>1</td><td>0</td></tr>
</table>
※ 산하(소속)기관은 공공기관, 시·군·구, 유관기관 등을 포함한다.</td></tr>
<tr><td>평가방법</td><td colspan="4">
<table>
<tr><td>구분</td><td>구분</td><td>합계
(①+②+③)</td><td>자체평가 계획
수립(①)</td><td>산하(소속) 기관 포함
(②)</td></tr>
<tr><td>배점</td><td>산식</td><td></td><td></td><td></td></tr>
</table></td></tr>
<tr><td>유의사항</td><td colspan="4">• 자체평가 시점은 훈련이 끝난 이후에 실시되었는지를 평가한다.</td></tr>
<tr><td>관련자료</td><td colspan="4">자체평가 계획서 및 자체평가 실시 결과</td></tr>
</table>

평가분류	3. 훈련 평가 환류	3-2. 개선 및 환류의 적정성	
평가지표	18. 개선계획(매뉴얼 개정 포함) 수립의 적절성		
평가내용	훈련 실시를 통해 도출된 미비점 등을 보완하기 위한 개선계획을 평가한다.		
평가대상	중앙 부처 및 광역 자치단체	배점	5 (사후평가)

평가기준

(1) **(추진의 적절성)** 평가자는 올해 미흡사항, 지적사항, 보완 필요사항 등에 대한 개선계획(조치계획) 수립 내용을 확인함

구분	개선계획 수립		위기관리 매뉴얼 개정 필요사항 및 계획		기관장 결재	
	계획 수립	미수립	포함	미포함	기관장 결재	기관장 미결재
배점	1	0	1	0	1	0

(2) **(작성의 충실성)** 평가자는 개선계획서를 살펴보고 적절성을 평가함(전년도 개선계획의 반영 결과도 함께 점검)

충실성 (②)	전년도 수립한 개선계획이 적절히 추진되었고 올해 훈련에 반영됨	□
	훈련 평가 중에 발견된 문제점, 현안사항 포함	□
	개선 및 조치사항의 담당자(책임부서) 지정(배정)	□
	개선에 필요한 제반사항(조직, 예산, 일정 등) 포함	□
	개선 및 조치사항의 추적관리를 위한 절차 마련 (예시_안전한국훈련 개선사항 조치 점검회의 개최계획 등)	□

평가방법

추진의 적절성 (①)	합계 (i+ii+iii)	개선계획 수립 (i)	위기관리 매뉴얼 개정 필요사항 및 계획 (ii)	기관장 결재 (iii)

작성의 충실성 (②)	5개	4개~3개	2개 이하
	2점	1점	0.5점
산식	합계(①+②)	추진의 적절성(①)	작성의 충실성(②)

유의사항	• 개선계획보고서 수립이 어려운 경우 훈련결과보고서에 기술된 개선계획 내용으로 평가 가능하다.
관련자료	개선계획보고서 / 훈련결과보고서

2. 가·감점 지표

□ 가·감점 평가 방법

- ❍ 실시는 하였으나 적절성 및 효과성이 미흡한 경우 가점을 부여하지 않음
- ❍ 가점의 평가자료가 허위로 적발 될 경우 가점은 0점 처리되고, 감점 처리

※『허위 평가자료 적발사례』로 감점이 있는 경우, 우수기관에서 제외

□ 가점 지표별 적용 기준

① 훈련 동영상 유튜브 채널 게시 기관 (+2점)

〈 세부 평가기준 〉

• 훈련을 동영상으로 제작하여 제출, 안전한국훈련 공식 유튜브 채널 등에 게시한 기관 가점 2점 부여

② 타 훈련 주관기관의 훈련에 참여 또는 지원 (+1점)

〈 세부 평가기준 〉

• 타 훈련 주관기관의 요청이 있을 시, 장비, 인력 또는 시나리오 작성 등을 지원하여 훈련에서의 역할을 적극적으로 수행한 경우 가점 1점 부여

③ 대규모 국민 참여 (+2점)

〈 세부 평가기준 〉

• 국민의 재난역량 강화 및 대국민 적극 홍보를 위해 20명 이상의 국민을 훈련에 참여시킨 경우 산식에 따라 점수 부여(200명 이상 만점)

※ 산식 : 훈련 참여국민수(국민체험단 제외) x 0.01 (소수 둘째 자리에서 반올림하여 첫째 자리까지 표기) / 점수예시 : 0.2, 0.3, 0.4, …, 1.9, 2.0

□ **감점 지표별 적용 기준**

① 통합 연계훈련 미실시(-10점)

〈 세부 평가기준 〉

- 실행기반 훈련과 토론기반 훈련을 실시간으로 연계하여 진행하지 않은 경우 해당된다.(다만, 재난발생, 초기대응, 상황판단회의 개최, 비상대응 초반부까지는 반드시 연계 진행하고, 비상대응이 진행됨에 따라 특정 시점에서 연계를 중단하고 실행기반 훈련과 토론기반 훈련을 서로 상이한 시간 흐름에 따라 진행 가능)

② 보여주기식 훈련 언론보도(-5점)

〈 세부 평가기준 〉

- TV, 신문 등 주요 언론매체를 통해 보여주기식 훈련으로 지적 받은 경우 해당된다.
  (다만, 해명자료를 배포하고 그 사유가 타당하다고 판단될 경우 3점만 감점한다.)

③ 허위 평가 자료 적발사례(건당 -2점)

〈 세부 평가기준 〉

- 실적 일자, 참석자, 내용 등이 증빙자료와 상이할 경우 해당된다.
- 결재 자료만 남아 있고 실행하지 않은 실적의 경우 허위로 판단한다.
- 작년과 동일한 내용으로 일자만 바꾸어 실행하는 경우 허위로 판단한다.
- 허위 평가자료 적발사례가 1건 이상 있는 경우 우수기관에서 제외

④ 평가 자료 지연 제출(건당 -0.5점)

〈 세부 평가기준 〉

- 평가 자료가 시스템에 늦게 등록된 경우 해당한다.

⑤ 훈련 관련 회의 불참(건당 -0.5점)

〈 세부 평가기준 〉

- (중앙, 시 · 도) 행안부 주관 설명회, 점검회의, 워크숍 등 주요 회의에 불참하는 경우 해당한다.
- (시 · 군 · 구) 시 · 도 주관 설명회, 점검회의, 워크숍 등 주요 회의에 불참하는 경우 해당한다.

⑥ 훈련 시 안전사고 발생 기관 (-5점)

〈 세부 평가기준 〉

- 안전한국훈련 과정에 안전사고가 발생하였거나 안전사고로 인해 피해자가 발생하였고 사회적 물의를 초래한 기관에 대해 감점을 부여한다.

※ 불시훈련을 위한 출동 시, 불가피하게 발생한 안전사고는 감점 제외

『2023 재난대응 안전한국훈련』 평가지표 (시 · 군 · 구)

훈련 단계	평가영역	평가지표	배점	방법
1. 훈련 기획 및 훈련 설계	1-1 훈련 사전 준비과정의 적정성	1. 위기관리 매뉴얼 교육 및 훈련기획팀 구성 · 운영의 적절성	3	사전
	1-2 훈련 설계과정의 적정성(20)	2. 훈련 목표 및 재난유형 선정의 적절성	7	
		3. 훈련 설계시 컨설팅 운영의 적절성	3	
		4. 훈련 시나리오의 적절성	6	
		5. 부서 임무카드 및 훈련 실행계획의 적절성	4	
	소 계		23	
2. 훈련 실시	2-1 토론기반 훈련의 적정성(13)	6. 상황접수 및 보고, 전파의 적절성	4	현장
		7. 상황판단회의 및 비상기구 가동의 충실성	4	
		8. 재난상황 문제해결 과정의 적절성	5	
	2-2 실행기반 훈련의 적정성(24)	9. 실질적 현장훈련 수행의 적절성(불시훈련 등)	6	
		10. 현장훈련 설치(장소) 및 상황전개의 적절성	6	
		11. 재난현장 대응기구 가동의 충실성	3	
		12. 재난현장 동원 자원의 적절성	3	
		13. 실행기반 훈련 목표의 달성도	6	
	2-3 재난안전통신망 활용	14. 재난안전통신망(PS-LTE) 활용도	6	
	2-4 훈련 참여 노력도(21)	15. 훈련 주재자의 관심도 및 역할	10	
		16. 훈련 참여기관(민간기업 포함) 관심도 및 역할	4	
		17. 대국민 훈련 홍보 실적	7	사후
	2-5 국민 체감도	18. 국민체험단 훈련 평가 결과	5	현장
	소 계		69	
3. 훈련 평가 환류	3-1 자체평가의 적정성	19. 자체평가 계획 수립 및 실시 실적	3	사후
	3-2 개선 및 환류의 적정성	20. 개선계획(매뉴얼 개정 포함) 수립의 적절성	5	
	소 계		8	
합 계			100	

가점	감점
-훈련 동영상 유튜브 채널 게시 기관(+2점) -타 훈련 주관기관의 훈련에 참여 또는 지원(+1점) -대규모 국민 참여(+2점) ※ 올해 최초로 훈련 3회차 실시에 따라, 1회차 훈련기관 +6점, 2회차 훈련기관 +2점 추가 부여	-통합 연계훈련* 미실시(-10점) * 실행 및 토론 기반 훈련 실시간 연계 진행 -보여주기식 훈련 언론보도(-5점) -허위 평가 자료 적발(건당 -2점) -평가 자료 지연 제출(건당 -0.5점) -훈련 관련 회의 불참(건당 -0.5점) -훈련 시 안전사고 발생 기관(-5점)

1. 평가지표별 평가 기준

평가분류	1. 훈련 기획 및 훈련 설계	1-1. 훈련 사전 준비과정의 적정성	
평가지표	19. 위기관리 매뉴얼 교육 및 훈련기획팀 구성 · 운영의 적절성		
평가내용	훈련에 해당하는 재난 유형의 위기관리 매뉴얼의 평시 활용 수준을 점검하고, 훈련 재난유형에 적합한 기획팀 구성/운영에 대하여 평가한다.		
평가대상	기초 자치단체	배점	3 (사전평가)

평가기준

(1) **(매뉴얼 교육 실적)** 평가자는 위기관리 매뉴얼을 활용하여 정기 또는 수시로 추진된 교육, 훈련 등 실적을 확인함

매뉴얼 교육 실적 (①)	교육	☐
	훈련	☐
	워크숍	☐
	기타 매뉴얼 내용 숙지를 위한 활동	☐

※ 평가자는 교육, 훈련, 워크숍, 공문처리 등 증빙자료가 있는지 여부를 확인하고, 실적은 직전연도 1월부터 현재까지의 결과만 인정함 / 하나의 증빙자료로 복수사항 인정 불가

(2) **(훈련기획팀 구성 · 운영의 적절성)** 훈련범위에 따라 훈련기획팀이 적정 규모로 구성 · 운영되었는지 여부를 평가함

※ 훈련기획팀은 훈련기획팀장 아래 지휘반, 실행반, 기획반, 행·재정반 등으로 업무가 분장되어 구성하는 것이 기본이나 이러한 조직이 정례화되어 있는 것은 아님

훈련 기획팀 구성·운영 적절성 (②)	구성	훈련기획팀에 재난유형별 실무자(담당자) 포함됨 ※ 유형별 매뉴얼에 명시되어 있는 실무자(담당자)	☐
		훈련기획팀에 업무가 분장되어 있음	☐
		과거 훈련 기획/설계 관련 경험자가 포함됨	☐
	운영	훈련기획팀 주요 일정표가 작성됨	☐
		훈련기획팀 사전 회의를 실시함	☐
		기관장의 별도의 훈련 지시사항, 중점사항 등이 있음	☐
		훈련기획팀은 별도의 보상체계가 있음 (직전연도 훈련기획팀에게 포상, 인센티브 실적이 있거나 당해연도 훈련기획팀 대상 포상, 인센티브 계획에 대해 내부결재를 받은 경우 인정함)	☐

평가방법

매뉴얼 교육 실적(①)	4~3개	2개	1개 이하	
	1점	0.5점	0점	
훈련 기획팀 구성·운영 적절성(②)	6개 이상	4개~5개	2개~3개	1개 이하
	2점	1.5점	1점	0.5점
산식 (①+②)	합계	매뉴얼 교육 실적(①)	훈련 기획팀 구성·운영 적절성(②)	

유의사항	• 중앙부처는 "위기관리 표준매뉴얼"과 "위기대응 실무매뉴얼"을, 지자체는 "현장조치 행동매뉴얼"을 대상으로 작성, 관리 및 활용 실적의 적절성을 점검한다. • 훈련기획팀 구성 및 운영에 관한 사항은 해당기관의 국장급 이상 결재가 명시된 경우에만 평가한다. • 훈련범위, 재난유형에 따라 관련 부서(실·과·소)가 훈련기획팀에 포함되어야 한다.
관련자료	• 위기관리 매뉴얼 교육 실적과 관련된 서류 및 사진 • 훈련기획팀 조직도 및 운영과 관련된 서류

<table>
<tr><td>평가분류</td><td>1. 훈련 기획 및 훈련 설계</td><td colspan="2">1-2. 훈련 설계과정의 적정성</td></tr>
<tr><td>평가지표</td><td colspan="3">20. 훈련 목표 및 재난유형 선정의 적절성</td></tr>
<tr><td>평가내용</td><td colspan="3">1. 훈련 주관기관의 훈련 목표가 적절한지 여부를 확인한다.
(훈련 목표는"무엇을 달성하고자 훈련을 실시하는지"에 관한 내용을 작성한다)
2. 훈련 재난유형을 관성에 따라 선택하지 않고, 적절하고 체계적인 분석을 통해 선정하였는지 여부를 확인한다.</td></tr>
<tr><td>평가대상</td><td>기초 자치단체</td><td>배점</td><td>7 (사전평가)</td></tr>
<tr><td>평가기준</td><td colspan="3">(1) (훈련 목표의 적절성) 평가자는 훈련 기본계획서 또는 세부 추진계획서에 작성된 훈련 목표가 적절하게 설정되었는지 여부를 정성적으로 평가함
<table>
<tr><td rowspan="4">훈련 목표의 적절성 (①)</td><td>올해 기관 자체의 세부 목표 설정됨
※ 올해 행정안전부의 훈련계획(국가재난대비 기본계획, 안전한국훈련 시행계획 등)에서의 훈련 지향점을 목적으로 기관에서는 훈련을 통하여 수행된 과업의 달성정도를 측정할 수 있게 설정된 기준을 훈련 목표라 할 수 있음</td><td>□</td></tr>
<tr><td>훈련 목표의 일부는 측정 가능한 용어로 설정됨(정량적 목표)</td><td>□</td></tr>
<tr><td>과거 재난대응 사례, 훈련을 통하여 도출된 문제 또는 기관의 취약성이 확인된 사항을 중심으로 훈련 목표를 설정함</td><td>□</td></tr>
<tr><td>기관의 재난대응 역량을 강화할 수 있도록 도전적으로 목표를 설정함
※ 매년 유사한 목표 설정 또는 구체성이 미흡한 목표 설정 시 미해당</td><td>□</td></tr>
</table>
(2) (훈련 재난유형 선정의 적절성) 평가자는 훈련 기본계획서, 세부 추진계획서 또는 추가 증빙자료에 작성된 재난유형 선정근거를 검토하고 정성적으로 평가함
<table>
<tr><td rowspan="4">재난 유형 선정의 적절성 (②)</td><td>재해연감, 재해연보, 기관별 재난현황보고서 등 통계자료를 토대로 재난발생 빈도 및 규모를 분석, 재난유형 선정에 활용</td><td>□</td></tr>
<tr><td>최근 3~5년 훈련 재난유형을 검토하여 적절한 올해 재난유형을 선정함
※ 다년간 같은 재난유형으로 훈련할 경우, 그 사유를 제시 필요</td><td>□</td></tr>
<tr><td>소관 위기관리 매뉴얼 재난유형별 훈련 실적을 분석하여 훈련의 필요성이 높은 재난유형(또는 재난유형군)을 도출</td><td>□</td></tr>
<tr><td>예상되는 주요 재난에 대한 위험도 분석을 실시하여 재난유형 선정에 활용
※ '23년은 위험도 분석 최초 도입에 중점을 두고, 분석 절차나 내용이 다소 부족하거나 미흡한 경우도 실적으로 인정</td><td>□</td></tr>
</table></td></tr>
<tr><td>평가방법</td><td colspan="3">
<table>
<tr><td rowspan="2">훈련 목표의 적절성 (①)</td><td colspan="2">3개 이상</td><td colspan="2">2개</td><td colspan="2">1개 이하</td></tr>
<tr><td colspan="2">2점</td><td colspan="2">1점</td><td colspan="2">0점</td></tr>
<tr><td rowspan="2">재난유형 선정의 적절성 (②)</td><td>4개</td><td>3개</td><td colspan="2">2개</td><td>1개</td><td>0개</td></tr>
<tr><td>5점</td><td>4점</td><td colspan="2">3점</td><td>2점</td><td>1점</td></tr>
<tr><td rowspan="2">산식 (①+②)</td><td colspan="2">합계</td><td colspan="2">훈련 목표의 적절성 (①)</td><td colspan="2">재난유형 선정의 적절성 (②)</td></tr>
<tr><td colspan="2"></td><td colspan="2"></td><td colspan="2"></td></tr>
</table></td></tr>
<tr><td>유의사항</td><td colspan="3"></td></tr>
<tr><td>관련자료</td><td colspan="3">훈련 추진계획서 / 별도의 재난유형 선정 근거자료</td></tr>
</table>

<table>
<tr><td>평가분류</td><td>1. 훈련 기획 및 훈련 설계</td><td colspan="3">1-2. 훈련 설계과정의 적정성</td></tr>
<tr><td>평가지표</td><td colspan="4">21. 훈련 설계시 컨설팅 운영의 적절성</td></tr>
<tr><td>평가내용</td><td colspan="4">훈련 준비단계(기획, 설계단계)에 유관기관, 민간단체 그리고 민간전문가가 참여하고 컨설팅이 적절하게 진행되었는지를 평가한다.</td></tr>
<tr><td>평가대상</td><td>기초 자치단체</td><td>배점</td><td>3</td><td>(사전평가)</td></tr>
<tr><td>평가기준</td><td colspan="4">
(1) (참여실적) 평가자는 회의 준비과정에 관련 기관 또는 민간전문가의 참석정도에 따라 점수를 부여함
<table>
<tr><th>참여 실적</th><th>2회 이상</th><th>1회</th><th>미참여</th></tr>
<tr><td>유관기관 (①)</td><td>0.5점</td><td>0.3점</td><td>0점</td></tr>
<tr><td>민간단체, 민간기업 (②)</td><td>0.5점</td><td>0.3점</td><td>0점</td></tr>
<tr><td>민간전문가 (③)
(컨설팅위원 이외의 민간전문가)</td><td colspan="2">0.5점</td><td>0점</td></tr>
</table>
(2) (적절성) 평가자는 문서(훈련 컨설팅 합동보고서)를 바탕으로 컨설팅이 적절하게 운영되었는지 여부를 평가함
<table>
<tr><td rowspan="6">적절성
(④)</td><td rowspan="3">운영</td><td>컨설팅위원의 지도 및 자문에 대한 결과(반영, 미반영, 미수용 등)를 문서에서 확인 할 수 있음</td><td>□</td></tr>
<tr><td>일정한 간격(5일 이상)을 두고 컨설팅이 진행됨</td><td>□</td></tr>
<tr><td>훈련 목표 및 범위에 대한 컨설팅이 이루어졌음을 문서에서 확인됨</td><td>□</td></tr>
<tr><td rowspan="3">내용</td><td>훈련 시나리오에 대한 컨설팅이 이루어졌음을 문서에서 확인됨</td><td>□</td></tr>
<tr><td>토론과 실행기반 훈련에 대한 절차, 방법 등에 관한 컨설팅이 이루어졌음을 문서에서 확인됨</td><td>□</td></tr>
<tr><td>훈련 평가절차, 방법 등에 대한 컨설팅이 이루어졌음을 문서에서 확인됨</td><td>□</td></tr>
</table>
</td></tr>
<tr><td>평가방법</td><td colspan="4">
<table>
<tr><td rowspan="3">참여실적</td><td>유관기관(①)</td><td>0.5점</td><td>0.3점</td><td>0점</td></tr>
<tr><td>민간단체(②)</td><td>0.5점</td><td>0.3점</td><td>0점</td></tr>
<tr><td>민간전문가(③)</td><td>0.5점</td><td>0.3점</td><td>0점</td></tr>
<tr><td colspan="2" rowspan="2">적절성 (④)</td><td>6개~5개</td><td>4개~3개</td><td>2개 이하</td></tr>
<tr><td>1.5점</td><td>1점</td><td>0.5점</td></tr>
<tr><td colspan="2">산식 (①+②+③+④)</td><td></td><td></td><td></td></tr>
</table>
</td></tr>
<tr><td>유의사항</td><td colspan="4">• 참여율에 관한 평가는 증빙자료가 있는 경우만 점수를 부여한다.</td></tr>
<tr><td>관련자료</td><td colspan="4">회의 결과보고서 / 참석자 명부 / 컨설팅 결과 활용 리스트</td></tr>
</table>

평가분류	1. 훈련 기획 및 훈련 설계	1-2. 훈련 설계과정의 적정성	
평가지표	22. 훈련 시나리오의 적절성		
평가내용	훈련 시나리오(재난유형 및 규모, 발생상황, 피해상황, 시간대별 상황변화)가 적절하게 작성되었는지 여부를 평가한다.		
평가대상	기초 자치단체	배점	6 (사전평가)

평가기준

(1) **(상황시나리오 작성의 적절성)** 평가자는 훈련 시나리오의 “상황 시나리오”를 살펴보고 적절하게 작성되었는지를 평가함

※ 통합 훈련 시나리오 = 상황시나리오 + 대응시나리오

상황 시나리오 작성의 적절성 (①)	항목	확인
	주요사건 발생상황과 세부사건 발생상황이 구분되어 작성	□
	위기관리 매뉴얼의 위기 형태, 전개 양상이 포함되어 작성	□
	시간 흐름(타임라인)에 따라 사건발생, 피해상황, 대응조치 작성	□
	인적, 물적 피해 그리고 경제·사회적 영향에 따른 피해상황이 구분되어 작성	□
	2차 피해, 간접 및 연계 피해에 대한 사건 발생상황 작성 (예시) 서비스 중단, 기능 마비, 대규모 이재민 발생, 약탈·방화 등의 소요사태 발생 등)	□
	현실감을 더해 줄 배경정보 작성 (예시 : 일시, 장소, 기상, 대상시설, 피해발생규모, 주요 설정 상황 등)	□
	현실감을 더해 줄 배경정보 작성 (예시 : 일시, 장소, 기상, 대상시설, 피해발생규모, 주요 설정 상황 등)	□

(2) **(상황메시지 문제은행 활용)** 훈련 주관기관이 문제은행에서 상황메시지를 선택 하여 사용하였는지 여부를 평가함

※ 소관 재난 유형이 없는 경우 평가단과 협의하여 문제은행과 비슷한 수준의 상황메시지를 작성하여 훈련 실시할 경우 '활용'으로 평가

상황 메시지 문제은행(②)	활용	미활용
	1점	0점

(3) **(대응시나리오 작성의 적절성)** 평가자는 훈련 시나리오의 “대응 시나리오”를 살펴보고 상황별 임무와 역할이 모두 작성되었는지를 평가함

대응 시나리오 작성의 적절성 (③)	항목	확인
	대응단계 및 절차(예시: 징후감지-초기대응(*)-비상대응-수습복구)가 구분되어 조치 내용이 시·도 및 유관기관 대응활동과 연계되어 작성됨 (*) 관련 부서, 유관기관 등에게 재난상황 전파 및 비상소집, 상황판단회의 소집, 민간단체 참여 등의 대응활동	□
	지휘부의 임무와 역할이 별도로 작성됨	□
	부서별(실·과·소별)로 조치목록과 조치내용이 작성됨	□
	조치내용의 세부 행동(자원(*), 정보 등 기재)이 작성됨 (*) 인적자원, 물적자원 및 효율적인 훈련진행과 과학적 관리를 위해 필요한 기능·시스템 자원(정보 데이터베이스, 훈련상황관리시스템, NDMS, 훈련유형 관련 업무전산망 등)을 훈련자원이라 함	□
	협업기관의 대응활동이 구체적으로 기술되어 있음 (누가 누구에게 무엇을 지원, 요청 등의 사항이 명시되어 있음)	□
	긴급구조기관 도착 직전 상황전파 및 자체 인력 대응, 또는 소방, 경찰, 해경, DMAT 등 1차 대응기관과의 협력체계 가동 내용이 작성됨	□

(4) (충실성) 평가자는 훈련 시나리오를 살펴보고 종합적으로 훈련 목표 추진, 달성 가능성 정도를 정성적으로 평가함

구분	내용	평가
훈련 시나리오 충실성 (④)	모든 사건의 인과관계가 구조적으로 연결되었고 시나리오에 필요한 구성요소를 모두 포함하고 있고, 상황시나리오와 대응시나리오의 일관성이 적절히 유지되었음. 따라서, '기관 및 조직의 규모 대비 훈련 목표 달성'이 우수하다고 판단됨	우수 (1점)
	대부분 사건의 인과관계가 구조적으로 연결되었고 시나리오에 필요한 구성요소를 대부분 포함하고 있음. 따라서, '기관 및 조직의 규모 대비 훈련 목표 달성'이 가능할 것, 으로 판단됨	적절 (0.5점)
	시나리오에 필요한 구성요소가 일부 포함되지 않은 내용이 있고 사건의 인과관계도 불명확하여 구조(연결)화 되어 있지 못함. 따라서 '훈련의 실효성이 미흡할 것'으로 판단됨	미흡 (0점)

평가방법

항목			
상황 시나리오 작성의 적절성 (①)	5개~6개	3개~4개	2개 이하
	2점	1점	0.5점

항목		
상황메시지 문제은행 활용 (②)	활용	미활용
	1점	0점

항목			
대응 시나리오 작성의 적절성 (③)	6~5개	4~3개	2개 이하
	2점	1점	0.5점
충실성 (④)	우수	적절	미흡
	1점	0.5점	0점

산식 (①+②+③+④)	합계	상황 시나리오 작성의 적절성 (①)	상황메시지 문제은행 활용 (②)	대응 시나리오 작성의 적절성 (③)	시나리오 충실성 (④)

유의사항

- 통합 훈련 시나리오 미작성의 경우 0점 부여
- 계획서 상에 포함된 요약된 시나리오가 아닌 별도의 훈련 시나리오 작성 여부를 평가한다.
- 평가자는 위기관리 매뉴얼을 최대한 적용하였는지 여부를 평가하고, 훈련 또는 현장 특성상 전부 반영하기 어려운 점 등을 고려하여 평가한다.

관련자료: 훈련 계획서 / 훈련 시나리오 / 소관 재난유형의 매뉴얼

<table>
<tr><td>평가분류</td><td>1. 훈련 기획 및 훈련 설계</td><td colspan="2">1-2. 훈련 설계과정의 적정성</td></tr>
<tr><td>평가지표</td><td colspan="3">23. 부서 임무카드 및 훈련 실행(실시) 계획의 적절성</td></tr>
<tr><td>평가내용</td><td colspan="3">1. 재난분야 위기관리 매뉴얼의 구체적 이행을 위해 부서별 행동계획이 구체적으로 작성되었는지 여부를 평가한다.
2. 훈련 실행계획에 재난 대응에 필요한 기능, 참여기관, 자원, 홍보, 안전 등 관련 내용이 적절하게 작성되었는지 여부를 평가한다.</td></tr>
<tr><td>평가대상</td><td>기초 자치단체</td><td>배점</td><td>4 (사전평가)</td></tr>
<tr><td>평가기준</td><td colspan="3">(1) (부서 임무카드의 적절성) 평가자는 훈련 참여 부서의 부서 임무카드 작성 여부에 따라 점수를 부여함(단, 위기관리 매뉴얼상 13개 협업기능에 따라 역할이 있는 경우만 작성하고, 이 경우 구체적으로 작성*한 경우만 인정)
* 구체적 작성 기준 : 임무카드의 매뉴얼 내용 반영, 역할·대상·자원 명확히 기재 대응 시나리오 조치사항과 연관성, 담당자·연락처 현행화 등 기준을 대부분 충족
※ (예시) 5개 훈련 참여 부서 중 4개 부서가 작성 시, 80%이므로 1.5점 부여
<table>
<tr><th>참여 부서</th><th>100%
작성</th><th>80% 이상
100% 미만 작성</th><th>60% 이상
80% 미만 작성</th><th>60% 미만
작성</th></tr>
<tr><td>부서 임무카드의
적절성 (①)</td><td>2점</td><td>1.5점</td><td>1점</td><td>0.5점</td></tr>
</table>
(2) (훈련 실행계획의 적절성) 평가자는 '훈련 실행(실시)계획서'를 바탕으로 훈련에 필요한 요소가 제시되어 있는지 확인함
※ 평가자는 컨설팅 결과 논의된 훈련 실행(실시)계획서 검토사항을 기준으로 확인함
<table>
<tr><td rowspan="6">훈련 실행
계획의
적절성
(②)</td><td>재난 유형 또는 기관, 지역의 특성에 따라 훈련에 필요한 협업기능 작성</td><td>□</td></tr>
<tr><td>통합 훈련 시나리오가 포함되어 있음</td><td>□</td></tr>
<tr><td>훈련당일(토론훈련 및 현장훈련)에 관한 주요일정표(시간표), 예행연습 등에 관한 일정표가 포함되어 작성</td><td>□</td></tr>
<tr><td>재난 유형에 필요한 방재자원(인력, 장비, 물품 등)의 소요계획, 동원기준 등이 포함되어 있음</td><td>□</td></tr>
<tr><td>훈련 참여하는 부서(실·과·소), 유관기관, 민간단체 등이 직접 작성</td><td>□</td></tr>
<tr><td>기타 훈련에 필요한 홍보, 안전에 관한 사항(안전사고 예방 조치 등)의 세부 사항 작성</td><td>□</td></tr>
</table></td></tr>
<tr><td>평가방법</td><td colspan="3">
<table>
<tr><td rowspan="2">부서 임무카드의
적절성 (①)</td><td>100%
작성</td><td>80% 이상 100%
미만 작성</td><td>60% 이상
80% 미만 작성</td><td>60% 미만
작성</td></tr>
<tr><td>2점</td><td>1.5점</td><td>1점</td><td>0.5점</td></tr>
<tr><td rowspan="2">훈련 실행
계획의 적절성(②)</td><td>6~5개</td><td>4개</td><td>3개</td><td>2개 이하</td></tr>
<tr><td>2점</td><td>1.5점</td><td>1점</td><td>0.5점</td></tr>
<tr><td>산식(①+②)</td><td colspan="4"></td></tr>
</table></td></tr>
<tr><td>유의사항</td><td colspan="3">• 민간전문가가 컨설팅 한 훈련 실행(실시)계획서를 평가한다.</td></tr>
<tr><td>관련자료</td><td colspan="3">훈련 참여 부서별 임무카드 / 훈련 실행(실시) 계획서</td></tr>
</table>

<table>
<tr><td>평가분류</td><td>2. 훈련 실시</td><td colspan="3">2-1. 토론기반 훈련의 적정성</td></tr>
<tr><td>평가지표</td><td colspan="4">24. 상황접수 및 보고, 전파의 적절성</td></tr>
<tr><td>평가내용</td><td colspan="4">평가자는 훈련의 메시지(재난발생 등)가 적절하게 전달되었는지 여부를 확인한다.
* 비상발생 상황에서 상황 메시지를 상황(보고)체계에 따라 전파하는 활동을 관찰하고 평가함</td></tr>
<tr><td>평가대상</td><td>기초 자치단체</td><td>배점</td><td>4</td><td>(사전평가)</td></tr>
<tr><td>평가기준</td><td colspan="4">평가자는 상황실로 접수된 재난 또는 사고 등이 일괄로 전달되는 사항이 아닌 재난관리 주관부서가 재난 또는 사고 상황을 인지하고 관련 부서, 유관기관 등에게 비상소집, 상황판단회의 소집 등 초기대응 활동을 전파하는 사항을 점검한다.
(*) 평가단은 매뉴얼 상 상황전파 주체를 확인한다.
(*) 토론훈련 당일 평가관(반장)은 실제로 메시지를 확인한다.
(1) (대상의 적절성) 평가자는 전파 대상기관(부서, 조직, 유관기관 등)의 범위가 적정하였는지 여부를 확인하고 평가함. 다만, 「재난 및 안전관리 기본법 시행규칙」 제5조의2 각 호의 재난 상황을 「재난 및 안전관리 기본법」제 20조에 따른 보고 또는 통보하여야 하는 기관에 보고 또는 통보하지 않은 경우 "미흡"으로 평가하여야 함

<table>
<tr><td rowspan="3">대상의 적절성 (①)</td><td>발생한 재난 또는 사고의 특성, 시급성, 중요성, 확대가능성 등을 고려하여 적절하게 전파되었다고 판단됨</td><td>적정 (1점)</td></tr>
<tr><td>불필요한 기관이 포함되어 있는 것으로 판단됨
(재난유형의 특성 등을 고려하지 않고 일괄로 전파함)</td><td>보통 (0.5점)</td></tr>
<tr><td>누락된 기관이 있는 것으로 판단됨</td><td>미흡 (0점)</td></tr>
</table>

(2) (내용의 적절성) 평가자는 전달된 상황전파 메시지(훈련 메시지)의 내용을 살펴보고 적절하였는지 여부를 정성적으로 확인함

<table>
<tr><td rowspan="3">내용의 적절성 (②)</td><td>상황전파 메시지가 육하원칙에 의거하여 초기대응 활동에 필요한 사항이 포함되어 작성되어 있음</td><td>적정 (1점)</td></tr>
<tr><td>불필요한 내용이 메시지에 포함되어 있는 것으로 판단됨
(상황실로 접수된 내용이 그대로 전달됨)</td><td>보통 (0.5점)</td></tr>
<tr><td>일시, 장소 등이 누락되어 있음</td><td>미흡 (0점)</td></tr>
</table>

(3) (절차의 신속성) 평가자는 전달된 상황전파 메시지 도착 시간, 상황전파 활동을 살펴보고 신속하게 전파되었는지 여부를 정성적으로 확인함

<table>
<tr><td rowspan="2">절차의 신속성 (③)</td><td>접수-보고/전달-전파의 절차가 빠르게 전파되어 실제 재난 발생 시 신속하게 운영될 것으로 판단됨</td><td>적정 (1점)</td></tr>
<tr><td>상황전파 활동이 늦어 개선이 필요한 것으로 판단됨</td><td>미흡 (0점)</td></tr>
</table>
</td></tr>
</table>

(4) **(운영의 적절성)** 평가자는 상황전파 활동에서 관찰된 사항을 확인함

운영의 적절성 (④)	항목	확인
운영의 적절성 (④)	상황전파체계도(*)가 적정함(매뉴얼 포함 가능)	□
	재난상황 전파를 위한 별도의 시스템, 체계 등이 활용됨(메신저 포함)	□
	대국민 협조·홍보를 위한 상황전파 활동 또는 시스템, 체계 등이 활용됨	□
	비상연락망 점검 실적 등 현행화 활동이 있음	□

(*) 재난대응 종합체계도와는 별개의 체계도임. 「재난 및 안전관리 기본법」 및 개별법령, 재난유형, 발생시점, 피해규모를 고려한 상황전파체계도 구축 여부를 확인한다.

평가방법

<table>
<tr><td rowspan="2">대상의 적절성 (①)</td><td colspan="2">적정</td><td colspan="2">보통</td><td>미흡</td></tr>
<tr><td colspan="2">1점</td><td colspan="2">0.5점</td><td>0점</td></tr>
<tr><td rowspan="2">내용의 적절성 (②)</td><td colspan="2">적정</td><td colspan="2">보통</td><td>미흡</td></tr>
<tr><td colspan="2">1점</td><td colspan="2">0.5점</td><td>0점</td></tr>
<tr><td rowspan="2">절차의 신속성 (③)</td><td colspan="3">적정</td><td colspan="2">미흡</td></tr>
<tr><td colspan="3">1점</td><td colspan="2">0점</td></tr>
<tr><td rowspan="2">운영의 적절성 (④)</td><td colspan="2">3개 이상</td><td colspan="2">2개</td><td>1개 이하</td></tr>
<tr><td colspan="2">1점</td><td colspan="2">0.5점</td><td>0점</td></tr>
<tr><td rowspan="2">산식 (①+②+③+④)</td><td>합계 (①+②+③+④)</td><td>대상의 적절성 (①)</td><td>내용의 적절성 (②)</td><td>절차의 신속성 (③)</td><td>운영의 적절성 (④)</td></tr>
<tr><td></td><td></td><td></td><td></td><td></td></tr>
</table>

구분	내용
유의사항	• 결측처리시 0점 처리 후, 시스템 의견입력란 및 평가 결과보고서에 반드시 "결측치 처리"로 입력
관련자료	상황전파체계도(비상연락망 등), 상황전파 메시지(NDMS 메신저, 팩스 전문 등)

<table>
<tr><td>평가분류</td><td>2. 훈련 실시</td><td colspan="3">2-1. 토론기반 훈련의 적정성</td></tr>
<tr><td>평가지표</td><td colspan="4">25. 상황판단회의 및 비상기구 가동의 충실성</td></tr>
<tr><td>평가내용</td><td colspan="4">상황판단회의의 적절성을 확인하고, 중앙(지역)재난안전대책본부, 중앙(지역)사고수습본부 등 각 비상기구 운영규정에 따라 원활하게 가동되었는지 평가한다.</td></tr>
<tr><td>평가대상</td><td>기초 자치단체</td><td>배점</td><td>4</td><td>(현장평가)</td></tr>
<tr><td>평가기준</td><td colspan="4">
(1) (상황판단회의) 평가자는 상황판단회의를 살펴보고 적절하였는지를 정성적으로 평가함
<table>
<tr><td rowspan="8">상황
판단
회의
(①)</td><td>재난 발생 피해정도를 확인할 수 있는 자료 준비 여부를 확인한다.</td><td>☐</td></tr>
<tr><td>상황판단회의 자료가 충실(상황인식, 조치사항, 영향요소, 상황판단근거, 상황전개예상, 문제점 도출, 건의)하였는지 판단한다.</td><td>☐</td></tr>
<tr><td>해당 재난담당 통제관에 의하여 회의가 주재되었는지 확인한다.
※ 훈련주관기관 자체 재난 비상기구 운영 규정에 따른 회의 주재자임을 확인</td><td>☐</td></tr>
<tr><td>재난발생 초기 가장 중요한 신속한 상황전파, 사회질서유지, 교통통제, 긴급 주민대피(*) 등의 협업기능별 긴급조치사항이 논의되었는지 확인한다.
(*) 어린이·노인·장애인 등 안전취약계층 보호조치 포함</td><td>☐</td></tr>
<tr><td>상황에 부합한 재난위기 단계 및 비상기구 운용이 결정되었는지 여부를 확인한다.</td><td>☐</td></tr>
<tr><td>현장연락관이 임명되었는지 여부를 확인한다.</td><td>☐</td></tr>
<tr><td>상황판단회의가 상황접수 후 최단시간에 이루어졌음을 확인한다.
* 평가자는 재난상황 브리핑 후 의사결정까지 소요시간이 20분~30분 범위 내에서 이루어졌음을 확인</td><td>☐</td></tr>
<tr><td>상황판단회의를 통하여 위기관리 매뉴얼을 근거로 위기단계를 결정하였다.
(훈련 장소에서 "~~ 근거로", "~~기준으로" 위기단계를 결정함)</td><td>☐</td></tr>
</table>
(2) (비상기구 가동) 평가자는 비상기구 운영규정에 따라 원활하게 가동되었는지 정성적으로 평가함
<table>
<tr><td rowspan="5">비상
기구
가동
(②)</td><td>편성기준에 따라 비상기구가 구성된다.</td><td>☐</td></tr>
<tr><td>비상기구 가동 시기가 비상단계로 돌입한 시점으로 적당하다고 판단된다.</td><td>☐</td></tr>
<tr><td>비상기구 회의 주재자는 문제해결위주의 진행방식을 준수하였다.</td><td>☐</td></tr>
<tr><td>비상기구는 규정된 절차에 따라 운영되었다고 판단된다.</td><td>☐</td></tr>
<tr><td>비상기구 가동 결과가 적절한 대응이었다고 판단된다.</td><td>☐</td></tr>
</table>
평가 참고사항
(중 앙) 각 기관별 중앙사고수습본부(또는 중앙재난안전대책본부) 운영규정에 맞추어 회의가 주재 되는지를 확인하고 내용의 타당성 점검
(지자체) 해당 지자체의 지대본(또는 지수본) 구성·운영 조례에 맞추어 회의가 주재 되는지를 확인하고 내용의 타당성 점검
☞ 중대본, 중수본, 지대본이 설치되지 않는 중앙행정기관은 자체 규정에 따라 설치되는 비상기구 가동 여부를 평가한다.
</td></tr>
</table>

<table>
<tr><td rowspan="1">평가방법</td><td>
<table>
<tr><td rowspan="3">상황
판단
회의
(①)</td><td>평가기준 6개 이상 충족
(또는, 상황판단회의가 원활하게 진행되었고 그 결과 신속한 초기대응체계를 구축할 수 있는 내용이었다고 판단됨)
* 가능한 경우 상기 평가기준 충족 개수에 따라 점수를 부여하고, 부득이한 경우 ( )안의 내용에 따라 평가가 가능하나, 점수 부여의 객관성이 확보되고 또한 메타평가(2차평가)가 가능하도록 최대한 상세히 기술 필요(모든 평가지표에 동일 적용)</td><td>적정
(2점)</td></tr>
<tr><td>평가기준 4개~5개 충족
(또는, 상황판단회의가 원활하게 진행되었으나 그 결과가 일반적이고 단순한 사항으로 신속한 초기대응체계를 구축하기에 부족하다고 판단됨)</td><td>보통
(1.5점)</td></tr>
<tr><td>평가기준 3개 이하 충족
(또는, 상황판단회의가 원활하게 진행되지 못했고 그 결과가 미흡함)</td><td>미흡
(1점)</td></tr>
</table>
<table>
<tr><td rowspan="3">비상
기구
가동
(②)</td><td>평가기준 4개 이상 충족
(또는, 비상기구가 운영규정에 맞추어 원활하게 구성 및 설치되어 가동함으로써 신속한 초기대응체계를 구축함)</td><td>적정
(2점)</td></tr>
<tr><td>평가기준 3개 충족
(또는, 비상기구가 운영규정에 맞추어 원활하게 구성 및 설치되었지만 가동 시점, 회의주재 등 운영 결과 신속한 초기대응체계를 구축하기에 부족한 부분이 있다고 판단됨)</td><td>보통
(1점)</td></tr>
<tr><td>평가기준 2개 이하 충족
(또는, 비상기구가 설치되었으나 운영규정에 맞지 않아 가동 결과가 미흡함)</td><td>미흡
(0점)</td></tr>
</table>
<table>
<tr><td rowspan="2">산식
(①+②)</td><td>합계(①+②)</td><td>상황판단회의
(①)</td><td>비상기구가동
(②)</td></tr>
<tr><td></td><td></td><td></td></tr>
</table>
</td></tr>
<tr><td>유의사항</td><td>• 토론기반 훈련 시나리오의 반별 편성과 비상기구 운영규정을 비교·확인한다.
• 결측처리시 0점 처리 후, 시스템 의견입력란 및 평가 결과보고서에 반드시 “결측치 처리”로 입력</td></tr>
<tr><td>관련자료</td><td>상황판단회의 자료, 자체 비상기구 운영 규정 (조례 등) , 훈련 비상기구 운영 계획서</td></tr>
</table>

평가분류	2. 훈련 실시	2-1. 토론기반 훈련의 적정성	
평가지표	26. 재난상황 문제해결 과정의 적절성		
평가내용	토론기반 훈련의 진행 절차, 운영 방식, 토론 내용의 적절성을 평가한다.		
평가대상	기초 자치단체	배점	5 (현장평가)

평가기준

(1) **(방식의 적절성)** 평가자는 토론기반 훈련의 진행 절차, 방식 등을 확인함

방식의 적절성 (①)	재난 상황 단계별로 훈련 메시지가 전달	□
	훈련 시간(실시간)과 재난시간(개념적 시간)이 구분되어 진행 (토론 훈련 진행 중 특정 시점부터 적용)	□
	현장에서 지원 및 문제해결 요청이 접수되어 지대본에서 토의 후 의사결정	□
	충분한 의사진행과 토론 기회 제공, 자발적 참여 유도	□
	훈련 참여기관이 조치사항 발표	□

(2) **(내용의 적절성)** 평가자는 토론 내용을 살펴보고 이행 결과를 확인함

내용의 적절성 (②)	재난대응 단계별로 문제점 및 이슈사항이 도출되어 토의	□
	부서별, 협업기능별 상호 문제점(지원, 갈등요소 등)이 도출되어 토의	□
	제시되거나 건의된 사항, 발생가능성이 높은 문제해결에 대해 중점으로 토의	□
	재난현장에서 발생할 수 있는 민원사항, 지원·조정 요청사항에 대해 토의	□
	재난 확대 가능성(피해규모, 복합재난으로 확대 등)에 대해 토의 ※(예시)_대규모 재난에 따른 약탈, 방화 등의 소요사태 상황 해결방안 등	□
	수습복구 활동 장기화(일주일, 한 달 등)에 대해 토의	

(3) **(결과의 적절성)** 평가자는 토론훈련 결과 확인(도출)되어야 할 사항이 모두 포함되었는지 이행결과를 확인함

결과의 적절성 (③)	발생된 상황에 대한 문제인식	□
	유관기관(협업기능)의 재난대응 협력체계와 역할 분담	□
	위기관리 매뉴얼 상 주요 임무·역할에 따른 대응	□
	문제해결 방안이 기존의 재난사례 분석, 경험을 통한 최적 대안 도출	□
	최적 문제해결 대안에 대한 의사결정 포함 (매뉴얼, 지침 개정, 훈련, 예산 등에 포함할 수 있음)	□

(4) **(참여자의 적극성)** 평가자는 훈련 참여자의 태도를 살펴보고 정성적으로 판단함
※ 비판적 토론을 통하여 문제점을 발굴·보완 하는데 중점을 두었는지를 정성적으로 평가한다.

참여자 적극성 (④)	훈련참여자가 상호 간 문제해결을 위해 활발하게 토론	적정 (2점)
	단순 질의 또는 지시에 대한 단순 답변	보통 (1점)
	훈련 진행자 또는 회의 주재자의 일방적 진행	미흡 (0.5점)

<table>
<tr><td>평가방법</td><td>
<table>
<tr><td rowspan="2">방식의 적절성
(①)</td><td>5개~4개</td><td colspan="2">3개~2개</td><td colspan="2">1개 이하</td></tr>
<tr><td>1점</td><td colspan="2">0.5점</td><td colspan="2">0점</td></tr>
<tr><td rowspan="2">내용의 적절성
(②)</td><td>6개~5개</td><td colspan="2">4~3개</td><td colspan="2">2개 이하</td></tr>
<tr><td>1점</td><td colspan="2">0.5점</td><td colspan="2">0점</td></tr>
<tr><td rowspan="2">결과의 적절성
(③)</td><td>5개~4개</td><td colspan="2">3개~2개</td><td colspan="2">1개 이하</td></tr>
<tr><td>1점</td><td colspan="2">0.5점</td><td colspan="2">0점</td></tr>
<tr><td rowspan="2">참여자의 적극성
(④)</td><td>적정</td><td colspan="2">보통</td><td colspan="2">미흡</td></tr>
<tr><td>2점</td><td colspan="2">1점</td><td colspan="2">0.5점</td></tr>
<tr><td rowspan="2">산식
(①+②+③+④)</td><td>합계(①+②+③+④)</td><td>방식의 적절성 (①)</td><td>내용의 적절성 (②)</td><td>결과의 적절성 (③)</td><td>참여자의 적극성 (④)</td></tr>
<tr><td>* 대본읽기 훈련의 경우 총 합계의 50%만 부여</td><td></td><td></td><td></td><td></td></tr>
</table>
</td></tr>
<tr><td>유의사항</td><td>• 실질적 토론훈련을 하지 않고, 대본에 쓰여진 대로 읽는 형태의 '대본 읽기'훈련으로 판단될 경우 총 합계점수의 50%만 부여
• 결측처리시 0점 처리 후, 시스템 의견입력란 및 평가 결과보고서에 반드시 "결측치 처리"로 입력</td></tr>
<tr><td>관련자료</td><td>훈련 계획서 및 토론훈련 결과보고서</td></tr>
</table>

평가분류	2. 훈련 실시	2-2. 실행기반 훈련의 적정성	
평가지표	27. 실질적 현장훈련 수행의 적절성(불시훈련 등)		
평가내용	실행기반 훈련에서의 불시훈련 실시 및 구조 인력·장비 실제 출동 실적을 평가한다.		
평가대상	기초 자치단체	배점	6 (현장평가)

평가기준

(1) **(불시훈련)** 평가자는 실질적 상황전파 및 초기대응역량을 점검하기 위한 불시훈련이 적절히 실시되었는지 점검함

〈 훈련에서 적용 가능한 현장 불시훈련 정의 〉

- 현장 훈련 시 정확한 훈련 시간, 정확한 훈련장소 등 주요 훈련정보 중 일부를 사전에 훈련참가자에게 공개하지 않고(훈련총괄반 등 훈련 실시를 위해 필요한 최소 인원만 인지), 대응역량 점검과 직접적으로 관련되는 인력·장비를 미리 배치하지 않는 훈련
  ※ (예시)"A건물에서 9월 27일 13시부터 17시 사이에 화재발생"으로 예고하고 불시에 메시지 부여
- 미공개 정보를 활용한 불시적 훈련 수행으로 상황전파 및 초기대응역량을 점검할 수 있는 훈련
- 역량점검과 관련도가 낮은 시설, 인력, 장비 등은 사전에 배치 가능(참관석, 현수막, 현장대응기관 텐트 및 테이블, 영상·음향 장비 등)

불시훈련(①)	내용	점수
	'현장 불시훈련 정의'와 정확히 부합되게 불시훈련이 실시되었고, 그에 따라 상황전파 및 초기대응역량을 적절히 점검	적정(4점)
	'현장 불시훈련 정의'와 어느정도 부합되게 불시훈련이 실시되었고, 그에 따라 상황전파 및 초기대응역량 일부 점검	보통(2점)
	'현장 불시훈련 정의'와 부합되는 불시훈련 미실시	미흡(0점)

(2) **(구조 장비·인력 실제 출동)** 평가자는 소방서, 응급의료기관 등이 실제와 유사하게 출동하였고, 목표시간 내에 도착하였는지 점검함

구조 장비·인력 실제 출동(②)	내용	확인
	현장 대응·수습에 동원된 인력 및 장비가 평소 대기장소(관할 소방서, 응급의료기관 등)에서 출발	□
	훈련 계획 시 가정한 목표시간 내 훈련장소 도착*, 또는 미도착시 장애요인을 파악하고 향후 개선방안을 파악 * 목표시간 내 도착하는 경우에도, 과정에서의 문제점, 애로사항 등 파악·개선	□

평가방법

구분	적정	보통	미흡
불시훈련(①)	4점	2점	0점
구조 장비·인력 실제 출동(②)	2개	1개	0개
	2점	1점	0점
산식(①+②)	합계(①+②)	불시훈련 (①)	구조장비·인력 실제 출동 (②)

유의사항	• 결측처리시 0점 처리 후, 시스템 의견입력란 및 평가 결과보고서에 반드시 "결측치 처리"로 입력
관련자료	

<table>
<tr><td>평가분류</td><td>2. 훈련 실시</td><td colspan="3">2-2. 실행기반 훈련의 적정성</td></tr>
<tr><td>평가지표</td><td colspan="4">28. 현장훈련 설치(장소) 및 상황전개의 적절성</td></tr>
<tr><td>평가내용</td><td colspan="4">1. 재난현장에 필요한 통합지원본부, 현장 응급의료소, 대피시설 등이 관련 규정에 적합하게 설치되었는지 여부를 평가한다.
2. 실제 재난상황을 가정할 때, 구체적이고 효과적인 재난대응훈련을 전개하였는지 여부를 평가한다.</td></tr>
<tr><td>평가대상</td><td>기초 자치단체</td><td>배점</td><td>6</td><td>(현장평가)</td></tr>
<tr><td>평가기준</td><td colspan="4">(적절성) 기관이 현장훈련 설치 장소와 상황전개가 적절하게 진행되었는지를 정성적으로 평가함

적절성
통합지원본부, 현장응급의료소, 통제선 등이 적정 장소에 설치되었다. ☐
훈련장소의 안전성이 확보되었다. ☐
실제 훈련장소의 관계인이 진행요원(경기장이 훈련장소인 경우 매점직원, 보안요원 등)으로 참여하였다. ☐
자원의 이동, 동원을 위한 자원집결지가 확보되었다. ☐
훈련 상황에서 실제 재난 시설이 가동되었다. ☐
재난현장에서부터 대피시설까지 대피방법 고지, 대피 유도요원 지정, 대피안내 조치가 있었다.(어린이·노인·장애인 등에 대한 보호조치 포함) ☐</td></tr>
<tr><td>평가방법</td><td colspan="4">적절성
평가기준의 5개 이상 충족
(또는, 현장훈련을 실시하기 위한 충분하고 안전한 공간에 설치되었으며 시나리오에서 설정된 상황을 유사하게 전개하였다고 판단됨
※ 시나리오에서 설정된 상황이 실제적·구체적일 것) — 적정 (6점)
평가기준의 3개~4개 충족
(또는, 현장훈련을 실시하기 위한 충분하고 안전한 공간에 설치되었으나 시나리오에서 설정된 상황을 유사하게 전개하지 못하여 긴장감이 부족하였다고 판단됨
※ 시나리오에서 설정된 상황이 실제적·구체적일 것) — 보통 (4점)
평가기준의 2개 이하 충족
(또는, 현장훈련 설치장소가 적절하지 못하였고 상황을 유사하게 전개하지 못하여 긴장감이 부족하였다고 판단됨
※ 시나리오에서 설정된 상황이 실제적·구체적일 것) — 미흡 (2점)</td></tr>
<tr><td>유의사항</td><td colspan="4">• 이벤트 업체 등 제3기관에서 준비한 훈련은 평가에서 제외한다.
• 불시훈련 및 구조 장비 · 인력 실제 출동 훈련을 실시하여 현장훈련에 문제점이 발생한 경우, 문제점에 대한 개선점 발굴 및 적정한 개선계획을 마련하면'적정'점수 부여
• 결측처리시 0점 처리 후, 시스템 의견입력란 및 평가 결과보고서에 반드시 "결측치 처리"로 입력</td></tr>
<tr><td>관련자료</td><td colspan="4">현장훈련 계획서 (참여기관 배치도, 일정 등), 훈련 시나리오</td></tr>
</table>

<table>
<tr><td>평가분류</td><td>2. 훈련 실시</td><td colspan="3">2-2. 실행기반 훈련의 적정성</td></tr>
<tr><td>평가지표</td><td colspan="4">29. 재난현장 대응기구 가동의 충실성</td></tr>
<tr><td>평가내용</td><td colspan="4">1. 재난 현장에 설치된 기구를 운영규정에 따라 원활하게 가동하였는지를 평가한다.
2. 재난 현장에서 발생할 수 있는 문제를 인지하고 해결할 수 있는 방안 마련을 위한 활동이 적절하게 운영되었는지 여부를 평가한다.</td></tr>
<tr><td>평가대상</td><td>기초 자치단체</td><td>배점</td><td>3</td><td>(현장평가)</td></tr>
<tr><td>평가기준</td><td colspan="4">(충실성) 평가자는 재난현장에 설치된 훈련 주관기관의 대응 기구가 운영규정에 따라 원활하게 가동되었는지, 적절한 활동이 이루어졌는지 여부를 정성적으로 평가함
<table>
<tr><td rowspan="6">충실성</td><td>편성기준에 따라 대응기구가 구성되었고, 대응기구 가동 시기가 비상단계로 돌입한 시점으로 적당하다고 판단된다.</td><td>□</td></tr>
<tr><td>대응시나리오 조치사항과 부서임무카드에 따라 활동이 이루어졌다.</td><td>□</td></tr>
<tr><td>대응기구는 재난 현장에서 발생하거나 발생할 수 있는 문제를 해결하기 위하여 훈련 참여기관 지휘자를 소집하여 회의를 진행하고 조치사항에 대한 의사결정이 이루어졌다.</td><td>□</td></tr>
<tr><td>현장에 설치된 대응기구 간 정보를 주고받을 수 있는 의사소통 활동이 이루어졌다.</td><td>□</td></tr>
<tr><td>통지본과 지대본 간의 지원·조정·협력을 위한 의사소통 활동이 이루어졌다.</td><td>□</td></tr>
<tr><td>현장에 설치된 대응기구의 상황판이 존재하여 인명피해 및 조치활동 등을 확인할 수 있었다.</td><td>□</td></tr>
</table></td></tr>
<tr><td>평가방법</td><td colspan="4"><table>
<tr><td rowspan="3">충실성</td><td>평가기준의 5개 이상 충족
(또는, 대응기구가 운영규정에 맞추어 원활하게 구성 및 설치되었고 활동내용이 적절하여 재난현장의 대응체계가 우수하다고 판단되고, 재난현장에 필요한 대응 활동을 훈련하려고 노력함)</td><td>우수
(3점)</td></tr>
<tr><td>평가기준의 4~3개 충족
(또는, 비상기구가 운영규정에 맞추어 원활하게 구성 및 설치되었지만 회의주재, 커뮤니케이션 활동, 상황판 운영 등의 활동이 미흡하여 재난현장에서 발생할 수 있는 문제를 충분히 해결하지 못할 것으로 판단함)</td><td>보통
(2점)</td></tr>
<tr><td>평가기준의 2개 이하 충족
(또는, 비상기구가 설치되었으나 운영규정에 맞지 않아 가동 결과가 미흡함)</td><td>미흡
(1점)</td></tr>
</table></td></tr>
<tr><td>유의사항</td><td colspan="4">• 현장 대응기구 준비상태가 형식적일 경우(보여주기식)'미흡'조치
• 불시훈련 및 구조 장비·인력 실제 출동 훈련을 실시하여 재난현장 대응기구 가동에 문제점이 발생한 경우, 문제점에 대한 개선점 발굴 및 적정한 개선계획을 마련하면'우수'점수 부여
• 결측처리시 0점 처리 후, 시스템 의견입력란 및 평가결과보고서에 반드시 "결측치 처리"로 입력</td></tr>
<tr><td>관련자료</td><td colspan="4">현장설치배치도 등</td></tr>
</table>

<table>
<tr><td>평가분류</td><td>2. 훈련 실시</td><td colspan="3">2-2. 실행기반 훈련의 적정성</td></tr>
<tr><td>평가지표</td><td colspan="4">30. 재난현장 동원 자원의 적절성</td></tr>
<tr><td>평가내용</td><td colspan="4">훈련에 필요한 자원 동원 및 확보를 위한 노력을 평가한다.</td></tr>
<tr><td>평가대상</td><td>기초 자치단체</td><td>배점</td><td>3</td><td>(현장평가)</td></tr>
<tr><td>평가기준</td><td colspan="4">(적절성) 평가자는 현장(종합)훈련에 동원된 자원을 살펴보고 적절한지 여부를 정성적으로 평가함.
<table>
<tr><td rowspan="5">적절성</td><td>동원된 자원의 목적(인명 구조 · 구급, 주민대피, 이재민 구호 등)이 있다</td><td>☐</td></tr>
<tr><td>현장에 배치된 자원은 동원기준에 따라 적합하게 가동되었다
▸ 재난상황(날씨, 지리적 조건 등)에 따라 적합하게 가동되었는지 확인함</td><td>☐</td></tr>
<tr><td>동원된 자원의 수량(양)을 산출한 근거가 있다.</td><td>☐</td></tr>
<tr><td>소방, 의료기관, 경찰 등 초기대응활동에 필요한 자원 이외에 부족한 자원을 요청하여, 공공기관 또는 민간부문에서 동원된 자원이 있다.</td><td>☐</td></tr>
<tr><td>훈련 주관기관이 보유한 자원이 가동되었다</td><td>☐</td></tr>
</table>(※) 자원의 동원기준은 매뉴얼 또는 훈련 주관기관의 준비된 문서를 기준으로 판단
(※) 재난관리자원 공동활용시스템(DRSS) : 재난현장에 자원(자재·장비·인력)을 신속히 투입· 지원 하기 위한 시스템(2017년 3월 구축)</td></tr>
<tr><td>평가방법</td><td colspan="4"><table>
<tr><td rowspan="3">적절성</td><td>평가기준 4개~5개 충족
(또는, 재난현장 대응에 필요한 자원이 동원기준에 맞게 운영되어 훈련의 목표가 달성되었다고 판단됨)</td><td>적정
(3점)</td></tr>
<tr><td>평가기준 3개 충족
(또는, 재난현장 대응에 필요한 자원이 동원기준에 맞게 운영되었지만 일부 맞지 않은 자원이 동원되어 훈련 목표를 달성하기에 부족한 부분이 있다고 판단됨
– 일부 보여주기식 훈련을 위한 자원 동원이 있었다고 판단됨
– 일부 시행(실행)계획서에는 자원 동원이 있었지만 실제 훈련에는 가동이 되지 않음)</td><td>보통
(2점)</td></tr>
<tr><td>평가기준 2개 이하
(또는, 동원된 자원이 기준에 맞지 않아 훈련 목표를 달성하기에 부족하다고 판단됨
– 형식적으로 자원이 동원됨(특별한 활동 없이 자원이 동원됨) 또는 충족함)</td><td>미흡
(1점)</td></tr>
</table></td></tr>
<tr><td>유의사항</td><td colspan="4">• 현장에서 실제 확인되었을 경우만 평가에 반영
• 불시훈련 및 구조 장비 · 인력 실제 출동 훈련을 실시하여 재난관리자원 동원에 문제점이 발생한 경우, 문제점에 대한 개선점 발굴 및 적정한 개선계획을 마련하면 '적정'점수 부여
• 결측처리시 0점 처리 후, 시스템 의견입력란 및 평가결과보고서에 반드시 "결측치 처리"로 입력</td></tr>
<tr><td>관련자료</td><td colspan="4">훈련 시행(실행)계획서 등</td></tr>
</table>

<table>
<tr><td>평가분류</td><td colspan="3">2. 훈련 실시</td><td colspan="2">2-2. 실행기반 훈련의 적정성</td></tr>
<tr><td>평가지표</td><td colspan="5">31. 실행기반 훈련 목표의 달성도</td></tr>
<tr><td>평가내용</td><td colspan="5">실행기반 훈련의 목표 달성 정도를 평가한다.</td></tr>
<tr><td>평가대상</td><td>기초 자치단체</td><td>배점</td><td>6</td><td colspan="2">(현장평가)</td></tr>
<tr><td>평가기준</td><td colspan="5">(목표 달성도) 평가자는 실행기반 훈련 결과를 종합적으로 판단함
※ 훈련의 세부목표와 실제 현장훈련 결과를 비교하여 달성도를 평가한다.
<table>
<tr><td rowspan="5">목표 달성도</td><td>훈련계획서 또는 대응계획 상의 기능 대부분을 포함하여 실시되었다.</td><td>□</td></tr>
<tr><td>훈련 목표를 달성하기 위한 대응활동이 진행되었다고 판단된다.
※ 특히, 인명피해 최소화를 위한 대피조치가 신속하게 이루어졌는지를 고려(대피방법 고지, 대피유도요원 활동, 대피장소 안내, 안전취약계층 보호조치 등)</td><td>□</td></tr>
<tr><td>재난대응기구 간의 의사소통이 임무 및 역할, 정보 공유, 상호 이해 관점에서 이루어졌다고 판단된다.
※ 재난현장대응기관–통지본, 통지본–기초지대본, 기초지대본–광역지대본 등 유기적 연계를 통한 현장 재난 대응</td><td>□</td></tr>
<tr><td>시간의 제약을 받는 환경에서 재난 상황에 따른 대응훈련을 실제적이고 구체적으로 촘촘하게 진행하였다고 판단된다.
※ 재난 상황에 적절한 실제적구체적인 시나리오였는지를 고려</td><td>□</td></tr>
<tr><td>가상 상황에 대한 대응활동을 실제 재난상황과 흡사하게 진행 되었다고 판단된다.</td><td>□</td></tr>
</table></td></tr>
<tr><td>평가방법</td><td colspan="5"><table>
<tr><td rowspan="2">목표 달성도</td><td>5개</td><td>4개</td><td>3개</td><td>2개</td><td>1개</td><td>0개</td></tr>
<tr><td>6점</td><td>5점</td><td>4점</td><td>3점</td><td>2점</td><td>1점</td></tr>
</table></td></tr>
<tr><td>유의사항</td><td colspan="5">• 불시훈련 및 구조 장비·인력 실제 출동 훈련을 실시하여 실행기반훈련 목표달성에 문제점이 발생한 경우, 문제점에 대한 개선점 발굴 및 적정한 개선계획을 마련하면'적정'점수 부여
• 결측처리시 0점 처리 후, 시스템 의견입력란 및 평가결과보고서에 반드시 "결측치 처리"로 입력</td></tr>
<tr><td>관련자료</td><td colspan="5">현장훈련 계획서 (참여기관 배치도, 일정 등) 및 결과보고서</td></tr>
</table>

<table>
<tr><td>평가분류</td><td colspan="2">2. 훈련 실시</td><td colspan="2">2-3. 재난안전통신망 활용</td></tr>
<tr><td>평가지표</td><td colspan="4">32. 재난안전통신망(PS-LTE) 활용도</td></tr>
<tr><td>평가내용</td><td colspan="4">재난안전통신망(PS-LTE) 활용 수준을 단계별로 나누어 평가한다.</td></tr>
<tr><td>평가대상</td><td>기초 자치단체</td><td>배점</td><td>6</td><td>(현장평가)</td></tr>
<tr><td>평가기준</td><td colspan="4">(PS-LTE 활용도) 훈련 중 지휘부·참여자의 재난안전통신망 단말기 휴대 및 재난상황 전파·보고, 대응·수습 등 전 과정에 활용하였는지를 종합적으로 판단함(훈련 재난현장에서 평가)
<table>
<tr><td rowspan="5">PS-LTE 활용도</td><td>1. 재난안전통신망을 통해 최초상황 보고 또는 전파 발언 여부

※ 재난안전법 시행령 제24조(재난상황의 보고)에 명시된 항목을 포함하여 상급기관에 신속히 보고 여부(재난발생 일시·장소·원인, 피해내용, 응급조치 사항, 대응 및 복구활동, 향후 조치계획 등)</td><td>□</td></tr>
<tr><td>2. 훈련주관자(기관장 또는 부기관장)가 단말기를 휴대하고, 1회 이상 재난안전통신망을 통한 상황지시 발언 여부</td><td>□</td></tr>
<tr><td>3. 훈련 참여기관 모두 1회 이상 재난안전통신망을 통한 상황보고 및 전파 발언 여부</td><td>□</td></tr>
<tr><td>4. 각 기구(긴급구조통제단, 현장응급의료소, 현장통합지원본부 등) 책임자의 재난안전통신망 단말기 휴대 여부(현장기구 책임자의 경우 연락관이 휴대하는 경우에도 인정)</td><td>□</td></tr>
<tr><td>5. 훈련참여자의 재난안전통신망 단말기 기능 및 사용방법 충분한 숙지 여부</td><td>□</td></tr>
</table></td></tr>
<tr><td>평가방법</td><td colspan="4"><table>
<tr><td rowspan="2">PS-LTE 활용도</td><td>5개</td><td>4개</td><td>3개</td><td>2개</td><td>1개</td><td>0개</td></tr>
<tr><td>6점</td><td>5점</td><td>4점</td><td>3점</td><td>2점</td><td>1점</td></tr>
</table></td></tr>
<tr><td>유의사항</td><td colspan="4"></td></tr>
<tr><td>관련자료</td><td colspan="4"></td></tr>
</table>

<table>
<tr><td>평가분류</td><td>2. 훈련 실시</td><td colspan="3">2-4. 훈련 참여 노력도</td></tr>
<tr><td>평가지표</td><td colspan="4">33. 훈련 주재자의 관심도 및 역할</td></tr>
<tr><td>평가내용</td><td colspan="4">훈련 주재자의 참여 의지, 관심 정도 등을 평가한다.</td></tr>
<tr><td>평가대상</td><td>기초 자치단체</td><td>배점</td><td>10</td><td>(현장평가)</td></tr>
<tr><td>평가기준</td><td colspan="4">

(1) (토론기반 훈련 관심도 및 역할)

① 평가자는 토론기반 훈련 주재자의 직책을 확인하여 점수를 부여한다.
(단, 인사말씀 등의 활동만 관찰될 경우 미참석으로 점수를 부여하지 않는다)

② 평가자는 훈련 주재자의 활동을 관찰하여 점수를 부여한다. 매뉴얼 또는 기관의 특성에 따라 추가적으로 활동한 사항이 있을 경우, 적절성 여부를 판단하여 이를 작성하고 점수를 부여한다.
(※) 훈련 주재자가 사전훈련(예비훈련)에 참석한 경우 추가적인 활동으로 인정함(단, 공문서 확인 필)

③ 평가자는 훈련 주재자의 활동을 관찰하여 정성적으로 점수를 부여한다.

<table>
<tr><td rowspan="3">훈련 주재자 직급 (①)</td><td>위기관리 매뉴얼 상 주재자(일반적으로 기관장)</td><td>3점</td></tr>
<tr><td>차상위자</td><td>1.5점</td></tr>
<tr><td>기타</td><td>0점</td></tr>
<tr><td rowspan="5">역할 충실성 (②)</td><td>회의 주재 (진행 등)</td><td>□</td></tr>
<tr><td>회의 참석자에게 질의응답</td><td>□</td></tr>
<tr><td>긴급(응급)조치 사항 지시</td><td>□</td></tr>
<tr><td>도출된 문제점에 대한 해결방안 마련</td><td>□</td></tr>
<tr><td>기타 활동</td><td>□</td></tr>
<tr><td rowspan="5">지휘 역량 (③)</td><td>재난 또는 위기상황을 이해하고 있음</td><td>□</td></tr>
<tr><td>관련 법률에 관한 이해와 지식을 바탕으로 위기경보 단계, 특별재난지역 선포 등의 대응활동 처리 할 수 있음</td><td>□</td></tr>
<tr><td>재난 또는 위기상황의 핵심이 무엇인지 규명 할 수 있음</td><td>□</td></tr>
<tr><td>기관의 문제 또는 이슈사항에 대하여 조정 할 수 있음</td><td>□</td></tr>
<tr><td>기관 또는 유관기관 간 갈등상황 발생시 중재할 수 있음</td><td>□</td></tr>
</table>

(2) (실행기반 훈련 관심도 및 역할)

① 평가자는 실행기반 훈련에 위기관리 매뉴얼 상 의사결정자의 참석 및 활동 여부를 확인한다.
※"재난현장 의사결정자"는 위기관리 매뉴얼 상 재난현장의 지휘권이 부여된 자임

② 재난현장 의사결정자의 활동을 관찰하여 점수를 부여한다.
매뉴얼 또는 기관의 특성에 따라 추가적 활동한 사항이 있을 경우, 평가자는 적절성 여부를 판단하여 이를 작성하고 점수를 부여한다.

③ 평가자는 재난현장 의사결정자의 활동을 관찰하여 정성적으로 점수를 부여한다.

</td></tr>
</table>

<table>
<tr><td></td><td>
<table>
<tr><td rowspan="3">훈련 의사결정자
직급(④)</td><td>위기관리 매뉴얼 상 의사결정자(일반적으로 부기관장)</td><td>3점</td></tr>
<tr><td>차상위자</td><td>1.5점</td></tr>
<tr><td>기타</td><td>0점</td></tr>
<tr><td rowspan="2">역할
충실성
(⑤)</td><td>현장 시찰(*)</td><td>☐</td></tr>
<tr><td>현장 지휘 활동 (단, 인명구조 시 긴급구조통제 단장 지휘)</td><td>☐</td></tr>
<tr><td rowspan="5">지휘
역량
(⑥)</td><td>재난 현장에서 발생할 수 있는 문제를 파악할 수 있음</td><td>☐</td></tr>
<tr><td>재난 현장에서 필요한 대응활동을 신속하게 처리할 수 있음</td><td>☐</td></tr>
<tr><td>재난 현장에서 대응활동의 중요도를 파악 할 수 있음</td><td>☐</td></tr>
<tr><td>재난 현장에서 추진되고 있는 대응활동을 평가/지도 할 수 있음</td><td>☐</td></tr>
<tr><td>재난 현장에서 발생하는 민원 업무를 지도할 수 있음
(유가족, 자원봉사 등 관련된 업무 수행)</td><td>☐</td></tr>
</table>
* 훈련에서 재난현장 의사결정자의‘현장지휘활동’이 있다면‘현장시찰’도 인정할 수 있음
</td></tr>
<tr><td>평가방법</td><td>
<table>
<tr><td rowspan="6">토론기반
훈련
관심도
및
역할
(1)</td><td rowspan="2">직급
(①)</td><td>매뉴얼 상 주재자</td><td>차상위자</td><td>기타</td></tr>
<tr><td>3점</td><td>1.5점</td><td>0점</td></tr>
<tr><td rowspan="2">역할
충실성
(②)</td><td>4개~5개</td><td>3개~2개</td><td>1개 이하</td></tr>
<tr><td>1점</td><td>0.5점</td><td>0점</td></tr>
<tr><td rowspan="2">역량
(③)</td><td>4개~5개</td><td>3개~2개</td><td>1개 이하</td></tr>
<tr><td>1점</td><td>0.5점</td><td>0점</td></tr>
<tr><td rowspan="6">실행기반 훈련
관심도
및
역할
(2)</td><td rowspan="2">직급
(④)</td><td>매뉴얼 상 의사결정자</td><td>차상위자</td><td>기타</td></tr>
<tr><td>3점</td><td>1.5점</td><td>0점</td></tr>
<tr><td rowspan="2">역할
충실성
(⑤)</td><td>2개</td><td>1개</td><td>0개</td></tr>
<tr><td>1점</td><td>0.5점</td><td>0점</td></tr>
<tr><td rowspan="2">역량
(⑥)</td><td>매뉴얼 상 의사결정자</td><td>차상위자</td><td>기타</td></tr>
<tr><td>3점</td><td>1.5점</td><td>0점</td></tr>
<tr><td colspan="2" rowspan="2">산식
(1+2)</td><td>합계(1+2)</td><td>토론기반훈련관심도 및
역할(①+②+③)</td><td>실행기반훈련관심도 및
역할(④+⑤+⑥)</td></tr>
<tr><td></td><td></td><td></td></tr>
</table>
</td></tr>
<tr><td>유의사항</td><td>• 기관장이 공석인 경우, 직무대행 체제를 감안하여 평가</td></tr>
<tr><td>관련자료</td><td>훈련 결과보고서 (훈련 참석자 명부, 사진자료 등)</td></tr>
</table>

<table>
<tr><td>평가분류</td><td>2. 훈련 실시</td><td colspan="2">2-4. 훈련 참여 노력도</td></tr>
<tr><td>평가지표</td><td colspan="3">34. 훈련 참여기관(민간기업 포함) 관심도 및 역할</td></tr>
<tr><td>평가내용</td><td colspan="3">훈련에 참여한 기관의 관심정도를 평가한다.</td></tr>
<tr><td>평가대상</td><td>기초 자치단체</td><td>배점</td><td>4 (현장평가)</td></tr>
<tr><td>평가기준</td><td colspan="3">평가자는 실행기반 훈련 시 참여기관의 범위와 활동사항을 관찰하여 평가한다.
① 평가자는 훈련에 참여한 기관을 확인한다. (단, 훈련 주관기관은 제외한다)
② 평가자는 훈련에 참여한 기관의 활동을 관찰하여 정성적으로 점수를 부여한다.
(실행기반 훈련 관심도)
<table>
<tr><td rowspan="5">참여
범위</td><td>중앙부처 또는 시도</td><td>☐</td></tr>
<tr><td>시군구</td><td>☐</td></tr>
<tr><td>유관기관</td><td>☐</td></tr>
<tr><td>민간단체</td><td>☐</td></tr>
<tr><td>민간기업</td><td>☐</td></tr>
<tr><td rowspan="3">역할
충실성</td><td>훈련 참여기관 모두가 재난현장에서 임무와 역할을 수행하고 있다고 판단됨</td><td>적정
(2점)</td></tr>
<tr><td>소방, 경찰, 의료기관 등을 제외한 일부 기관은 참관 형태로 훈련에 참여하고 있다고 판단됨</td><td>보통
(1점)</td></tr>
<tr><td>소방, 경찰, 의료기관만 훈련에 참여하고 있다고 판단됨</td><td>미흡
(0점)</td></tr>
</table></td></tr>
<tr><td>평가방법</td><td colspan="3">
<table>
<tr><td rowspan="4">실행기반 훈련 관심도</td><td rowspan="2">참여
범위
(①)</td><td>4개 이상</td><td>3개</td><td>2개</td><td>1개 이하</td></tr>
<tr><td>2점</td><td>1.5점</td><td>1점</td><td>0.5점</td></tr>
<tr><td rowspan="2">역할
충실성
(②)</td><td>적정</td><td>보통</td><td colspan="2">미흡</td></tr>
<tr><td>2점</td><td>1점</td><td colspan="2">0점</td></tr>
<tr><td colspan="2" rowspan="2">산식
(①+②)</td><td>합계
①+②</td><td>참여범위
(①)</td><td colspan="2">역할 충실성
(②)</td></tr>
<tr><td></td><td></td><td colspan="2"></td></tr>
</table></td></tr>
<tr><td>유의사항</td><td colspan="3"></td></tr>
<tr><td>관련자료</td><td colspan="3">훈련 결과보고서 (훈련 참석자 명부)</td></tr>
</table>

<table>
<tr><td>평가분류</td><td>2. 훈련 실시</td><td colspan="2">2-4. 훈련 참여 노력도</td></tr>
<tr><td>평가지표</td><td colspan="3">35. 대국민 훈련 홍보 실적</td></tr>
<tr><td>평가내용</td><td colspan="3">훈련을 대국민 및 관계자에게 홍보하기 위하여 다양한 매체(TV, 신문, 인터넷, SNS, 배너, 전광판, 유인물 등)를 활용하여 적극적으로 홍보하였는지 여부를 평가한다.</td></tr>
<tr><td>평가대상</td><td>기초 자치단체</td><td>배점</td><td>7 (현장평가)</td></tr>
<tr><td>평가기준</td><td colspan="3">(1) (종류의 적절성) 대국민 홍보매체 종류 수를 확인함
<table>
<tr><td rowspan="3">매체 종류 (①)</td><td>5개 매체 이상</td><td>2점</td></tr>
<tr><td>3개 매체 이상</td><td>1점</td></tr>
<tr><td>2개 매체 이하</td><td>0점</td></tr>
</table>
※ TV, 신문, 인터넷, SNS, 배너, 전광판, 유인물 등
(2) (운영 적절성) 대국민 홍보가 적절하였는지 정성적으로 평가함
<table>
<tr><td rowspan="7">적절성 (②)</td><td rowspan="4">절차</td><td>지역내 주요 거리 대상 다수의 가로등 배너, 옥외 초대형 현수막 등 홍보 효과가 큰 오프라인 매체 활용</td><td>□</td></tr>
<tr><td>TV, 신문 등 홍보 효과가 큰 온라인 매체 활용</td><td>□</td></tr>
<tr><td>기타 홍보 효과가 큰 매체 활용</td><td>□</td></tr>
<tr><td>홍보 기간이 적절하였다고 판단(훈련일자를 기준으로 15일 수준)</td><td>□</td></tr>
<tr><td rowspan="3">효과</td><td>홍보물 설치장소가 지하철, 공공장소 등 인구이동이 많은 곳에 설치되어 홍보의 효과성이 높다고 판단</td><td>□</td></tr>
<tr><td>홍보물에 파급효과, 영향정도가 큰 요소(캐릭터, 사진 등)가 포함되어 효과성을 높였다고 판단</td><td>□</td></tr>
<tr><td>홍보물에 시민의 참여를 유도(QR코드, 이벤트 등)할 수 있는 요소를 포함시켜 효과성을 높였다고 판단</td><td>□</td></tr>
</table></td></tr>
<tr><td>평가방법</td><td colspan="3"><table>
<tr><td rowspan="2">매체종류 (①)</td><td colspan="2">5개 매체 이상</td><td colspan="2">3개 매체 이상</td><td colspan="2">2개 매체 이하</td></tr>
<tr><td colspan="2">2점</td><td colspan="2">1점</td><td colspan="2">0점</td></tr>
<tr><td rowspan="2">적절성 (②)</td><td>7~6개</td><td>5개</td><td>4개</td><td>3개</td><td>2개</td><td>1개 이하</td></tr>
<tr><td>5점</td><td>4점</td><td>3점</td><td>2점</td><td>1점</td><td>0점</td></tr>
<tr><td rowspan="2">산식 (①+②)</td><td colspan="2">합계(①+②)</td><td colspan="2">종류의 적절성 (①)</td><td colspan="2">운영의 적절성 (②)</td></tr>
<tr><td colspan="2"></td><td colspan="2"></td><td colspan="2"></td></tr>
</table></td></tr>
<tr><td>유의사항</td><td colspan="3">• 홍보 관련 증빙자료가 없는 경우 점수를 부여하지 않는다.
• 재난대응 안전한국훈련 홍보에 직접적으로 기여한 경우에만 점수를 부여한다.</td></tr>
<tr><td>관련자료</td><td colspan="3">홍보 관련 실적 자료(홍보 계획서, 홍보 사진 등)</td></tr>
</table>

<table>
<tr><td>평가분류</td><td>2. 훈련 실시</td><td colspan="3">2-5. 국민 체감도</td></tr>
<tr><td>평가지표</td><td colspan="4">36. 국민체험단 훈련 평가 결과</td></tr>
<tr><td>평가내용</td><td colspan="4">국민이 직접 체감한 훈련의 성과를 평가한다.</td></tr>
<tr><td>평가대상</td><td>기초 자치단체</td><td>배점</td><td>5</td><td>(현장평가)</td></tr>
<tr><td>평가기준</td><td colspan="4">(국민체험단 훈련 평가 결과) 국민체험단이 평가한 결과를 환산하여 반영
※ 국민체험단 평가지표 : 1.계획의 현실성, 2.기관장 적극성,
3.훈련의 충실성, 4.훈련의 효과성, 5.총평</td></tr>
<tr><td>평가방법</td><td colspan="4"><table><tr><td rowspan="2">국민체험단 훈련 평가 결과</td><td>90점 이상
(매우 우수)</td><td>90점 미만 65점 이상(우수)</td><td>65점 미만 40점 이상(보통)</td><td>40점 미만 15점 이상(미흡)</td><td>15점 미만
(매우 미흡)</td></tr><tr><td>5점</td><td>4점</td><td>3점</td><td>2점</td><td>1점</td></tr></table>
※ 영상회의 등 비대면 참여는 국민체험단 실적으로 인정하지 않고 점수는 0점 처리</td></tr>
<tr><td>유의사항</td><td colspan="4">• 현장에서 국민체험단 평가 결과를 반드시 확인하고, 사후 증빙자료와의 정합성 점검 필요</td></tr>
<tr><td>관련자료</td><td colspan="4">국민체험단 평가결과</td></tr>
</table>

<table>
<tr><td>평가분류</td><td>3. 훈련 평가 환류</td><td colspan="3">3-1. 자체평가의 적정성</td></tr>
<tr><td>평가지표</td><td colspan="4">37. 자체평가 계획 수립 및 실시 실적</td></tr>
<tr><td>평가내용</td><td colspan="4">훈련기관에서 자체평가 계획을 수립하고 실시하였는지 여부를 평가한다.</td></tr>
<tr><td>평가대상</td><td>기초 자치단체</td><td>배점</td><td>3</td><td>(현장평가)</td></tr>
<tr><td>평가기준</td><td colspan="4">(운영 실적) 자체평가 수립 여부와 자체평가 실시 여부를 확인 및 점검하고 평가함<table><tr><td rowspan="3">구분</td><td colspan="2">자체평가 계획 수립(①)</td><td colspan="2">자체 평가 실시(②)</td></tr><tr><td>계획 수립</td><td>미수립</td><td>실시</td><td>미실시</td></tr><tr><td>배점</td><td>1.5</td><td>0</td><td>1.5</td></tr></table></td></tr>
<tr><td>평가방법</td><td colspan="4"><table><tr><td>구분</td><td>합계
(①+②)</td><td>자체평가 계획 수립
(①)</td><td>자체 평가 실시
(②)</td></tr><tr><td>산식</td><td></td><td></td><td></td></tr></table></td></tr>
<tr><td>유의사항</td><td colspan="4">• 자체평가 시점은 훈련이 끝난 이후에 실시되었는지를 평가한다.</td></tr>
<tr><td>관련자료</td><td colspan="4">자체평가 계획서 및 자체평가 실시 결과</td></tr>
</table>

<table>
<tr><td>평가분류</td><td>3. 훈련 평가 환류</td><td colspan="2">3-2. 개선 및 환류의 적정성</td></tr>
<tr><td>평가지표</td><td colspan="3">38. 개선계획(매뉴얼 개정 포함) 수립의 적절성</td></tr>
<tr><td>평가내용</td><td colspan="3">훈련 실시를 통해 도출된 미비점 등을 보완하기 위한 개선계획을 평가한다.</td></tr>
<tr><td>평가대상</td><td>기초 자치단체</td><td>배점</td><td>5 (현장평가)</td></tr>
<tr><td>평가기준</td><td colspan="3">(1) (추진의 적절성) 평가자는 올해 미흡사항, 지적사항, 보완 필요사항 등에 대한 개선계획(조치계획) 수립 내용을 확인함
<table>
<tr><td rowspan="2">구분</td><td colspan="2">개선계획 수립</td><td colspan="2">위기관리 매뉴얼 개정 필요사항 및 계획</td><td colspan="2">기관장결재</td></tr>
<tr><td>계획 수립</td><td>미수립</td><td>포함</td><td>미포함</td><td>기관장 결재</td><td>기관장 미결재</td></tr>
<tr><td>배점</td><td>1</td><td>0</td><td>1</td><td>0</td><td>1</td><td>0</td></tr>
</table>
(2) (작성의 충실성) 평가자는 개선계획서를 살펴보고 적절성을 평가함(전년도 개선계획의 반영 결과도 함께 점검)
<table>
<tr><td rowspan="5">충실성(②)</td><td>전년도 수립한 개선계획이 적절히 추진되었고 올해 훈련에 반영됨</td><td>☐</td></tr>
<tr><td>훈련 평가 중에 발견된 문제점, 현안사항 포함</td><td>☐</td></tr>
<tr><td>개선 및 조치사항의 담당자(책임부서) 지정(배정)</td><td>☐</td></tr>
<tr><td>개선에 필요한 제반사항(조직, 예산, 일정 등) 포함</td><td>☐</td></tr>
<tr><td>개선 및 조치사항의 추적관리를 위한 절차 마련
(예시_안전한국훈련 개선사항 조치 점검회의 개최계획 등)</td><td>☐</td></tr>
</table></td></tr>
<tr><td>평가방법</td><td colspan="3"><table>
<tr><td rowspan="2">추진의 적절성(①)</td><td>합계
(i+ii+iii)</td><td>개선계획 수립 (i)</td><td>위기관리 매뉴얼 개정 필요사항 및 계획 (ii)</td><td>기관장 결재 (iii)</td></tr>
<tr><td></td><td></td><td></td><td></td></tr>
<tr><td rowspan="2">작성의 충실성(②)</td><td>5개</td><td colspan="2">4개~3개</td><td>2개 이하</td></tr>
<tr><td>2점</td><td colspan="2">1점</td><td>0.5점</td></tr>
<tr><td rowspan="2">산식</td><td>합계(①+②)</td><td colspan="2">추진의 적절성(①)</td><td>작성의 충실성(②)</td></tr>
<tr><td></td><td colspan="2"></td><td></td></tr>
</table></td></tr>
<tr><td>유의사항</td><td colspan="3">• 개선계획보고서 수립이 어려운 경우 훈련결과보고서에 기술된 개선계획 내용으로 평가 가능하다.</td></tr>
<tr><td>관련자료</td><td colspan="3">개선계획보고서 / 훈련결과보고서</td></tr>
</table>

2. 가·감점 지표

□ **가·감점 평가 방법**

❍ 실시는 하였으나 적절성 및 효과성이 미흡한 경우 가점을 부여하지 않음

❍ 가점의 평가자료가 허위로 적발 될 경우 가점은 0점 처리되고, 감점 처리

※『허위 평가자료 적발사례』로 감점이 있는 경우, 우수기관에서 제외

□ **가점 지표별 적용 기준**

① 훈련 동영상 유튜브 채널 게시 기관 (+2점)

〈 세부 평가기준 〉

• 훈련을 동영상으로 제작하여 제출, 안전한국훈련 공식 유튜브 채널 등에 게시한 기관 가점 2점 부여

② 타 훈련 주관기관의 훈련에 참여 또는 지원 (+1점)

〈 세부 평가기준 〉

• 타 훈련 주관기관의 요청이 있을 시, 장비, 인력 또는 시나리오 작성 등을 지원하여 훈련에서의 역할을 적극적으로 수행한 경우 가점 1점 부여

③ 대규모 국민 참여 (+2점)

〈 세부 평가기준 〉

• 국민의 재난역량 강화 및 대국민 적극 홍보를 위해 20명 이상의 국민을 훈련에 참여시킨 경우 산식에 따라 점수 부여(200명 이상 만점)

※ 산식 : 훈련 참여국민수(국민체험단 제외) x 0.01 (소수 둘째 자리에서 반올림하여 첫째 자리까지 표기) / 점수예시 : 0.2, 0.3, 0.4, …, 1.9, 2.0

□ **감점 지표별 적용 기준**

① 통합 연계훈련 미실시(-10점)

〈 세부 평가기준 〉

- 실행기반 훈련과 토론기반 훈련을 실시간으로 연계하여 진행하지 않은 경우 해당된다.(다만, 재난발생, 초기대응, 상황판단회의 개최, 비상대응 초반부까지는 반드시 연계 진행하고, 비상대응이 진행됨에 따라 특정 시점에서 연계를 중단하고 실행기반 훈련과 토론기반 훈련을 서로 상이한 시간 흐름에 따라 진행 가능)

② 보여주기식 훈련 언론보도(-5점)

〈 세부 평가기준 〉

- TV, 신문 등 주요 언론매체를 통해 보여주기식 훈련으로 지적 받은 경우 해당된다.
  (다만, 해명자료를 배포하고 그 사유가 타당하다고 판단될 경우 3점만 감점한다.)

③ 허위 평가 자료 적발사례(건당 -2점)

〈 세부 평가기준 〉

- 실적 일자, 참석자, 내용 등이 증빙자료와 상이할 경우 해당된다.
- 결재 자료만 남아 있고 실행하지 않은 실적의 경우 허위로 판단한다.
- 작년과 동일한 내용으로 일자만 바꾸어 실행하는 경우 허위로 판단한다.
- 허위 평가자료 적발사례가 1건 이상 있는 경우 우수기관에서 제외

④ 평가 자료 지연 제출(건당 -0.5점)

〈 세부 평가기준 〉

- 평가 자료가 시스템에 늦게 등록된 경우 해당한다.

⑤ 훈련 관련 회의 불참(건당 -0.5점)

〈 세부 평가기준 〉

- (중앙, 시 · 도) 행안부 주관 설명회, 점검회의, 워크숍 등 주요 회의에 불참하는 경우 해당한다.
- (시 · 군 · 구) 시 · 도 주관 설명회, 점검회의, 워크숍 등 주요 회의에 불참하는 경우 해당한다.

⑥ 훈련 시 안전사고 발생 기관 (-5점)

〈 세부 평가기준 〉

- 안전한국훈련 과정에 안전사고가 발생하였거나 안전사고로 인해 피해자가 발생하였고 사회적 물의를 초래한 기관에 대해 감점을 부여한다.

※ 불시훈련을 위한 출동 시, 불가피하게 발생한 안전사고는 감점 제외

『2023 재난대응 안전한국훈련』 평가지표 (공공기관)

훈련단계	평가영역	평가지표	배점	방법
1. 훈련기획 및 훈련설계	1-1 훈련 사전 준비과정의 적정성	1. 위기관리 매뉴얼 교육 및 훈련기획팀 구성 · 운영의 적절성	3	사전
	1-2 훈련 설계과정의 적정성(20)	2. 훈련 목표 및 재난유형 선정의 적절성	7	
		3. 훈련 설계시 컨설팅 운영의 적절성	3	
		4. 훈련 시나리오의 적절성	6	
		5. 부서 임무카드 및 훈련 실행계획의 적절성	4	
	소 계		23	
2. 훈련실시	2-1 상황접수 · 전파(12)	6. 실질적 현장훈련 수행의 적절성(불시훈련 등)	6	현장
		7. 상황접수 및 보고, 전파의 충실성	6	
	2-2 초기대응(12)	8. 초기대응반 활동 수행의 충실성	6	
		9. 재난관리자원 운영의 적절성	3	
		10. 상황판단회의의 충실성 * 토론기반 훈련	3	
	2-3 비상대응 및 수습복구(19)	11. 위기관리기구 가동 및 운영의 충실성	4	
		12. 위기관리기구 임무 · 역할 수행의 충실성	4	
		13. 피해자 지원 및 사고정보 제공의 적절성	2	
		14. 수습복구의 적절성	4	
		15. 재난상황 문제해결 과정의 적절성 * 토론기반 훈련	5	
	2-4 재난안전통신망 활용	16. 재난안전통신망(PS-LTE) 활용도	6	
	2-5 훈련 참여 노력도(15)	17. 훈련 주재자의 관심도 및 역할	8	사후
		18. 대국민 훈련 홍보 실적	7	사후
	2-6 국민 체감도	19. 국민체험단 훈련 평가 결과	5	현장
	소 계		69	
3. 훈련평가 환류	3-1 자체평가의 적정성	20. 자체평가 계획 수립 및 실시 실적	3	사후
	3-2 개선 및 환류의 적정성	21. 개선계획(매뉴얼 개정 포함) 수립의 적절성	5	
	소 계		8	
합 계			100	

가점	감점
-훈련 동영상 유튜브 채널 게시 기관(+2점) -타 훈련 주관기관의 훈련에 참여 또는 지원(+1점) -대규모 국민 참여(+2점) ※ 올해 최초로 훈련 3회차 실시에 따라, 1회차 훈련기관 +6점, 2회차 훈련기관 +2점 추가 부여	-통합 연계훈련* 미실시(-10점) * 실행 및 토론 기반 훈련 실시간 연계 진행 -보여주기식 훈련 언론보도(-5점) -허위 평가 자료 적발(건당 -2점) -평가 자료 지연 제출(건당 -0.5점) -훈련 관련 회의 불참(건당 -0.5점) -훈련 시 안전사고 발생 기관(-5점)

1. 평가지표별 평가 기준

평가분류	1. 훈련 기획 및 훈련 설계	1-1. 훈련 사전 준비과정의 적정성	
평가지표	39. 위기관리 매뉴얼 교육 및 훈련기획팀 구성 · 운영의 적절성		
평가내용	훈련에 해당하는 재난 유형의 위기관리 매뉴얼의 평시 활용 수준을 점검하고, 훈련 재난유형에 적합한 기획팀 구성/운영에 대하여 평가한다.		
평가대상	공공기관	배점	3 (사전평가)

평가기준

(1) **(매뉴얼 교육 실적)** 평가자는 위기관리 매뉴얼을 활용하여 정기 또는 수시로 추진된 교육, 훈련 등 실적을 확인함

매뉴얼 교육 실적 (①)		
	교육	☐
	훈련	☐
	워크숍	☐
	기타 매뉴얼 내용 숙지를 위한 활동	☐

※ 평가자는 교육, 훈련, 워크숍, 공문처리 등 증빙자료가 있는지 여부를 확인하고, 실적은 직전연도 1월부터 현재까지의 결과만 인정함 / 하나의 증빙자료로 복수사항 인정 불가

(2) **(훈련기획팀 구성 · 운영의 적절성)** 훈련범위에 따라 훈련기획팀이 적정 규모로 구성 · 운영되었는지 여부를 평가함

※ 훈련기획팀은 훈련기획팀장 아래 지휘반, 실행반, 기획반, 행·재정반 등으로 업무가 분장되어 구성하는 것이 기본이나 이러한 조직이 정례화되어 있는 것은 아님

훈련 기획팀 구성·운영 적절성 (②)			
	구성	훈련기획팀에 재난유형별 실무자(담당자) 포함됨 ※ 유형별 매뉴얼에 명시되어 있는 실무자(담당자)	☐
	구성	훈련기획팀에 업무가 분장되어 있음	☐
	구성	과거 훈련 기획/설계 관련 경험자가 포함됨	☐
	운영	훈련기획팀 주요 일정표가 작성됨	☐
	운영	훈련기획팀 사전 회의를 실시함	☐
	운영	기관장의 별도의 훈련 지시사항, 중점사항 등이 있음	☐
	운영	훈련기획팀은 별도의 보상체계가 있음 (직전연도 훈련기획팀에게 포상, 인센티브 실적이 있거나 당해연도 훈련 기획팀 대상 포상, 인센티브 계획에 대해 내부결재를 받은 경우 인정함)	☐

평가방법

매뉴얼 교육 실적(①)	4~3개	2개	1개 이하
	1점	0.5점	0점

훈련 기획팀 구성·운영 적절성(②)	6개 이상	4개~5개	2개~3개	1개 이하
	2점	1.5점	1점	0.5점

산식 (①+②)	합계	매뉴얼 교육 실적(①)	훈련 기획팀 구성·운영 적절성(②)

유의사항	• 소관 위기관리 매뉴얼을 대상으로 작성, 관리 및 활용 실적의 적절성을 점검한다. • 훈련기획팀 구성 및 운영에 관한 사항은 해당기관의 국장급 이상 결재가 명시된 경우에만 평가한다. • 훈련범위, 재난유형에 따라 관련 부서(실·과·소)가 훈련기획팀에 포함되어야 한다.
관련자료	• 위기관리 매뉴얼 교육 실적과 관련된 서류 및 사진 • 훈련기획팀 조직도 및 운영과 관련된 서류

평가분류	1. 훈련 기획 및 훈련 설계	1-2. 훈련 설계과정의 적정성	
평가지표	40. 훈련 목표 및 재난유형 선정의 적절성		
평가내용	1. 훈련 주관기관의 훈련 목표가 적절한지 여부를 확인한다. (훈련 목표는"무엇을 달성하고자 훈련을 실시하는지"에 관한 내용을 작성한다) 2. 훈련 재난유형을 관성에 따라 선택하지 않고, 적절하고 체계적인 분석을 통해 선정하였는지 여부를 확인한다.		
평가대상	공공기관	배점	7 (사전평가)

평가기준

(1) **(훈련 목표의 적절성)** 평가자는 훈련 기본계획서 또는 세부 추진계획서에 작성된 훈련 목표가 적절하게 설정되었는지 여부를 정성적으로 평가함

훈련 목표의 적절성 (①)		
	올해 기관 자체의 세부 목표 설정됨 ※ 올해 행정안전부의 훈련계획(국가재난대비 기본계획, 안전한국훈련 시행계획 등)에서의 훈련 지향점을 목적으로 기관에서는 훈련을 통하여 수행된 과업의 달성정도를 측정할 수 있게 설정된 기준을 훈련 목표라 할 수 있음	□
	훈련 목표의 일부는 측정 가능한 용어로 설정됨(정량적 목표)	□
	과거 재난대응 사례, 훈련을 통하여 도출된 문제 또는 기관의 취약성이 확인된 사항을 중심으로 훈련 목표를 설정함	□
	기관의 재난대응 역량을 강화할 수 있도록 도전적으로 목표를 설정함 ※ 매년 유사한 목표 설정 또는 구체성이 미흡한 목표 설정 시 미해당	□

(2) **(훈련 재난유형 선정의 적절성)** 평가자는 훈련 기본계획서, 세부 추진계획서 또는 추가 증빙자료에 작성된 재난유형 선정근거를 검토하고 정성적으로 평가함

재난유형 선정의 적절성 (②)		
	재해연감, 재해연보, 기관별 재난현황보고서 등 통계자료를 토대로 재난발생 빈도 및 규모를 분석, 재난유형 선정에 활용	□
	최근 3~5년 훈련 재난유형을 검토하여 적절한 올해 재난유형을 선정함 ※ 다년간 같은 재난유형으로 훈련할 경우, 그 사유를 제시 필요	□
	소관 위기관리 매뉴얼 재난유형별 훈련 실적을 분석하여 훈련의 필요성이 높은 재난유형(또는 재난유형군)을 도출	□
	예상되는 주요 재난에 대한 위험도 분석을 실시하여 재난유형 선정에 활용 ※ '23년은 위험도 분석 최초 도입에 중점을 두고, 분석 절차나 내용이 다소 부족하거나 미흡한 경우도 실적으로 인정	□

평가방법

훈련 목표의 적절성 (①)	3개 이상	2개	1개 이하
	2점	1점	0점

재난유형 선정의 적절성 (②)	4개	3개	2개	1개	0개
	5점	4점	3점	2점	1점

산식 (①+②)	합계	훈련 목표의 적절성 (①)	재난유형 선정의 적절성 (②)

유의사항	
관련자료	훈련 추진계획서 / 별도의 재난유형 선정 근거자료

<table>
<tr><td>평가분류</td><td colspan="2">1. 훈련 기획 및 훈련 설계</td><td colspan="2">1-2. 훈련 설계과정의 적정성</td></tr>
<tr><td>평가지표</td><td colspan="4">41. 훈련 설계시 컨설팅 운영의 적절성</td></tr>
<tr><td>평가내용</td><td colspan="4">훈련 준비단계(기획, 설계단계)에 유관기관, 민간단체 그리고 민간전문가가 참여하고 컨설팅이 적절하게 진행되었는지를 평가한다.</td></tr>
<tr><td>평가대상</td><td>공공기관</td><td>배점</td><td>3</td><td>(사전평가)</td></tr>
<tr><td>평가기준</td><td colspan="4">(1) (참여실적) 평가자는 회의 준비과정에 관련 기관 또는 민간전문가의 참석정도에 따라 점수를 부여함
<table>
<tr><th>참여 실적</th><th>2회 이상</th><th>1회</th><th>미참여</th></tr>
<tr><td>유관기관 (①)</td><td>0.5점</td><td>0.3점</td><td>0점</td></tr>
<tr><td>민간단체, 민간기업 (②)</td><td>0.5점</td><td>0.3점</td><td>0점</td></tr>
<tr><td>민간전문가 (③)
(컨설팅위원 이외의 민간전문가)</td><td colspan="2">0.5점</td><td>0점</td></tr>
</table>
(2) (적절성) 평가자는 문서(훈련 컨설팅 합동보고서)를 바탕으로 컨설팅이 적절하게 운영되었는지 여부를 평가함
<table>
<tr><td rowspan="6">적절성
(④)</td><td rowspan="3">운영</td><td>컨설팅위원의 지도 및 자문에 대한 결과(반영, 미반영, 미수용 등)를 문서에서 확인 할 수 있음</td><td>☐</td></tr>
<tr><td>일정한 간격(5일 이상)을 두고 컨설팅이 진행됨</td><td>☐</td></tr>
<tr><td>훈련 목표 및 범위에 대한 컨설팅이 이루어졌음을 문서에서 확인됨</td><td>☐</td></tr>
<tr><td rowspan="3">내영</td><td>훈련 시나리오에 대한 컨설팅이 이루어졌음을 문서에서 확인됨</td><td>☐</td></tr>
<tr><td>토론과 실행기반 훈련에 대한 절차, 방법 등에 관한 컨설팅이 이루어졌음을 문서에서 확인됨</td><td>☐</td></tr>
<tr><td>훈련 평가절차, 방법 등에 대한 컨설팅이 이루어졌음을 문서에서 확인됨</td><td>☐</td></tr>
</table></td></tr>
<tr><td>평가방법</td><td colspan="4"><table>
<tr><td rowspan="3">참여실적</td><td>유관기관(①)</td><td>0.5점</td><td>0.3점</td><td>0점</td></tr>
<tr><td>민간단체(②)</td><td>0.5점</td><td>0.3점</td><td>0점</td></tr>
<tr><td>민간전문가(③)</td><td>0.5점</td><td>0.3점</td><td>0점</td></tr>
<tr><td colspan="2" rowspan="2">적절성 (④)</td><td>6개~5개</td><td>4개~3개</td><td>2개 이하</td></tr>
<tr><td>1.5점</td><td>1점</td><td>0.5점</td></tr>
<tr><td colspan="2">산식 (①+②+③+④)</td><td></td><td></td><td></td></tr>
</table></td></tr>
<tr><td>유의사항</td><td colspan="4">• 참여율에 관한 평가는 증빙자료가 있는 경우만 점수를 부여한다.</td></tr>
<tr><td>관련자료</td><td colspan="4">회의 결과보고서 / 참석자 명부 / 컨설팅 결과 활용 리스트</td></tr>
</table>

평가분류	1. 훈련 기획 및 훈련 설계	1-2. 훈련 설계과정의 적정성	
평가지표	42. 훈련 시나리오의 적절성		
평가내용	훈련 시나리오(재난유형 및 규모, 주요 사건기술, 시간대별 상황변화)가 적절하게 작성되었는지 여부를 평가한다.		
평가대상	공공기관	배점	6 (사전평가)

평가기준

(1) **(상황시나리오 작성의 적절성)** 평가자는 훈련 시나리오의 "상황 시나리오"를 살펴보고 적절하게 작성되었는지를 평가함

상황 시나리오 작성의 적절성 (①)		
	주요사건 발생상황과 세부사건 발생상황이 구분되어 작성	□
	위기관리 매뉴얼의 위기 형태, 전개 양상이 포함되어 작성	□
	시간 흐름(타임라인)에 따라 사건발생, 피해상황, 대응조치 작성	□
	인적, 물적 피해 그리고 경제· 사회적 영향에 따른 피해상황이 구분되어 작성	□
	2차 피해, 간접 및 연계 피해에 대한 사건 발생상황 작성 (예시) 서비스 중단, 기능 마비, 대규모 이재민 발생, 약탈방화 등의 소요사태 발생 등)	□
	현실감을 더해 줄 배경정보 작성 (예시 : 일시, 장소, 기상, 대상시설, 피해발생규모, 주요 설정 상황 등)	□
	현실감을 더해 줄 배경정보 작성 (예시 : 일시, 장소, 기상, 대상시설, 피해발생규모, 주요 설정 상황 등)	□

(2) **(상황메시지 문제은행 활용)** 훈련 주관기관이 문제은행에서 상황메시지를 선택 하여 사용하였는지 여부를 평가함

※ 소관 재난 유형이 없는 경우 평가단과 협의하여 문제은행과 비슷한 수준의 상황메시지를 작성하여 훈련 실시할 경우 '활용'으로 평가

상황 메시지 문제은행(②)	활용	미활용
	1점	0점

(3) **(대응시나리오 작성의 적절성)** 평가자는 훈련 시나리오의 "대응 시나리오"를 살펴보고 상황별 임무와 역할이 모두 작성되었는지를 평가함

대응 시나리오 작성의 적절성 (③)		
	대응단계 및 절차(예시: 징후감지-초기대응(*)-비상대응-수습복구)가 구분되어 조치 내용이 시·도 및 유관기관 대응활동과 연계되어 작성됨 (*) 관련 부서, 유관기관 등에게 재난상황 전파 및 비상소집, 상황판단회의 소집, 민간단체 참여 등의 대응활동	□
	지휘부의 임무와 역할이 별도로 작성됨	□
	부서별(실·과·소별)로 조치목록과 조치내용이 작성됨	□
	조치내용의 세부 행동(자원(*), 정보 등 기재)이 작성됨 (*) 인적자원, 물적자원 및 효율적인 훈련진행과 과학적 관리를 위해 필요한 기능·시스템 자원(정보 데이터베이스, 훈련상황관리시스템, NDMS, 훈련유형 관련 업무전산망 등)을 훈련자원이라 함	□
	협업기관의 대응활동이 구체적으로 기술되어 있음 (누가 누구에게 무엇을 지원, 요청 등의 사항이 명시되어 있음)	□
	긴급구조기관 도착 직전 상황전파 및 자체 인력 대응, 또는 소방, 경찰, 해경, DMAT 등 1차 대응기관과의 협력체계 가동 내용이 작성됨	□

(4) **(충실성)** 평가자는 훈련 시나리오를 살펴보고 종합적으로 훈련 목표 추진, 달성 가능성 정도를 정성적으로 평가함

구분	내용	점수
훈련 시나리오 충실성 (④)	모든 사건의 인과관계가 구조적으로 연결되었고 시나리오에 필요한 구성요소를 모두 포함하고 있고, 상황시나리오와 대응시나리오의 일관성이 적절히 유지되었음. 따라서, '기관 및 조직의 규모 대비 훈련 목표 달성'이 우수하다고 판단됨	우수 (1점)
	대부분 사건의 인과관계가 구조적으로 연결되었고 시나리오에 필요한 구성요소를 대부분 포함하고 있음. 따라서, '기관 및 조직의 규모 대비 훈련 목표 달성'이 가능할 것, 으로 판단됨	적절 (0.5점)
	시나리오에 필요한 구성요소가 일부 포함되지 않은 내용이 있고 사건의 인과관계도 불명확하여 구조(연결)화 되어 있지 못함. 따라서 '훈련의 실효성이 미흡할 것'으로 판단됨	미흡 (0점)

평가방법

상황 시나리오 작성의 적절성 (①)	5개~6개	3개~4개	2개 이하
	2점	1점	0.5점

상황메시지 문제은행 활용 (②)	활용	미활용
	1점	0점

대응 시나리오 작성의 적절성 (③)	6~5개	4~3개	2개 이하
	2점	1점	0.5점

충실성 (④)	우수	적절	미흡
	1점	0.5점	0점

산식 (①+②+③+④)	합계	상황 시나리오 작성의 적절성 (①)	상황메시지 문제은행 활용 (②)	대응 시나리오 작성의 적절성 (③)	시나리오 충실성 (④)

유의사항

- 훈련 시나리오 미작성의 경우 0점 부여
- 계획서 상에 포함된 요약된 시나리오가 아닌 별도의 훈련 시나리오 작성 여부를 평가한다.
- 평가자는 위기관리 매뉴얼을 최대한 적용하였는지 여부를 평가하고, 훈련 또는 현장 특성상 전부 반영하기 어려운 점 등을 고려하여 평가한다.

관련자료

훈련 계획서 / 훈련 시나리오 / 소관 재난유형의 매뉴얼

<table>
<tr><td>평가분류</td><td>1. 훈련 기획 및 훈련 설계</td><td colspan="3">1-2. 훈련 설계과정의 적정성</td></tr>
<tr><td>평가지표</td><td colspan="4">43. 부서 임무카드 및 훈련 실행(실시) 계획의 적절성</td></tr>
<tr><td>평가내용</td><td colspan="4">1. 재난분야 위기관리 매뉴얼의 구체적 이행을 위해 부서별 행동계획이 구체적으로 작성되었는지 여부를 평가한다.
2. 훈련 실행계획에 재난 대응에 필요한 기능, 참여기관, 자원, 홍보, 안전 등 관련 내용이 적절하게 작성되었는지 여부를 평가한다.</td></tr>
<tr><td>평가대상</td><td>공공기관</td><td>배점</td><td>4</td><td>(사전평가)</td></tr>
<tr><td>평가기준</td><td colspan="4">
(1) (부서 임무카드의 적절성) 평가자는 훈련 참여 부서의 부서 임무카드 작성 여부에 따라 점수를 부여함 (단, 위기관리 매뉴얼상 13개 협업기능에 따라 역할이 있는 경우만 작성하고, 이 경우 구체적으로 작성*한 경우만 인정)
* 구체적 작성 기준 : 임무카드의 매뉴얼 내용 반영, 역할·대상·자원 명확히 기재 대응 시나리오 조치사항과 연관성, 담당자·연락처 현행화 등 기준을 대부분 충족
※ (예시) 5개 훈련 참여 부서 중 4개 부서가 작성 시, 80%이므로 1.5점 부여
<table>
<tr><td>참여 부서</td><td>100%
작성</td><td>80% 이상
100% 미만 작성</td><td>60% 이상
80% 미만 작성</td><td>60% 미만
작성</td></tr>
<tr><td>부서 임무카드의
적절성 (①)</td><td>2점</td><td>1.5점</td><td>1점</td><td>0.5점</td></tr>
</table>
(2) (훈련 실행계획의 적절성) 평가자는 '훈련 실행(실시)계획서'를 바탕으로 훈련에 필요한 요소가 제시되어 있는지 확인함
※ 평가자는 컨설팅 결과 논의된 훈련 실행(실시)계획서 검토사항을 기준으로 확인함
<table>
<tr><td rowspan="6">훈련 실행
계획의
적절성
(②)</td><td>재난 유형 또는 기관, 지역의 특성에 따라 훈련에 필요한 협업기능 작성</td><td>□</td></tr>
<tr><td>통합 훈련 시나리오가 포함되어 있음</td><td>□</td></tr>
<tr><td>훈련당일(토론훈련 및 현장훈련)에 관한 주요일정표(시간표), 예행연습 등에 관한 일정표가 포함되어 작성</td><td>□</td></tr>
<tr><td>재난 유형에 필요한 방재자원(인력, 장비, 물품 등)의 소요계획, 동원기준 등이 포함되어 있음</td><td>□</td></tr>
<tr><td>훈련 참여하는 부서(실·과·소), 유관기관, 민간단체 등이 직접 작성</td><td>□</td></tr>
<tr><td>기타 훈련에 필요한 홍보, 안전에 관한 사항(안전사고 예방 조치 등)의 세부 사항 작성</td><td>□</td></tr>
</table>
</td></tr>
<tr><td>평가방법</td><td colspan="4">
<table>
<tr><td rowspan="2">부서 임무카드의
적절성 (①)</td><td>100%
작성</td><td>80% 이상 100%
미만 작성</td><td>60% 이상
80% 미만 작성</td><td>60% 미만
작성</td></tr>
<tr><td>2점</td><td>1.5점</td><td>1점</td><td>0.5점</td></tr>
<tr><td rowspan="2">훈련 실행
계획의 적절성(②)</td><td>6~5개</td><td>4개</td><td>3개</td><td>2개 이하</td></tr>
<tr><td>2점</td><td>1.5점</td><td>1점</td><td>0.5점</td></tr>
<tr><td>산식(①+②)</td><td colspan="4"></td></tr>
</table>
</td></tr>
<tr><td>유의사항</td><td colspan="4">• 민간전문가가 컨설팅 한 훈련 실행(실시)계획서를 평가한다.</td></tr>
<tr><td>관련자료</td><td colspan="4">훈련 참여 부서별 임무카드 / 훈련 실행(실시) 계획서</td></tr>
</table>

평가분류	2. 훈련 실시	2-1. 상황접수·전파	
평가지표	44. 실질적 현장훈련 수행의 적절성(불시훈련 등)		
평가내용	실행기반 훈련에서의 불시훈련 실시 및 구조세력 실제 출동 실적을 평가한다.		
평가대상	공공기관	배점	6 (사전평가)

평가기준

(1) **(불시훈련)** 평가자는 실질적 상황전파 및 초기대응역량을 점검하기 위한 불시훈련이 적절히 실시되었는지 점검함

〈 훈련에서 적용 가능한 현장 불시훈련 정의 〉

- 현장 훈련 시 정확한 훈련 시간, 정확한 훈련장소 등 주요 훈련정보 중 일부를 사전에 훈련참가자에게 공개하지 않고(훈련총괄반 등 훈련 실시를 위해 필요한 최소 인원만 인지), 대응역량 점검과 직접적으로 관련되는 인력·장비를 미리 배치하지 않는 훈련
  ※ (예시)"A건물에서 9월 27일 13시부터 17시 사이에 화재발생"으로 예고하고 불시에 메시지 부여
- 미공개 정보를 활용한 불시적 훈련 수행으로 상황전파 및 초기대응역량을 점검할 수 있는 훈련
- 역량점검과 관련도가 낮은 시설, 인력, 장비 등은 사전에 배치 가능(참관석, 현수막, 현장대응기관 텐트 및 테이블, 영상·음향 장비 등)

불시훈련 (①)	내용	평가
	'현장 불시훈련 정의'와 정확히 부합되게 불시훈련이 실시되었고, 그에 따라 상황전파 및 초기대응역량을 적절히 점검	적정 (4점)
	'현장 불시훈련 정의'와 어느정도 부합되게 불시훈련이 실시되었고, 그에 따라 상황전파 및 초기대응역량 일부 점검	보통 (2점)
	'현장 불시훈련 정의'와 부합되는 불시훈련 미실시	미흡 (0점)

(2) **(구조 장비·인력 실제 출동)** 평가자는 소방서, 응급의료기관 등이 실제와 유사하게 출동하였고, 목표시간 내에 도착하였는지 점검함

구조 장비·인력 실제 출동 (②)	내용	확인
	현장 대응·수습에 동원된 인력 및 장비가 평소 대기장소(관할 소방서, 응급의료기관 등)에서 출발	□
	훈련 계획 시 가정한 목표시간 내 훈련장소 도착*, 또는 미도착시 장애요인을 파악하고 향후 개선방안을 파악 * 목표시간 내 도착하는 경우에도, 과정에서의 문제점, 애로사항 등 파악·개선	□

평가방법

구분	적정	보통	미흡
불시훈련 (①)	4점	2점	0점
구조 장비·인력 실제 출동 (②)	2개	1개	0개
	2점	1점	0점
산식 (①+②)	합계(①+②)	불시훈련 (①)	구조 장비·인력 실제 출동 (②)

유의사항	• 결측처리시 0점 처리 후, 시스템 의견입력란 및 평가 결과보고서에 반드시 "결측치 처리"로 입력
관련자료	

<table>
<tr><td>평가분류</td><td>2. 훈련 실시</td><td colspan="3">2-1. 상황접수 · 전파</td></tr>
<tr><td>평가지표</td><td colspan="4">45. 상황접수 및 보고, 전파의 충실성</td></tr>
<tr><td>평가내용</td><td colspan="4">평가자는 재난상황이 정확하게 접수되어 관련기관(내부, 외부, 유관기관) 및 대국민에 신속하게 전파되었는지 평가</td></tr>
<tr><td>평가대상</td><td>공공기관</td><td>배점</td><td>6</td><td>(현장평가 및 사후보완)</td></tr>
<tr><td>평가기준
및 방법</td><td colspan="4">
(1) (재난상황 접수)
• 접수처: 재난상황실
<table>
<tr><td rowspan="3">재난상황
접수</td><td>재난의 발생 위치 및 시간, 재난규모, 피해규모에 대한 접수 및 기록</td><td>적정
(1.5점)</td></tr>
<tr><td>위 사항 중 일부만 수행한 경우</td><td>보통
(1점)</td></tr>
<tr><td>재난상황 접수가 내용 충실성과 처리 신속성 관점에서 모두 불충분하다고 판단되는 경우</td><td>미흡
(0.5점)</td></tr>
</table>
(2) (재난상황 보고 및 전파-내부 및 관련외부)
• 내부 및 관련외부기관: 지역본부, 본사, 관련 지방청 및 중앙부처
<table>
<tr><td rowspan="3">재난상황
접수</td><td>해당 재난유형의 행동매뉴얼 "Ⅲ.위기경보 수준별 조치사항" 또는 훈련 시나리오의 상황보고 및 전파 항목에서 모두 수행한 경우 (예, 지사, 지역본부, 본사의 활동)</td><td>적정
(1.5점)</td></tr>
<tr><td>위 사항 중 일부만 수행한 경우</td><td>보통
(1점)</td></tr>
<tr><td>재난상황 보고 및 전파(내부 및 관련외부)가 내용 충실성과 처리 신속성 관점에서 모두 불충분하다고 판단되는 경우</td><td>미흡
(0.5점)</td></tr>
</table>
(3) (재난상황 전파-유관기관)
• 유관기관: 민간기관, 소방, 해경 등
<table>
<tr><td rowspan="3">재난상황
전파
(유관
기관)</td><td>해당 재난유형의 행동매뉴얼 "Ⅲ.위기경보 수준별 조치사항" 또는 훈련 시나리오의 유관기관 상황전파 항목에서 모두 수행한 경우 (예, 지사, 지역본부, 본사의 활동)</td><td>적정
(1.5점)</td></tr>
<tr><td>위 사항 중 일부만 수행한 경우</td><td>보통
(1점)</td></tr>
<tr><td>재난상황 전파(유관기관)가 내용 충실성과 처리 신속성 관점에서 모두 불충분하다고 판단되는 경우</td><td>미흡
(0.5점)</td></tr>
</table>
(4) (재난상황 전파-인근 대국민)
• 인근 대국민: 발생된 재난의 영향권 내에 있는 국민
</td></tr>
</table>

<table>
<tr><td></td><td><table>
<tr><td rowspan="3">재난상황 전파 (대국민)</td><td>재난상황에 대해 재난발생 영향권 내에 있는 국민에게 공공기관이 보유한 다양한 매체를 통해 전파(SMS, 경보방송, 방송매체, 훈련용 긴급재난문자방송 등) 및 지자체 대국민 전파 협조 요청</td><td>적정 (1.5점)</td></tr>
<tr><td>위 사항 중 일부만 수행한 경우</td><td>보통 (1점)</td></tr>
<tr><td>재난상황 전파(대국민)가 내용 충실성과 처리 신속성 관점에서 모두 불충분하다고 판단되는 경우</td><td>미흡 (0.5점)</td></tr>
</table></td></tr>
<tr><td>유의사항</td><td>• 평가현장에서 평가자에게 각 항목에 대한 판단근거 자료를 훈련에 영향이 없는 범위 내에서 제공해야 함
• 불시훈련 및 구조 장비·인력 실제 출동을 실시하여 상황 접수·전파에 문제점이 발생한 경우, 문제점에 대한 개선점 발굴 및 적정한 개선계획을 마련하면'적정'점수 부여
• 결측처리시 0점 처리 후, 시스템 의견입력란 및 평가 결과보고서에 반드시 "결측치 처리"로 입력</td></tr>
<tr><td>관련자료</td><td>(계획–사전제출) 행동매뉴얼 또는 훈련 시나리오의 해당내용,
(실행–사후제출) 재난상황접수 기록물 등 증빙자료</td></tr>
</table>

<table>
<tr><td>평가분류</td><td>2. 훈련 실시</td><td colspan="3">2-2. 초기대응</td></tr>
<tr><td>평가지표</td><td colspan="4">46. 초기대응반 활동 수행의 충실성</td></tr>
<tr><td>평가내용</td><td colspan="4">평가자는 초기대응반이 현장에 출동하여 인명대피, 초기방재활동, 재난현황파악,
구조구급 지원 업무를 행동매뉴얼 또는 시나리오에 근거하여 수행했는지를 평가함</td></tr>
<tr><td>평가대상</td><td>공공기관</td><td>배점</td><td>6</td><td>(현장평가 및 사후보완)</td></tr>
<tr><td>평가기준
및 방법</td><td colspan="4">
(1) (현장출동 및 인명대피)
• 재난현장: 초기대응반 활동
<table>
<tr><td rowspan="3">현장출동 및 인명대피</td><td>소방서 출동 전에 자체 초기대응반에 의한 인명대피(부상자, 고립자 등) 적절성 여부</td><td>적정(2점)</td></tr>
<tr><td>위 사항 중 일부만 수행한 경우</td><td>보통(1점)</td></tr>
<tr><td>충실성과 신속성 관점에서 모두 불충분 하다고 판단되는 경우</td><td>미흡(0점)</td></tr>
</table>
(2) (현장 초기방재활동)
• 재난현장: 초기대응반 활동
<table>
<tr><td rowspan="3">현장 초기 방재활동</td><td>해당 재난유형의 행동매뉴얼 "Ⅲ.위기경보 수준별 조치사항" 또는 훈련 시나리오의 초기조치 항목 또는 시나리오에서 정의된 초기방재활동을 모두 수행한 경우(충실성과 신속성 모두 만족)</td><td>적정(1점)</td></tr>
<tr><td>위 사항 중 일부만 수행한 경우</td><td>보통(0.5점)</td></tr>
<tr><td>충실성과 신속성 관점에서 모두 불충분 하다고 판단되는 경우</td><td>미흡
(0점)</td></tr>
</table>
(3) (재난규모 및 피해현황 파악)
• 재난현장: 초기대응반 활동
<table>
<tr><td rowspan="3">재난규모 및 피해현황 파악</td><td>위기수준평가를 위한 재난규모 및 피해현황 파악 여부(충실성)</td><td>적정(2점)</td></tr>
<tr><td>위 사항 중 일부만 수행한 경우</td><td>보통(1점)</td></tr>
<tr><td>위기수준평가를 위한 자료가 불충분하다고 판단되는 경우</td><td>미흡(0점)</td></tr>
</table>
(4) (구조·구급 지원-초기대응반 중심)
• 재난현장: 초기대응반 활동
<table>
<tr><td rowspan="3">구조·구급 지원</td><td>해당 재난유형의 행동매뉴얼 "Ⅲ.위기경보 수준별 조치사항" 또는 훈련 시나리오의 초기조치 항목에서 정의된 구조·구급 지원을 모두 수행한 경우</td><td>적정(1점)</td></tr>
<tr><td>위 사항 중 일부만 수행한 경우</td><td>보통(0.5점)</td></tr>
<tr><td>충실성 관점에서 모두 불충분 하다고 판단되는 경우</td><td>미흡(0점)</td></tr>
</table>
</td></tr>
<tr><td>유의사항</td><td colspan="4">• 평가현장에서 평가자에게 각 항목에 대한 판단근거 자료를 훈련에 영향이 없는 범위 내에서 제공해야 함
• 불시훈련 및 구조 장비·인력 실제 출동을 실시하여 초기대응반 활동 수행에 문제점이 발생한 경우, 문제점에 대한 개선점 발굴 및 적정한 개선계획을 마련하면'적정'점수 부여
• 결측처리시 0점 처리 후, 시스템 의견입력란 및 평가 결과보고서에 반드시 "결측치 처리"로 입력</td></tr>
<tr><td>관련자료</td><td colspan="4">(계획-사전제출)행동매뉴얼 또는 훈련 시나리오의 해당내용,
(실행-사후제출)초기대응 증빙자료</td></tr>
</table>

<table>
<tr><td>평가분류</td><td>2. 훈련 실시</td><td colspan="3">2-2. 초기대응</td></tr>
<tr><td>평가지표</td><td colspan="4">47. 재난관리자원 운영의 적절성</td></tr>
<tr><td>평가내용</td><td colspan="4">평가자는 초기대응반이 수집한 재난현장 자료에 기초하여 재난관리자원 응원 등에 대해 평가함</td></tr>
<tr><td>평가대상</td><td>공공기관</td><td>배점</td><td>3</td><td>(현장평가 및 사후보완)</td></tr>
<tr><td>평가기준
및 방법</td><td colspan="4">(1) (재난관리자원의 소요자원 및 소요량 검토)
• 재난상황실 활동
<table>
<tr><td rowspan="3">재난관리 자원의 소요자원 및 소요량</td><td>· 초기대응반의 재난현황 자료에 근거하여 재난관리자원의 소요자원 산정(장비, 자재, 인력) 여부
· 초기대응반의 재난현황 자료에 근거하여 재난관리자원의 소요량 검토</td><td>적정 (2점)</td></tr>
<tr><td>위 사항 중 일부만 수행한 경우</td><td>보통(1점)</td></tr>
<tr><td>충실성 관점에서 모두 불충분 하다고 판단되는 경우</td><td>미흡(0점)</td></tr>
</table>
(2) (재난관리자원의 응원)
• 재난상황실 활동
<table>
<tr><td rowspan="3">재난 관리자원의 응원</td><td>· DRSS(재난관리자원 공동활용시스템)을 활용하여 재난관리자원 검토 및 응원 여부
· 유무선 통신기기를 통해 응원</td><td>적정 (1점)</td></tr>
<tr><td>위 사항 중 일부만 수행한 경우</td><td>보통(0.5점)</td></tr>
<tr><td>충실성 관점에서 모두 불충분 하다고 판단되는 경우</td><td>미흡(0점)</td></tr>
</table>
</td></tr>
<tr><td>유의사항</td><td colspan="4">• 평가현장에서 평가자에게 각 항목에 대한 판단근거 자료를 훈련에 영향이 없는 범위 내에서 제공해야 함
• 불시훈련 및 구조 장비·인력 실제 출동을 실시하여 재난관리자원 운영에 문제점이 발생한 경우, 문제점에 대한 개선점 발굴 및 적정한 개선계획을 마련하면'적정'점수 부여
• 결측처리시 0점 처리 후, 시스템 의견입력란 및 평가 결과보고서에 반드시 "결측치 처리"로 입력</td></tr>
<tr><td>관련자료</td><td colspan="4">(계획-사전제출)행동매뉴얼 또는 훈련 시나리오의 해당내용,
(실행-사후제출)재난관리자원 소요량 및 응원 증빙자료</td></tr>
</table>

<table>
<tr><td>평가분류</td><td colspan="2">2. 훈련 실시</td><td colspan="2">2-2. 초기대응</td></tr>
<tr><td>평가지표</td><td colspan="4">48. 상황판단회의 충실성</td></tr>
<tr><td>평가내용</td><td colspan="4">평가자는 상황판단회의의 개최 및 회의 운영과정의 충실성을 평가함</td></tr>
<tr><td>평가대상</td><td>공공기관</td><td>배점</td><td>3</td><td>(현장평가 및 사후보완)</td></tr>
<tr><td>평가기준</td><td colspan="4">(상황판단회의 충실성) 평가자는 상황판단회의를 살펴보고 적절하였는지를 정성적으로 평가함
<table>
<tr><td rowspan="4">충실성</td><td>해당 재난담당 통제관에 의하여 회의가 주재되었는지 확인한다.
※ 훈련주관기관 자체 재난 비상기구 운영 규정에 따른 회의 주재자임을 확인</td><td>☐</td></tr>
<tr><td>재난발생 초기 가장 중요한 신속한 상황전파, 사회질서유지, 긴급 주민대피(*) 등의 매뉴얼에 따른 협업기능별 긴급조치사항이 논의되었는지 확인한다.
(*) 어린이·노인·장애인 등 안전취약계층 보호조치 포함</td><td>☐</td></tr>
<tr><td>상황에 부합한 재난위기 단계 및 비상기구 운용이 결정되었는지 여부를 확인한다.</td><td>☐</td></tr>
<tr><td>상황판단회의를 통하여 위기관리 매뉴얼을 근거로 위기단계를 결정하였다.
(훈련 장소에서 "~~ 근거로", "~~기준으로" 위기단계를 결정함)</td><td>☐</td></tr>
</table></td></tr>
<tr><td>평가방법</td><td colspan="4"><table>
<tr><td rowspan="3">충실성</td><td>평가기준 4개 충족
(상황판단회의가 원활하게 진행되었고 그 결과 신속한 초기대응체계를 구축할 수 있는 내용이었다고 판단됨)
* 가능한 경우 상기 평가기준 충족 개수에 따라 점수를 부여하고, 부득이한 경우 ( )안의 내용에 따라 평가가 가능하나, 점수 부여의 객관성이 확보되고 또한 메타평가(2차평가)가 가능하도록 최대한 상세히 기술 필요(<u>모든 평가지표에 동일 적용</u>)</td><td>적정
(3점)</td></tr>
<tr><td>평가기준 2개~3개 충족
(상황판단회의가 원활하게 진행되었으나 그 결과가 일반적이고 단순한 사항으로 신속한 초기대응체계를 구축하기에 부족하다고 판단됨)</td><td>보통
(2점)</td></tr>
<tr><td>평가기준 1개 이하 충족
(상황판단회의가 원활하게 진행되지 못했고 그 결과가 미흡함)</td><td>미흡
(1점)</td></tr>
</table></td></tr>
<tr><td>유의사항</td><td colspan="4">• 평가현장에서 평가자에게 각 항목에 대한 판단근거 자료를 훈련에 영향이 없는 범위 내에서 제공해야 함
• 불시훈련 및 구조 장비·인력 실제 출동을 실시하여 상황판단회의에 문제점이 발생한 경우, 문제점에 대한 개선점 발굴 및 적정한 개선계획을 마련하면'적정'점수 부여
• 결측처리시 0점 처리 후, 시스템 의견입력란 및 평가 결과보고서에 반드시 "결측치 처리"로 입력
※ 평가항목 중 행동 매뉴얼상 별도의 역할이 없는 경우 결측 처리</td></tr>
<tr><td>증빙자료</td><td colspan="4">(계획-사전제출)행동매뉴얼 또는 훈련 시나리오의 해당내용,
(실행-사후제출)상황판단회의 자료</td></tr>
</table>

<table>
<tr><td>평가분류</td><td>2. 훈련 실시</td><td colspan="3">2-3. 비상대응 및 수습복구</td></tr>
<tr><td>평가지표</td><td colspan="4">49. 위기관리기구 가동 및 운영의 충실성</td></tr>
<tr><td>평가내용</td><td colspan="4">평가자는 위기수준에 따른 위기관리기구의 가동 및 운영을 평가함</td></tr>
<tr><td>평가대상</td><td>공공기관</td><td>배점</td><td>4</td><td>(현장평가 및 사후보완)</td></tr>
<tr><td>평가기준
및 방법</td><td colspan="4">(위기관리기구의 가동 및 운영)
• 지역사고수습본부(또는 현장대응반) 및 사고지원본부 설치 여부
(지수본 또는 본사 재난상황실, 재난현장)
<table>
<tr><td rowspan="3">중앙·지역 사고수습 본부 및 사고지원 본부 설치 여부</td><td>· 지역사고수습본부의 현장대응팀: 재난현장 출동
· 지역사고수습본부의 수습지원팀: 재난상황실 근무(지역본부)
· 사고지원본부: 재난종합상황실 근무(본사)
※ 비상근무조 편성 및 상황실 준비(행동매뉴얼, 컴퓨터, 전화, 명판, 조직도 등)</td><td>적정(1.5점)</td></tr>
<tr><td>위 사항 중 일부만 수행한 경우</td><td>보통(1점)</td></tr>
<tr><td>충실성과 신속성 관점에서 모두 불충분하다고 판단되는 경우</td><td>미흡(0.5점)</td></tr>
</table>
• 지역사고수습본부(또는 현장대응반) 반별 임무 및 역할 숙지 여부(지수본 재난상황실, 재난현장)
<table>
<tr><td rowspan="3">중앙·지역 사고수습 본부 (또는 현장 대응반) 반별 임무 및 역할</td><td>해당 재난유형의 행동매뉴얼 "Ⅲ.위기경보 수준별 조치사항" 또는 훈련 시나리오의 비상대응 조치항목에서 중앙·지역사고수습본부(또는 현장대응반) 반별 임무를 모두 숙지한 경우(현장에서 숙지여부확인)
* 최소 2개 반 이상(현장팀 필수 포함)의 임무를 임의로 확인하여 평가함 / 지역사고수습본부의 현장대응팀(재난현장) 또는 수습지원팀(지역사고수습본부 재난상황실)의 임무를 평가함</td><td>적정(1.5점)</td></tr>
<tr><td>위 사항 중 일부만 수행한 경우</td><td>보통(1점)</td></tr>
<tr><td>충실성 관점에서 모두 불충분하다고 판단되는 경우</td><td>미흡(0.5점)</td></tr>
</table>
• 사고지원본부 반별 임무 및 역할 숙지 여부(본사 재난상황실)
<table>
<tr><td rowspan="3">사고지원 본부 반별 임무 및 역할</td><td>해당 재난유형의 행동매뉴얼 "Ⅲ.위기경보 수준별 조치사항" 또는 훈련 시나리오의 비상대응 조치항목에서 사고지원본부 반별 임무를 모두 숙지한 경우(현장에서 숙지여부를 확인)
* 최소 2개 반 이상의 임무를 임의로 확인하여 평가함</td><td>적정(1점)</td></tr>
<tr><td>위 사항 중 일부만 수행한 경우</td><td>보통(0.5점)</td></tr>
<tr><td>충실성 관점에서 모두 불충분하다고 판단되는 경우</td><td>미흡(0점)</td></tr>
</table></td></tr>
<tr><td>유의사항</td><td colspan="4">• 평가현장에서 평가자에게 각 항목에 대한 판단근거 자료를 훈련에 영향이 없는 범위 내에서 제공해야 함
• 불시훈련 및 구조 장비·인력 실제 출동을 실시하여 위기관리기구 가동·운영에 문제점이 발생한 경우, 문제점에 대한 개선점 발굴 및 적정한 개선계획을 마련하면'적정'점수 부여
• 결측처리시 0점 처리 후, 시스템 의견입력란 및 평가 결과보고서에 반드시 "결측치 처리"로 입력</td></tr>
<tr><td>증빙자료</td><td colspan="4">(계획-사전제출)행동매뉴얼 또는 훈련 시나리오의 해당내용,
(실행-사후제출)비상대응 증빙자료</td></tr>
</table>

<table>
<tr><td>평가분류</td><td>2. 훈련 실시</td><td colspan="3">2-3. 비상대응 및 수습복구</td></tr>
<tr><td>평가지표</td><td colspan="4">50. 위기관리기구 임무·역할 수행의 충실성</td></tr>
<tr><td>평가내용</td><td colspan="4">평가자는 위기관리기구의 반별 임무 및 역할에 대해 평가함</td></tr>
<tr><td>평가대상</td><td>공공기관</td><td>배점</td><td>4</td><td>(현장평가 및 사후보완)</td></tr>
<tr><td>평가기준 및 방법</td><td colspan="4">
(1) (자체 방재활동–위험물 처리, 재난확산 방어 등)
• 위기관리기구: 지역사고수습본부(또는 현장대응반) 활동(재난현장)
<table>
<tr><td rowspan="3">자체 방재활동</td><td>해당 재난유형의 행동매뉴얼 "Ⅲ.위기경보 수준별 조치사항" 또는 훈련 시나리오의 비상대응 조치항목에서 자체 방재활동(위험물 처리, 재난확산 방어 등)에 대한 임무를 모두 수행한 경우</td><td>적정 (1.5점)</td></tr>
<tr><td>위 사항 중 일부만 수행한 경우</td><td>보통 (1점)</td></tr>
<tr><td>충실성과 신속성 관점에서 모두 불충분하다고 판단되는 경우</td><td>미흡 (0.5점)</td></tr>
</table>
(2) (유관기관 방재활동 지원 요청)
• 위기관리기구: 지역사고수습본부(또는 현장대응반) 또는 사고지원본부 활동 (지수본 또는 본사 재난상황실)
<table>
<tr><td rowspan="3">유관기관 방재활동 지원요청</td><td>해당 재난유형의 행동매뉴얼 "Ⅲ.위기경보 수준별 조치사항" 또는 훈련 시나리오의 비상대응 조치항목에서 유관기관 방재활동 지원 요청에 대한 임무를 모두 수행한 경우</td><td>적정 (1.5점)</td></tr>
<tr><td>위 사항 중 일부만 수행한 경우</td><td>보통 (1점)</td></tr>
<tr><td>충실성과 신속성 관점에서 모두 불충분하다고 판단되는 경우</td><td>미흡 (0.5점)</td></tr>
</table>
(3) (긴급안전진단 및 응급복구 계획)
• 위기관리기구: 중앙·지역사고수습본부(또는 현장대응반) 또는 사고지원본부 활동 (지수본 또는 본사 재난상황실)
<table>
<tr><td rowspan="3">긴급 안전진단 및 응급복구 계획</td><td>해당 재난유형의 행동매뉴얼 "Ⅲ.위기경보 수준별 조치사항" 또는 훈련 시나리오의 비상대응 조치항목에서 긴급안전진단 및 응급복구계획에 대한 임무를 모두 수행한 경우</td><td>적정 (1점)</td></tr>
<tr><td>위 사항 중 일부만 수행한 경우</td><td>보통 (0.5점)</td></tr>
<tr><td>충실성과 신속성 관점에서 모두 불충분하다고 판단되는 경우</td><td>미흡 (0점)</td></tr>
</table>
</td></tr>
<tr><td>유의사항</td><td colspan="4">• 평가현장에서 평가자에게 각 항목에 대한 판단근거 자료를 훈련에 영향이 없는 범위 내에서 제공해야 함
• 불시훈련 및 구조 장비·인력 실제 출동을 실시하여 위기관리기구 가동·운영에 문제점이 발생한 경우, 문제점에 대한 개선점 발굴 및 적정한 개선계획을 마련하면'적정'점수 부여
• 결측처리시 0점 처리 후, 시스템 의견입력란 및 평가 결과보고서에 반드시 "결측치 처리"로 입력</td></tr>
<tr><td>증빙자료</td><td colspan="4">(계획–사전제출)행동매뉴얼 또는 훈련 시나리오의 해당내용,
(실행–사후제출)비상대응 증빙자료</td></tr>
</table>

<table>
<tr><td>평가분류</td><td>2. 훈련 실시</td><td colspan="3">2-3. 비상대응 및 수습복구</td></tr>
<tr><td>평가지표</td><td colspan="4">51. 피해자 지원 및 사고정보 제공의 적절성</td></tr>
<tr><td>평가내용</td><td colspan="4">평가자는 피해자 지원대책 및 사고수습 정보에 대해 평가함</td></tr>
<tr><td>평가대상</td><td>공공기관</td><td>배점</td><td>2</td><td>(현장평가 및 사후보완)</td></tr>
<tr><td>평가기준
및 방법</td><td colspan="4">(1) (피해자 지원대책 수립 및 시행)
• 사고지원본부 활동(본사 재난상황실 및 재난현장)
<table>
<tr><td rowspan="3">피해자 지원 대책 수립 및 시행</td><td>해당 재난유형의 행동매뉴얼 "Ⅲ.위기경보 수준별 조치사항" 또는 훈련 시나리오의 비상대응 조치항목에서 피해자 지원대책 수립 및 시행에 대한 임무를 모두 수행한 경우</td><td>적정 (1점)</td></tr>
<tr><td>위 사항 중 일부만 수행한 경우</td><td>보통 (0.5점)</td></tr>
<tr><td>충실성 관점에서 모두 불충분하다고 판단되는 경우</td><td>미흡 (0점)</td></tr>
</table>
(2) (사고수습 정보제공–재난현장 인근 및 대국민)
• 사고지원본부 활동(본사 재난상황실)
<table>
<tr><td rowspan="3">사고수습 정보제공</td><td>해당 재난유형의 행동매뉴얼 "Ⅲ.위기경보 수준별 조치사항" 또는 훈련 시나리오의 비상대응 조치항목에서 사고수습 정보제공에 대한 임무(재난현장 인근 및 대국민)를 모두 수행한 경우</td><td>적정 (1점)</td></tr>
<tr><td>위 사항 중 일부만 수행한 경우</td><td>보통 (0.5점)</td></tr>
<tr><td>충실성 관점에서 모두 불충분하다고 판단되는 경우</td><td>미흡 (0점)</td></tr>
</table></td></tr>
<tr><td>유의사항</td><td colspan="4">• 평가현장에서 평가자에게 각 항목에 대한 판단근거 자료를 훈련에 영향이 없는 범위 내에서 제공해야 함
• 불시훈련 및 구조 장비·인력 실제 출동을 실시하여 위기관리기구 가동·운영에 문제점이 발생한 경우, 문제점에 대한 개선점 발굴 및 적정한 개선계획을 마련하면'적정'점수 부여
• 결측처리시 0점 처리 후, 시스템 의견입력란 및 평가 결과보고서에 반드시 "결측치 처리"로 입력</td></tr>
<tr><td>증빙자료</td><td colspan="4">(계획–사전제출)행동매뉴얼 또는 훈련 시나리오의 해당내용,
(실행–사후제출)비상대응 증빙자료</td></tr>
</table>

<table>
<tr><td>평가분류</td><td>2. 훈련 실시</td><td colspan="3">2-3. 비상대응 및 응급복구</td></tr>
<tr><td>평가지표</td><td colspan="4">52. 수습복구의 적절성</td></tr>
<tr><td>평가내용</td><td colspan="4">평가자는 재난현장 정리 및 응급복구를 위한 긴급안전진단 및 응급복구에 대해 평가함</td></tr>
<tr><td>평가대상</td><td>공공기관</td><td>배점</td><td>2</td><td>(현장평가 및 사후보완)</td></tr>
<tr><td>평가기준
및 방법</td><td colspan="4">
(1) (재난현장 잔재물 처리–재난현장 정리)
• 위기관리기구: 지역사고수습본부(또는 현장대응반) 활동(재난현장)
<table>
<tr><td rowspan="3">재난현장
잔재물
처리</td><td>해당 재난유형의 행동매뉴얼 “Ⅲ.위기경보 수준별 조치사항” 또는 훈련 시나리오의 후속조치 항목에서 재난현장 잔재물 처리에 대한 임무를 모두 수행한 경우</td><td>적정 (1점)</td></tr>
<tr><td>위 사항 중 일부만 수행한 경우</td><td>보통
(0.5점)</td></tr>
<tr><td>충실성과 신속성 관점에서 모두 불충분하다고 판단되는 경우</td><td>미흡
(0점)</td></tr>
</table>
(2) (응급복구를 위한 시설물 피해조사 및 긴급안전진단 시행)
• 위기관리기구: 지역사고수습본부(또는 현장대응반) 활동(재난현장)
<table>
<tr><td rowspan="3">시설물
피해조사
및
긴급
안전진단
시행</td><td>해당 재난유형의 행동매뉴얼 “Ⅲ.위기경보 수준별 조치사항” 또는 훈련 시나리오의 후속조치 항목에서 시설물 피해조사 및 긴급안전진단에 대한 임무를 모두 수행한 경우</td><td>적정 (1점)</td></tr>
<tr><td>위 사항 중 일부만 수행한 경우</td><td>보통
(0.5점)</td></tr>
<tr><td>충실성과 신속성 관점에서 모두 불충분하다고 판단되는 경우</td><td>미흡
(0점)</td></tr>
</table>
(3) (응급복구 시행 및 결과보고)
• 위기관리기구: 지역사고수습본부(또는 현장대응반) 활동(재난현장)
<table>
<tr><td rowspan="3">응급복구
시행 및
결과보고</td><td>해당 재난유형의 행동매뉴얼 “Ⅲ.위기경보 수준별 조치사항” 또는 훈련 시나리오의 후속조치 항목에서 응급복구 시행 및 결과보고에 대한 임무를 모두 수행한 경우</td><td>적정 (1점)</td></tr>
<tr><td>위 사항 중 일부만 수행한 경우</td><td>보통
(0.5점)</td></tr>
<tr><td>충실성과 신속성 관점에서 모두 불충분하다고 판단되는 경우</td><td>미흡
(0점)</td></tr>
</table>
(4) (사고조사 최종결과 언론 보도)
• 위기관리기구: 사고지원본부 활동(재난현장)
<table>
<tr><td rowspan="3">사고조사
최종결과
언론보도</td><td>해당 재난유형의 행동매뉴얼 “Ⅲ.위기경보 수준별 조치사항” 또는 훈련 시나리오의 후속조치 항목에서 사고조사 최종결과 언론보도에 대한 임무를 모두 수행한 경우</td><td>적정 (1점)</td></tr>
<tr><td>위 사항 중 일부만 수행한 경우</td><td>보통
(0.5점)</td></tr>
<tr><td>충실성 관점에서 불충분하다고 판단되는 경우</td><td>미흡
(0점)</td></tr>
</table>
</td></tr>
</table>

유의사항	• 평가현장에서 평가자에게 각 항목에 대한 판단근거 자료를 훈련에 영향이 없는 범위 내에서 제공해야 함 • 불시훈련 및 구조 장비·인력 실제 출동을 실시하여 위기관리기구 가동·운영에 문제점이 발생한 경우, 문제점에 대한 개선점 발굴 및 적정한 개선계획을 마련하면'적정'점수 부여 • 결측처리시 0점 처리 후, 시스템 의견입력란 및 평가 결과보고서에 반드시 "결측치 처리"로 입력
증빙자료	(계획-사전제출)행동매뉴얼 또는 훈련 시나리오의 해당내용, (실행-사후제출)응급복구 증빙자료

평가분류	2. 훈련 실시	2-3. 비상대응 및 응급복구		
평가지표	53. 재난상황 문제해결 과정의 적절성			
평가내용	토론기반 훈련의 진행 절차, 운영 방식, 토론 내용의 적절성을 평가한다.			
평가대상	공공기관	배점	5	(현장평가)

평가기준

(1) **(방식의 적절성)** 평가자는 토론기반 훈련의 진행 절차, 방식 등을 확인함

방식의 적절성 (①)	항목	확인
	재난 상황 단계별로 훈련 메시지가 전달	☐
	훈련 시간(실시간)과 재난시간(개념적 시간)이 구분되어 진행(토론 후반부)	☐
	충분한 의사진행과 토론 기회 제공	
	자발적 참여 유도	
	훈련 참여기관이 조치사항 발표	

(2) **(내용의 적절성)** 평가자는 토론 내용을 살펴보고 이행 결과를 확인함

내용의 적절성 (②)	항목	확인
	재난대응 단계별로 문제점 및 이슈사항이 도출되어 토의	☐
	부서별, 협업기능별 상호 문제점(지원, 갈등요소 등)이 도출되어 토의	☐
	제시되거나 건의된 사항, 발생가능성이 높은 문제해결에 대해 중점으로 토의	☐
	재난현장에서 발생할 수 있는 민원사항에 대해 토의	☐
	재난 확대 가능성(피해규모, 복합재난으로 확대 등)에 대해 토의 ※(예시)_대규모 재난에 따른 약탈, 방화 등의 소요사태 상황 해결방안 등	☐
	수습복구 활동 장기화(일주일, 한 달 등)에 대해 토의	☐

(3) **(결과의 적절성)** 평가자는 토론훈련 결과 확인(도출)되어야 할 사항이 모두 포함되었는지 이행결과를 확인함

결과의 적절성 (③)	항목	확인
	발생된 상황에 대한 문제인식	☐
	유관기관(협업기능)의 재난대응 협력체계와 역할 분담	☐
	위기관리 매뉴얼 상 주요 임무·역할에 따른 대응	☐
	문제해결 방안이 기존의 재난사례 분석, 경험을 통한 최적 대안 도출	☐
	최적 문제해결 대안에 대한 의사결정 포함 (매뉴얼, 지침 개정, 훈련, 예산 등에 포함할 수 있음)	☐

(4) **(참여자의 적극성)** 평가자는 훈련 참여자의 태도를 살펴보고 정성적으로 판단함
※ 비판적 토론을 통하여 문제점을 발굴·보완 하는데 중점을 두었는지를 정성적으로 평가한다.

참여자 적극성 (④)	항목	점수
	훈련참여자가 상호 간 문제해결을 위해 활발하게 토론	적정 (2점)
	단순 질의에 대한 단순 답변	보통 (1점)
	훈련 진행자 또는 회의 주재자의 일방적 진행	미흡 (0.5점)

<table>
<tr><td rowspan="10">평가방법</td><td rowspan="2">방식의 적절성
(①)</td><td>5개~4개</td><td colspan="2">3개~2개</td><td colspan="2">1개 이하</td></tr>
<tr><td>1점</td><td colspan="2">0.5점</td><td colspan="2">0점</td></tr>
<tr><td rowspan="2">내용의 적절성
(②)</td><td>6개~5개</td><td colspan="2">4~3개</td><td colspan="2">2개 이하</td></tr>
<tr><td>1점</td><td colspan="2">0.5점</td><td colspan="2">0점</td></tr>
<tr><td rowspan="2">결과의 적절성
(③)</td><td>5개~4개</td><td colspan="2">3개~2개</td><td colspan="2">1개 이하</td></tr>
<tr><td>1점</td><td colspan="2">0.5점</td><td colspan="2">0점</td></tr>
<tr><td rowspan="2">참여자의 적극성
(④)</td><td>적정</td><td colspan="2">보통</td><td colspan="2">미흡</td></tr>
<tr><td>2점</td><td colspan="2">1점</td><td colspan="2">0.5점</td></tr>
<tr><td rowspan="2">산식
(①+②+③+④)</td><td>합계(①+②+③+④)</td><td>방식의 적절성 (①)</td><td>내용의 적절성 (②)</td><td>결과의 적절성 (③)</td><td>참여자의 적극성 (④)</td></tr>
<tr><td>* 대본읽기 훈련의 경우 총 합계의 50%만 부여</td><td></td><td></td><td></td><td></td></tr>
<tr><td>유의사항</td><td colspan="6">• 실질적 토론훈련을 하지 않고, 대본에 쓰여진 대로 읽는 형태의 '대본 읽기'훈련으로 판단될 경우 총 합계점수의 50%만 부여
• 결측처리시 0점 처리 후, 시스템 의견입력란 및 평가 결과보고서에 반드시 "결측치 처리"로 입력</td></tr>
<tr><td>관련자료</td><td colspan="6">훈련 계획서 및 토론훈련 결과보고서</td></tr>
</table>

<table>
<tr><td>평가분류</td><td colspan="2">2. 훈련 실시</td><td colspan="2">2-4. 재난안전통신망 활용</td></tr>
<tr><td>평가지표</td><td colspan="4">54. 재난안전통신망(PS-LTE) 활용도</td></tr>
<tr><td>평가내용</td><td colspan="4">재난안전통신망(PS-LTE) 활용 수준을 단계별로 나누어 평가한다.</td></tr>
<tr><td>평가대상</td><td>공공기관</td><td>배점</td><td>6</td><td>(현장평가)</td></tr>
<tr><td>평가기준</td><td colspan="4">(PS-LTE 활용도) 훈련 중 지휘부·참여자의 재난안전통신망 단말기 휴대 및 재난상황 전파·보고, 대응·수습 등 전 과정에 활용하였는지를 종합적으로 판단함(훈련 재난현장에서 평가)
<table>
<tr><td rowspan="5">PS-LTE 활용도</td><td>1. 재난안전통신망을 통해 최초상황 보고 또는 전파 발언 여부
※ 재난안전법 시행령 제24조(재난상황의 보고)에 명시된 항목을 포함하여 상급기관에 신속히 보고 여부(재난발생 일시·장소·원인, 피해내용, 응급조치 사항, 대응 및 복구활동, 향후 조치계획 등)</td><td>□</td></tr>
<tr><td>2. 훈련주관자(기관장 또는 부기관장)가 단말기를 휴대하고, 1회 이상 재난안전통신망을 통한 상황지시 발언 여부</td><td>□</td></tr>
<tr><td>3. 훈련 참여기관 모두 1회 이상 재난안전통신망을 통한 상황보고 및 전파 발언 여부(재난안전통신망 활용 의무가 없는 민간기업, 민간단체 제외)</td><td>□</td></tr>
<tr><td>4. 각 기구(긴급구조통제단, 현장응급의료소, 현장통합지원본부 등) 책임자의 재난안전통신망 단말기 휴대 여부(현장기구 책임자의 경우 연락관이 휴대하는 경우에도 인정</td><td>□</td></tr>
<tr><td>5. 훈련참여자의 재난안전통신망 단말기 기능 및 사용방법 충분한 숙지 여부</td><td>□</td></tr>
</table></td></tr>
<tr><td>평가방법</td><td colspan="4"><table>
<tr><td rowspan="2">PS-LTE 활용도</td><td>5개</td><td>4개</td><td>3개</td><td>2개</td><td>1개</td><td>0개</td></tr>
<tr><td>6점</td><td>5점</td><td>4점</td><td>3점</td><td>2점</td><td>1점</td></tr>
</table></td></tr>
<tr><td>유의사항</td><td colspan="4"></td></tr>
<tr><td>관련자료</td><td colspan="4"></td></tr>
</table>

<table>
<tr><td>평가분류</td><td>2. 훈련 실시</td><td colspan="3">2-5. 훈련 참여 노력도</td></tr>
<tr><td>평가지표</td><td colspan="4">55. 훈련 주재자의 관심도 및 역할</td></tr>
<tr><td>평가내용</td><td colspan="4">훈련 주재자의 참여 의지, 관심 정도 등을 평가한다.</td></tr>
<tr><td>평가대상</td><td>공공기관</td><td>배점</td><td>8</td><td>(현장평가)</td></tr>
<tr><td>평가기준</td><td colspan="4">(1) (토론기반 훈련 관심도 및 역할)
① 평가자는 토론기반 훈련 주재자의 직책을 확인하여 점수를 부여한다.
(단, 인사말씀 등의 활동만 관찰될 경우 미참석으로 점수를 부여하지 않는다)
② 평가자는 훈련 주재자의 활동을 관찰하여 점수를 부여한다. 매뉴얼 또는 기관의 특성에 따라 추가적으로 활동한 사항이 있을 경우, 적절성 여부를 판단하여 이를 작성하고 점수를 부여한다.
(※) 훈련 주재자가 사전훈련(예비훈련)에 참석한 경우 추가적인 활동으로 인정함(단, 공문서 확인 필)
③ 평가자는 훈련 주재자의 활동을 관찰하여 정성적으로 점수를 부여한다.
<table>
<tr><td rowspan="3">훈련 주재자 직급 (①)</td><td>위기관리 매뉴얼 상 주재자(일반적으로 기관장)</td><td>2점</td></tr>
<tr><td>차상위자</td><td>1점</td></tr>
<tr><td>기타</td><td>0점</td></tr>
<tr><td rowspan="5">역할 충실성 (②)</td><td>회의 주재 (진행 등)</td><td>☐</td></tr>
<tr><td>회의 참석자에게 질의응답</td><td>☐</td></tr>
<tr><td>긴급(응급)조치 사항 지시</td><td>☐</td></tr>
<tr><td>도출된 문제점에 대한 해결방안 마련</td><td>☐</td></tr>
<tr><td>기타 활동</td><td>☐</td></tr>
<tr><td rowspan="5">지휘 역량 (③)</td><td>재난 또는 위기상황을 이해하고 있음</td><td>☐</td></tr>
<tr><td>관련 법률에 관한 이해와 지식을 바탕으로 위기경보 단계, 특별재난지역 선포 등의 대응활동 처리 할 수 있음</td><td>☐</td></tr>
<tr><td>재난 또는 위기상황의 핵심이 무엇인지 규명 할 수 있음</td><td>☐</td></tr>
<tr><td>기관의 문제 또는 이슈사항에 대하여 조정 할 수 있음</td><td>☐</td></tr>
<tr><td>기관 또는 유관기관 간 갈등상황 발생시 중재할 수 있음</td><td>☐</td></tr>
</table>
(2) (실행기반 훈련 관심도 및 역할)
① 평가자는 실행기반 훈련에 위기관리 매뉴얼 상 의사결정자의 참석 및 활동 여부를 확인한다.
※"재난현장 의사결정자"는 위기관리 매뉴얼 상 재난현장의 지휘권이 부여된 자임
② 재난현장 의사결정자의 활동을 관찰하여 점수를 부여한다.
매뉴얼 또는 기관의 특성에 따라 추가적 활동한 사항이 있을 경우, 평가자는 적절성 여부를 판단하여 이를 작성하고 점수를 부여한다.
③ 평가자는 재난현장 의사결정자의 활동을 관찰하여 정성적으로 점수를 부여한다.</td></tr>
</table>

구분	내용	
훈련 의사결정자 직급(④)	위기관리 매뉴얼 상 의사결정자(일반적으로 부기관장)	2점
	차상위자	1점
	기타	0점
역할 충실성 (⑤)	현장 시찰(*)	□
	현장 지휘 활동 (단, 인명구조 시 긴급구조통제 단장 지휘)	□
지휘 역량 (⑥)	재난 현장에서 발생할 수 있는 문제를 파악할 수 있음	□
	재난 현장에서 필요한 대응활동을 신속하게 처리할 수 있음	□
	재난 현장에서 대응활동의 중요도를 파악 할 수 있음	□
	재난 현장에서 추진되고 있는 대응활동을 평가/지도 할 수 있음	□
	재난 현장에서 발생하는 민원 업무를 지도할 수 있음 (유가족, 자원봉사 등 관련된 업무 수행)	□

* 훈련에서 재난현장 의사결정자의'현장지휘활동'이 있다면'현장시찰'도 인정할 수 있음

평가방법

구분	항목			
토론기반 훈련 관심도 및 역할 (1)	직급 (①)	매뉴얼 상 주재자	차상위자	기타
		2점	1점	0점
	역할 충실성 (②)	4개~5개	3개~2개	1개 이하
		1점	0.5점	0점
	역량 (③)	4개~5개	3개~2개	1개 이하
		1점	0.5점	0점
실행기반 훈련 관심도 및 역할 (2)	직급 (④)	매뉴얼 상 의사결정자	차상위자	기타
		2점	1점	0점
	역할 충실성 (⑤)	2개	1개	0개
		1점	0.5점	0점
	역량 (⑥)	4개~5개	3개~2개	1개 이하
		1점	0.5점	0점
산식 (1+2)		합계(1+2)	토론기반훈련관심도 및 역할 (①+②+③)	실행기반훈련관심도 및 역할 (④+⑤+⑥)

유의사항

- 기관장이 공석인 경우, 직무대행 체제를 감안하여 평가

관련자료

훈련 결과보고서 (훈련 참석자 명부, 사진자료 등)

<table>
<tr><td>평가분류</td><td>2. 훈련 실시</td><td colspan="3">2-5. 훈련 참여 노력도</td></tr>
<tr><td>평가지표</td><td colspan="4">56. 대국민 훈련 홍보 실적</td></tr>
<tr><td>평가내용</td><td colspan="4">훈련을 대국민 및 관계자에게 홍보하기 위하여 다양한 매체(TV, 신문, 인터넷, SNS, 배너, 전광판, 유인물 등)를 활용하여 적극적으로 홍보하였는지 여부를 평가한다.</td></tr>
<tr><td>평가대상</td><td>공공기관</td><td>배점</td><td>7</td><td>(사후평가)</td></tr>
<tr><td>평가기준</td><td colspan="4">
(1) (종류의 적절성) 대국민 홍보매체 종류 수를 확인함
<table>
<tr><td rowspan="3">매체종류
(①)</td><td>5개 매체 이상</td><td>2점</td></tr>
<tr><td>3개 매체 이상</td><td>1점</td></tr>
<tr><td>2개 매체 이하</td><td>0점</td></tr>
</table>
※ TV, 신문, 인터넷, SNS, 배너, 전광판, 유인물 등
(2) (운영 적절성) 대국민 홍보가 적절하였는지 정성적으로 평가함
<table>
<tr><td rowspan="7">적
절
성
(②)</td><td rowspan="4">절차</td><td>지역내 주요 거리 대상 다수의 가로등 배너, 옥외 초대형 현수막 등 홍보 효과가 큰 오프라인 매체 활용</td><td>□</td></tr>
<tr><td>TV, 신문 등 홍보 효과가 큰 온라인 매체 활용</td><td>□</td></tr>
<tr><td>기타 홍보 효과가 큰 매체 활용</td><td>□</td></tr>
<tr><td>홍보 기간이 적절하였다고 판단(훈련일자를 기준으로 15일 수준)</td><td>□</td></tr>
<tr><td rowspan="3">효과</td><td>홍보물 설치장소가 지하철, 공공장소 등 인구이동이 많은 곳에 설치되어 홍보의 효과성이 높다고 판단</td><td>□</td></tr>
<tr><td>홍보물에 파급효과, 영향정도가 큰 요소(캐릭터, 사진 등)가 포함되어 효과성을 높였다고 판단</td><td>□</td></tr>
<tr><td>홍보물에 시민의 참여를 유도(QR코드, 이벤트 등)할 수 있는 요소를 포함시켜 효과성을 높였다고 판단</td><td>□</td></tr>
</table>
</td></tr>
<tr><td>평가방법</td><td colspan="4">
<table>
<tr><td rowspan="2">매체종류
(①)</td><td colspan="2">5개 매체 이상</td><td colspan="2">3개 매체 이상</td><td colspan="2">2개 매체 이하</td></tr>
<tr><td colspan="2">2점</td><td colspan="2">1점</td><td colspan="2">0점</td></tr>
<tr><td rowspan="2">적절성
(②)</td><td>7~6개</td><td>5개</td><td>4개</td><td>3개</td><td>2개</td><td>1개 이하</td></tr>
<tr><td>5점</td><td>4점</td><td>3점</td><td>2점</td><td>1점</td><td>0점</td></tr>
<tr><td rowspan="2">산식
(①+②)</td><td colspan="2">합계(①+②)</td><td colspan="2">종류의 적절성
(①)</td><td colspan="2">운영의 적절성
(②)</td></tr>
<tr><td colspan="2"></td><td colspan="2"></td><td colspan="2"></td></tr>
</table>
</td></tr>
<tr><td>유의사항</td><td colspan="4">• 홍보 관련 증빙자료가 없는 경우 점수를 부여하지 않는다.
• 재난대응 안전한국훈련 홍보에 직접적으로 기여한 경우에만 점수를 부여한다.</td></tr>
<tr><td>관련자료</td><td colspan="4">홍보 관련 실적 자료(홍보 계획서, 홍보 사진 등)</td></tr>
</table>

<table>
<tr><td>평가분류</td><td>2. 훈련 실시</td><td colspan="2">2-6. 국민 체감도</td></tr>
<tr><td>평가지표</td><td colspan="3">57. 국민체험단 훈련 평가 결과</td></tr>
<tr><td>평가내용</td><td colspan="3">국민이 직접 체감한 훈련의 성과를 평가한다.</td></tr>
<tr><td>평가대상</td><td>공공기관</td><td>배점</td><td>5 (현장평가)</td></tr>
<tr><td>평가기준</td><td colspan="3">(국민체험단 훈련 평가 결과) 국민체험단이 평가한 결과를 환산하여 반영
※ 국민체험단 평가지표 : 1.계획의 현실성, 2.기관장 적극성, 3.훈련의 충실성, 4.훈련의 효과성, 5.총평</td></tr>
<tr><td>평가방법</td><td colspan="3">
<table>
<tr><td rowspan="2">국민체험단 훈련 평가 결과</td><td>90점 이상 (매우 우수)</td><td>90점 미만 65점 이상 (우수)</td><td>65점 미만 40점 이상 (보통)</td><td>40점 미만 15점 이상 (미흡)</td><td>15점 미만 (매우 미흡)</td></tr>
<tr><td>5점</td><td>4점</td><td>3점</td><td>2점</td><td>1점</td></tr>
</table>
※ 영상회의 등 비대면 참여는 국민체험단 실적으로 인정하지 않고 점수는 0점 처리</td></tr>
<tr><td>유의사항</td><td colspan="3">• 현장에서 국민체험단 평가 결과를 반드시 확인하고, 사후 증빙자료와의 정합성 점검 필요</td></tr>
<tr><td>관련자료</td><td colspan="3">국민체험단 평가결과</td></tr>
</table>

<table>
<tr><td>평가분류</td><td>3. 훈련 평가 환류</td><td colspan="2">3-1. 자체평가의 적정성</td></tr>
<tr><td>평가지표</td><td colspan="3">58. 자체평가 계획 수립 및 실시 실적</td></tr>
<tr><td>평가내용</td><td colspan="3">훈련기관에서 자체평가 계획을 수립하고 실시하였는지 여부를 평가한다.</td></tr>
<tr><td>평가대상</td><td>공공기관</td><td>배점</td><td>3 (사후평가)</td></tr>
<tr><td>평가기준</td><td colspan="3">(운영 실적) 자체평가 수립 여부와 자체평가 실시 여부를 확인 및 점검하고 평가함
<table>
<tr><td rowspan="2">구분</td><td colspan="2">자체평가 계획 수립 (①)</td><td colspan="2">자체 평가 실시 (②)</td></tr>
<tr><td>계획 수립</td><td>미수립</td><td>실시</td><td>미실시</td></tr>
<tr><td>배점</td><td>1.5</td><td>0</td><td>1.5</td><td>0</td></tr>
</table></td></tr>
<tr><td>평가방법</td><td colspan="3">
<table>
<tr><td>구분</td><td>합계 (①+②)</td><td>자체평가 계획 수립 (①)</td><td>자체 평가 실시 (②)</td></tr>
<tr><td>산식</td><td></td><td></td><td></td></tr>
</table></td></tr>
<tr><td>유의사항</td><td colspan="3">• 자체평가 시점은 훈련이 끝난 이후에 실시되었는지를 평가한다.</td></tr>
<tr><td>관련자료</td><td colspan="3">자체평가 계획서 및 자체평가 실시 결과</td></tr>
</table>

<table>
<tr><td>평가분류</td><td>3. 훈련 평가 환류</td><td colspan="3">3-2. 개선 및 환류의 적정성</td></tr>
<tr><td>평가지표</td><td colspan="4">59. 개선계획(매뉴얼 개정 포함) 수립의 적절성</td></tr>
<tr><td>평가내용</td><td colspan="4">훈련 실시를 통해 도출된 미비점 등을 보완하기 위한 개선계획을 평가한다.</td></tr>
<tr><td>평가대상</td><td>공공기관</td><td>배점</td><td>5</td><td>(사후평가)</td></tr>
<tr><td>평가기준</td><td colspan="4">(1) (추진의 적절성) 평가자는 올해 미흡사항, 지적사항, 보완 필요사항 등에 대한 개선계획(조치계획) 수립 내용을 확인함
<table>
<tr><td rowspan="2">구분</td><td colspan="2">개선계획 수립</td><td colspan="2">위기관리 매뉴얼 개정 필요사항 및 계획</td><td colspan="2">기관장 결재</td></tr>
<tr><td>계획 수립</td><td>미수립</td><td>포함</td><td>미포함</td><td>기관장 결재</td><td>기관장 미결재</td></tr>
<tr><td>배점</td><td>1</td><td>0</td><td>1</td><td>0</td><td>1</td><td>0</td></tr>
</table>
(2) (작성의 충실성) 평가자는 개선계획서를 살펴보고 적절성을 평가함(전년도 개선계획의 반영 결과도 함께 점검)
<table>
<tr><td rowspan="5">충실성 (②)</td><td>전년도 수립한 개선계획이 적절히 추진되었고 올해 훈련에 반영됨</td><td>☐</td></tr>
<tr><td>훈련 평가 중에 발견된 문제점, 현안사항 포함</td><td>☐</td></tr>
<tr><td>개선 및 조치사항의 담당자(책임부서) 지정(배정)</td><td>☐</td></tr>
<tr><td>개선에 필요한 제반사항(조직, 예산, 일정 등) 포함</td><td>☐</td></tr>
<tr><td>개선 및 조치사항의 추적관리를 위한 절차 마련
(예시_안전한국훈련 개선사항 조치 점검회의 개최계획 등)</td><td>☐</td></tr>
</table></td></tr>
<tr><td>평가방법</td><td colspan="4"><table>
<tr><td rowspan="2">추진의 적절성 (①)</td><td>합계 (i+ii+iii)</td><td>개선계획 수립 (i)</td><td>위기관리 매뉴얼 개정 필요사항 및 계획 (ii)</td><td>기관장 결재 (iii)</td></tr>
<tr><td></td><td></td><td></td><td></td></tr>
<tr><td rowspan="2">작성의 충실성 (②)</td><td>5개</td><td colspan="2">4개~3개</td><td>2개 이하</td></tr>
<tr><td>2점</td><td colspan="2">1점</td><td>0.5점</td></tr>
<tr><td rowspan="2">산식</td><td>합계(①+②)</td><td colspan="2">추진의 적절성 (①)</td><td>작성의 충실성 (②)</td></tr>
<tr><td></td><td colspan="2"></td><td></td></tr>
</table></td></tr>
<tr><td>유의사항</td><td colspan="4">• 개선계획보고서 수립이 어려운 경우 훈련결과보고서에 기술된 개선계획 내용으로 평가 가능하다.
• 타당한 사유가 있는 경우, 지역사고수습본부장 결재도 기관장 결재로 인정</td></tr>
<tr><td>관련자료</td><td colspan="4">개선계획보고서 / 훈련결과보고서</td></tr>
</table>

2. 가·감점 지표

□ 가·감점 평가 방법

- ❍ 실시는 하였으나 적절성 및 효과성이 미흡한 경우 가점을 부여하지 않음
- ❍ 가점의 평가자료가 허위로 적발 될 경우 가점은 0점 처리되고, 감점 처리

※『허위 평가자료 적발사례』로 감점이 있는 경우, 우수기관에서 제외

□ 가점 지표별 적용 기준

① 훈련 동영상 유튜브 채널 게시 기관 (+2점)

〈 세부 평가기준 〉

- 훈련을 동영상으로 제작하여 제출, 안전한국훈련 공식 유튜브 채널 등에 게시한 기관 가점 2점 부여

※ 국가 보안시설 훈련 등 대국민 공개가 불가능한 경우, 훈련 동영상을 제작하여 행안부로 제출 시 가점 인정

② 타 훈련 주관기관의 훈련에 참여 또는 지원 (+1점)

〈 세부 평가기준 〉

- 타 훈련 주관기관의 요청이 있을 시, 장비, 인력 또는 시나리오 작성 등을 지원하여 훈련에서의 역할을 적극적으로 수행한 경우 가점 1점 부여

③ 대규모 국민 참여 (+2점)

〈 세부 평가기준 〉

- 국민의 재난역량 강화 및 대국민 적극 홍보를 위해 20명 이상의 국민을 훈련에 참여시킨 경우 산식에 따라 점수 부여(200명 이상 만점)

※ 산식 : 훈련 참여국민수(국민체험단 제외) x 0.01 (소수 둘째 자리에서 반올림하여 첫째 자리까지 표기) / 점수예시 : 0.2, 0.3, 0.4, …, 1.9, 2.0

□ **감점 지표별 적용 기준**

① 통합 연계훈련 미실시(-10점)

〈 세부 평가기준 〉

- 실행기반 훈련과 토론기반 훈련을 실시간으로 연계하여 진행하지 않은 경우 해당된다.(다만, 재난발생, 초기대응, 상황판단회의 개최, 비상대응 초반부까지는 반드시 연계 진행하고, 비상대응이 진행됨에 따라 특정 시점에서 연계를 중단하고 실행기반 훈련과 토론기반 훈련을 서로 상이한 시간 흐름에 따라 진행 가능)

② 보여주기식 훈련 언론보도(-5점)

〈 세부 평가기준 〉

- TV, 신문 등 주요 언론매체를 통해 보여주기식 훈련으로 지적 받은 경우 해당된다.
  (다만, 해명자료를 배포하고 그 사유가 타당하다고 판단될 경우 3점만 감점한다.)

③ 허위 평가 자료 적발사례(건당 -2점)

〈 세부 평가기준 〉

- 실적 일자, 참석자, 내용 등이 증빙자료와 상이할 경우 해당된다.
- 결재 자료만 남아 있고 실행하지 않은 실적의 경우 허위로 판단한다.
- 작년과 동일한 내용으로 일자만 바꾸어 실행하는 경우 허위로 판단한다.
- 허위 평가자료 적발사례가 1건 이상 있는 경우 우수기관에서 제외

④ 평가 자료 지연 제출(건당 -0.5점)

〈 세부 평가기준 〉

- 평가 자료가 시스템에 늦게 등록된 경우 해당한다.

⑤ 훈련 관련 회의 불참(건당 -0.5점)

〈 세부 평가기준 〉

- (중앙, 시 · 도) 행안부 주관 설명회, 점검회의, 워크숍 등 주요 회의에 불참하는 경우 해당한다.
- (시 · 군 · 구) 시 · 도 주관 설명회, 점검회의, 워크숍 등 주요 회의에 불참하는 경우 해당한다.

⑥ 훈련 시 안전사고 발생 기관 (-5점)

〈 세부 평가기준 〉

- 안전한국훈련 과정에 안전사고가 발생하였거나 안전사고로 인해 피해자가 발생하였고 사회적 물의를 초래한 기관에 대해 감점을 부여한다.

※ 불시훈련을 위한 출동 시, 불가피하게 발생한 안전사고는 감점 제외

2023 재난대비 상시훈련 평가 지표

□ 평가지표

1. 평가배점 : 50점

❍ 기관별 미 적용 평가지표는 해당 배점을 제외하되 최종 종합점수를 50점 만점으로 환산

❍ 평가분야별 평가지표 수와 배점

평가분야	평가지표	배점
합계	4	50
훈련 사전	1	10
훈련 실시	1	10
훈련 사후	2	30

2. 분야별 평가지표

<table>
<tr><th>평가분야</th><th>평가영역</th><th>평가지표</th><th>배점</th><th>방법</th></tr>
<tr><td rowspan="2">1.
훈련 사전</td><td>1-1 개인임무카드 평가</td><td>1. 개인임무카드 작성의 적절성</td><td>10</td><td></td></tr>
<tr><td colspan="2">소 계</td><td>10</td><td></td></tr>
<tr><td rowspan="2">2.
훈련 실시</td><td>2-1 훈련 관심도</td><td>2. 훈련 주재자의 관심도</td><td>10</td><td></td></tr>
<tr><td colspan="2">소 계</td><td>10</td><td></td></tr>
<tr><td rowspan="3">3.
훈련 사후</td><td>3-1 훈련 실시 노력도</td><td>3. 대국민 훈련 홍보 실적</td><td>10</td><td></td></tr>
<tr><td>3-2 개선사항 도출의 노력도</td><td>4. 매뉴얼 미비점 발굴 및 개선</td><td>20</td><td></td></tr>
<tr><td colspan="2">소 계</td><td>30</td><td></td></tr>
<tr><td colspan="3">합 계</td><td>50</td><td></td></tr>
</table>

3. 평가지표별 평가기준

<table>
<tr><td>평가분류</td><td>1. 훈련 사전</td><td colspan="3">1-2. 개인임무카드 평가</td></tr>
<tr><td>평가지표</td><td colspan="4">1. 개인임무카드 작성의 적절성</td></tr>
<tr><td>평가내용</td><td colspan="4">재난 유형별 역할에 대한 개인임무카드(대행자, 개인별 작성 처리할 문서, 서식, 임무(상황전파, 기관장 보고, 보도자료 작성, 유관기관 연락, 재난문자 발송 등)가 적절하게 작성되었는지를 평가한다.</td></tr>
<tr><td>배점</td><td colspan="4">10</td></tr>
<tr><td>평가기준</td><td colspan="4">(개인인무카드 작성의 적절성) 평가자는 훈련 유형에 따른 개인별 임무카드가 적절하게 작성되었는지를 평가함

<table>
<tr><td rowspan="6">개인임무카드 작성의 적절성</td><td>부서원별 임무가 각각 세분화 되어 작성(과장, 팀장, 반원별 각각 작성)</td><td>□</td></tr>
<tr><td>담당자 부재시 대행자 지정</td><td>□</td></tr>
<tr><td>개인별 처리할 문서 사전 작성(공문서, 보도자료, 브리핑 자료 등)</td><td>□</td></tr>
<tr><td>상황전파 대상 및 비상연락망 확보(부내, 유관기관, 중앙부처 등 전파대상)</td><td>□</td></tr>
<tr><td>개인별 임무에 대해 숙지하고 있다.</td><td>□</td></tr>
<tr><td>주민 행동 요령에 대해 상황에 맞게 사전 메시지 작성
(시간대별, 피해상황별에 따라 메시지 내용 사전작성)</td><td>□</td></tr>
</table></td></tr>
<tr><td>평가방법</td><td colspan="4">
<table>
<tr><td rowspan="2">개인임무카드 작성의 적절성</td><td>5개~6개</td><td>3개~4개</td><td>2개 이하</td></tr>
<tr><td>10점</td><td>6점</td><td>2점</td></tr>
</table></td></tr>
<tr><td>평가
유의사항</td><td colspan="4">• 개인임무 카드가 없으면 0점으로 처리하고 점수를 부여하지 않는다.
• 평가자는 행동 매뉴얼에 따라 개인별 임무가 누락이 없는지 확인한다.
• 작성된 문서 내용이 실제 적용 가능한지를 평가하고 미흡한 경우 점수를 부여하지 않는다
• 평가자는 개인별 임무를 숙지하였는지에 대해 표본 점검을 실시한다.</td></tr>
<tr><td>관련자료</td><td colspan="4">훈련 시나리오 / 소관 재난유형의 현장조치 행동매뉴얼(지자체·공공기관)</td></tr>
</table>

<table>
<tr><td>평가분류</td><td>2. 훈련 실시</td><td>2-1. 훈련 관심도</td></tr>
<tr><td>평가지표</td><td colspan="2">2. 훈련 주재자의 관심도</td></tr>
<tr><td>평가내용</td><td colspan="2">훈련 기관장의 참여 의지, 관심 정도 등을 평가한다.</td></tr>
<tr><td>배점</td><td colspan="2">10</td></tr>
<tr><td>평가기준</td><td colspan="2">① 평가자는 훈련 주재자의 직급을 확인하여 점수를 부여한다.
(단, 인사말씀 등의 활동만 관찰될 경우 미 참석으로 점수를 부여하지 않는다)
② 평가자는 훈련 주재자의 활동을 관찰하여 점수를 부여한다. 매뉴얼 또는 기관의 특성에 따라 주재자의 역학이 다르거나 주재자의 직급을 매뉴얼에 따로 정한 경우에는, 적절성 여부를 판단하여 이를 작성하고 점수를 부여한다.
③ 평가자는 훈련 주재자의 활동을 관찰하여 정성적으로 점수를 부여한다.
<table>
<tr><td rowspan="3">훈련 주재자 직급 (①)</td><td>중앙행정기관(기관장, 부기관장, 소관 실국장)
지방자치단체(단체장, 부단체장)</td><td>6점</td></tr>
<tr><td>과장급</td><td>4점</td></tr>
<tr><td>기타</td><td>2점</td></tr>
<tr><td rowspan="4">역할 충실성 (②)</td><td>회의 주재 (진행 등)</td><td>☐</td></tr>
<tr><td>회의 참석자에게 질의응답</td><td>☐</td></tr>
<tr><td>긴급(응급)조치 사항 지시</td><td>☐</td></tr>
<tr><td>도출된 문제점에 대한 해결방안 마련</td><td>☐</td></tr>
</table></td></tr>
<tr><td>평가방법</td><td colspan="2">
<table>
<tr><td rowspan="4">토론 기반 훈련 관심도</td><td rowspan="2">직급 (①)</td><td colspan="2">기관장·부기관장·실국장급</td><td colspan="2">과장급</td><td colspan="2">기타</td></tr>
<tr><td colspan="2">6점</td><td colspan="2">4점</td><td colspan="2">2점</td></tr>
<tr><td rowspan="2">역할 충실성 (②)</td><td>4개</td><td colspan="2">3개</td><td colspan="2">2개</td><td>1개 이하</td></tr>
<tr><td>4점</td><td colspan="2">3점</td><td colspan="2">2점</td><td>1점</td></tr>
<tr><td colspan="2" rowspan="2">산식</td><td colspan="6">합계(①+②)</td></tr>
<tr><td colspan="6"></td></tr>
</table></td></tr>
<tr><td>평가 유의사항</td><td colspan="2">• 다수의 재난유형을 실시·평가받아 실국장급 이상 주재자가 동시 참석이 불가능한 경우 1개 이상의 재난유형에 참석하면 나머지 훈련에도 참석한 것으로 한다.
• 지방선거 등으로 인해 기관장이 공석인 경우 부기관장이 주재·참석한 경우에는 기관장이 참석한 것으로 점수를 부여한다.
• (예외규정) 국제행사 또는 국정감사 일정 등의 정당한 사유로 기관장 참석이 명백히 불가한 기관은 주재자 관심도 점수 총 3점 중 2.5점 반영(감 0.5점)</td></tr>
<tr><td>관련자료</td><td colspan="2">훈련 결과보고서 (훈련 참석자 명부)</td></tr>
</table>

<table>
<tr><td>평가분류</td><td>3. 훈련 사후</td><td>3-1. 훈련 참여 노력도</td></tr>
<tr><td>평가지표</td><td colspan="2">3. 대국민 훈련 홍보 실적</td></tr>
<tr><td>평가내용</td><td colspan="2">훈련을 대국민 및 관계자에게 홍보하기 위하여 다양한 매체(TV, 신문, 인터넷, SNS, 배너, 전광판, 유인물 등)를 활용하여 적극적으로 홍보하였는지 여부를 평가한다.</td></tr>
<tr><td>평가대상</td><td colspan="2">10</td></tr>
<tr><td>평가기준</td><td colspan="2">
(1) (종류의 적절성) 대국민 홍보매체 종류 수를 확인함
<table>
<tr><td rowspan="3">매체종류
(①)</td><td>3개 매체 이상</td><td>5점</td></tr>
<tr><td>1~2개 매체 이상</td><td>3점</td></tr>
<tr><td>미 홍보</td><td>1점</td></tr>
</table>
(※) TV, 신문, 인터넷, SNS, 배너, 전광판, 유인물 등

(2) (운영 적절성) 대국민 홍보가 적절하였는지 정성적으로 평가함
<table>
<tr><td rowspan="3">적절성
(②)</td><td>TV, 신문 등 홍보효과가 큰 매체 활용</td><td>□</td></tr>
<tr><td>홍보매체 종류별로 다양하게 활용(3개이상 매체활용)</td><td>□</td></tr>
<tr><td>홍보 기간이 적절하였다고 판단(前15일~훈련일)</td><td>□</td></tr>
</table>
</td></tr>
<tr><td>평가방법</td><td colspan="2">
<table>
<tr><td rowspan="2">매체종류
(①)</td><td>3개 매체 이상</td><td>1~2개 매체 이상</td><td>미 홍보</td></tr>
<tr><td>5점</td><td>3점</td><td>1점</td></tr>
<tr><td rowspan="2">적절성
(②)</td><td>3개</td><td>1개~2개</td><td>해당없음</td></tr>
<tr><td>5점</td><td>3점</td><td>1점</td></tr>
<tr><td rowspan="2">산식
(①+②)</td><td>합계(①+②)</td><td>종류의 적절성(①)</td><td>운영의 적절성(②)</td></tr>
<tr><td></td><td></td><td></td></tr>
</table>
</td></tr>
<tr><td>평가
유의사항</td><td colspan="2">• 홍보 관련 증빙자료가 없는 경우 점수를 부여하지 않는다.
• 기관자체훈련 목적으로 제작된 홍보만 점수를 부여한다.
• (평가위원) 결측처리시 0점 처리 후, 시스템 의견입력란 및 평가결과보고서에 반드시 "결측치 처리"로 입력</td></tr>
<tr><td>관련자료</td><td colspan="2">홍보 관련 실적 자료</td></tr>
</table>

<table>
<tr><td>평가분류</td><td>3. 훈련 사후</td><td>3-2. 개선사항 도출의 노력도</td></tr>
<tr><td>평가지표</td><td colspan="2">4. 매뉴얼 미비점 발굴 및 개선</td></tr>
<tr><td>평가내용</td><td colspan="2">기관별 매뉴얼 내용에 따라 실제 훈련을 진행하였을 때, 도출되는 문제점을 적극 발굴 및 개선하였는지를 평가한다.</td></tr>
<tr><td>배점</td><td colspan="2">20</td></tr>
<tr><td>평가기준</td><td colspan="2">
(1) (적절성) 평가자는 도출된 문제점의 적절성 여부를 정성적으로 확인함
<table>
<tr><td rowspan="3">적절성
(①)</td><td>문제점의 적극적 분석을 통해 개선사항 발굴</td><td>10점</td></tr>
<tr><td>형식적 단순 문제점 도출</td><td>6점</td></tr>
<tr><td>미흡</td><td>2점</td></tr>
</table>
(2) (개선계획 추진의 적절성) 평가자는 올해 '미흡' 또는 '지적사항(미흡한 점)'에 대한 개선계획(조치계획) 추진사항을 확인함
<table>
<tr><td rowspan="2">구분</td><td colspan="2">개선계획 수립</td></tr>
<tr><td>계획 수립</td><td>미수립</td></tr>
<tr><td>배점</td><td>10</td><td>0</td></tr>
</table>
</td></tr>
<tr><td>평가방법</td><td colspan="2">
<table>
<tr><td>산식
(①+②)</td><td>합계(①+②)</td><td>적절성
(①)</td><td>개선계획 추진의 적절성
(②)</td></tr>
<tr><td></td><td></td><td></td><td></td></tr>
</table>
</td></tr>
<tr><td>평가
유의사항</td><td colspan="2">• 도출된 실적이 없는 경우 0점을 부여한다.</td></tr>
<tr><td>관련자료</td><td colspan="2">훈련결과보고서, 개선계획보고서, 매뉴얼개정이력</td></tr>
</table>

Chapter

4

국가 핵심기반보호 재난관리 평가

1. 국가 핵심기반보호 재난관리 평가 개요

1) 평가 환경

국가핵심기반은 에너지, 정보통신, 교통수송, 보건의료 등 국가경제, 국민의 안전·건강 및 정부의 핵심기능에 중대한 영향을 미칠 수 있는 시설, 정보기술시스템 및 자산 등을 말한다(재난안전법 제3조 12호). 국가기반체계 재난관리평가는 국가기반시설 관리기관을 대상으로 국가기반체계 재난관리 추진 실적을 종합평가하여 재난대응역량을 강화하고 문제점에 대한 개선방안을 마련한다. 분야별 우수기관을 선정하여 발표하고 표창을 수여함으로써 사기진작의 목적을 갖는다. 2009년 12개 기관을 대상으로 시범적으로 실시한 이후 2010년부터 260개 국가기반시설 전체 관리기관으로 확대하여 본격적으로 실시되었다. 평가 결과는 연말에 공개한다.

「재난 및 안전관리 기본법」제26조는 국가기반의 지정 및 관리에 대해 규정한다. 관계 중앙행정기관의 장은 소관 분야의 국가핵심기반을 조정위원회의 심의를 거쳐 지정할 수 있으며, 행정안전부 장관 또는 관계 중앙행정기관의 장은 대통령령으로 정하는 바에 따라 국가핵심기반시설의 보호 및 관리 실태를 확인·점검할 수 있다.

2) 평가투입

재난안전법에 규정된 바와 같이 공공기관과 시·군·구 기초자치단체에 대해서는 각각 관할 중앙행정기관의 장과 시·도지사가 평가를 하지만, 궁극적인 평가주체는 행정안전부로 재난관리평가를 총괄하고 있다. 또한, 평가대상은 국가기반시설 관리기관으로 중앙부처, 특별 행정기관, 공공기관 및 단체, 지자체뿐만 아니라 민간기관도 포함되어 있다. 2010년 처음으로 이루어진 평가는 8개 분야(에너지, 정보·통신, 교통·수송, 금융, 보건·의료, 원자력, 환경, 식·용수)의 97개 기관을 대상으로 진행되었다(행정안전부, 2010).

3) 평가과정

평가지표는 대규모 재난에 대비한 재난안전관리 체계 개선을 위한 재난관리 역량, 기관장 관심도, 자원관리, 보호대책 등 6개 항목에 따라 구성되어 있다. 먼저 주관 부처는 관리기관에 대하여 자체평가를 실시한 뒤 우수기관을 추천한다. 민관합동평가단은 부처에서 추천받은 기관에 대하여 서면 및 확인평가를 실시하고, 평가위원회의 심의를 거쳐 최종 확정된다.

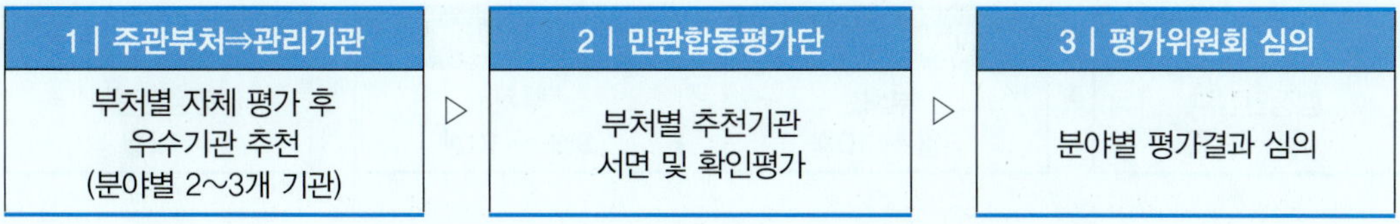

그림 1 국가 핵심기반보호 재난관리 평가 절차

4) 평가결과 및 활용

국가기반체계 재난관리평가의 경우 매년 말 분야별 우수기관을 선정·공개하고 표창을 수여하고 있으며, 공공기관의 경우 재난관리평가의 결과를 경영실적평가에도 반영시킬 수 있는 근거 규정이 있다. 주관기관의 자체평가와 합동평가단의 확인평가로 이루어지는 바, 정부포상 수여 등의 인센티브는 기관의 사기진작을 제고할 수 있는 요인으로 작용한다.

또한, 평가결과를 중앙안전관리위원회에 보고하고 관계기관에 통보하며 종합보고서를 작성해 배포함으로써 재난관리체계상의 미비점을 개선·보완할 수 있도록 권고하였으며, 분야별 우수사례 및 제도개선사항에 대해서는 공유·확산하고, 평가결과 시 도출된 미비점은 분석과 대안을 함께 제시함으로써 평가의 참여도를 제고시키고 환류를 강화하기 위해 노력하였다(위기관리경영, 2012. 6. 12).

2. 평가 진행 절차 및 준비사항

1) 평가 진행 절차

국가 핵심기반 관리기관으로부터 평가자료(보호계획, 증빙자료, 우수사례 등은 행안부에서 일괄 인쇄 후 현장 배포)를 받아 검토한 후, 각 평가지표별 배점 범위 내에서 점수를 부여한다. 이후 지표별 점수를 합산하여 산출한다. 평가점수는 평가위원 점수를 합산한 후 산술평균 점수로 확정한다. 평가등급은 3등급으로 구분하고, A등급 30%, B등급 60%, C등급 10%로 배분한다. 1차 평가 결과 A등급 기관을 대상으로 2차 평가를 실시한다. 이후 평가심의회에서 A등급 기관 가운데 정부 포상 대상을 선정한다.

2) 준비사항

행정안전부는 국가핵심기반 관리실태를 점검·평가하여 관리기관의 자율과 책임을 강화하고, 평가결과 환류 및 현장 자문으로 보호역량을 강화하기 위하여 역량강화 컨설팅을 실시하고, 관리기관 실태를 점검한다. 이후 재난관리 평가를 실시하여 우수기관을 선정 포상한다.

역량강화 컨설팅		관리실태 점검		재난관리평가		우수기관 포상
행정안전부, 6월 ~ 7월	▷	부처, 8월 ~ 10월	▷	부처, 9월 ~ 10월	▷	행정안전부, 12월

3) 국가 핵심기반 분야별 대상 및 지정기준(재난 및 안전관리 기본법 제30조 제1항 관련)

분야별	지정 기준
에너지	전력 · 석유 · 가스 공급에 필요한 생산 · 공급시설과 비축시설
정보통신	교환기 등 주요 통신장비가 집중된 시설 및 정보통신 서비스의 전국상황 감시시설 국가행정을 운영 · 관리하는 데에 필요한 기간망과 주요 전산시스템「전기통신기본법」 제7조에 따른 부가통신사업자의 업무수행에 필요한 전산시스템으로서 과학기술정보통신부장관이 특별히 관리할 필요가 있다고 인정하는 주요 전산시스템
교통수송	인력 수송과 물류 기능을 담당하는 체계와 실제 운용하는 데에 필요한 교통 · 운송시설 및 이를 통제하는 시설
금융	은행 및 투자매매업 · 투자중개업을 운영하는 데에 필요한 시설이나 체계
보건의료	응급의료서비스를 제공하는 시설과 이를 지원하는 혈액관리 업무를 담당하는 시설
원자력	원자력시설의 안정적 운영에 필요한 주제어장치(主制御裝置)가 집중된 시설과 방사성폐기물을 영구 처분하기 위한 시설
환경	「폐기물관리법」에 따른 생활폐기물 처리를 위한 수집부터 소각 · 매립까지의 계통상의 시설
정부 중요시설	중앙행정기관이 입주하고 있는 주요 시설
식용수	식용수 공급을 위한 담수(湛水)부터 정수(淨水)까지 계통상의 시설
문화재	「문화재보호법」 제2조제3항제1호에 따른 국가지정문화재로서 문화재청장이 특별히 관리할 필요가 있다고 인정하는 문화재
공동구	「국토의 계획 및 이용에 관한 법률」 제2조제9호에 따른 공동구로서 행정안전부장관 또는 국토교통부장관이 특별히 관리할 필요가 있다고 인정하는 공동구

4) 보호계획 수립 및 제출 절차

행정 안전부		주관기관		관리기관		지정시설		관리기관		주관기관		행정 안전부
보호계획 수립요청	▷	주관기관 보호계획 수립 · 통보	▷	관리기관 보호계획 수립 · 통보	▷	지정시설 보호계획 수립 · 제출	▷	관리기관 보호계획 제출(경유)	▷	주관기관 보호계획 제출(경유)	▷	보호계획 총괄취합

3. 보호계획 수립 이해

1) 국가 핵심기반 보호계획 프레임워크

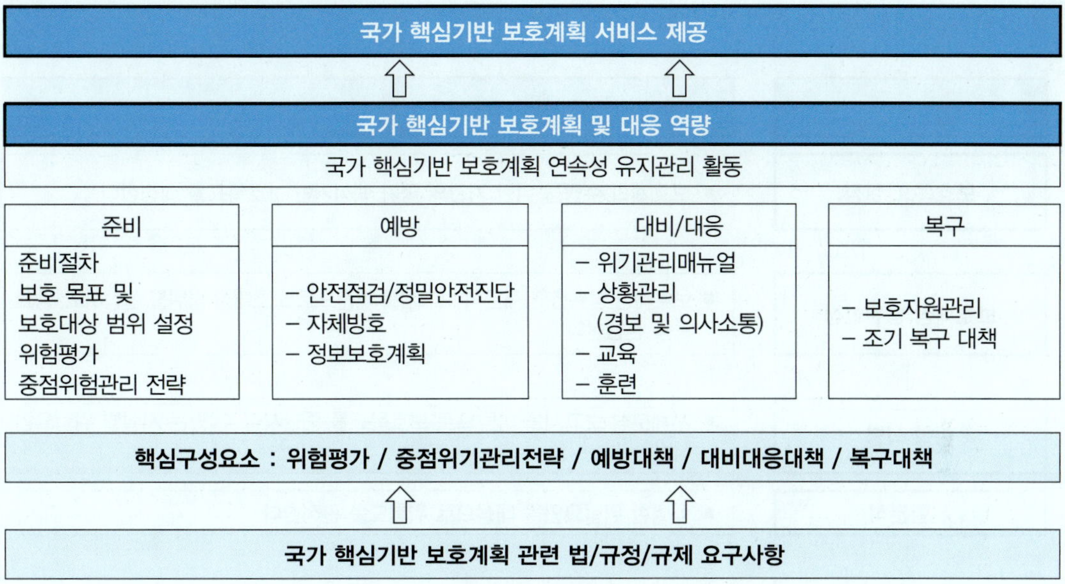

그림 2 국가 핵심기반 보호계획 프레임워크

국가 핵심기반 보호계획 프레임워크는 국가 핵심기반 관리를 위한 정책, 목적, 명령 및 책무를 포함한다. 국가 핵심기반 보호계획 수립은 준비 및 계획, 관계, 책무, 자원, 프로세스 및 활동을 포함하여야 한다. 문제해결을 위한 준비-예방-대비-대응-복구 단계에 따라서 지속적인 개선 활동을 하도록 구성된다. 기존의 국가 핵심기반 보호계획의 관리 실행과 프로세스를 점검하고, 취약한 부분은 평가 및 프레임워크 내에서 해소해야 한다(그림 2).

2) 보호계획 수립 절차

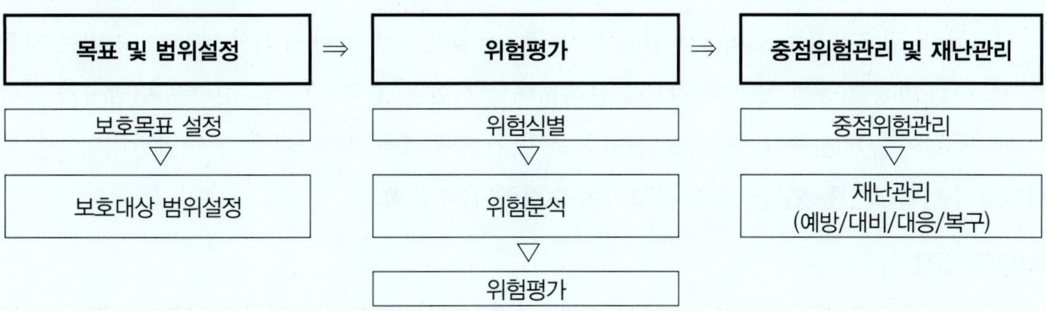

보호계획 수립절차는 국가 핵심기반 보호계획을 수립하는 프로세스로서 국가 핵심기반의 핵심기능 연속성 확보를 위하여 반드시 실행해야 한다. 첫 번째 단계는 기관의 보호목표와 범위를 설정한다. 두 번째 단계는 복구 우선순위를 결정하기 위하여 위험평가를 실시한다. 마지막 단계는 위험평가 결과로 중점위험관리전략 및 재난관리대책을 수립한다.

수행 단계	보호계획 수행 방법
보호목표 설정	■ 보호계획 수립을 위한 기관의 국가 핵심기반 보호목표를 설정한다.
⇓	
보호대상 범위설정	■ 보호대상 범위를 자체분석 보고서를 기준으로 보호대상 범위를 설정하고, 중요도를 선정한다
⇓	
위험 식별	■ 자체분석 보고서를 바탕으로 보호목표를 중단시킬 수 있는 시설별 위험요인 식별한다.
위험분석	■ 식별한 위험요인을 대상으로 위험도를 판정한다.
⇓	
위험평가	■ 위험도 등급 우선순위에 따라 중점관리 위험을 선정하고, 주요 위험요인별 대응기간을 설정한다.
중점위험관리 및 재난관리	■ 위험평가결과에 위험도 등급이 높게 산출된 중점관리 위험에 특화된 전략을 수립한다. ■ 재난관리를 위한 예방·대비·대응·복구 대책을 수립한다.

그림 3 국가 핵심기반 보호계획 수행 단계 및 수행 방법

보호목표 설정은 11개 분야의 기능 및 업무 특성에 맞는 유지범위를 정하여 정량적 목표를 설정한다. 필요시 정성적 목표도 설정한다. 보호대상 범위설정은 국가 핵심기반에 영향을 미칠 수 있는 시설, 설비, 인력, 자원, 업무, 정보시스템 등을 중심으로 중요도에 따라 보호대상 범위를 구체적으로 명시한다. 위험평가는 보호대상 범위에 속하는 핵심시설 및 설비 등에서 발생할 수 있는 해당 위험요인의 발생 가능성 및 피해 정도를 분석하여 실시한다. 중점위험관리전략은 위험평가 결과 위험도 등급이 높게 산출된 '중점관리위험 목록'을 관련 부서에 전파하여 한다. 재난관리대책은 부서별로 수립하고 있는 연간계획을 참고하여 수립한다(그림 3).

보호목표 설정

국가 핵심기반으로 지정된 시설의 핵심기능연속성 확보를 위하여 관리기관의 정책에 반영하여 목표를 수립하여야 한다.

① 보호목표를 수립하기 위하여 다음을 검토하여야 한다.

- 자원 및 지식 측면에서 조직의 역량
- 내부 이해 관계자
- 인식, 가치 및 문화
- 조직에서 채택한 규정
- 정보 흐름 및 의사 결정 프로세스
- 목표와 이를 달성하기 위한 전략
- 정책 및 프로세스
- 구조 (예 : 관리체계, 역할 및 책임)

② 보호목표를 수립하기 위하여 조직과 시스템이 운영되는 환경을 고려하여야 한다.

- 정치적, 법적, 규제적, 재정적, 경제적 및 경쟁적 환경 요인(국제적, 국가적, 지역적 또는 지엽적 여부)
- 조직의 목표에 영향을 미치는 핵심 동인 및 추세
- 외부 이해 관계자의 인식과 가치

보호대상 범위설정

국가 핵심기반으로 지정 된 기관이 관리하는 시설의 서비스 시스템의 설비, 자원, 인력을 포함한 핵심기능 연속성 프로세스를 대상으로 한다.

① 정책과 목표에 부합하게 범위를 설정한다.

② 위험관리 활동 프로세스, 기능 범위를 시간과 장소의 관점에서 정의하여야 한다.

위험평가 조직

위험평가 조직 구성은 기관 내 · 외의 5~10명 이내의 전문가들로 한다.

① 내부 전문가는 내부 직원 또는 협력기관의 직원으로 ㅇㅇ직급 이상이 되어야 한다.

② 외부 전문가 중 관련분야의 대학은 조교수 이상, 박사학위 취득 후 3년 이상, 기술사 또는 이에 준하는 사람을 말한다.

역할과 책임

위험평가 조직의 역할과 책임은 표 1과 같다.

표 1 위험평가 조직의 역할과 책임

조직	역할과 책임		비고
기반시설 관리 책임자	위험평가 총괄 추진목표 문서화 예산편성 또는 지원	기관장 의지표명 위험평가 조직구성 및 역할부여	기관장
기반시설 담당자	위험평가 실행지원담당 위험평가 실행 계획서 작성 내·외부 평가전문가 구성	위험평가 준비 위험평가 기초자료 준비	관리자 및 실무담당자
평가위원	위험평가 실행 위험기준 정의 등	위험평가 식별, 분석, 평가 전략준비	위험평가 전문가

위험평가

재난유형을 참고하여 보호대상 범위에 속하는 핵심시설 등을 대상으로 핵심기능을 중단시킬 수 있는 위험유형과 주요 위험요인에 대해 위험평가를 실시하며 경우에 따라 업무영향분석을 실시한다.

표 2 재난유형별 위험유형

재난유형	위험유형
자연재난	태풍·홍수·호우·강풍·풍랑·해일(지진해일)·대설·낙뢰·가뭄·지진·황사·조류대발생(적조)·조수(潮水)·화산폭발·산사태
사회재난	화재(방화)·붕괴·폭발·교통사고(항공사고 및 해상사고를 포함)·화생방사고·환경오염사고·산불·핵심인력손실(유출)·직원사상·테러·핵심정보(기관정보, 고객정보 등) 유출·파업·전쟁 또는 국지전·유괴/인질·유언비어 유포·사업장내 안전사고·외주업체 공급 중단·중요문서 분실 또는 소실·감염병·가축질병(구제역) ·미세먼지 등
정보시스템 재난	인터넷장애·해킹/사이버공격·악성코드/컴퓨터 바이러스 침투·S/W 오류·H/W 장비오류·데이터 오류/조작·보안 시스템 오류·운영요원 실수·N/W 장비오류·ID/PW 도용·전산실 관리 오류 등
기반(infra) 재난	전력공급중단(정전)·통신장애·가스공급중단·에너지 공급제한·상하수도 처리 오류·가스 누출 및 폭발·설비장애(냉난방 등)·누수·수자원시설 훼손·사업장 위험(폐쇄 또는 접근불가, 주변위험) ·물류중단(배송 등) 등

실시시기

기관의 위험평가 실시 시기는 다음과 같다.

① 자체평가 : 처음 실시하는 위험평가로 내부에서 실시한다.
② 실행평가 : 자체평가 결과를 중심으로 평가위원회에서 기관장 및 전문가 실무담당자 의견을 종합 조정을 통해 최종 실시한다.
③ 정기평가 : 최초 평가 후 기반시설 범위에 대해 변경 사항 등을 고려하여 매년 ○월에 정기적으로 실시한다.
④ 수시평가 : 계획 수립의 착수 전 또는 다음과 같은 사유가 발생할 때 실시한다.
가. 관련 법률이 변경되었을 때
나. 중대 재난이 발생한 때
다. 시설 변경 시(장비, 설비, 정보시스템 등의 변경)
라. 시설의 정비 또는 보수 작업 시

실시 방법

위험평가 실시 방법은 다음과 같다.

① 위험평가 실시는 기관장이 총괄한다. 다만, 필요 시 기관장의 위임을 받은 자가 한다.
② 위험평가 전담 부서를 지정하여 실시한다.
③ 위험요인의 우선순위를 파악하고 그 결과에 따라 전략을 수립한다.
④ 관련 전문지식을 갖춘 내·외부 전문가를 참여하도록 한다.
⑤ 위험평가를 실시하기 위하여 필요한 회의(워크숍 또는 세미나 포함) 및 교육 등을 실시한다.

실행 절차

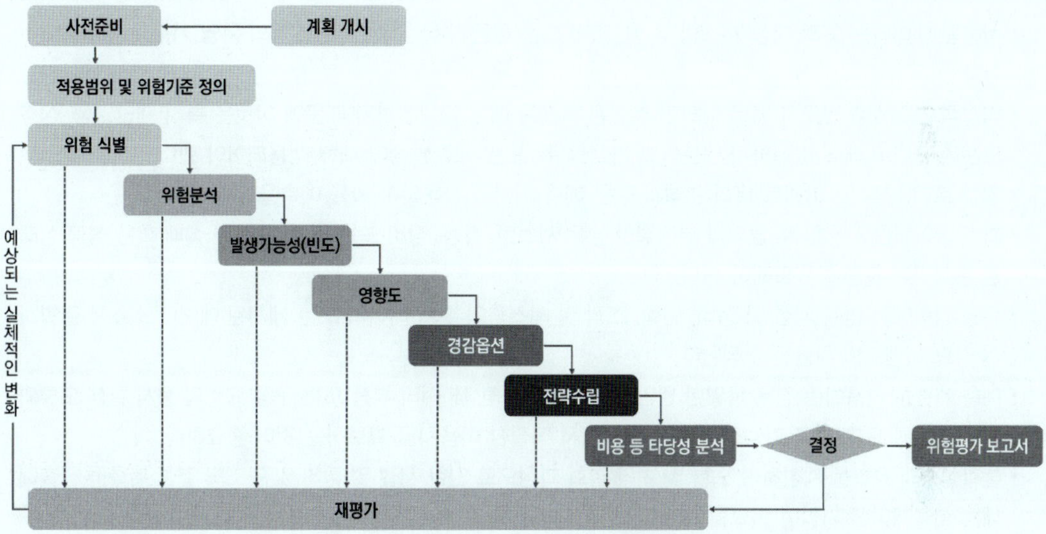

그림 4 위험평가 실행 절차

위험평가 실행 절차는 1단계(사전준비), 2단계(적용범위 및 위험기준 정의), 3단계(위험 식별), 4단계(위험 분석), (5단계)위험평가 후 전략수립 절차에 따라 실시한다(그림 4).

※ 위험평가는 업무영향분석과 상호의존성을 감안하여 RTO(복구목표시간)와 MBCO(최저업무연속성목표)를 고려하여 검토하여야 한다.

【1단계】사전준비

그동안 재난사례 및 타법에서의 요구사항 등 위험평가 준비사항이다.

위험평가 실무담당자는 위험평가에 필요한 분석 데이터 정보를 수집하여 활용할 수 있도록 한다.

- 무엇이 발생할 수 있고 왜 (위험 식별에 의해) 발생하는지?
- 발생의 결과는 무엇인지?
- 미래에 발생할 확률은 어떠한지?
- 위험 결과를 경감하거나 위험의 발생가능성을 경감하는 요인이 있는지?

일반적으로 확률 추정은 다음과 같은 접근법을 사용한다.

- 과거에 발생한 재난이나 상황을 파악하기 위해 관련 역사적 자료를 사용하므로 추후 발생할 확률을 추론할 수 있다.
- 사용된 데이터는 고려 대상 시스템, 시설, 조직 또는 활동의 유형 및 관련 조직의 운영 기준과 관련되어야 한다.
- 역사적으로 발생 빈도가 매우 낮으면 추정된 확률은 매우 불확실하기 때문에 이것은 특히 재난발생, 상황 또는 환경이 미래에 발생하지 않는다고 가정할 수 없는 제로 발생에 대해 적용되어야 한다.
- 결함 트리 분석 및 이벤트 트리 분석과 같은 예측 기법을 사용하여 확률 예측을 사용한다.
- 과거 데이터를 사용할 수 없거나 부적절한 경우 시스템, 활동, 장비 또는 조직 및 관련 실패 혹은 성공 상태를 분석하여 확률을 유도해야 한다.
- 운영 경험에서 얻은 시설 및 장비, 인력, 조직 및 시스템의 수치 데이터 또는 게시된 데이터 소스를 결합하여 주요 이벤트의 확률을 추정한다.
- 예측 기술을 사용하는 경우 동일한 원인으로 인해 시스템 내 여러 부품 또는 구성 요소의 동시 발생 오류와 관련된 공통 모드 오류 가능성에 대한 분석에서 적절한 허용치를 확보하는 것이 중요하다.
- 불확실성의 효과를 계산하여 노화 및 기타 열화 과정으로 인한 시설 및 장비 및 구조의 결함 확률을 산출해 내는 시뮬레이션 기법이 필요할 수 있다.
- 전문가의 의견은 확률을 추정하기 위해 체계적이고 구조적인 과정에서 활용될 수 있다.
- 전문가의 판단은 역사적, 시스템 특징, 조직 특성, 실험데이터, 디자인 등 모든 관련 정보를 활용해야 한다.
- 적절한 질문의 형성에 도움이 되는 전문가 판단을 이끌어 내기 위한 사용 방법에는 델파이 접근법, 쌍대 비교, 범주 등급 및 절대 확률 판단 등이 있다.

필요시 설문/인터뷰 조사지를 작성한다.

【2단계】 적용범위 및 위험기준 정의

범위를 결정하는 중요한 단계로 국가 핵심기반 지정 범위를 파악하여야 한다.
위험등급 기준을 작성한다.

- 포함될 결과의 성격과 유형 및 측정 방법
- 확률이 표현되는 방법
- 어떤 수준의 위험이 결정될 것인가?
- 위험 처리를 필요로 할 때 결정될 기준
- 위험이 수용 가능한지 또는 용인될 수 있는지를 결정하기 위한 기준
- 위험 조합을 고려해야 하는지 여부 및 방법

기준은 다음과 같은 자원을 기반으로 할 수 있다.

- 합의 된 프로세스 목표
- 법규에서 확인 된 기준
- 일반 데이터 소스
- 안전 무결성 수준
- 특정 장비 또는 응용 프로그램에 대한 법률 및 기타 요구 사항
- 조직의 위험 성향

【3단계】 위험 식별

위험요소 식별은 자연재난, 사회재난(인적재난), 기반시설 재난, 기술적 재난 등을 전사적으로 구분하여야 한다.
위험요인을 식별하기 위해 「재난 및 안전 관리 기본법」 등 관련 법령 규제 사항 요소,
잠재적 위험요인 식별과 중점관리 우선순위를 결정하는 검토 단계이다.
업무영향분석(BIA)을 통해 도출된 핵심 기능연속성에 영향을 미치는 위험 종류를 식별하여야 한다.

【4단계】 위험 분석

위험 수준은 발생 가능성과 영향도 및 취약성을 평가하여 중점관리 대상 우선순위를 구분하고,
위험평가 Heat Map을 작성하여 위험 대상을 결정하여야 한다.
위험기준과 위험수준을 산정하는 단계로서 일반적으로 발생가능성(빈도), 영향도, 취약성에 비례한다.

① 위험=발생가능성(빈도)×영향도×취약성
② P=N/F
  P = 주어진 사건/사고가 발생할 확률
  F = 해당 사건/사고의 실제 발생 횟수
  N = 해당 사건/사고를 찾는 실험의 총 횟수

【5단계】 위험평가 후 전략수립 절차

이 단계는 제13조, 제14조와 연결되어 있다.
위험 평가의 목적은 의사 결정을 지원하는 것이다.
위험 평가는 위험 분석의 결과로 확립된 위험 기준과 비교하여 추가 조치가 필요한 지를 결정하는 것으로 이로 인해 다음과 같은 결정이 내려질 수 있다.

- 더 이상 아무것도 하지 않음
- 위험관리를 더 잘 관리하기 위해 추가적인 분석 수행
- 목표 수정 재고
- 위험관리 전략 수립 시 솔루션 옵션 고려
- 기존 전략 유지

4. 보호계획 주요내용

1) 보호목표 및 보호대상 범위설정

① 보호목표 설정

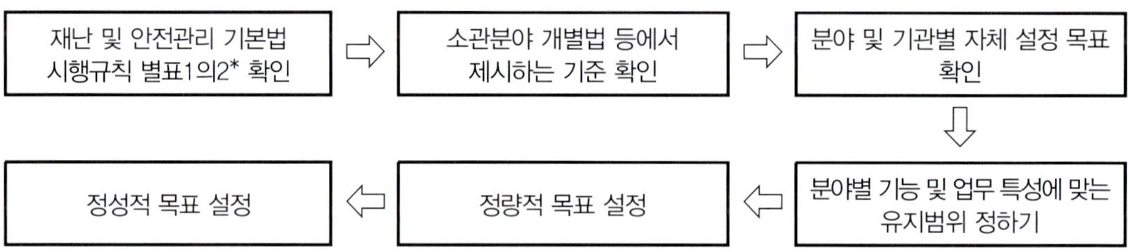

* 응급조치에 사용할 장비, 시설 및 인력의 지정대상 및 관리기준

(보호목표의 정의) 어떠한 유형의 재난 발생 시에도 중단 없이 유지해야 하는 최소한의 기능 및 서비스 수준을 말한다.
- 기관의 특성에 따라 평상시 지속적으로 유지해야 하는 목표도 가능

(보호목표 설정기준) 보호목표 설정 시 아래 제시된 기준 중 적절한 방법으로 택일하되 국가적 수요· 여건변동 등을 반영하여 주기적으로 적정성을 판단하여 목표내용 또는 수준을 변경

1) 재난 및 안전관리 기본법 시행규칙 별표 1의 2 <응급조치에 사용할 장비 및 인력의 지정대상 및 관리기준>을 참고하는 방법
2) 소관분야 개별법 등에서 제시하는 기준을 반영하는 방법
3) 분야 및 기관별 자체설정 목표를 반영하는 방법

※ 분야별, 시설유형별 등 해당 기관의 특성에 따라 자체 실정에 맞게 탄력적으로 적용

(보호목표 설정방법) 분야별 기능 및 업무특성에 맞는 유지범위를 정하여 정량적 목표를 설정하고, 필요시 정성적 목표도 함께 설정
- 정량적 목표의 경우 기관의 특성에 따라 한 개 이상 설정 가능
- 업무특성상 정량적 보호목표 설정이 어렵거나 정성적 보호목표가 더 효율적일 경우 정성적으로 보호목표 설정 가능

② 보호대상 범위설정

핵심시설, 설비 등의 세분화 및 주요기능 명시	⇒	**중요도 판정**	⇒	**보호대상 범위설정**
단계별 세분화		관련지침 및 보고서활용		내부토론
▽		▽		▽
주요기능 명시		위험분석		부서간 회의

(보호대상 범위의 정의) 평상시 예방활동을 통해 위험 발생을 억제하거나, 사고 또는 재난 시 신속한 대응으로 피해를 최소화하는 등
- 보호목표 달성을 위해 반드시 보호되어야 하는 대상의 범위

(보호대상 범위설정 기준) 국가 핵심기반에 영향을 미칠 수 있는 핵심적인 요소에 대하여
- 시설, 설비, 인력, 자원, 업무, 정보시스템 등을 중심으로 중요도에 따라 보호대상의 범위를 구체적으로 명시
- 해당 국가 핵심기반의 기능유지에 필수적인 핵심 시설 및 설비 위주로 설정하되, 기관 실정에 맞게 필요시 확장하여 적용

2) 위험평가

위험식별 (위험 및 사고유형 작성)	⇒	위험분석 (위험 판정)	⇒	위험평가 (우선순위화)
세부시설별 위험식별		발생 가능성 분석		내부토론 (내·외부 영향 고려)
▽		▽		▽
재난유형별 위험식별 (필요시)		피해 규모 분석		부서간 회의
		▽		▽
		위험도 판정		중점관리 위원회 선정

> (위험평가의 정의)
> 보호대상 범위인 시설, 설비, 인력, 자원 등에서 발생할 수 있는 잠재된 위험요인들을 식별하고, 위험도를 판정함으로써 위험별 우선순위를 반영한 중점관리 위험요인을 선정하는 일련의 활동
>
> (위험평가 기준)
> 보호대상 범위에 속하는 핵심적 시설 및 설비 등에서 발생할 수 있는 위험요인을 식별하고, 해당 위험요인의 발생 가능성 및 피해 정도를 분석하여 위험평가를 실시하되 필요 시 기관 고유기능 및 세부시설 마비의 경우 동종 또는 타 유관기관에 미칠 수 있는 영향을 고려하여야 함

3) 중점위험관리

중점관리 위험선정 (위험도 등급이 높게 산출된 위험요인에 중점)	⇒	중점관리 위험목록 관련부서에 전파	⇒	중점위험관리전략 수립 (기관 차원의 관리역량 결집)

중점위험관리전략을 수립하여야 하며, 문서화하여 관리한다.

> 중점위험관리전략을 수립하여야 하며, 문서화하여 관리한다.
> 중점위험관리는 제11조의 위험평가 결과의 중점관리위험 목록을 참조하여 중점위험관리전략을 수립하며, 수립방법 및 진행은 다음과 같다.
> 가. 중점관리 위험목록에 따라 중점위험관리전략 계획을 연단위로 수립한다.
> 나. 수립된 계획은 관련 부서에 전파하여야 한다.
> 다. 중점위험관리전략은 계획에 따라 진행 결과를 문서관리를 하여야 한다.

4) 재난관리

재난관리는 예방-대비-대응-복구를 위한 모든 활동을 말한다. 각 단계별로 세부 대책을 구분하여 수립한다.

(1) 예방대책

예방 대책에는 안전점검·정밀안전진단과 자체방호 계획 그리고 정보통신시설 보호 등이 포함된다.

가. 안전점검·정밀안전진단

(안전점검 · 정밀안전진단 실시) 지정시설에 대해 관련 자격자가 실시하는 안전점검 및 정밀안전진단을 실시해야 함

(안전점검 · 정밀진단 우선순위 선정) 시설물 중요도에 따라 관리주체의 종합적인 판단에 따라 정성적으로 선정함

(점검 및 진단 계획) 시설물의 특성에 따라 결정하되, 우선순위에 따라 실시

(시설물 유지 · 보수계획) 안전점검 · 정밀안전진단시 발견된 결함을 보수, 보강하여 최적의 운행상태를 유지할 수 있도록 유지보수 계획 작성

- 국가 핵심기반의 관리주체가 중점관리위험 목록의 우선순위에 따라 점검 및 진단계획 수립하여야 한다.
- 필요시 정밀 진단을 실시하여 시설물의 유지관리를 지속적으로 하도록 시스템 또는 문서 등에 등록을 하여야 한다.
- 점검과 진단은 관련 자격 소지자가 실행하여야 한다.

나. 자체방호계획

(방호계획 수립) 테러, 무단침입 등에 대비하여 각 관리기관의 특성에 맞게 출입통제 · 경비 · 보안 · 당직 등의 자체방호계획을 수립

- 시설의 내 · 외부 경비를 위한 시설의 특성에 맞게 출입통제 · 경비 · 보안 등의 자체방호계획을 수립하여 한다.

표 자체방호 확보기준

구분	기준
경비 인력 / 초소 운영	• 정문 출입구는 인원·차량 통행량 고려, 전담 경비인력을 최소 1명 이상 배치 • 경비상황실 · 경비실·외곽초소 등에 경비인력 배치 • 중앙통제실, 전산실 등 시설전체 기능유지를 위해 중요하다고 판단하는 핵심시설에 경비인력을 추가로 배치 가능 • 시설규모, 핵심시설 개수 및 지리적 취약요소 등을 고려 경비인력을 탄력적으로 운영 • 경비인력을 보강하기 위하여 CCTV, 침입탐지장비, 출입통제장치 등 과학화보안장비를 운용하고 상황발생시 지원(경찰 · 소방 등)체계 유지 • CCTV·침입탐지장비 등 과학화보안장비로 경비인력을 대체하는 경우에도, CCTV 모니터 감시요원 및 순찰·초동조치인원은 반드시 확보 • 외곽초소는 방호능력을 고려 필요시 설치하되, 육안식별거리를 감안하여 설치
울타리 설치 운용	• 월담침투가 제한되는 높이로 울타리(블럭담, 철조망 등)를 설치 　* 울타리 설치기준 적용이 곤란한 도심지 등은 미관형 울타리 설치도 가능하나 방호인력과 과학화보안장비로 보강 • 핵심구역 주변에 별도의 울타리 설치 가능 • 차량돌진이 우려되는 주요구간(주출입구, 핵심시설 등)은 바리케이드, 철침판 등 장애물 및 접근금지 안내표지판 설치 • 외곽울타리가 없는 단독건물의 경우, 경비인력·과학화보안장비 및 방호문 · 잠금장치 등을 보강하여 울타리 효과 대체 • 대형 병원시설, 쓰레기 매립장 등 시설 출입통제 자체가 불가능하거나 불필요한 시설의 경우는 외곽울타리 설치 제외 가능 • 순찰로는 순찰에 지장이 없을 정도의 폭을 확보하여야 하고, 잡풀 등을 수시로 제거하여 정비
출입 통제	• 직원 외 임시출입자·방문자 등은 신분확인, 보안준수사항 교육, 방문증 교부 등 출입절차 준수 • 핵심시설은 인가자 외 출입을 제한하고 출입기록 유지·관리 • 출입증은 위·변조가 불가하도록 제작, 업무에 따라 출입권한 부여 • 핵심시설 출입구는 최소한으로 설치하고 출입문은 초동대응인력의 출동시간까지 충분히 진입지연 가능토록 견고하게 설치
과학화 보안 장비 설치 운영	• 과학화 보안장비는 경비인력, 경비초소, 울타리 등 경비요소 및 순찰 등을 고려하여 설치 　* 침입탐지장비에 사용되는 감지기는 강우·습도 등 기상상황 및 해안, 산악, 도심지 등 주변환경을 고려하여 선정 • 핵심시설에는 출입통제장치를 별도로 설치하고, CCTV를 이용하여 출입자 감시 • 주요 출입구 및 외곽 울타리 지역에 침입탐지장비 설치 가능 • 침입탐지장비는 침입 감지시 즉시 작동하고 경보 발생시 경비인력에 의해 즉각적인 조치가 가능하도록 대응체계 구축 • 침입탐지장비는 항상 가동상태 유지
보안 검색	• 반입·반출되는 물품 및 휴대품을 검색하기 위하여 X-ray검색기, 문형금속탐지기, 휴대용금속탐지기 등의 검색장비를 사용할 수 있음 • 보안검색요원은 검색장비 운용절차 및 사용요령과 X-ray검색기 안전교육을 받아야 함 • 외부출입자 휴대품 확인 및 통제(예: sub, 녹음 또는 촬영기구 등)
대 드론	• 드론테러공격에 대비한 드론방어체계 　– 탐지레이더, RF Scanner, EO/IR, 잼머 등 • 핵심방어시설에는 총기(Shotgun), Laser 등을 구비 • 대드론 관련 전문인력 확보 및 주기적 교육으로 대응체계를 유지 　현재로서는 막대한 예산이 수반될 뿐만 아니라 제도적 · 기술적 한계가 있음 〈대드론 대책 우선 적용 지정분야〉 • 드론 테러시 사회적 파장이 큰 원자력 분야 • 인화성 물질로 인해 작은 불씨에도 폭발·화재로 증폭될 수 있는 석유·가스 저장시설, 화력발전소(저탄시설) 등 에너지 분야 • 시설이 노출되어 유해물질을 직접 투척할 수 있는 식용수 분야
기타	• 시설의 특성 및 규모, 경비인력의 규모 등에 맞게 방호업무를 관리·감독할 수 있는 담당자 지정(방호담당자가 다른 업무 겸직 가능) • 출입통제, 비상대응절차 및 방법, 방호매뉴얼 활용 등 방호지식향상에 도움이 되는 과목을 교육·훈련하고 그 결과를 기록 관리 • 과학화보안장비, 울타리, 초소, 방호장애물 등 관리·보수·개선을 위한 예산확보

다. 정보통신시설 보호

(보호계획 수립) 사이버 공격 및 자연재해, 사회적 재난에 따른 정보통신망 장애 등에 대비하여 각 기관별 특성에 맞게 정보통신시설 보호계획 수립

(주요내용) 보호계획에는 시설의 '취약점 분석·평가', '침해사고에 대한 예방 및 복구대책', '망 이원화·이중화 등 기타 정보통신 시설 보호에 필요한 사항' 등을 포함

- 정보통신시설의 취약점 분석·평가 결과 및 기관 특성에 따라 중단 유형별 긴급대응·복구활동·업무재개를 위한 계획을 수립하여야 한다.

(2) 대비 · 대응 대책

대비 · 대응 대책에는 위기관리 매뉴얼과 상황관리 및 교육 훈련 등이 포함된다.

가. 위기관리 매뉴얼

(작성방향) 재난발생 시 각 재난 유형별 매뉴얼에 규정된 절차와 내용에 따라 대응할 수 있도록 작성하고,
- 위기관리 표준매뉴얼 등 상위계획과 부합되도록 작성

(개선사항) 사고 피해자 보호조치 사항, 폭염·한파·감염병·드론테러 등 신종재난 대비, 안전취약 계층을 고려한 대피절차 등 반영

(작성방법) 행정안전부에서 기 배부한 작성기준 표준(안)에 따라 작성하되, 각 기관별·시설별 현장 여건에 따라 탄력적으로 작성

(정비) 매뉴얼은 재난발생 시 즉시 적용가능 하도록 인사이동, 조직개편, 훈련 후 개선사항 도출, 상위계획 변동 등에 따라 수시로 정비

- 재난발생 시 재난의 유형별로 대응 가능하도록 절차와 내용을 포함하도록 작성해야 한다
- 위기관리 표준매뉴얼 등 상위계획과 부합되도록 작성한다.

나. 상황관리(경보 및 의사소통)

(관리체계) 재난 발생 시 대응을 위한 종합체계도, 상황전파체계 및 기구별 임무와 역할, 유형별 담당자 대응수칙 등이 구체적으로 기술되어야 함

※ 근거 : 「재난 및 안전관리 기본법」 제18조(재난안전상황실) 등

(상황 보고체계) 국가 핵심기반 재난 발생 시 재난상황과 응급조치 및 수습 내용을 아래 보고체계에 따라 즉시 보고(통보)해야 함

- 관리기관 → 주관기관, 행정안전부, 해당지자체, 유관기관 등
- 중앙행정기관이 관리기관인 경우는 행정안전부로 직접 통보
- 상황보고서는 재난발생 일시, 재난발생 규모, 비상상황단계(관심, 주의, 경계, 심각), 상황분석, 피해예측, 조치사항 등을 재난유형별로 작성

※ 기관 내외부 부서 및 유관기관과의 협조 요청, 지시 및 요청사항, 보고의 주체와 내용 등이 명확히 드러나도록 작성

(위기경보 단계별 기준 및 조치사항) 소관분야 국가 핵심기반 위기경보 발령 기준을 사전에 설정, 상황 발생 시 즉시 경보를 발령해야 함

- 위기경보 수준별 발령 판단기준 및 활동내용을 참고하여 주요 사고유형에 대해 위기징후 목록 개발 및 조치사항 작성

수준	발령 판단기준	활동내용
관심 (Blue)	징후가 있으나 그 활동수준이 낮아서 가까운 기간 내에 국가 위기로 발전할 가능성이 비교적 낮은 상태	징후활동 감시 기관과의 협조체계 점검
주의 (Yellow)	징후 활동이 비교적 활발하고 국가위기로 발전할 수 있는 일정 수준의 경향성이 나타나는 상태	관련 정보수집 정보공유 활동 강화 관련기관과의 협조체계 가동
경계 (Orange)	징후 활동이 활발하고 전개 속도, 경향성등이 현저하여 국가위기로 발전할 가능성이 농후한 상태	조치계획 점검 관련기관과 함께 인적·물적 자원의 동원 준비
심각 (Red)	징후 활동이 매우 활발하고 전개 속도, 경향성 등이 심각하여 국가위기 발생이 확실시 되는 상태	즉각 대응태세 유지

• 재난 발생 시 대응을 위한 종합체계도, 상황전파체계 및 기구별 임무와 역할, 유형별 담당자 대응수칙 등이 구체적으로 기술 되어야 한다.

다. 교육

(목표) 국가 핵심기반 보호의 의미와 중요성, 시설별 위험관리 기법을 전수하여 기반시설관리자의 보호역량 강화

※ 근거 : 「재난 및 안전관리 기본법」 제29조의2(재난안전분야 종사자교육)

(교육운영) 행정안전부 전문교육 및 워크숍, 주관기관 및 관리기관 자체교육, 외부 위탁교육 등 실시

(교육내용) 국가 핵심기반보호의 중요성, 위험분석체계 및 필요성, 필수기능의 개념 및 중요성, 재난발생 시 유형별 대처방법, 외부자원 활용방안 등을 교육내용으로 함

- 보호역량 강화를 위해 정기적으로 또는 수시로 교육을 실시하며, 시설별 특성을 반영하여 교육목표, 교육대상, 교육시간, 교육방법 등 포함하여 연간 교육 프로그램을 계획을 수립하여야 한다.

라. 훈련

(목표) 국가 핵심기반에서 재난상황을 가정, 이에 적절하게 대처하는 능력을 제고하여 어떠한 재난발생 시에도 중단 없는 공공서비스를 제공하기 위함

(훈련중점) 소관분야 위기대응매뉴얼에 대한 적절성을 점검하고, 개선사항을 발굴하여 보완에 중점을 두어야 함

- 관계 기관 간 공통 필수기능에 대한 원활한 상호협력체계 점검
- 새로운 재난유형을 도출하여 대응절차를 정립하고 대응체계 구축
- 대체자원 동원 등 외부 유관기관 연계 시 합동훈련 실시

(훈련평가) 훈련실시 후 목표 달성여부, 대응체계상 문제점 등에 대한 훈련결과보고서를 작성하여 개선사항 환류조치

- 보호역량 강화를 위해 정기적으로 또는 수시로 훈련을 실시하며, 시설의 특성을 반영하여 시나리오 기반의 도상훈련 또는 현장종합훈련 프로그램을 계획하여 실행 하여야 한다.

(3) 복구 대책

복구 대책에는 보호자원 관리와 조기복구 대책이 포함된다.

가. 보호자원 관리

(보호자원의 목적 및 정의) 국가 핵심기반 마비 등의 재난 발생에 대비, 재난관리책임기관의 장 등이 지정·관리하는 자재·장비 및 인력

※ 근거 : 「재난 및 안전관리 기본법」 제34조(재난관리자원의 비축 · 관리) 등

(보호자원 소요기준) 보호목표 유지를 위해 필요한 인적·물적 자원 규모를 구체적 산식으로 제시

(보호자원 확보방법 및 동원절차)

- 보호자원은 자체자원과 외부자원으로 구분하고, 내부 소요자원 부족 시 외부자원 동원을 위한 종류 및 확보방법, 유형별 동원순서 설정

  ※ 외부자원의 경우 유관기관 또는 민간협력업체 등 자원확보 대상을 구체적으로 정하여 비상시 대체자원 동원이 가능하도록 미리 협약 체결하고, 협약기관의 자원 보유현황 및 지원 가능성을 주기적으로 점검 필요

- 보호자원 확보가 현실적으로 불가능할 시 보호자원 확보를 위한 교육·훈련 등 양성계획 수립

(보호자원 관리) 보호자원 관리 전담조직 체계도 및 담당자 지정, 관리주체별 역할과 책임 규정

- 위험평가 결과에 따라 핵심기능의 연속성을 위하여 필요로 하는 자재·장비 및 인력과 시스템의 자원관리 목록을 작성하여 관리한다.
- 자원관리는 시설별 특성을 고려하여 담당자를 지정 관리하며, 전 부서가 담당자를 알 수 있도록 하여야 한다.

나. 조기복구 대책

(임무와 역할) 복구계획을 실행하기 위하여 조직 및 유관기관 비상연락 체계 구축, 장비 등 인력 및 기능별 활동계획 수립, 상황판단 회의소집기준* 수립

(복구조직 구성) 중점위험관리를 중심으로 조기복구를 위한 응급복구반 구성 및 상호협력 체계 마련, 필요시 비정상적인 재난대비를 위한 복구 TFT구성

※ 비정상적인 경우: 감염병 확산 등

(복구계획 수립) 중점위험관리 우선순위**에 따라 피해상황 분석, 상황판단 회의, 복구조직 가동, 기능 재개 선언, 복구조직 해제

※ 복구비 산정, 복구 우선순위 결정, 단기 또는 중기 계획

(복구상황 보도 및 홍보) 복구상황 보도 및 홍보는 복구 진행상황 보고양식, 보도자료 준비, 보도자료 배포 계획

* 장비 및 인력 및 기능 별 활동계획 과 상황판단회의 소집 등의 기준을 수립하여야 한다.

** 중점위험관리 우선순위를 고려하여 복구계획을 수립하여야 한다.

※ 2023년 국가 핵심기반 지정 대상 : 360개소, 관리기관 145개

분 야	분야별	시설	관리기관
에너지	화력	15	5
	원자력	5	1
	수력	2	1
	가스	5	1
	전기	2	1
	석유	21	7
정보통신	통신망	17	4
	전산망	9	7
교통수송	철도	2	2
	항공교통	2	1
	공항	8	2
	내륙컨테이너기지	1	1
	고속국도	22	22
	지하철	11	11
	무역항	12	12
금융	금융	8	8
보건의료	병원	9	9
	혈액원	3	1
	혈액검사센터	17	2
원자력	원자력발전소	39	1
	방사능 폐기물 처분 시설	1	1
환경	쓰레기매립장	6	6
식용수	다목적댐	20	1
	생공용수댐	14	1
	광역정수장	21	1
	지역정수장	43	23
정부중요시설	중앙행정기관	12	8
공동구	공동구	28	11
문화재	문화재	5	1

5. 국가 핵심기반 평가반 운영

1) 평가 개요

평가 대상 : 11개 분야* 360개소, 관리기관 145개

* 국가 핵심기반 분야 : 에너지, 정보통신, 교통수송, 금융, 보건의료, 원자력, 환경, 정부 중요시설, 식용수, 문화재, 공동구

평가 방법 : 서면 평가

평가반 구성

총 22인(국가 핵심기반 11개 분야로 구분하여 분과별로 진행)

전문가 회의 개최

실무협의회에서 발굴된 이슈별 관련 전문가 의견 반영하여 개선사항 도출 및 연구 필요시 심층 연구 진행한다.

2) 평가 진행

국가 핵심기반 관리기관으로부터 평가자료(보호계획, 증빙자료, 우수사례 등은 행안부에서 일괄 인쇄 후 현장 배포)를 받아 검토한 후, 각 평가지표별 배점 범위 내에서 점수를 부여한다. 이후 지표별 점수를 합산하여 산출한다. 평가점수는 평가위원 점수를 합산한 후 산술평균 점수로 확정한다. 평가등급은 3등급으로 구분하고, A등급 30%, B등급 60%, C등급 10%로 배분한다. 1차 평가 결과 A등급 기관을 대상으로 2차 평가를 실시한다. 이후 평가심의회에서 A등급 기관 가운데 정부 포상 대상을 선정한다.

6. 국가 핵심기반 평가지표 및 해설

1) 2023년 국가 핵심기반 평가지표 변경 주요내용

기본 방향

국가 핵심기반 보호계획 간소화 및 평가 객관화를 고려하여 정량지표 추가 및 정량-정성 지표 간 구분 명확화
- 증빙자료를 통해 이행 여부 확인이 가능한 항목의 정량 지표화
- 보호목표, 보호범위 설정, 중점위험 관리전략 등 기관별 특성 반영 및 충실성·타당성 평가가 필요한 항목의 정성 지표화

국가 핵심기반 지정시설 보호역량 강화 및 보호계획 수립 실효성 제고를 위하여 신규 평가지표 및 예방·대비 분야 배점 확대

주요 변경사항

(신규 지표) 국가 핵심기반 보호계획 수립절차의 타당성 및 보호계획 실효성 제고를 위한 평가 항목 신설
- (조직 공유) 보호계획 수립 시 관련 부서 협업·외부 전문가 참여 여부 및 주요 결정사항의 부서간 공유 실적 평가(정량 10점)
- (연계성) 중점위험별 효율적 재난관리를 위하여 보호계획서의 전체적 흐름 및 세부 항목 간 연계성 여부 평가(정성 10점)
- (가점 항목) 기존의 우수사례 대신, 보호계획의 실효성 제고를 위한 연도별 중점관리* 재난대책 항목 신설(정성 3점)
  * ('23년 중점) 배터리실 및 전기실 화재대책 마련

(배점 변경) 중요도를 고려하여 예방·대비 분야 배점 확대
- (예방대책) 기존의 안전점검을 '중점위험 점검'으로 구체화하여 배점 확대
  (기존 안전점검 5점 → 변경 중점위험 점검 10점)
- (대비대책) 보호계획의 현장작동성 강화를 위하여 시나리오 기반 훈련·불시훈련 여부 평가 및 교육·훈련 배점 확대
  ↳(기존 5점 → 변경 10점)

※ 재난관리분야 총 45점 중 예방·대비분야에 30점 배점(예방 20, 대비 10)

※ 2023년 국가 핵심기반 재난관리평가 평가지표

<table>
<tr><th colspan="2">평가분야</th><th>평가항목</th><th>번호</th><th>지표명</th><th>평가</th><th>배점</th></tr>
<tr><td colspan="2" rowspan="3">일반사항
(20점)</td><td rowspan="2">조직상황</td><td rowspan="2">1.1.1</td><td rowspan="2">조직상황 이해 및 기관장 관심도</td><td>정량</td><td>5</td></tr>
<tr><td>정성</td><td>5</td></tr>
<tr><td>조직공유</td><td>1.1.2</td><td>보호계획 수립 시 협업 및 결과 공유</td><td>정량</td><td>10</td></tr>
<tr><td colspan="2">보호목표 보호대상
(5점)</td><td>보호목표
보호대상</td><td>2.1.1</td><td>보호목표 및 보호대상 범위 설정</td><td>정성</td><td>5</td></tr>
<tr><td colspan="2" rowspan="3">위험평가
·
중점위험관리
(20점)</td><td rowspan="2">위험평가</td><td rowspan="2">3.1.1</td><td rowspan="2">위험식별 · 위험분석에 따른
위험평가 및 중점위험 선정</td><td>정량</td><td>3</td></tr>
<tr><td>정성</td><td>7</td></tr>
<tr><td>중점위험
관리전략</td><td>3.1.2</td><td>중점위험관리전략 및 중점위험관리 세부수행계획의 적절성</td><td>정성</td><td>10</td></tr>
<tr><td rowspan="11">재난
관리
(45점)</td><td rowspan="4">예방
대책
(20점)</td><td rowspan="2">중점위험
점검</td><td rowspan="2">4.1.1</td><td rowspan="2">중점위험 점검</td><td>정량</td><td>5</td></tr>
<tr><td>정성</td><td>5</td></tr>
<tr><td>자체방호</td><td>4.1.2</td><td>자체방호계획</td><td>정성</td><td>5</td></tr>
<tr><td>정보통신</td><td>4.1.3</td><td>정보통신시설 보호계획</td><td>정성</td><td>5</td></tr>
<tr><td rowspan="2">대비
대책
(10점)</td><td rowspan="2">교육
훈련</td><td rowspan="2">4.2.1</td><td rowspan="2">교육 및 훈련 프로그램 관리</td><td>정량</td><td>5</td></tr>
<tr><td>정성</td><td>5</td></tr>
<tr><td>대응
대책
(5점)</td><td>상황관리</td><td>4.3.1</td><td>상황전파체계</td><td>정량</td><td>5</td></tr>
<tr><td rowspan="2">복구
대책
(10점)</td><td>보호자원
관리</td><td>4.4.1</td><td>보호자원 관리실태 현행화 및 확보방안</td><td>정량</td><td>5</td></tr>
<tr><td>복구
대책</td><td>4.4.2</td><td>중점위험관리 유형별 응급복구계획</td><td>정량</td><td>5</td></tr>
<tr><td colspan="2">연계성
(10점)</td><td>보호계획
연계성</td><td>5.1.1</td><td>보호계획서 항목 간 연계성</td><td>정성</td><td>10</td></tr>
<tr><td colspan="2" rowspan="3">가·감점</td><td>가점
(+6점)</td><td>6.1.1</td><td>연도별 중점관리 재난대책
재난 및 사고발생에 따른 상황보고 실적</td><td>정성</td><td>+6</td></tr>
<tr><td rowspan="2">감점
(–7점)</td><td>6.2.1</td><td>국가 핵심기반 추진일정 미준수</td><td>정량</td><td>–2</td></tr>
<tr><td>6.2.2</td><td>사고, 실제 재난으로 인한 피해 발생</td><td>정성</td><td>–5</td></tr>
</table>

<table>
<tr><td>평가분야</td><td>일반사항</td></tr>
<tr><td>평가항목</td><td>조직상황</td></tr>
<tr><td>평가지표</td><td>1.1.1 조직상황 이해 및 기관장 관심도</td></tr>
<tr><td>평가목적</td><td>○ 실효성있는 국가 핵심기반 보호계획 수립을 위한 조직상황의 이해와 철저한 사전 준비사항 점검</td></tr>
<tr><td>평가기준</td><td>① 조직상황 이해
② 국가 핵심기반 보호 전담조직 구성 여부
③ 기관장 관심도</td></tr>
<tr><td>평가방식</td><td>정성(①) / 정량(②,③)</td></tr>
<tr><td>평가방법</td><td>① 조직상황 이해: 전년도 문제점 파악 및 개선방안 / 주요 변경사항 (정성, 5점)
② 국가 핵심기반 보호 전담 조직 구성 여부(각 항목별 1점, 총 2점)
<table>
<tr><td rowspan="2">이행결과</td><td>국가 핵심기반 전담조직 설치 여부(과·팀·계)</td><td>□</td></tr>
<tr><td>국가 핵심기반 전담인원 지정 여부(업무분장표 및 업무편람에 명시)</td><td>□</td></tr>
</table>
③ 기관장 관심도(총 3점)
– 국가 핵심기반 보호계획서의 기관장* 결재 여부
<table>
<tr><td>* 기관장(의사결정권자)의 범위
– 보호계획 수립단위인 시설의 장 이상 (예시: ㅇㅇ발전소장, ㅇㅇ지역본부장 등)</td></tr>
</table>
– 직원 사기진작, 우수인재 유치 등을 위한 재난관리 업무담당자 인센티브 부여실적
<table>
<tr><td>* 인센티브 부여로 인정되는 사항(아래 항목을 각각 1종으로 봄)
① 승진인사 시 가점 부여, 희망지 전보 우대
② 전문관 직위제도, 중요직무급 지정제도 운영
③ 국내·외 연수, 국외 훈련, 해외 파견 공모 시 우대
④ 시간 외 근무수당 우대, 특별휴가제도 운영 ⑤ 자격증 취득 지원</td></tr>
</table>
<table>
<tr><td rowspan="2">이행결과</td><td>보호계획서 보고 여부 (기관장 보고)</td><td>□</td></tr>
<tr><td>재난관리 부서 및 핵심기반 업무담당자에 대한 인센티브 부여·근무여건 개선 여부
〈 미실시 0점, 1종 1점, 2종 이상 2점 〉</td><td>□</td></tr>
</table>
</td></tr>
<tr><td>배점</td><td>10점(정성 5점, 정량 5점)</td></tr>
<tr><td>증빙자료</td><td>① 보호계획서(전년대비 주요 변경사항 비교표)
② 전담 조직 관련 문서, 업무편람 또는 문서
③ 보호계획서 기관장 결재표지, 재난관리부서 인센티브 부여 계획서·실적자료*
* 재난관리부서 승진·인사가점을 명시한 인사지침
전문관 직위지정 및 관련 수당 지급 내용이 포함된 공문서 등</td></tr>
</table>

<table>
<tr><td>평가분야</td><td>일반사항</td></tr>
<tr><td>평가항목</td><td>조직 공유</td></tr>
<tr><td>평가지표</td><td>1.1.2 보호계획 수립 시 협업 및 결과 공유</td></tr>
<tr><td>평가목적</td><td>○ 보호계획 수립을 위한 관련 부서 협업 및 전문성 제고
○ 보호계획의 조직 내 공유 및 전파</td></tr>
<tr><td>평가기준</td><td>○ 보호계획 수립 절차의 타당성</td></tr>
<tr><td>평가방식</td><td>정량평가</td></tr>
<tr><td>평가방법</td><td>① 보호계획 수립을 위한 관련부서 협업 및 전문성 제고 (8점)
<table>
<tr><td rowspan="6">이행결과
①</td><td>구분</td><td>2회
(1점)</td><td>3회이상
(2점)</td></tr>
<tr><td>보호계획 수립 단계별 회의 개최 횟수</td><td>☐</td><td>☐</td></tr>
<tr><td>보호계획 수립 단계별 문서화 여부
(보호목표/ 위험평가결과 및 중점위험목록 / 중점위험 관리전략 등)</td><td>☐</td><td>☐</td></tr>
<tr><td>구분</td><td>1회
(1점)</td><td>2회이상
(2점)</td></tr>
<tr><td>보호계획 수립 시 설문조사 횟수</td><td>☐</td><td>☐</td></tr>
<tr><td>보호계획 수립 단계별 외부 전문가 참여 여부
(위험분석·평가 / 중점위험관리전략 수립 등)</td><td>☐</td><td>☐</td></tr>
</table>
② 보호계획의 조직 내 공유 및 전파 (2점)
– 중점위험 목록 및 관리전략 공유는 필수
<table>
<tr><td>이행결과
②</td><td>보호계획 수립 단계별 조직 내 공유 · 관련부서 전파 여부</td><td>2회
(1점)
☐</td><td>3회이상
(2점)
☐</td></tr>
</table>
</td></tr>
<tr><td>배점</td><td>10점(정량 10점)</td></tr>
<tr><td>증빙자료</td><td>① 회의 계획 및 결과보고서, 설문조사
② 국가 핵심기반 주요 부분 결정에 대한 부서간 공유 문서</td></tr>
</table>

평가분야	보호목표 · 보호대상
평가항목	보호목표 설정 및 보호대상 범위
평가지표	2.1.1 보호목표 및 보호대상 범위설정
평가목적	○ 어떠한 유형의 재난 발생 시에도 유지해야 하는 핵심기능 보호를 위한 목표설정과 보호대상 범위 설정의 타당성
평가기준	○ 보호목표·시설별 특성을 반영한 중요도 판정 및 보호대상 범위설정의 타당성
평가방식	정성평가
평가방법	○ 해당 분야의 특성, 시설의 지역적·개별적 특성을 반영하여 보호목표 및 보호대상 범위가 적절하게 설정되었는지 여부
배점	5점(정성 5점)
증빙자료	보호계획서

<table>
<tr><td>평가분야</td><td>위험평가</td></tr>
<tr><td>평가항목</td><td>위험분석 · 위험평가</td></tr>
<tr><td>평가지표</td><td>3.1.1 위험식별 · 위험분석에 따른 위험평가 및 중점위험 선정</td></tr>
<tr><td>평가목적</td><td>○ ‘발생가능성과 피해규모 분석’ 및 ‘중점위험 선정’의 타당성</td></tr>
<tr><td>평가기준</td><td>○ 위험분석 및 위험평가의 적절성</td></tr>
<tr><td>평가방식</td><td>정량(①) / 정성(②)</td></tr>
<tr><td>평가방법</td><td>① 판단기준표 및 위험도 판정기준표 (정량 3점)
<table>
<tr><td rowspan="2">이행결과
①</td><td>발생가능성 등급 판단기준표 마련 여부</td><td>□</td></tr>
<tr><td>피해규모 등급 판단기준표 마련 여부</td><td>□</td></tr>
</table>
② 위험분석 및 위험평가 적절성(정성 7점)
※ 아래 기준을 근거로 정성적 판단에 따라 평가
– 발생가능성 및 피해규모 분석의 타당성
– 위험분석에 따른 위험도 등급 책정 타당성
– 중점위험 우선순위 선정의 타당성</td></tr>
<tr><td>배점</td><td>10점(정량 3점, 정성 7점)</td></tr>
<tr><td>증빙자료</td><td>○ 보호계획서</td></tr>
</table>

평가분야	중점위험관리
평가항목	중점위험 관리전략
평가지표	3.1.2 중점위험관리전략 및 중점위험관리 세부수행계획
평가목적	○ 위험평가를 통해 도출된 '중점위험 관리전략' 및 이를 수행하기 위한 '세부수행계획'의 적절성
평가기준	① 중점위험 관리전략 ② 중점위험 관리전략 세부수행계획 수립
평가방식	정성평가
평가방법	① 중점위험 관리전략 선택 적절성 (5점) – 위험평가 결과 위험도 등급이 높게 산출된 위험요인을 효과적으로 관리하기 위한 '중점위험 관리전략'의 적절성 ② 중점위험 관리전략에 대한 세부수행계획의 적절성 (5점)
배점	10점(정성 10점)
증빙자료	① 보호계획서 ② 중점위험관리전략 세부수행계획

<table>
<tr><td>평가분야</td><td>재난관리 – 예방대책</td></tr>
<tr><td>평가항목</td><td>중점위험 점검</td></tr>
<tr><td>평가지표</td><td>4.1.1 중점위험 점검</td></tr>
<tr><td>평가목적</td><td>ㅇ 중점위험 목록 중심의 점검 계획수립 및 실행</td></tr>
<tr><td>평가기준</td><td>① 일상적·일반적 안전점검이 아닌 중점위험 목록중심의 효과적 점검 수행 여부
② 중점위험 점검 관련 기관장 보고 여부
③ 중점위험 점검 국가 핵심기반 관리시스템 이력관리</td></tr>
<tr><td>평가방식</td><td>정성(①) / 정량(②,③)</td></tr>
<tr><td>평가방법</td><td>① 중점위험점검 계획 및 실행·결과보고 (정성평가 5점)
– 중점위험과 관련된 점검계획의 적절성
– 점검결과 시정사항 현행화 등 위험요인 해소 실적의 적절성
② 전문가 동행점검 및 기관장 보고 여부 (4점)
<table><tr><td rowspan="2">이행결과</td><td>중점위험 분야별 전문가 동행 점검 여부 (1점)</td><td>□</td></tr><tr><td>아래 모든 항목에 대한 보고 여부 (항목당 1점)
(점검 계획/ 결과보고 / 후속조치*) *즉시 조치가능사항 제외</td><td>□</td></tr></table>③ 국가 핵심기반 관리시스템 이력관리(1점)
– 점검결과 및 조치계획(조치결과) 이력관리</td></tr>
<tr><td>배점</td><td>10점(정성 5점, 정량 5점)</td></tr>
<tr><td>증빙자료</td><td>① 계획수립 문서, 결과보고 문서
② 점검반 구성, 보고 결재 표지
③ 이력관리 입력 캡쳐 화면 등
(NDMS 접속 불가기관: 점검 결과·조치계획(조치 결과) 보고 문서)</td></tr>
</table>

평가분야	재난관리 – 예방대책
평가항목	자체방호
평가지표	4.1.2 자체방호계획
평가목적	○ 기관 특성에 맞는 시설 내·외부 방호계획을 수립하고 이를 문서화하여 체계적으로 관리하는지 평가
평가기준	○ 기관 특성에 맞는 내·외부의 적절한 방호계획 수립 및 실행 여부
평가방식	정성평가
평가방법	○ 내·외부의 적절한 방호계획 수립 여부 – 테러, 무단침입 등에 대비하여 기관 특성에 맞게 출입통제·경비·보안·당직 등 자체 방호계획을 수립하였는지 여부 ☞「통합방위법」(국가중요시설),「보안업무규정」(국가보안시설) 및 개별법(방사능방재법 등)에 따른 방호계획 수립대상 기관은 관련 규정에 저촉되지 않는 범위 내에서 작성
배점	5점(정성 5점)
증빙자료	○ 자체방호계획서

평가분야	재난관리 – 예방대책
평가항목	정보통신
평가지표	4.1.3 정보통신시설 보호계획
평가목적	국가 핵심기반 기능의 연속성을 위하여 IT 관련 적용 가능한 보호대책 수립 평가
평가기준	정보통신시설에 대한 물리적, 기술적 보호조치 대책 평가
평가방식	정성평가
평가방법	○ 정보통신 시설의 적절한 물리적, 기술적 보호조치 등 대책 수립 여부를 평가 〈 정보통신시설 보호계획에 포함되어야 할 내용 〉 – 정보통신시설의 취약점 분석·평가 – 침해 등 전자적 사고 대한 예방 및 복구 대책 – 망 이원화·이중화 등 기타 시설 보호에 필요한 사항 수행 – 긴급대응·복구활동·업무재개를 위한 세부절차 수립 등
배점	5점(정성 5점)
증빙자료	○ 정보통신시설 보호계획 문서

<table>
<tr><td>평가분야</td><td>재난관리 – 대비대책</td></tr>
<tr><td>평가항목</td><td>교육 및 훈련</td></tr>
<tr><td>평가지표</td><td>4.2.1 교육 및 훈련 프로그램 관리</td></tr>
<tr><td>평가목적</td><td>○ 기관의 특성에 맞는 맞춤형 전문교육 내용의 적절성
○ 구체적인 계획수립과 실시 결과에 대해 평가</td></tr>
<tr><td>평가기준</td><td>① 교육 및 훈련프로그램 및 환류 내용의 적절성 평가
② 시나리오 기반 훈련 및 유관기관 합동훈련 등 실시 여부 평가</td></tr>
<tr><td>평가방식</td><td>정성(①) / 정량(②)</td></tr>
<tr><td>평가방법</td><td>① 교육 및 훈련프로그램의 적절성 평가(정성평가 5점)
– 국가 핵심기반 핵심기능 유지를 위한 중점위험 대비 교육·훈련 계획 수립
– 기관 특성에 맞는 맞춤형 전문교육 내용의 적절성
– 교육·훈련 환류 내용의 적절성
② 교육 및 훈련 프로그램 (5점)
<table>
<tr><td rowspan="5">이행결과</td><td>중점위험관리세부계획 숙달을 위한 자체교육 실시 여부</td><td>□</td></tr>
<tr><td>중점위험 대비 시나리오 기반 훈련 실시 여부</td><td>□</td></tr>
<tr><td>유관기관 합동훈련 여부</td><td>□</td></tr>
<tr><td>불시훈련 실시 여부</td><td>□</td></tr>
<tr><td>교육·훈련 실시 후 결과보고 여부(기관장 보고)</td><td>□</td></tr>
</table></td></tr>
<tr><td>배점</td><td>10점(정성 5점, 정량 5점)</td></tr>
<tr><td>증빙자료</td><td>①② 교육·훈련 계획서 및 결과보고서</td></tr>
</table>

<table>
<tr><td>평가분야</td><td>재난관리 – 대응대책</td></tr>
<tr><td>평가항목</td><td>상황관리</td></tr>
<tr><td>평가지표</td><td>4.3.1 상황전파체계</td></tr>
<tr><td>평가목적</td><td>○ 비상시 신속한 대응을 위한 상황전파체계 수립</td></tr>
<tr><td>평가기준</td><td>○ 상황보고체계 구축의 적절성 및 위기경보 단계별 기준 및 조치사항의 적절성 평가</td></tr>
<tr><td>평가방식</td><td>정량</td></tr>
<tr><td>평가방법</td><td>○ 상황보고체계 구축 및 위기경보 단계별 기준 및 조치사항(5점)
<table>
<tr><td rowspan="5">이행결과</td><td>상황전파 종합체계도의 제작 및 배치</td><td>□</td></tr>
<tr><td>상황전파체계, 기구별 임무와 역할 명시 → 문서화</td><td>□</td></tr>
<tr><td>재난유형별 담당자 대응수칙의 구체적 명시 → 문서화</td><td>□</td></tr>
<tr><td>위기경보 단계별 임무와 역할 명시</td><td>□</td></tr>
<tr><td>위기경보 단계별 비상근무자 현행화</td><td>□</td></tr>
</table></td></tr>
<tr><td>배 점</td><td>5점(정량 5점)</td></tr>
<tr><td>증빙자료</td><td>① 보호계획서, 관련 사진 및 문서
② 자체 상황관리규정 등 관련 문서 등</td></tr>
</table>

<table>
<tr><td>평가분야</td><td>재난관리 – 복구대책</td></tr>
<tr><td>평가항목</td><td>보호자원관리</td></tr>
<tr><td>평가지표</td><td>4.4.1 보호자원 관리실태 현행화 및 확보방안</td></tr>
<tr><td>평가목적</td><td>○ 기관별로 관리하는 자재 · 장비, 인력, 시스템 등 보호자원의 연속성 유지를 위한 자원관리 현행화 및 자체자원 외의 외부자원 확보 · 동원절차의 적절성 평가</td></tr>
<tr><td>평가기준</td><td>① 보호자원 관리대장 현행화 여부
② 보호자원 확보방법 및 동원절차의 적절성 평가</td></tr>
<tr><td>평가방식</td><td>정량평가</td></tr>
<tr><td>평가방법</td><td>
① 보호자원 관리대장 현행화 여부 (2점)
<table>
<tr><td rowspan="2">이행결과
①</td><td>자원명, 보유개수, 보유위치, 자원상태, 사용기한, 담당자 (모두 포함)</td><td>□</td></tr>
<tr><td>중점위험관리 우선순위 자원관리 목록 유무</td><td>□</td></tr>
</table>
② 보호자원 확보방법 및 동원절차의 적절성 평가 (3점)
– 보호자원의 확보방법을 평가하기 위하여 기관이 아래 항목을 고려하여 수립하였는지 평가
<table>
<tr><td rowspan="2">이행결과
②</td><td>4개</td><td>3개</td><td>2개</td><td>1개 이하</td></tr>
<tr><td>3점</td><td>2점</td><td>1점</td><td>0점</td></tr>
</table>
<table>
<tr><td rowspan="4">이행결과
②</td><td>자체자원과 외부자원 분류표 유무</td><td>□</td></tr>
<tr><td>외부자원 동원 종류 및 확보 리스트 구축</td><td>□</td></tr>
<tr><td>유관기관 협약, 협약기관의 자원관리 현행화 여부</td><td>□</td></tr>
<tr><td>재난관리자원 공동활용 시스템 현행화 여부</td><td>□</td></tr>
</table>
</td></tr>
<tr><td>배　점</td><td>5점(정량 5점)</td></tr>
<tr><td>증빙자료</td><td>① 자원관리 현황판*·배치도 및 물품명 표지판 사진, 재난관리자원 점검대장
* 현행화 여부를 확인하기 위해 점검일별 사진 첨부 필요
② 자체자원 및 외부자원 분류표, 협약 등 문서, 관리주체별 책임자가 명시된 문서, 자원관리 이력</td></tr>
</table>

<table>
<tr><td>평가분야</td><td>재난관리 – 복구대책</td></tr>
<tr><td>평가항목</td><td>복구 대책</td></tr>
<tr><td>평가지표</td><td>4.4.2 중점위험관리 유형별 응급복구계획</td></tr>
<tr><td>평가목적</td><td>○ 기관의 특성에 따라 응급복구 계획을 적절히 수립하였는지 평가</td></tr>
<tr><td>평가기준</td><td>① 중요기능별 응급복구 활동계획 수립 내용의 유효성 및 적절성
② 응급복구 조직의 임무와 역할부여, 조직 구성의 적절성 평가
③ 복구상황 보도 및 홍보 수립 평가</td></tr>
<tr><td>평가방식</td><td>정량평가</td></tr>
<tr><td>평가방법</td><td>① 응급복구 조직의 임무와 역할부여의 적절성 평가
– 중요기능별 복구계획 수립, 유관기관 비상연락망 구축 여부
② 응급복구조직 구성 여부
– 중점위험관리를 중심으로 핵심기능 긴급복구를 위한 응급복구반 구성 등
③ 복구상황 보도 및 홍보 양식 구비 여부
<table>
<tr><td rowspan="2">이행결과
①+②+③</td><td>6개</td><td>5개</td><td>3~4개</td><td>2개</td><td>1개 이하</td></tr>
<tr><td>5점</td><td>4점</td><td>3점</td><td>2점</td><td>1점</td></tr>
</table>
<table>
<tr><td rowspan="2">이행결과
①</td><td>중점위험별 응급복구계획 수립 여부</td><td>□</td></tr>
<tr><td>유관기관 비상연락망 구축</td><td>□</td></tr>
<tr><td rowspan="2">이행결과
②</td><td>응급복구반 구성 및 상호협력체계 마련</td><td>□</td></tr>
<tr><td>중점위험 관련 인적·물적 자원 등을 구분하여 복구조직 구성</td><td>□</td></tr>
<tr><td rowspan="2">이행결과
③</td><td>복구상황 보도자료 양식 준비 여부</td><td></td></tr>
<tr><td>복구 진행사항 보고양식 준비</td><td></td></tr>
</table></td></tr>
<tr><td>배 점</td><td>5점(정량 5점)</td></tr>
<tr><td>증빙자료</td><td>① 중점위험별 응급복구계획서, 유관기관 비상연락망
② 응급복구반 구성 문서 및 계획서
③ 보도 및 홍보자료 양식, 배포계획서</td></tr>
</table>

평가분야	연계성
평가항목	보호계획 연계성
평가지표	5.1.1 보호계획 항목간 연계성
평가목적	○ 국가 핵심기반 중점위험관리를 위한 보호계획서가 기관별 특성에 맞도록 연계성있게 수립되었는지 전체적인 흐름을 평가
평가기준	○ 보호계획 항목 간 연계성
평가방식	정성평가
평가방법	○ 보호계획 항목 간 연계성 평가 – 보호대상 범위(중요도) – 위험도 등급 – 중점위험관리 – 중점위험별 재난관리 (교육·훈련·재난자원 관리 등) 간 연계성 여부
배　점	10점(정성 10점)
증빙자료	○ 보호계획서

평가분야	가감점
평가항목	가점
평가지표	6.1.1 연도별 중점관리 재난대책 및 재난 발생 시 상황보고 실적
평가목적	○ 국가 핵심기반 보호대책의 실효성 제고
평가기준	① 배터리실 및 전기실 화재대책 수립 여부 및 적절성 ② 사고 또는 재난 발생 시 상황보고 실적(인근 재난·사고발생 시 상황보고 포함)
평가방법	① 배터리실 및 전기실 화재대책 보고서를 통해 적절성 평가: 1~3점 ② 재난 발생 시 상황보고 실적 등 1~3점 예 : 사고 또는 재난 발생시 적절한 대응으로 피해 방지, 피해규모 축소 사례, 기관의 국가 핵심기반 보호를 위한 제도·업무 개선 사례 등
배　점	최대 6점(정성 6점)
증빙자료	① 배터리실 및 전기실 화재 대책 ② 사건·사고 및 재난 관련 상황보고 실적서
증빙자료	○ 보호계획서

평가분야	가감점
평가항목	감점
평가지표	6.2.1 국가 핵심기반 추진일정 등 미준수
평가목적	○ 국가 핵심기반 보호 업무 정상 추진
평가기준	○ 보호계획서 제출 기한 준수(~4.28.)
평가방법	○ 보호계획서 1차 제출 기한(~4.28.) 미준수 감점 –2점
배점	–2점(정량 –2점)
증빙자료	○ 공문 및 국가 핵심기반 관리시스템을 통한 확인
증빙자료	○ 보호계획서

평가분야	가감점
평가항목	감점
평가지표	6.2.2 사고, 실제 재난으로 인한 피해 발생
평가목적	○ 국가 핵심기반 보호 및 기능유지
평가기준	○ 사고 또는 재난 발생 시 부적절한 대응으로 피해가 발생·확대되거나, 국가 핵심기반 기능이 일시 중단되는 경우
평가방법	○ 언론보도 내용 및 사고 발생 자료 등을 통해 재난대응이 적절하였는지 판단
배점	–5점(정성 –5점)
증빙자료	○ 사고 또는 재난 발생 현황자료 등
증빙자료	○ 보호계획서

Chapter 5

국민 안전교육 실태점검

1. 국민 안전교육 실태점검 개요
2. 세부 점검 계획
3. 평가 진행 절차 및 준비사항
4. 국민 안전교육 실태점검 중앙안전교육점검단 운영
5. 국민 안전교육 실태점검 지표 및 해설

1. 국민 안전교육 실태점검 개요

1) 평가개요

국민 안전교육 실태점검은 안전교육 정책 추진상황의 평가와 점검으로 각 기관의 역량을 제고하기 위함이다. 실태점검은 「국민 안전교육 진흥 기본법」 제7조(추진실적 평가), 제17조(실태점검)를 근거로 한다.

2) 평가투입

2023년도 국민 안전교육 실태점검의 기간 2~6월 자체평가 결과 제출(~2월), 서면 · 현장점검(3~6월)결과 공개(6월)

(내용) '22년 추진실적을 지표(정량지표 17~19, 정성지표 2)에 따라 점검
 * 정량지표(85점), 정성지표(15점)

3) 평가방법

(방법) 중앙안전교육점검단이 중앙부처와 시 · 도 점검
 ※ 시 · 군 · 구는 시 · 도에서 자체 점검 후 결과를 행정안전부에 제출

4) 평가결과 및 활용

행정안전부 홈페이지 및 보도자료 등 우수기관과 우수사례 공표, 우수사례 확산 및 보완사항은 차년도 안전교육 시행계획 반영

점검결과 공개, 우수기관 정부포상 추천

안전교육 활성화 및 정착을 위해 우수사례를 적극 발굴 · 공유하고, 미흡한 사항을 도출하여 보완 · 개선하는 데 중점

안전문화유공 기관·개인 포상 시 안전교육 점검결과 우수기관 추천

점검결과 시행계획 보완

기관별 보완 사항에 대해서는 차년도 국민 안전교육 시행계획에 반영하여 추진

기관의 미흡사항에 대한 개선계획 수립 및 개선실적 관리

2. 세부 점검 계획

1) 국민 안전교육 추진 목표

국민 안전교육 추진 역량 제고			
연차별 점검수준 강화	우수사례 발굴 · 전파	점검결과 환류 강화	안전교육 주요정책 연계
안전교육 인프라 수준과 연계한 점검 추진	현장에서의 안전교육 추진 우수사례 발굴·확산	점검결과에 따른 시행계획 보완, 미흡기관 컨설팅 강화	안전교육법 상 주요 추진사항 이해에 대한 실질적 점검
실질적 · 효율적 점검			

2) 기본 방향

점검지표는「국민 안전교육 진흥 기본법」상 국민 안전교육 시행 주체가 법상 추진해야 할 주요 시책 위주로 구성

안전교육 우수사례를 적극 발굴·공유하고, 점검에 따른 행정부담을 최소화하면서 미흡한 사항을 도출·보완·개선 하도록 방향성 제시

3) 점검 대상기관 : 268개(중앙부처 25, 지자체 243)

(중앙부처) 소관 안전 세부영역 수에 따라 3개 그룹으로 구분

그룹 분류	A그룹(11) (세부영역 3개 이상)	교육부, 과기정통부, 문체부, 산업부, 복지부, 고용부, 여가부, 국토부, 경찰청, 소방청, 질병청
	B그룹(10) (세부영역 2개 이하)	외교부, 농식품부, 환경부, 해수부, 식약처, 공정위, 금융위, 원안위, 산림청, 해경청
	C그룹(4) (세부영역 0개)	통일부, 국방부, 문화재청, 기상청

(지자체) 광역(17개 시·도) 및 기초(226개 시·군·구)로 구분

4) 등급 배분

점검 대상 기관별 **우수 · 보통 · 미흡** 3개 등급으로 구분

구분		계	우수(30%)	보통(60%)	미흡(10%)
총계		264	79	159	26
중앙부처	소계	21	6	13	2
	A그룹	11	3	7	1
	B그룹	10	3	6	1
시·도		17	5	10	2
시·군·구		226	68	136	22

※ 중앙부처 C그룹 4개 부처(소관 안전 영역 없음)는 등급배분 대상에서 제외

3. 평가 진행 절차 및 준비사항

1) 평가 진행 절차

(1) 점검단 실태점검 설명회 : 중앙부처 및 지자체 대상

- 점검 대상 : 중앙부처(25개) 및 지방자치단체(243개)
- 점검 그룹 : (중앙부처) 안전영역 개수에 따라 3개그룹으로 구분한다.

A그룹(11개) : 안전영역 3개 이상 교육부, 과기정통부, 문체부, 산업부, 복지부, 고용부, 여가부, 국토부, 경찰청, 소방청, 질병청
B그룹(10개) : 안전영역 2개 이하 외교부, 농식품부, 환경부, 해수부, 식약처, 공정위, 금융위, 원안위, 산림청, 해경청
C그룹(4개) : 안전영역 0개 통일부, 국방부, 문화재청, 기상청

※ 중앙부처 C그룹 4개 부처(소관 안전 영역 없음)는 등급배분 대상에서 제외

(지방자치단체) 광역시도(17개), 시군구(226개로 구분한다.

(2) 점검단 서면점검 실시 : 자체평가확인, 우수사례발굴, 자체평가 및 보완하며, 각 기관 자체점수와 점검단 점수가 상이 시 사유를 기재하며, 점검 단위별 점수부여 편차를 최소화하여 전체적인 일관성을 유지한다.

(3) 점검단 현장점검 실시 : 기관이 작성 제출한 추진실적 및 우수사례 증빙자료에 대한 확인 추가 확인 필요시 방문 확인한다. 그리고 국민 안전교육에 대한 관계 관리자 관심을 확인하기 위해 관리자 인터뷰를 실시한다.

- 점검단 간사와 점검 대상 기관(중앙기관 시도)이 일정을 협의하여 진행한다.

(4) 점검단 서면 · 현장점검 결과보고서 작성 · 제출 : 중앙안전교육점검단은 점검결과 보고서 제출기한을 준수한다.

(5) 점검단 최종심의 · 의결 : 점검결과 보고서를 중앙안전교육점검단 최종 회의에 상정한다.

(6) 실태점검 결과보고 및 우수사례 등 공표 : 행정안전부는 국민 안전교육 추진실적 점검결과를 발표하며, 우수기관을 선정하여 행안부 홈페이지 및 보도자료 등 우수시관과 우수사례를 공표 및 확산하고, 보완사항은 차년도 안전교육 시행계획에 반영한다.

4. 국민 안전교육 실태점검 중앙안전교육점검단 운영

1) 중앙안전교육점검단 구성

< 중앙안전교육점검단 구성도 >

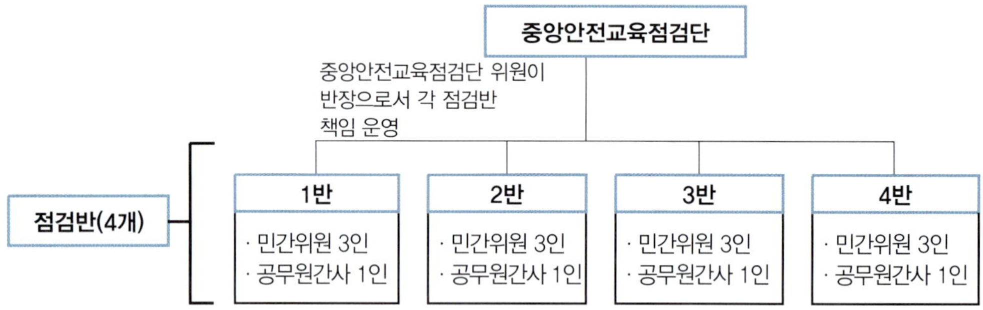

구분	점검단	점검반
구성	· **단장 : 민간·공무원 공동** ※ 민간위원 중 호선, 생활안전정책관 · 민간위원 : 점검반 반장	· 민간위원 : 민간전문가 3인 · 간사 : 공무원 1인
역할	· **실태점검 결과 최종 심의·확정** · 점검대상별 등급 부여 협의·조정 · 점검결과 공개 사항에 대한 심의	· 점검 대상기관 실태점검 주관 · 점검 대상기관별 점검결과 보고서 작성
기타	· 중앙점검단 심의(3월)	· 4개반(중앙 2개, 시도 2개)

2) 중앙안전교육점검단 운영

점검수행에 차질이 없도록 2023년 안전교육 실태점검 계획 및 점수 부여 기준 등 사전 교육

실태점검 일정·운영은 코로나19 등 상황에 따라 비대면 회의 등 유동적·탄력적 운영

시·도 자체점검단 구성·운영

(기본방침)

시·군·구에서 제출한 추진실적을 바탕으로 공정하고 객관적으로 점검

시·도 자체점검단 구성·운영은 중앙점검단에 준하여 시행

* 점검단 및 점검반에 민간 전문가 필히 참여(점검의 신뢰성 확보)

시·도 자체 실정에 따라 일부 적의 변경 시행 가능

3) 시·도 자체점검단 구성·운영

< 시·도 자체점검단 구성도 >

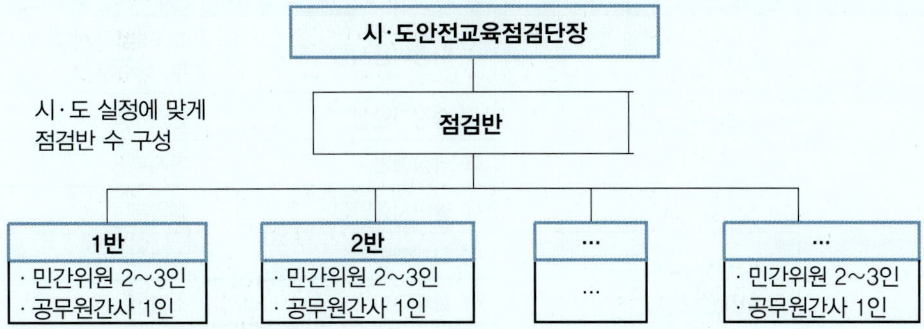

구분	점검단	점검반
구성	· 단장 : 민간·공무원 공동 ※ 민간위원 중 호선, 시·도담당국장 · 민간위원 : 점검반 반장	· 민간위원 : 민간전문가 2~3인 · 간사 : 시·도 공무원 1인
역할	· **실태점검 결과 최종 심의·확정** · 점검대상별 등급 부여 협의·조정	· 점검 대상기관 실태점검 주관 · 점검 대상기관별 점검결과 보고서 작성

4) 점검단 협조사항

철저한 점검 준비

– 2023년도 안전교육 실태점검 계획을 충분히 숙지하여 점검수행에 차질이 없도록 점검 자료에 대한 사전 검토 필요

점검 대상기관 담당자의 사전 협조 유도

– 점검은 산하 시·군·구에서 작성 · 제출한 추진실적, 우수사례를 근거로 하되, 추가 확인이 필요한 경우에는 추가자료 요구 등 실시

산하 시·군·구에 대한 자체점검 계획 수립·시행

※ **68개 안전 세부영역별 주관부처 현황**

※ 근거 : 제2차 국민 안전교육 기본계획(중앙안전관리위원회 심의 / 2022/9/29)

안전분야(6대)	안전영역(23개)	안전 세부영역(68개)	주관부처(22개)
1. 생활안전	1) 시설안전	① 다중이용시설안전	교육부, 문체부, 복지부, 국토부, 해수부
		② 승강기안전	행안부
		③ 낙상예방	복지부
		④ 놀이시설안전	행안부
	2) 화재안전	① 화재예방	소방청
		② 화재대피	소방청
		③ 화재진압	소방청
	3) 전기·가스안전	① 전기안전	산업부
		② 가스안전	산업부
	4) 작업안전	① 도구사용안전	고용부
		② 제품사용안전	고용부, 산업부
		③ 실험·실습실안전	교육부, 과기정통부
		④ 작업환경안전	고용부
	5) 여가활동안전	① 놀이안전	문체부
		② 수상안전	행안부, 해수부, 해경청
		③ 캠핑안전	행안부, 문체부
		④ 스포츠안전	문체부
		⑤ 해외여행안전	외교부
2. 교통안전	1) 보행안전	① 교통법규안전	경찰청
		② 횡단보도이용안전	행안부, 국토부
	2) 이륜차안전	① 자전거안전	행안부
		② 오토바이안전	경찰청
	3) 자동차안전	① 주행안전	국토부, 경찰청
		② 교통사고대처	국토부, 경찰청
		③ 안전띠착용	국토부, 경찰청
	4) 대중교통안전	① 승하차안전	국토부, 경찰청
		② 탑승중안전	국토부, 경찰청

안전분야(6대)	안전영역(23개)	안전 세부영역(68개)	주관부처(22개)
3. 자연재난 안전	1) 재난대응	① 재난정보	행안부
		② 재난대피	행안부
		③ 재난시구호활동	행안부
	2) 기후성재난	① 홍수	행안부
		② 태풍	행안부
		③ 황사	환경부
		④ 대설·한파	행안부
		⑤ 낙뢰	행안부
		⑥ 폭염	행안부
		⑦ 가뭄	행안부
	3) 지질성재난	① 지진	행안부
		② 쓰나미	행안부
		③ 산사태	산림청
4. 사회기반 체계안전	1) 환경·생물 ·방사능안전	① 환경오염	환경부
		② 생물테러	질병청
		③ 방사능오염	원안위
	2) 에너지·정보통신안전	① 에너지안전	산업부
		② 정보통신마비	과기정통부, 금융위
5. 범죄안전	1) 폭력안전	① 학교폭력	교육부
		② 집단따돌림	교육부
		③ 언어·사이버폭력	교육부
		④ 가정폭력	여가부
		⑤ 학대	복지부
	2) 유괴·미아방지	① 유괴·미아방지및대처	복지부
		② 가출예방	경찰청
	3) 성폭력안전	① 성매매방지	여가부
		② 성폭력예방	여가부
	4) 사기범죄안전	① 사이버사기	금융위
		② 다단계사기	공정위

안전분야(6대)	안전영역(23개)	안전 세부영역(68개)	주관부처(22개)
6. 보건안전	1) 식품안전	① 식중독	식약처
		② 유해식품안전	식약처
	2) 중독안전	① 약물안전	복지부
		② 물질중독	복지부
		③ 흡연·음주폐해	복지부
		④ 사이버·스마트폰중독	과기정통부
	3) 감염안전	① 감염병대처	질병청
		② 가축전염병대처	농식품부
	4) 응급처치	① 심폐소생술(AED포함)	복지부, 질병청, 소방청
		② 응급구조	복지부, 소방청
		③ 상황별응급처치	복지부, 소방청
	5) 자살예방	① 자살예방및대처	복지부

5. 국민 안전교육 실태점검 지표 및 해설

1) 점검지표(정량지표 중앙17개·지자체19개, 정성지표 2개로 구성)

평가분야	평가항목	평가지표	중앙부처	시·도
합계			100	100
소계			55	55
1. 안전 교육 추진 실적	1-1. 안전교육추진체계 구축	**(공통)** 안전교육 추진 회의체 구성 및 운영 실적	5	5
		(중앙) 국민 안전교육 의무화 관련 개별법령 개정 실적	5	-
	1-2. 안전교육 활성화	**(중앙)** 소관 안전 세부 영역에 대한 안전교육 실시 여부	5	-
		(시·도) 안전교육을 실시한 안전세부영역 개수	-	5
		(공통) 생애주기 6대 분야 안전교육 인원수	5	5
		(시·도) 안전취약계층(장애인, 노인, 다문화가족 등) 안전교육 실적	-	7
	1-3. 체험 위주의 안전교육 확대	**(공통)** 안전체험교육 행 · 재정적 지원 실적	5	5
		(공통) 생애주기별 안전체험교육 추진 실적	5	5
	1-4. 콘텐츠 및 프로그램개발 · 보급	**(공통)** 소관 안전세부영역에 대한 안전교육 교재 개발·보급 실적	5	2
		(공통) 안전교육 프로그램 개발·보급 실적	5	2
	1-5. 기관·안전교육 전문인력 육성 · 활용	**(공통)** 안전교육 전문인력 양성을 위한 교육과정 운영 실적	5	2
		(공통) 안전교육 전문인력 풀(pool) 구축 활용 실적	5	2
	1-6. 사회인 안전교육 지원체계 구축	**(시·도)** 주민자치센터 등에 안전교육과정 개설 실적	-	5
		(시·도) 다중이용시설 및 사회복지시설 등 안전교육 지원 실적	-	5
	1-7. 안전교육목표 달성 노력	**(공통)** 안전교육 성과목표 달성 노력	5	5
소계			15	15
2. 안전 교육 기반 조성	2-1. 시행계획 수립 적절성	**(공통)** 시행계획 수립의 적절성	5	5
	2-2. 안전교육 추진사항 점검 노력	**(공통)** 안전교육 시행계획 추진사항 점검 실적	5	5
	2-3. 안전교육 자체평가 추진체계 구축	**(공통)** 안전교육 자체평가계획 수립 절차의 적절성	5	5
소계			10	10

평가분야	평가항목	평가지표	중앙부처	시·도
3. 안전 교육 관심도	3-1. 기관장(부기관장) 관심도	**(공통)** 안전교육 활성화를 위한 대내외 활동 실적	5	5
	3-2. 안전교육 정책 대국민 홍보	**(공통)** 안전교육 정책 대국민 홍보 실적	5	5
소계			**5**	**5**
4. 안전교육 협력체계 구축	4-1. 유관기관·단체 등과의 협력체계	**(공통)** 안전교육 정책 추진관련 유관기관·단체 등과의 협력체계 구축	5	5
소계			**15**	**15**
5. 인터뷰 및 우수사례	5-1.인터뷰 등	**(공통)** 기관관리자 인터뷰	10	10
	5-2.특수시책 등	**(공통)** 우수사례 등 특수시책	5	5

2) 지표별 평가기준 (중앙행정기관 및 지자체)

- 중앙행정기관

<table>
<tr><td>평가분류</td><td colspan="3">1. 안전교육 추진실적</td></tr>
<tr><td>평가지표</td><td colspan="3">1-1. 안전교육 추진체계 구축</td></tr>
<tr><td>평가대상</td><td>중앙행정기관</td><td>배점</td><td>5</td></tr>
<tr><td>평가기준</td><td colspan="3">
가. 산식 : (1) (안전교육 추진 회의체 구성) 안전교육 추진을 위하여 내부조직 뿐만 아니라 안전교육 관련 외부 전문가, 민간단체 등이 참여하는 추진 회의체 구성 여부
* 기존에 운영되고 있는 타 회의체(위원회, 협의회, 회의 등 명칭 불문)의 기능에 안전교육이 포함된 경우에는 모두 인정(안전교육 기능이 없는 경우는 미인정)
<table>
<tr><td rowspan="3">안전교육 추진 회의체 구성 여부(①)</td><td>구성(민간인 참여)</td><td>3점</td></tr>
<tr><td>구성(민간인 미참여)</td><td>2점</td></tr>
<tr><td>미 구성</td><td>1점</td></tr>
</table>
(2) (안전교육 추진 회의체 운영) 안전교육 추진 회의체 운영 실적
<table>
<tr><td rowspan="2">안전교육 추진 회의체 운영 실적(②)</td><td>3회 이상</td><td>2회</td><td>1회</td><td>미 운영</td></tr>
<tr><td>2점</td><td>1.5점</td><td>1점</td><td>0.5점</td></tr>
</table>
</td></tr>
<tr><td>평가방법</td><td colspan="3">
* 평가기준의 측정항목에 해당되는 지 여부를 판단
<table>
<tr><td rowspan="2">산식
(① + ②)</td><td>합계</td><td>①</td><td>②</td></tr>
<tr><td></td><td></td><td></td></tr>
</table>
</td></tr>
<tr><td>평가
유의사항</td><td colspan="3">• 안전교육 추진 회의체 구성·운영은 시점(날짜)을 확인할 수 있어야 인정
• 안전문화 활동만을 위한 회의체 운영은 미인정</td></tr>
<tr><td>증빙자료</td><td colspan="3">• 안전교육 추진 회의체 구성·운영 계획서
• 안전교육 추진 회의체 운영 결과 보고서 등</td></tr>
</table>

<table>
<tr><td>평가분류</td><td colspan="2">1. 안전교육 추진실적</td><td colspan="4">1-2. 안전교육 활성화</td></tr>
<tr><td>평가지표</td><td colspan="6">1-2-1. 소관 안전영역에 대한 안전교육 실시 여부</td></tr>
<tr><td>평가내용</td><td colspan="6">안전교육을 실시한 생애주기별 안전교육 추진 실적을 점검한다.</td></tr>
<tr><td>평가대상</td><td colspan="2">중앙행정기관</td><td>배점</td><td></td><td>산정점수</td><td></td></tr>
<tr><td>평가기준</td><td colspan="6">□ 안전교육 안전영역 현황 : 생애주기별 안전교육 68개 안전세부영역은 다음과 같음

생애주기별 안전교육 지도 안전영역
• 68개 안전세부영역(다중이용시설안전, 승강기안전, 놀이시설안전 등)
* 제1차 국민 안전교육 기본계획(인쇄본 12~13페이지)
: 68개 안전 세부영역 주관부처 현황에 따름

o (안전영역별 안전교육 실시 여부) 소관 안전세부영역에 대한 안전교육 실시 여부

<table>
<tr><td rowspan="2">소관 안전세부영역이 1~4개인 기관</td><td>100%</td><td>90%이상</td><td>80%이상</td><td>70%이상</td><td>60%이상</td></tr>
<tr><td>5점</td><td>4점</td><td>3점</td><td>2점</td><td>1점</td></tr>
<tr><td rowspan="2">소관 안전세부영역이 5~10개인 기관</td><td>70%이상</td><td>60%이상</td><td>50%이상</td><td>40%이상</td><td>30%이상</td></tr>
<tr><td>5점</td><td>4점</td><td>3점</td><td>2점</td><td>1점</td></tr>
<tr><td rowspan="2">소관 안전세부영역이 11개 이상인 기관</td><td>40%이상</td><td>30%이상</td><td>20%이상</td><td>10%이상</td><td>5%이상</td></tr>
<tr><td>5점</td><td>4점</td><td>3점</td><td>2점</td><td>1점</td></tr>
</table></td></tr>
<tr><td>평가방법</td><td colspan="6">* 평가기준의 측정항목에 해당되는 지 여부를 판단

점수 산정
소관 안전세부영역(개수) 대비 실제 안전교육을 실시한 안전세부영역(개수)의 비율을 기준에 따라 점수로 반영
* (산식) (실제 안전교육을 실시한 영역수/소관 안전세부영역수)×100
예시) 환경부의 경우 소관 안전영역 2개(황사, 환경오염), 실제 실시한 영역 2개이면 100%(5점)</td></tr>
<tr><td>평가 유의사항</td><td colspan="6">• 안전교육 실시 기준은 강사가 안전세부영역에 대하여 일반 국민을 대상으로 실제 안전교육(집합교육, 사이버교육 등 포함)을 실시한 경우만 인정
• 체험관의 체험교육은 포함하며, 한 개의 교육과정에 여러개의 안전영역이 포함된 경우에는 안전영역 수만큼 인정하되, 교육이 아닌 홍보 실적은 불인정</td></tr>
<tr><td>증빙자료</td><td colspan="6">• 소관 안전세부영역에 대한 안전교육 실적 보고서
• 소관 안전세부영역의 실제 안전교육을 실시한 개수를 확인할 수 있는 자료</td></tr>
</table>

<table>
<tr><td>평가분류</td><td colspan="3">1. 안전교육 추진실적</td><td colspan="2">1-2. 안전교육 활성화</td></tr>
<tr><td>평가지표</td><td colspan="5">1-2-2. 생애주기 6대 분야 안전교육 인원수</td></tr>
<tr><td>평가내용</td><td colspan="5">생애주기별 6대 분야 안전교육 인원수를 점검한다.</td></tr>
<tr><td>평가대상</td><td>중앙행정기관</td><td>배점</td><td>5</td><td>산정점수</td><td></td></tr>
<tr><td>평가기준</td><td colspan="5">
□ 안전교육 안전영역 현황 : 생애주기별 안전교육 68개 안전세부영역은 다음과 같음
<table>
<tr><td>생애주기별 안전교육 지도 안전영역</td><td>• 68개 안전세부영역(다중이용시설안전, 승강기안전, 놀이시설안전 등)
* 제1차 국민 안전교육 기본계획(인쇄본 12~13페이지)
: 68개 안전 세부영역 주관부처 현황에 따름</td></tr>
</table>
o (안전 교육 인원수) 안전세부영역별 실시한 생애주기별 안전교육 이수인원을 점검함
<table>
<tr><td rowspan="2">안전교육 인원수</td><td>5십만명 이상</td><td>2십만명 이상</td><td>5만명 이상</td><td>1만명 이상</td><td>1만명 미만</td></tr>
<tr><td>5점</td><td>4점</td><td>3점</td><td>2점</td><td>1점</td></tr>
</table>
※ 안전세부영역이 없는 기관의 경우도 안전교육을 실시한 인원에 대해 산정함
</td></tr>
<tr><td>평가방법</td><td colspan="5">
* 평가기준의 측정항목에 해당되는 지 여부를 판단
<table>
<tr><td>점수 산정</td><td>안전교육 인원수에 해당하는 점수를 반영</td></tr>
</table>
</td></tr>
<tr><td>평가
유의사항</td><td colspan="5">• 안전교육 이수인원 기준은 강사가 일반 국민을 대상으로 실제 안전교육(집합교육, 사이버교육 등 포함)을 실시한 경우만 인정
• 체험관의 체험교육은 포함하며, 한 개의 교육과정에 여러개의 안전영역이 포함된 경우에는 이수인원은 안전영역별 중복 산정은 인정하며, 교육이 아닌 단순 홍보 실적은 불인정</td></tr>
<tr><td>증빙자료</td><td colspan="5">• 생애주기별 대국민 안전교육을 실시한 실적(인원수 등)을 확인할 수 있는 증빙자료</td></tr>
</table>

<table>
<tr><td>평가분류</td><td colspan="3">1. 안전교육 추진실적</td><td colspan="2">1-3. 체험 위주의 안전교육 확대</td></tr>
<tr><td>평가지표</td><td colspan="5">1-3-1. 안전체험교육 행·재정적 지원 실적</td></tr>
<tr><td>평가내용</td><td colspan="5">안전체험교육의 활성화를 위하여 안전체험교육에 대한 행·재정적 지원 실적을 점검한다.</td></tr>
<tr><td>평가대상</td><td>중앙행정기관</td><td>배점</td><td>5</td><td>산정점수</td><td></td></tr>
<tr><td>평가기준</td><td colspan="5">□ (안전체험교육 행·재정적 지원) 안전체험교육에 대한 행·재정적 지원 현황을 점검함

<table>
<tr><td rowspan="5">행·재정적 지원 측정항목</td><td>기관은 자체 안전체험교육 시설·장비 등을 확충하였나?</td><td>□</td></tr>
<tr><td>기관은 안전체험교육을 위하여 타 기관 등과 협력(MOU 등)하여 추진한 사항이 있는가?</td><td>□</td></tr>
<tr><td>관내 학교, 민간 기관·단체, 기업, 지자체 등을 대상으로 안전체험교육에 대한 홍보 활동을 전개하였는 가?</td><td>□</td></tr>
<tr><td>안전교육 예산에 안전체험교육을 지원하기 위한 예산이 편성되어 있는 가?</td><td>□</td></tr>
<tr><td>안전체험교육을 위한 타 기관·단체 등에 예산을 지원한 실적이 있는 가?</td><td>□</td></tr>
</table>

<table>
<tr><td rowspan="2">행·재정적 지원 해당항목</td><td>5개 이상</td><td>4개</td><td>3개</td><td>2개</td><td>1개</td></tr>
<tr><td>5점</td><td>4점</td><td>3점</td><td>2점</td><td>1점</td></tr>
</table></td></tr>
<tr><td>평가방법</td><td colspan="5">* 평가기준의 측정항목에 해당되는 지 여부를 판단

<table><tr><td>점수 산정</td><td>행·재정적 지원 실적에 해당하는 점수를 반영</td></tr></table></td></tr>
<tr><td>평가 유의사항</td><td colspan="5">• 안전체험교육은 강의실에서 귀로 듣는 것 외에 직접 실제로 해보는 모든 행위를 포함
• 자체 안전체험교육 시설·장비의 확충은 산하 공공기관 등을 포함함</td></tr>
<tr><td>관련자료</td><td colspan="5">• 행·재정적 지원 측정항목의 해당 항목을 확인할 수 있는 자료
• 관련 계획서, 결과보고서 등</td></tr>
</table>

<table>
<tr><td>평가분류</td><td colspan="3">1. 안전교육 추진실적</td><td colspan="3">1-3. 체험위주의 안전교육 확대</td></tr>
<tr><td>평가지표</td><td colspan="6">1-3-2. 생애주기별 안전체험교육 추진 실적</td></tr>
<tr><td>평가내용</td><td colspan="6">안전체험교육의 활성화를 위하여 안전체험교육에 대한 추진 실적을 점검한다.</td></tr>
<tr><td>평가대상</td><td>중앙행정기관</td><td>배점</td><td>5</td><td>산정점수</td><td colspan="2"></td></tr>
<tr><td>평가기준</td><td colspan="6">□ (안전체험교육 추진현황) 안전체험교육 추진실적을 점검함
<table><tr><td rowspan="2">안전체험교육 횟수</td><td>5회 이상</td><td>4회</td><td>3회</td><td>2회</td><td>1회</td></tr><tr><td>5점</td><td>4점</td><td>3점</td><td>2점</td><td>1점</td></tr></table></td></tr>
<tr><td>평가방법</td><td colspan="6">* 평가기준의 측정항목에 해당되는 지 여부를 판단
<table><tr><td>점수 산정</td><td>안전체험교육 실시 횟수에 해당하는 점수를 반영</td></tr></table></td></tr>
<tr><td>평가 유의사항</td><td colspan="6">• 안전체험교육은 강의실에서 귀로 듣는 것 외에 직접 실제로 해보는 모든 행위를 포함
• 안전체험교육이 1개의 교육과정에 3기(회)를 실시한 경우 3회로 인정</td></tr>
<tr><td>관련자료</td><td colspan="6">• 안전체험교육을 실시한 횟수를 확인할 수 있는 자료</td></tr>
</table>

<table>
<tr><td>평가분류</td><td>1. 안전교육 추진실적</td><td colspan="4">1-4. 안전교육 교재 및 프로그램 개발·보급</td></tr>
<tr><td>평가지표</td><td colspan="5">1-4-1. 소관 안전세부영역에 대한 안전교육 교재(동영상, 책자 등) 개발·보급 실적</td></tr>
<tr><td>평가내용</td><td colspan="5">68개 안전세부영역에 대한 교재(동영상, 책자 등)개발 실적을 점검한다.</td></tr>
<tr><td>평가대상</td><td>중앙행정기관</td><td>배점</td><td>5</td><td>산정점수</td><td></td></tr>
<tr><td>평가기준</td><td colspan="5">ㅇ (안전교육 교재 개발 실적) 소관 안전세부영역에 대한 안전교육 동영상 또는 책자형 등 교재 개발·보급 실적을 점검함
– 2개 이상의 안전세부영역을 동시에 개발한 교재의 경우에는 교재 개발 수를 2개 이상으로 중복계산 가능
<table>
<tr><td rowspan="2">소관 안전세부 영역이 1~4개인 기관</td><td>100%</td><td>90%이상</td><td>80%이상</td><td>70%이상</td><td>60%이상</td></tr>
<tr><td>5점</td><td>4점</td><td>3점</td><td>2점</td><td>1점</td></tr>
</table>
<table>
<tr><td rowspan="2">소관 안전세부 영역이 5~10개인 기관</td><td>70%이상</td><td>60%이상</td><td>50%이상</td><td>40%이상</td><td>30%이상</td></tr>
<tr><td>5점</td><td>4점</td><td>3점</td><td>2점</td><td>1점</td></tr>
</table>
<table>
<tr><td rowspan="2">소관 안전세부 영역이 11개 이상인 기관</td><td>40%이상</td><td>30%이상</td><td>20%이상</td><td>10%이상</td><td>5%이상</td></tr>
<tr><td>5점</td><td>4점</td><td>3점</td><td>2점</td><td>1점</td></tr>
</table>
※ 68개 안전 세부영역이 없는 기관인 경우 결측 값 적용(총점 배점에서 제외)</td></tr>
<tr><td>평가방법</td><td colspan="5">* 평가기준의 측정항목에 해당하는 지 여부를 판단
소관 안전세부영역 수 대비 실제 개발·보급한 개수의 비율을 산정한 점수를 반영
*(산식) (신규 개발한 교재 개수/소관 안전세부영역 수)×100
– 예시) 환경부
· 소관 안전세부영역수 : 2개(황사, 환경오염)
· 신규 개발한 교재수 : 2개(황사 : 동영상 1, 환경오염 : 책자형 1)
· 산식 : 2개/2개*100 = 100% → 5점(소관 안전세부영역이 1~4개인 기관 적용)</td></tr>
<tr><td>평가 유의사항</td><td colspan="5">• 책자형 교재는 분량이 10페이지 이상으로 안전교육에 활용되는 경우에는 리플릿 등 모두 제작·보급 형태 인정
• 기타 동영상 및 책자 외에 객관적으로 교재 형태로 제작·보급된 경우는 모두 인정함</td></tr>
<tr><td>관련자료</td><td colspan="5">• 실제 개발한 교재(동영상 및 책자형 등)를 확인할 수 있는 자료
• 실제 개발한 안전세부영역을 확인할 수 있는 자료</td></tr>
</table>

<table>
<tr><td>평가분류</td><td>1. 안전교육 추진실적</td><td colspan="4">1-4. 안전교육 교재 및 프로그램 개발·보급</td></tr>
<tr><td>평가지표</td><td colspan="5">1-4-2. 안전교육 프로그램(교육과정) 개발·보급 실적</td></tr>
<tr><td>평가내용</td><td colspan="5">안전교육 프로그램(교육과정) 개발 실적을 점검한다.</td></tr>
<tr><td>평가대상</td><td>중앙행정기관</td><td>배점</td><td>5</td><td>산정점수</td><td></td></tr>
<tr><td>평가기준</td><td colspan="5">
ㅇ **(안전교육 프로그램 개발 실적)** 생애주기별 안전교육 프로그램(교육과정) 개발·보급 실적을 점검함
– 하나의 교육프로그램에 여러개의 생애주기가 포함된 경우 모두 인정함
<table>
<tr><td rowspan="7">안전교육 프로그램 측정항목</td><td>영유아기(0~5세)의 안전교육 프로그램을 개발·보급하였는가?</td><td>☐</td></tr>
<tr><td>아동기(6~12세)의 안전교육 프로그램을 개발·보급하였는가?</td><td>☐</td></tr>
<tr><td>청소년기(13~18세)의 안전교육 프로그램을 개발·보급하였는가?</td><td>☐</td></tr>
<tr><td>청년기(19~29세)의 안전교육 프로그램을 개발·보급하였는가?</td><td>☐</td></tr>
<tr><td>성인기(30~64세)의 안전교육 프로그램을 개발·보급하였는가?</td><td>☐</td></tr>
<tr><td>노년기(65세이상)의 안전교육 프로그램을 개발·보급하였는가?</td><td>☐</td></tr>
<tr><td>장애인의 안전교육 프로그램을 개발하였는가?</td><td>☐</td></tr>
</table>
<table>
<tr><td rowspan="2">안전교육 신규 프로그램 개발실적</td><td>5개 이상</td><td>4개</td><td>3개</td><td>2개</td><td>1개</td></tr>
<tr><td>5점</td><td>4점</td><td>3점</td><td>2점</td><td>1점</td></tr>
</table>
</td></tr>
<tr><td>평가방법</td><td colspan="5">
* 평가기준의 측정항목에 해당하는 지 여부를 판단
<table>
<tr><td>점수 산정</td><td>안전교육 프로그램(교육과정) 개발·보급 실적에 해당하는 점수를 반영</td></tr>
</table>
</td></tr>
<tr><td>평가 유의사항</td><td colspan="5">
• 프로그램(교육과정)은 교육대상, 시간, 교과목 등이 포함돼 있어야 함
• 안전체험교육 프로그램도 인정하며, 사이버 및 집합 교육프로그램 모두 인정함
• 당해연도 개발·보급한 실적만 인정하며 기존 자료를 전체적인 수정·보완이나 프로그램 추가 등이 포함되어 있는 경우만 인정함
</td></tr>
<tr><td>증빙자료</td><td colspan="5">• 안전교육 프로그램 측정항목 중 해당하는 항목에 대한 증빙자료</td></tr>
</table>

<table>
<tr><td>평가분류</td><td colspan="2">1. 안전교육 추진실적</td><td colspan="3">1-5. 안전교육 전문인력 육성·활용</td></tr>
<tr><td>평가지표</td><td colspan="5">1-5-1. 안전교육 전문인력 양성을 위한 교육과정 운영 실적</td></tr>
<tr><td>평가내용</td><td colspan="5">국민 안전교육 전문인력 양성을 위한 교육과정 운영 실적을 점검한다.</td></tr>
<tr><td>평가대상</td><td>중앙행정기관</td><td>배점</td><td>5</td><td>산정점수</td><td></td></tr>
<tr><td>평가기준</td><td colspan="5">ㅇ (안전교육 전문인력 양성과정 운영) 생애주기별 6대 안전분야를 중심으로 해당 기관이 안전교육 전문인력 양성을 위한 교육과정 운영 횟수를 점검함
<table>
<tr><td rowspan="2">양성과정 운영 실적</td><td>5회</td><td>4회</td><td>3회</td><td>2회</td><td>1회</td></tr>
<tr><td>5점</td><td>4점</td><td>3점</td><td>2점</td><td>1점</td></tr>
</table></td></tr>
<tr><td>평가방법</td><td colspan="5">* 평가기준의 측정항목에 해당하는 지 여부를 판단
<table>
<tr><td>점수 산정</td><td>안전교육 전문인력 양성 교육과정 운영 횟수를 반영</td></tr>
</table></td></tr>
<tr><td>평가 유의사항</td><td colspan="5">• 전문인력은 일반 국민를 대상으로 안전교육을 실시하는 강사 등을 총칭하며, 행정안전부에 안전교육 전문인력으로 등록된 인력 외에 각 개별법에 근거한 전문인력도 포함함
• 전문인력은 교육이나 연구를 수행하는 사람을 말함</td></tr>
<tr><td>관련자료</td><td colspan="5">• 안전교육 전문인력 양성과정 교육계획서 및 결과보고서 등 증빙자료</td></tr>
</table>

<table>
<tr><td>평가분류</td><td>1. 안전교육 추진실적</td><td colspan="4">1-5. 안전교육 전문인력 육성·활용</td></tr>
<tr><td>평가지표</td><td colspan="5">1-5-2. 안전교육 전문인력 풀(pool) 구축 활용 실적</td></tr>
<tr><td>평가내용</td><td colspan="5">안전교육을 위해 전문인력 활용에 대한 실적을 점검한다.</td></tr>
<tr><td>평가대상</td><td>중앙행정기관</td><td>배점</td><td>5</td><td>산정점수</td><td></td></tr>
<tr><td>평가기준</td><td colspan="5">o (안전교육 전문인력 활용 횟수) 안전교육 전문인력을 실제 교육 또는 연구에 활용한 횟수를 점검함
<table>
<tr><td rowspan="2">행안부 등록 전문인력 활용실적(①)</td><td>3회 이상</td><td>2회</td><td>1회</td></tr>
<tr><td>3점</td><td>1점</td><td>0.5점</td></tr>
</table>
<table>
<tr><td rowspan="2">기타 전문인력 활용실적(②)</td><td>3회 이상</td><td>2회</td><td>1회</td></tr>
<tr><td>2점</td><td>1점</td><td>0.5점</td></tr>
</table></td></tr>
<tr><td>평가방법</td><td colspan="5">* 평가기준의 측정항목에 해당하는 지 여부를 판단
<table>
<tr><td rowspan="2">산식
(① + ②)</td><td>합계</td><td>①</td><td>②</td></tr>
<tr><td></td><td></td><td></td></tr>
</table></td></tr>
<tr><td>평가
유의사항</td><td colspan="5">• 행안부 등록 전문인력은 등록번호로 확인함
• 교육 또는 연구에 활용한 횟수는 안전교육 강의, 연구 등을 포함함</td></tr>
<tr><td>관련자료</td><td colspan="5">• 안전교육 전문인력을 활용한 계획서 및 결과보고서 등</td></tr>
</table>

<table>
<tr><td>평가분류</td><td colspan="3">1. 안전교육 추진실적</td><td colspan="3">1-7. 안전교육 목표달성 노력</td></tr>
<tr><td>평가지표</td><td colspan="6">1-7-1. 안전교육 성과목표 달성 노력</td></tr>
<tr><td>평가내용</td><td colspan="6">국민 안전교육 시행계획 상 안전교육 성과목표에 대한 달성 정도를 점검한다.</td></tr>
<tr><td>평가대상</td><td colspan="3">중앙행정기관</td><td>배점</td><td>5</td><td>산정점수</td></tr>
<tr><td>평가기준</td><td colspan="6">o (안전교육 성과목표 달성 정도) 국민 안전교육 시행계획 상 안전교육 성과목표 달성 정도를 주요 지표에 대한 목표 대비 실적을 산정하여 평가함
<table><tr><td rowspan="2">목표달성 결과</td><td>60% 이상</td><td>50% 이상</td><td>40% 이상</td><td>30% 이상</td><td>10% 이상</td></tr><tr><td>5점</td><td>4점</td><td>3점</td><td>2점</td><td>1점</td></tr></table>
※ 주요 지표를 설정하지 않은 기관은 일괄 점수 부여(0.5점)</td></tr>
<tr><td>평가방법</td><td colspan="6">* 해당기관의 안전교육 시행계획 문서를 검토하여 점검
* 산식 = (목표 달성한 주요 지표 개수 / 전체 주요 지표 개수) X 100</td></tr>
<tr><td>평가
유의사항</td><td colspan="6">• 평가 대상 연도‘국민 안전교육 시행계획’상 성과목표의 주요지표를 대상으로 산정</td></tr>
<tr><td>증빙자료</td><td colspan="6">• 해당 지표를 달성한 증빙자료(교육실적인 경우 실제 교육한 실적 등)</td></tr>
</table>

<table>
<tr><td>평가분류</td><td colspan="3">2. 안전교육 기반조성</td><td colspan="3">2-1. 시행계획 수립 적절성</td></tr>
<tr><td>평가지표</td><td colspan="6">2-1-1. 시행계획 수립의 적절성</td></tr>
<tr><td>평가내용</td><td colspan="6">국민 안전교육 시행계획 수립 시 부기관장 이상 참여와 시행계획 수립의 적절성을 점검한다.</td></tr>
<tr><td>평가대상</td><td>중앙행정기관</td><td>배점</td><td>5</td><td>산정점수</td><td colspan="2"></td></tr>
<tr><td>평가기준</td><td colspan="6">(1) (관심도) 국민 안전교육 시행계획 수립 최종 결재자를 평가함
– 직무대리는 해당직위로 인정, 차하위 직위자는 직제에 따름
<table><tr><td rowspan="2">결재권자
(①)</td><td>부기관장 이상</td><td>차하위 직위자
(실장급)</td><td>차하위 직위자
(국장급)</td><td>차하위 직위자
(과장급)</td></tr><tr><td>3점</td><td>2점</td><td>1점</td><td>0.5점</td></tr></table>
(2) (의견수렴) 국민 안전교육 시행계획 수립 시 기관 내 관련부서와 회의를 적절하게 했는 지를 평가함
<table><tr><td rowspan="2">결재권자
(①)</td><td>4회 이상</td><td>2회 이상</td><td>1회 이상</td></tr><tr><td>2점</td><td>1점</td><td>0.5점</td></tr></table></td></tr>
<tr><td>평가방법</td><td colspan="6">* 평가기준의 측정항목에 해당하는 지 여부를 판단
<table><tr><td rowspan="2">결재권자
(①)</td><td>4회 이상</td><td>2회 이상</td><td>1회 이상</td></tr><tr><td>2점</td><td>1점</td><td>0.5점</td></tr></table></td></tr>
<tr><td>평가
유의사항</td><td colspan="6">• 회의는 주재자의 직위와 상관없으며, 담당자 실무회의 등을 포함함</td></tr>
<tr><td>증빙자료</td><td colspan="6">• 평가 대상 연도'국민 안전교육 시행계획'의 최종 결재자를 확인할 수 있는 자료
• 회의 횟수를 확인할 수 있는 증빙자료 등</td></tr>
</table>

<table>
<tr><td>평가분류</td><td>2. 안전교육 기반조성</td><td colspan="4">2-2. 안전교육 추진사항 점검 노력</td></tr>
<tr><td>평가지표</td><td colspan="5">2-2-1. 안전교육 시행계획 추진사항 점검 실적</td></tr>
<tr><td>평가내용</td><td colspan="5">국민 안전교육 시행계획의 주요 추진과제에 대한 이행 실적 점검여부를 점검한다.</td></tr>
<tr><td>평가대상</td><td>중앙행정기관</td><td>배점</td><td>5</td><td>산정점수</td><td></td></tr>
<tr><td>평가기준</td><td colspan="5">o (추진상황 점검) 연초에 수립한 국민 안전교육 시행계획의 주요 추진과제에 대한 이행 실적을 매 분기 1회 이상 점검하였는 지를 점검함
* 점검 근거 : 국민 안전교육 시행계획 수립 지침 Ⅳ. 행정사항
<table><tr><td rowspan="2">추진상황 점검</td><td>4회 이상</td><td>3회</td><td>2회</td><td>1회</td><td>0회</td></tr><tr><td>5점</td><td>4점</td><td>3점</td><td>2점</td><td>1점</td></tr></table></td></tr>
<tr><td>평가방법</td><td colspan="5">* 평가기준의 측정항목에 해당하는 지 여부를 판단
<table><tr><td>점수 산정</td><td>안전교육 추진사항 점검 횟수를 반영</td></tr></table></td></tr>
<tr><td>평가
유의사항</td><td colspan="5">• 시행계획 상 추진과제에 대한 추진사항을 점검하였는 지에 대해 판단하며, 점검 주체가 누구(실무자인 경우도 가능)인 지는 무관함</td></tr>
<tr><td>증빙자료</td><td colspan="5">• 추진상황 점검계획 및 점검결과 보고서 등 증빙자료
• 점검을 실시한 시점(날짜 등)을 확인할 수 있는 자료이어야 함</td></tr>
</table>

<table>
<tr><td>평가분류</td><td colspan="2">2. 안전교육 기반조성</td><td colspan="3">2-3. 안전교육 자체평가 추진체계 구축</td></tr>
<tr><td>평가지표</td><td colspan="5">2-2-3. 안전교육 자체평가계획 수립 절차의 적절성</td></tr>
<tr><td>평가내용</td><td colspan="5">안전교육 추진실적에 대하여 자체평가 계획을 수립하였는 지와 자체평가위원회를 적절하게 구성하였지를 점검한다.</td></tr>
<tr><td>평가대상</td><td>중앙행정기관</td><td>배점</td><td>5</td><td>산정점수</td><td></td></tr>
<tr><td>평가기준</td><td colspan="5">(1) (최종 결재자) 자체평가 계획을 부기관장 이상 결재를 하였는 지를 점검함
– 직무대리는 해당직위로 인정, 차하위 직위자는 직제에 따름
<table>
<tr><td rowspan="2">결재권자
(①)</td><td>부기관장 이상</td><td>차하위 직위자
(실장급)</td><td>차하위 직위자
(국장급)</td><td>차하위 직위자
(과장급)</td></tr>
<tr><td>3점</td><td>2점</td><td>1점</td><td>0.5점</td></tr>
</table>
(2) (자체평가위원회 구성) 자체평가위원회에 민간위원이 참여하였는 지를 점검함
<table>
<tr><td rowspan="2">구성 여부
(②)</td><td>민간위원 참여 구성</td><td>민간위원 미참여 구성</td></tr>
<tr><td>2점</td><td>1점</td></tr>
</table></td></tr>
<tr><td>평가방법</td><td colspan="5">* 평가기준의 측정항목에 해당하는 지 여부를 판단
<table>
<tr><td rowspan="2">산식
(① + ②)</td><td>합계</td><td>①</td><td>②</td></tr>
<tr><td></td><td></td><td></td></tr>
</table></td></tr>
<tr><td>평가
유의사항</td><td colspan="5">• 민간위원이 누구인지는 관계없으며 민간위원이 참여했는 지만 판단</td></tr>
<tr><td>증빙자료</td><td colspan="5">• 자체평가 계획서 및 최종 결재 문서 증빙자료
• 자체평가위원회 구성(민간위원 포함 등)을 확인할 수 있는 자료</td></tr>
</table>

<table>
<tr><td>평가분류</td><td>3. 안전교육 관심도</td><td colspan="4">3-1. 기관장 관심도</td></tr>
<tr><td>평가지표</td><td colspan="5">3-1-1. 안전교육 활성화를 위한 대내외 활동 실적</td></tr>
<tr><td>평가내용</td><td colspan="5">안전교육에 대한 기관장 관심도(부기관장도 인정) 여부를 점검한다.</td></tr>
<tr><td>평가대상</td><td>중앙행정기관</td><td>배점</td><td>5</td><td>산정점수</td><td></td></tr>
<tr><td>평가기준</td><td colspan="5">
(1) (관심도) 부기관장 이상 직위자의 안전교육에 대한 대내외 각종 활동에 대하여 점검함
<table>
<tr><td rowspan="2">기관장 관심도
(①)</td><td>4개</td><td>3개</td><td>2개</td><td>1개</td></tr>
<tr><td>4점</td><td>3점</td><td>2점</td><td>1점</td></tr>
</table>
<table>
<tr><td rowspan="6">기관장
관심도
측정항목</td><td>안전교육 시행계획 수립 시 부기관장 이상 지시사항이 있는 가?</td><td>☐</td></tr>
<tr><td>안전교육 정책 추진 관련 부기관장 이상 회의를 주재하였는 가?</td><td>☐</td></tr>
<tr><td>안전교육 정책 추진 점검 등을 위하여 부기관장 이상이 현장에 참여한 사례가 있는 가?</td><td>☐</td></tr>
<tr><td>안전교육 정책 추진 시 부기관장 이상의 지시사항이 있는 가?</td><td>☐</td></tr>
<tr><td>안전교육 정책 추진과 관련하여 국장(나급) 이상의 언론 기고 등이 있는 가?</td><td>☐</td></tr>
<tr><td>안전교육 업무 담당자에 대한 인센티브 부여 실적이 있는 가?</td><td>☐</td></tr>
</table>
(2) (인력 보강)
– 안전교육 업무 관련 인력 보강 인원수에 따라 점수 산정
<table>
<tr><td rowspan="2">인원보강
(②)</td><td>1명 이상</td><td>미보강</td></tr>
<tr><td>1점</td><td>0점</td></tr>
</table>
<table>
<tr><td rowspan="2">인원보강</td><td>성명</td><td>채용일자</td><td>비고</td></tr>
<tr><td></td><td></td><td></td></tr>
</table>
</td></tr>
<tr><td>평가방법</td><td colspan="5">
* 평가기준의 측정항목에 해당하는 지 여부를 판단
<table>
<tr><td rowspan="2">산식
(① + ②)</td><td>합계</td><td>①</td><td>②</td></tr>
<tr><td></td><td></td><td></td></tr>
</table>
</td></tr>
<tr><td>평가
유의사항</td><td colspan="5">• 기관장 관심도 측정시 안전교육과 관련된 내용인지 확인, 관련이 없으면 불인정
• 안전교육 업무와 관계된 인력 보강만 인정</td></tr>
<tr><td>관련자료</td><td colspan="5">• 기관장 관심도 측정항목 중 해당되는 항목을 확인할 수 있는 증빙자료
• 인력보강을 공식적으로 확인할 수 있는 부서별 업무분장표(전·후 비교) 등 증빙자료</td></tr>
</table>

<table>
<tr><td>평가분류</td><td>3. 안전교육 관심도</td><td colspan="4">3-2. 안전교육 정책 대국민 홍보</td></tr>
<tr><td>평가지표</td><td colspan="5">3-2-1. 안전교육 정책 대국민 홍보 실적</td></tr>
<tr><td>평가내용</td><td colspan="5">안전교육 정책에 대한 대국민 및 관련자에게 홍보하기 위하여 다양한 매체(신문, TV, 인터넷, SNS, 전광판 등)를 활용하여 적극적으로 홍보하였는지 여부를 점검한다.</td></tr>
<tr><td>평가대상</td><td>중앙행정기관</td><td>배점</td><td>5</td><td>산정점수</td><td></td></tr>
<tr><td>평가기준</td><td colspan="5">
(1) (보도자료 작성 건수) 안전교육 정책에 대한 대국민 홍보를 위해 보도자료를 작성한 건수를 확인함
<table>
<tr><td rowspan="2">작성 건수
(①)</td><td>3건 이상</td><td>2건</td><td>1건</td></tr>
<tr><td>3점</td><td>2점</td><td>1점</td></tr>
</table>
<table>
<tr><td rowspan="4">보도자료
측정항목</td><td>보도자료 제목 및 주요내용</td><td>v</td></tr>
<tr><td></td><td>□</td></tr>
<tr><td></td><td>□</td></tr>
<tr><td></td><td>□</td></tr>
</table>
(2) (홍보 건수) 신문, TV, 인터넷, SNS, 전광판 등 홍보매체를 통한 대국민 홍보 건수를 확인함
<table>
<tr><td rowspan="2">홍보 건수
(②)</td><td>4개 매체 이상</td><td>3개 매체</td><td>2개 매체</td><td>1개 매체</td></tr>
<tr><td>2점</td><td>1.5점</td><td>1점</td><td>0.5점</td></tr>
</table>
<table>
<tr><td rowspan="4">교육홍보
측정항목</td><td>홍보매체</td><td>주요내용</td><td>v</td></tr>
<tr><td></td><td></td><td>□</td></tr>
<tr><td></td><td></td><td>□</td></tr>
<tr><td></td><td></td><td>□</td></tr>
</table>
</td></tr>
<tr><td>평가방법</td><td colspan="5">
* 평가기준의 측정항목에 해당하는 지 여부를 판단
<table>
<tr><td rowspan="2">산식
(① + ②)</td><td>합계</td><td>①</td><td>②</td></tr>
<tr><td></td><td></td><td></td></tr>
</table>
</td></tr>
<tr><td>평가
유의사항</td><td colspan="5">• 안전교육 관련 정책에 대한 홍보만을 인정하며, 단순 안전문화 홍보는 불인정</td></tr>
<tr><td>관련자료</td><td colspan="5">• 안전교육 정책 홍보 관련 보도자료
• 홍보매체에 보도된 안전교육 홍보 증빙자료</td></tr>
</table>

<table>
<tr><td>평가분류</td><td colspan="2">4. 안전교육 협력체계 구축</td><td colspan="3">4-1. 유관기관·단체 등과의 협력체계</td></tr>
<tr><td>평가지표</td><td colspan="5">4-1-1. 안전교육 정책 추진관련 유관기관·단체 등과의 협력체계 구축</td></tr>
<tr><td>평가내용</td><td colspan="5">안전교육 정책 추진관련 유관기관·단체 등과의 협력체계 구축 실적을 점검한다.</td></tr>
<tr><td>평가대상</td><td>중앙행정기관</td><td>배점</td><td>5</td><td>산정점수</td><td></td></tr>
<tr><td>평가기준</td><td colspan="5">o (적절성) 안전교육 관련 유관기관·단체 등과의 협력체계 구축 실적을 점검함
* 안전교육 관련 유관기관·단체는 생애주기별 안전교육 6대 분야와 관련성이 있어야 함
* 협력체계 구축 관련 문서(MOU 등)에 안전교육에 관련된 내용이 있을 경우에만 실적 인정(당해년도 구축을 원칙으로 하되, 이전 체결의 경우 당해연도 운영 · 활동 근거 제출 시 인정)
* 해당기관의 산하기관, 소속단체와의 협력체계 구축도 인정
<table><tr><td rowspan="2">유관기관, 단체 등 협력체계 구축 기관 수</td><td>5개 기관 이상</td><td>4개 기관 이상</td><td>3개 기관 이상</td><td>1개 기관 이상</td></tr><tr><td>5점</td><td>3점</td><td>2점</td><td>1점</td></tr></table></td></tr>
<tr><td>평가방법</td><td colspan="5">* 평가기준의 측정항목에 해당하는 지 여부를 판단
<table><tr><td>점수 산정</td><td>유관기관, 단체 등 협력체계 구축 실적에 해당하는 점수를 반영</td></tr></table></td></tr>
<tr><td>평가 유의사항</td><td colspan="5">• 유관기관, 단체 등의 성격이 안전교육 분야와의 관련성을 검토 확인
• 안전교육과 관련성이 없는 경우는 불인정</td></tr>
<tr><td>관련자료</td><td colspan="5">• 유관기관, 단체 등과의 협력체계 구축(MOU 등)을 확인할 수 있는 증빙자료</td></tr>
</table>

3) 지표별 평가기준(시도 및 시군구)

<table>
<tr><td>평가분류</td><td colspan="3">1. 안전교육 추진실적</td><td colspan="3">1-1. 안전교육 추진체계 구축</td></tr>
<tr><td>평가지표</td><td colspan="6">1-1-1. 안전교육 추진 회의체 구성 및 운영 실적</td></tr>
<tr><td>평가내용</td><td colspan="6">안전교육의 효율적 추진을 위하여 민간전문가, 민간단체 등이 참여하는 안전교육 추진 회의체 구성 현황 및 운영 실적을 점검한다.</td></tr>
<tr><td>평가대상</td><td>시도, 시군구</td><td>배점</td><td>5</td><td>산정점수</td><td colspan="2"></td></tr>
<tr><td>평가기준</td><td colspan="6">(1) (안전교육 추진 회의체 구성) 안전교육 추진을 위하여 내부조직 뿐만 아니라 안전교육 관련 외부 전문가, 민간단체 등이 참여하는 추진 회의체 구성 여부
* 기존에 운영되고 있는 타 회의체(위원회, 협의회, 회의 등 명칭 불문)의 기능에 안전교육이 포함된 경우에는 모두 인정(안전교육 기능이 없는 경우는 미인정)
<table>
<tr><td rowspan="3">안전교육 추진 회의체 구성 여부(①)</td><td>구성(민간인 참여)</td><td>3점</td></tr>
<tr><td>구성(민간인 미참여)</td><td>2점</td></tr>
<tr><td>미 구성</td><td>1점</td></tr>
</table>
(2) (안전교육 추진 회의체 운영) 안전교육 추진 회의체 운영 실적
<table>
<tr><td rowspan="2">안전교육 추진 회의체 운영 실적(②)</td><td>3회 이상</td><td>2회</td><td>1회</td><td>미 운영</td></tr>
<tr><td>2점</td><td>1.5점</td><td>1점</td><td>0.5점</td></tr>
</table></td></tr>
<tr><td>평가방법</td><td colspan="6">* 평가기준의 측정항목에 해당하는 지 여부를 판단
<table>
<tr><td>점수 산정</td><td>유관기관, 단체 등 협력체계 구축 실적에 해당하는 점수를 반영</td></tr>
</table></td></tr>
<tr><td>평가 유의사항</td><td colspan="6">• 안전교육 추진 회의체 구성·운영은 시점(날짜)을 확인할 수 있어야 인정
• 안전문화 활동만을 위한 회의체 운영은 미인정</td></tr>
<tr><td>증빙자료</td><td colspan="6">• 안전교육 추진 회의체 구성·운영 계획서
• 안전교육 추진 회의체 운영 결과 보고서 등</td></tr>
</table>

<table>
<tr><td>평가분류</td><td colspan="2">1. 안전교육 추진실적</td><td colspan="3">1-2. 안전교육 활성화</td></tr>
<tr><td>평가지표</td><td colspan="5">1-2-1. 안전교육을 실시한 안전세부영역 개수</td></tr>
<tr><td>평가내용</td><td colspan="5">안전교육을 실시한 생애주기별 안전교육 추진 실적을 점검한다.</td></tr>
<tr><td>평가대상</td><td>시도, 시군구</td><td>배점</td><td>5</td><td>산정점수</td><td></td></tr>
<tr><td>평가기준</td><td colspan="5">
□ 안전교육 안전영역 현황 : 생애주기별 안전교육 68개 안전세부영역은 다음과 같음
<table>
<tr><td>생애주기별 안전교육 지도 안전영역</td><td>• 68개 안전세부영역(다중이용시설안전, 승강기안전, 놀이시설안전 등)
* 제1차 국민 안전교육 기본계획(인쇄본 12~13페이지) : 68개 안전 세부영역 주관 부처 현황에 따름</td></tr>
</table>

o (안전영역별 안전교육 실시 여부) 68개 안전세부영역에 대한 안전교육 실시 여부를 점검함
– 시·도 기준
<table>
<tr><td rowspan="2">안전교육 실시 안전세부영역</td><td>40개 이상</td><td>30개 이상</td><td>20개 이상</td><td>10개 이상</td><td>5개 이상</td></tr>
<tr><td>5점</td><td>4점</td><td>3점</td><td>2점</td><td>1점</td></tr>
</table>
– 시군구 기준
<table>
<tr><td rowspan="2">안전교육 실시 안전세부영역</td><td>20개 이상</td><td>15개 이상</td><td>10개 이상</td><td>5개 이상</td><td>2개 이상</td></tr>
<tr><td>5점</td><td>4점</td><td>3점</td><td>2점</td><td>1점</td></tr>
</table>
</td></tr>
<tr><td>평가방법</td><td colspan="5">* 평가기준의 측정항목에 해당하는 지 여부를 판단
<table>
<tr><td>점수 산정</td><td>안전교육을 실시한 안전세부영역 개수에 따라 점수 산정</td></tr>
</table>
</td></tr>
<tr><td>평가 유의사항</td><td colspan="5">• 안전교육 실시 기준은 강사가 안전세부영역에 대하여 일반 국민을 대상으로 실제 안전교육(집합교육, 사이버교육 등 포함)을 실시한 경우만 인정
• 체험관의 체험교육은 포함하며, 한 개의 교육과정에 여러개의 안전영역이 포함된 경우에는 안전영역 수만큼 인정하되, 교육이 아닌 홍보 실적은 불인정</td></tr>
<tr><td>증빙자료</td><td colspan="5">• 안전교육 실적 보고서
• 안전교육 실시 안전세부영역의 개수를 확인할 수 있는 자료</td></tr>
</table>

<table>
<tr><td>평가분류</td><td>1. 안전교육 추진실적</td><td colspan="4">1-2. 안전교육 활성화</td></tr>
<tr><td>평가지표</td><td colspan="5">1-2-2. 생애주기 6대 안전분야 안전교육 인원수</td></tr>
<tr><td>평가내용</td><td colspan="5">생애주기별 6대 분야 안전교육 인원수를 점검한다.</td></tr>
<tr><td>평가대상</td><td>시도, 시군구</td><td>배점</td><td>5</td><td>산정점수</td><td></td></tr>
<tr><td>평가기준</td><td colspan="5">

ㅁ **안전교육 안전영역 현황** : 생애주기별 안전교육 68개 안전세부영역은 다음과 같음

<table>
<tr><td>생애주기별
안전교육 지도
안전영역</td><td>• 68개 안전세부영역(다중이용시설안전, 승강기안전, 놀이시설안전 등)
* 제1차 국민 안전교육 기본계획(인쇄본 12~13페이지) : 68개 안전 세부영역 주관 부처 현황에 따름</td></tr>
</table>

o **(안전교육 인원수)** 안전세부영역별 실시한 생애주기별 안전교육 이수인원을 점검함

– 시·도 기준

<table>
<tr><td rowspan="2">인구수 대비 안전교육 인원수 비율</td><td>14% 이상</td><td>11% 이상</td><td>8% 이상</td><td>5% 이상</td><td>5% 미만</td></tr>
<tr><td>5점</td><td>4점</td><td>3점</td><td>2점</td><td>1점</td></tr>
</table>

– 시군구 기준

<table>
<tr><td rowspan="2">인구수 대비 안전교육 인원수 비율</td><td>8% 이상</td><td>6% 이상</td><td>4% 이상</td><td>2% 이상</td><td>2% 미만</td></tr>
<tr><td>5점</td><td>4점</td><td>3점</td><td>2점</td><td>1점</td></tr>
</table>

</td></tr>
<tr><td>평가방법</td><td colspan="5">

* 평가기준의 측정항목에 해당하는 지 여부를 판단

<table>
<tr><td>점수 산정</td><td>주민등록 인구수(연말기준) 대비 실제 안전교육을 실시한 인원수의 비율 기준에 따라 점수로 반영
*(산식) (실제 안전교육을 실시한 인원수/인구수)×100</td></tr>
</table>

</td></tr>
<tr><td>평가
유의사항</td><td colspan="5">• 안전교육 실시 기준은 강사가 안전세부영역에 대하여 일반 국민을 대상으로 실제 안전교육(집합교육, 사이버교육 등 포함)을 실시한 경우만 인정
• 체험관의 체험교육은 포함하며, 한 개의 교육과정에 여러개의 안전영역이 포함된 경우에는 안전영역 수만큼 인정하되, 교육이 아닌 홍보 실적은 불인정</td></tr>
<tr><td>증빙자료</td><td colspan="5">• 해당 지자체 인구수 및 안전교육 실적(인원수 등)을 확인할 수 있는 증빙자료</td></tr>
</table>

<table>
<tr><td>평가분류</td><td>1. 안전교육 추진실적</td><td colspan="4">1-2. 안전교육 활성화</td></tr>
<tr><td>평가지표</td><td colspan="5">1-2-3. 안전취약계층(장애인, 노인, 다문화가족 등) 안전교육 실적</td></tr>
<tr><td>평가내용</td><td colspan="5">안전취약계층(장애인, 노인, 다문화가족 등) 안전교육 실적 현황을 점검한다.</td></tr>
<tr><td>평가대상</td><td>시도, 시군구</td><td>배점</td><td>7</td><td>산정점수</td><td></td></tr>
<tr><td>평가기준</td><td colspan="5">(1) (안전취약계층 대상별 안전교육 현황) 안전취약계층 대상별 안전교육 실시 여부를 점검함
<table>
<tr><td rowspan="5">안전교육 대상별 측정항목</td><td>장애인을 대상으로 안전교육을 실시한 경우</td><td>□</td></tr>
<tr><td>노인을 대상으로 안전교육을 실시한 경우</td><td>□</td></tr>
<tr><td>다문화가족을 대상으로 안전교육을 실시한 경우</td><td>□</td></tr>
<tr><td>여성을 대상으로 안전교육을 실시한 경우</td><td>□</td></tr>
<tr><td>어린이를 대상으로 안전교육을 실시한 경우</td><td>□</td></tr>
</table>
<table>
<tr><td rowspan="2">안전교육 대상별 교육횟수(①)</td><td>3개 이상</td><td>2개 이상</td><td>1개 이상</td></tr>
<tr><td>4점</td><td>3점</td><td>2점</td></tr>
</table>
(2) (안전취약계층 안전교육 횟수현황) 안전취약계층별 안전교육 실적을 점검함
<table>
<tr><td rowspan="2">안전교육 대상별 교육횟수(①)</td><td>3개 이상</td><td>2개 이상</td><td>1개 이상</td></tr>
<tr><td>4점</td><td>3점</td><td>2점</td></tr>
</table></td></tr>
<tr><td>평가방법</td><td colspan="5">* 평가기준의 측정항목에 해당하는 지 여부를 판단
<table>
<tr><td rowspan="2">산식 (① + ②)</td><td>합계</td><td>①</td><td>②</td></tr>
<tr><td></td><td></td><td></td></tr>
</table></td></tr>
<tr><td>평가 유의사항</td><td colspan="5">• 안전교육은 강사가 일반 국민을 대상으로 실제 안전교육(체험교육, 사이버교육 등 포함)을 실시한 경우만 인정</td></tr>
<tr><td>관련자료</td><td colspan="5">• 안전교육 대상별 측정항목 중 해당 항목을 확인할 수 있는 증빙자료
• 장애인, 노인, 다문화가족, 여성, 어린이를 대상으로 하는 안전교육 실적 증빙자료</td></tr>
</table>

<table>
<tr><td>평가분류</td><td colspan="3">1. 안전교육 추진실적</td><td colspan="3">1-3. 체험 위주의 안전교육 확대</td></tr>
<tr><td>평가지표</td><td colspan="6">1-3-1. 안전체험교육 행·재정적 지원 실적</td></tr>
<tr><td>평가내용</td><td colspan="6">안전체험교육의 활성화를 위하여 안전체험교육에 대한 행·재정적 지원 실적을 점검한다.</td></tr>
<tr><td>평가대상</td><td colspan="2">시도, 시군구</td><td>배점</td><td>5</td><td>산정점수</td><td></td></tr>
<tr><td>평가기준</td><td colspan="6">

ㅇ **(안전체험교육 행·재정적 지원)** 안전체험교육에 대한 행·재정적 지원 현황을 점검함

<table>
<tr><td rowspan="5">행·재정적 지원 측정 항목</td><td>기관은 자체 안전체험교육 시설·장비 등을 확충하였나?</td><td>□</td></tr>
<tr><td>기관은 안전체험교육을 위하여 타 기관 등과 협력(MOU 등)하여 추진한 사항이 있는 가?</td><td>□</td></tr>
<tr><td>관내 학교, 민간 기관·단체, 기업, 지자체 등을 대상으로 안전체험교육에 대한 홍보 활동을 전개하였는 가?</td><td>□</td></tr>
<tr><td>안전교육 예산에 안전체험교육을 지원하기 위한 예산이 편성되어 있는 가?</td><td>□</td></tr>
<tr><td>안전체험교육을 위한 타 기관·단체 등에 예산을 지원한 실적이 있는 가?</td><td>□</td></tr>
</table>

<table>
<tr><td rowspan="2">행·재정적 지원 해당항목</td><td>5개 이상</td><td>4개</td><td>3개</td><td>2개</td><td>1개</td></tr>
<tr><td>5점</td><td>4점</td><td>3점</td><td>2점</td><td>1점</td></tr>
</table>

</td></tr>
<tr><td>평가방법</td><td colspan="6">

* 평가기준의 측정항목에 해당하는 지 여부를 판단

<table>
<tr><td>점수 산정</td><td>행·재정적 지원 실적에 해당하는 점수를 반영</td></tr>
</table>

</td></tr>
<tr><td>평가 유의사항</td><td colspan="6">• 안전체험교육은 강의실에서 귀로 듣는 것 외에 직접 실제로 해보는 모든 행위를 포함
• 자체 안전체험교육 시설·장비의 확충은 산하 공공기관 등을 포함함</td></tr>
<tr><td>관련자료</td><td colspan="6">• 행·재정적 지원 측정항목의 해당 항목을 확인할 수 있는 자료
• 관련 계획서, 결과보고서 등</td></tr>
</table>

<table>
<tr><td>평가분류</td><td colspan="2">1. 안전교육 추진실적</td><td colspan="3">1-3. 체험위주의 안전교육 확대</td></tr>
<tr><td>평가지표</td><td colspan="5">1-3-2. 생애주기별 안전체험교육 추진 실적</td></tr>
<tr><td>평가내용</td><td colspan="5">안전체험교육의 활성화를 위하여 안전체험교육에 대한 추진 실적을 점검한다.</td></tr>
<tr><td>평가대상</td><td>시도, 시군구</td><td>배점</td><td>5</td><td>산정점수</td><td></td></tr>
<tr><td>평가기준</td><td colspan="5">ㅇ (안전체험교육 추진현황) 안전체험교육 추진실적을 점검함
<table><tr><td rowspan="2">안전체험교육 횟수</td><td>5회 이상</td><td>4회</td><td>3회</td><td>2회</td><td>1회</td></tr><tr><td>5점</td><td>4점</td><td>3점</td><td>2점</td><td>1점</td></tr></table></td></tr>
<tr><td>평가방법</td><td colspan="5">* 평가기준의 측정항목에 해당하는 지 여부를 판단
<table><tr><td>점수 산정</td><td>안전체험교육 실시 횟수에 해당하는 점수를 반영</td></tr></table></td></tr>
<tr><td>평가 유의사항</td><td colspan="5">• 안전체험교육은 강의실에서 귀로 듣는 것 외에 직접 실제로 해보는 모든 행위를 포함
• 안전체험교육 1개의 교육과정에 3기(회)를 실시한 경우 3회로 인정</td></tr>
<tr><td>관련자료</td><td colspan="5">•안전체험교육을 실시한 횟수를 확인할 수 있는 자료</td></tr>
</table>

평가분류	1. 안전교육 추진실적	1-4. 안전교육 교재 및 프로그램 개발·보급			
평가지표	1-4-1. 안전교육 교재(동영상, 책자 등) 개발·보급 실적				
평가내용	해당기관의 안전교육 교재(동영상, 책자 등)개발·보급 실적을 점검한다.				
평가대상	시도, 시군구	배점	2	산정점수	

평가기준

o **(안전교육 교재 개발 실적)** 생애주기별 6대 안전분야를 중심으로 해당 기관의 안전교육 교재 개발 실적·보급을 점검함

- 시·도 기준

동영상 개발실적 (①)	2개 이상	1개 이상
	1점	0.5점

동영상 개발실적 (①)	2개 이상	1개 이상
	1점	0.5점

- 시군구 기준

동영상 개발실적 (①)	2개 이상	1개 이상
	1점	0.5점

동영상 개발실적 (①)	2개 이상	1개 이상
	1점	0.5점

평가방법

* 평가기준의 측정항목에 해당하는 지 여부를 판단

산식 (① + ②)	합계	①	②

평가 유의사항

- 책자형 교재는 분량이 10페이지 이상으로 안전교육에 활용되는 경우에는 리플릿 등 모두 제작 형태 인정
- 기타 동영상 및 책자 외에 객관적으로 교재 형태로 제작된 경우는 모두 인정함

관련자료

- 실제 개발한 교재(동영상 및 책자 등)를 확인할 수 있는 자료

<table>
<tr><td>평가분류</td><td>1. 안전교육 추진실적</td><td colspan="4">1-4. 안전교육 교재 및 프로그램 개발·보급</td></tr>
<tr><td>평가지표</td><td colspan="5">1-4-2. 안전교육 프로그램(교육과정) 개발·보급 실적</td></tr>
<tr><td>평가내용</td><td colspan="5">안전교육 프로그램(교육과정) 개발 실적을 점검한다.</td></tr>
<tr><td>평가대상</td><td>시도, 시군구</td><td>배점</td><td>2</td><td>산정점수</td><td></td></tr>
<tr><td>평가기준</td><td colspan="5">ㅇ (안전교육 프로그램 개발 실적) 생애주기별 안전교육 프로그램(교육과정) 개발 실적을 점검함
- 하나의 교육프로그램에 여러개의 생애주기가 포함된 경우 모두 인정함
<table>
<tr><td rowspan="7">안전교육
프로그램
측정항목</td><td>영유아기(0~5세)의 안전교육 프로그램을 개발하였는가?</td><td>☐</td></tr>
<tr><td>아동기(6~12세)의 안전교육 프로그램을 개발하였는가?</td><td>☐</td></tr>
<tr><td>청소년기(13~18세)의 안전교육 프로그램을 개발하였는가?</td><td>☐</td></tr>
<tr><td>청년기(19~29세)의 안전교육 프로그램을 개발하였는가?</td><td>☐</td></tr>
<tr><td>성인기(30~64세)의 안전교육 프로그램을 개발하였는가?</td><td>☐</td></tr>
<tr><td>노년기(65세이상)의 안전교육 프로그램을 개발하였는가?</td><td>☐</td></tr>
<tr><td>장애인의 안전교육 프로그램을 개발하였는가?</td><td>☐</td></tr>
</table>
<table>
<tr><td rowspan="2">안전교육
신규 프로그램
개발실적</td><td>3개</td><td>2개</td><td>1개</td></tr>
<tr><td>2점</td><td>1.5점</td><td>1점</td></tr>
</table></td></tr>
<tr><td>평가방법</td><td colspan="5">* 평가기준의 측정항목에 해당하는 지 여부를 판단
<table><tr><td>점수 산정</td><td>안전교육 프로그램(교육과정) 개발·보급 실적에 해당하는 점수를 반영</td></tr></table></td></tr>
<tr><td>평가
유의사항</td><td colspan="5">• 프로그램(교육과정)은 교육대상, 시간, 교과목 등이 포함돼 있어야 함
• 안전체험교육 프로그램도 인정하며, 사이버 및 집합 교육프로그램 모두 인정함
• 당해연도 개발한 실적만 인정하며 기존 자료를 전체적인 수정·보완이나 프로그램 추가 등이 포함되어 있는 경우만 인정함</td></tr>
<tr><td>증빙자료</td><td colspan="5">• 안전교육 프로그램 측정항목 중 해당하는 항목에 대한 증빙자료</td></tr>
</table>

<table>
<tr><td>평가분류</td><td colspan="2">1. 안전교육 추진실적</td><td colspan="4">1-5. 안전교육 전문인력 육성·활용</td></tr>
<tr><td>평가지표</td><td colspan="6">1-5-1. 안전교육 전문인력 양성을 위한 교육과정 운영 실적</td></tr>
<tr><td>평가내용</td><td colspan="6">국민 안전교육 전문인력 양성을 위한 교육과정 운영 실적을 점검한다.</td></tr>
<tr><td>평가대상</td><td>시도, 시군구</td><td>배점</td><td>2</td><td>산정점수</td><td colspan="2"></td></tr>
<tr><td>평가기준</td><td colspan="6">o (안전교육 전문인력 양성과정 운영) 생애주기별 6대 안전분야를 중심으로 해당 기관이 안전교육 전문인력 양성을 위한 교육과정 운영 횟수를 점검함
<table><tr><td rowspan="2">양성과정 운영 실적</td><td>2회</td><td>1회</td></tr><tr><td>2점</td><td>1점</td></tr></table></td></tr>
<tr><td>평가방법</td><td colspan="6">* 평가기준의 측정항목에 해당하는 지 여부를 판단
<table><tr><td>점수 산정</td><td>안전교육 전문인력 양성 교육과정 운영 횟수를 반영</td></tr></table></td></tr>
<tr><td>평가 유의사항</td><td colspan="6">• 전문인력은 일반 국민를 대상으로 안전교육을 실시하는 강사 등을 총칭하며, 행정안전부에 안전교육 전문인력으로 등록된 인력 외에 각 개별법에 근거한 전문인력도 포함함
• 전문인력은 교육이나 연구를 수행하는 사람을 말함</td></tr>
<tr><td>관련자료</td><td colspan="6">• 안전교육 전문인력 양성과정 교육계획서 및 결과보고서 등 증빙자료</td></tr>
</table>

<table>
<tr><td>평가분류</td><td>1. 안전교육 추진실적</td><td colspan="4">1-5. 안전교육 전문인력 육성·활용</td></tr>
<tr><td>평가지표</td><td colspan="5">1-5-2. 안전교육 전문인력 풀(pool) 구축 활용 실적</td></tr>
<tr><td>평가내용</td><td colspan="5">안전교육을 위해 전문인력 활용에 대한 실적을 점검한다.</td></tr>
<tr><td>평가대상</td><td>시도, 시군구</td><td>배점</td><td>2</td><td>산정점수</td><td></td></tr>
<tr><td>평가기준</td><td colspan="5">ㅇ (안전교육 전문인력 활용 횟수) 안전교육 전문인력을 실제 교육 또는 연구에 활용한 횟수를 점검함
※안전교육기관 활용 안전교육 추진시 안전교육 전문인력 활용실적으로 인정
<table><tr><td rowspan="2">양성과정 운영 실적</td><td>2회</td><td>1회</td></tr><tr><td>2점</td><td>1점</td></tr></table></td></tr>
<tr><td>평가방법</td><td colspan="5">* 평가기준의 측정항목에 해당하는 지 여부를 판단
<table><tr><td>점수 산정</td><td>안전교육 전문인력 및 안전교육기관 활용 횟수를 반영</td></tr></table></td></tr>
<tr><td>평가 유의사항</td><td colspan="5">• 전문인력은 일반 국민을 대상으로 안전교육을 실시하는 강사 등을 총칭하며, 행정안전부에 안전교육 전문인력으로 등록된 인력 외에 각 개별법에 근거한 전문인력도 포함함
• 전문인력은 교육이나 연구를 수행하는 사람을 말함
• 안전교육기관은「국민 안전교육 진흥 기본법」제15조에 따라 행정안전부에서 지정한 기관을 말함</td></tr>
<tr><td>관련자료</td><td colspan="5">• 안전교육 전문인력 및 기관을 활용한 계획서 및 결과보고서 등</td></tr>
</table>

<table>
<tr><td>평가분류</td><td colspan="3">1. 안전교육 추진실적</td><td colspan="2">1-6. 사회인 안전교육 지원체계 구축</td></tr>
<tr><td>평가지표</td><td colspan="5">1-6-1. 주민자치센터 등에 안전교육과정 개설 실적</td></tr>
<tr><td>평가내용</td><td colspan="5">안전교육을 위한 주민자치센터 등에 안전교육과정 개설 실적을 점검한다.</td></tr>
<tr><td>평가대상</td><td>시도, 시군구</td><td>배점</td><td>5</td><td>산정점수</td><td></td></tr>
<tr><td>평가기준</td><td colspan="5">o (안전교육과정 개설 횟수) 관내 주민자치센터, 평생교육기관, 공공 교육기관 등에 안전교육 과정을 신규로 개설한 실적을 점검함
<table>
<tr><td rowspan="2">교육과정 개설 수
(②)</td><td>5회</td><td>4회</td><td>3회</td><td>2회</td><td>1회</td></tr>
<tr><td>5점</td><td>4점</td><td>3점</td><td>2점</td><td>1점</td></tr>
</table></td></tr>
<tr><td>평가방법</td><td colspan="5">* 평가기준의 측정항목에 해당하는 지 여부를 판단
<table>
<tr><td>점수 산정</td><td>안전교육과정을 개설한 횟수를 반영</td></tr>
</table></td></tr>
<tr><td>평가
유의사항</td><td colspan="5">• 교육과정 개설 대상 기관은 평생교육기관, 주민자치센터, 공공 교육기관만 인정,
• 교육과정 개설 수는 1개 과정에 몇 회를 운영하는 경우에도 1개로 산정
• 시도 및 시군구에서 공동으로 개설한 경우에는 시도 및 시군구 실적에 각각 포함</td></tr>
<tr><td>관련자료</td><td colspan="5">• 교육과정 개설 수를 확인할 수 있는 증빙자료</td></tr>
</table>

<table>
<tr><td>평가분류</td><td>1. 안전교육 추진실적</td><td colspan="4">1-6. 사회인 안전교육 지원체계 구축</td></tr>
<tr><td>평가지표</td><td colspan="5">1-6-2. 다중이용시설 및 사회복지시설 등 안전교육 지원 실적</td></tr>
<tr><td>평가내용</td><td colspan="5">다중이용시설 및 사회복지시설 등 안전교육 지원 실적을 점검한다.</td></tr>
<tr><td>평가대상</td><td>시도, 시군구</td><td>배점</td><td>5</td><td>산정점수</td><td></td></tr>
<tr><td>평가기준</td><td colspan="5">(1) (다중이용시설 안전교육 지원) 6대 안전분야를 중심으로 해당기관의 다중이용시설 안전교육 지원 실적을 점검함
<table><tr><td rowspan="2">다중이용시설 안전교육 지원 횟수(①)</td><td>5회 이상</td><td>3회 이상</td><td>1회 이상</td></tr><tr><td>3점</td><td>2점</td><td>1점</td></tr></table>
(2) (사회복지시설 안전교육 지원) 사회복지시설 안전교육 지원 실적을 점검함
<table><tr><td rowspan="2">사회복지시설 안전교육 지원 횟수(②)</td><td>5회 이상</td><td>3회 이상</td><td>1회 이상</td></tr><tr><td>2점</td><td>1점</td><td>0.5점</td></tr></table></td></tr>
<tr><td>평가방법</td><td colspan="5">* 평가기준의 측정항목에 해당하는 지 여부를 판단
<table><tr><td rowspan="2">산식 (① + ②)</td><td>합계</td><td>①</td><td>②</td></tr><tr><td></td><td></td><td></td></tr></table></td></tr>
<tr><td>평가 유의사항</td><td colspan="5">• 다중이용시설은 국민 안전교육 진흥 기본법 제12조에 규정된 시설을 말함
• 사회복지시설은 국민 안전교육 진흥 기본법 제13조에 따른 시설을 말함
• 안전교육 지원은 운영, 예산, 인력, 교재, 프로그램 등 제한 없음</td></tr>
<tr><td>관련자료</td><td colspan="5">• 안전교육 지원 내용을 확인할 수 있는 증빙자료</td></tr>
</table>

<table>
<tr><td>평가분류</td><td colspan="3">1. 안전교육 추진실적</td><td colspan="3">1-7. 안전교육 목표달성 노력</td></tr>
<tr><td>평가지표</td><td colspan="6">1-7-1. 안전교육 성과목표 달성 노력</td></tr>
<tr><td>평가내용</td><td colspan="6">국민 안전교육 시행계획 상 안전교육 성과목표에 대한 달성 정도를 점검한다.</td></tr>
<tr><td>평가대상</td><td>시도, 시군구</td><td>배점</td><td>5</td><td>산정점수</td><td colspan="2"></td></tr>
<tr><td>평가기준</td><td colspan="6">o (안전교육 성과목표 달성 정도) 국민 안전교육 시행계획 상 안전교육 성과목표 달성 정도를 주요 지표에 대한 목표 대비 실적을 산정하여 평가함
<table><tr><td rowspan="2">목표달성 결과</td><td>60% 이상</td><td>50% 이상</td><td>40% 이상</td><td>30% 이상</td><td>10% 이상</td></tr><tr><td>5점</td><td>4점</td><td>3점</td><td>2점</td><td>1점</td></tr></table>
※ 주요 지표를 설정하지 않은 기관은 일괄 점수 부여(0.5점)</td></tr>
<tr><td>평가방법</td><td colspan="6">* 해당기관의 안전교육 시행계획 문서를 검토하여 점검
* 산식 = (목표 달성한 주요 지표 개수 / 전체 주요 지표 개수) X 100</td></tr>
<tr><td>평가 유의사항</td><td colspan="6">• 평가 대상 연도‘국민 안전교육 시행계획’상 성과목표의 주요지표를 대상으로 산정</td></tr>
<tr><td>증빙자료</td><td colspan="6">• 해당 지표를 달성한 증빙자료(교육실적인 경우 실제 교육한 실적 등)</td></tr>
</table>

<table>
<tr><td>평가분류</td><td>2. 안전교육 기반조성</td><td colspan="4">2-1. 시행계획 수립 적절성</td></tr>
<tr><td>평가지표</td><td colspan="5">2-1-1. 시행계획 수립의 적절성</td></tr>
<tr><td>평가내용</td><td colspan="5">해당기관의 국민 안전교육 시행계획 수립 시 부단체장 이상 참여와 시행계획 수립의 적절성을 점검한다.</td></tr>
<tr><td>평가대상</td><td>시도, 시군구</td><td>배점</td><td>5</td><td>산정점수</td><td></td></tr>
<tr><td>평가기준</td><td colspan="5">(1) (관심도) 안전교육 시행계획 수립 최종 결재자를 평가함
- 직무대리는 해당직위로 인정, 차하위 직위자는 직제에 따름
<table><tr><td rowspan="2">결재권자
(①)</td><td>부단체장 이상</td><td>차하위 직위자
(실장급)</td><td>차하위 직위자
(국장급)</td><td>차하위 직위자
(과장급)</td></tr><tr><td>3점</td><td>2점</td><td>1점</td><td>0.5점</td></tr></table>
(2) (의견수렴) 안전교육 시행계획 수립 시 기관 내 관련부서와 회의를 적절하게 했는 지를 평가함
<table><tr><td rowspan="2">회의 횟수
(②)</td><td>4회 이상</td><td>2회 이상</td><td>1회 이상</td></tr><tr><td>2점</td><td>1점</td><td>0.5점</td></tr></table></td></tr>
<tr><td>평가방법</td><td colspan="5">* 평가기준의 측정항목에 해당하는 지 여부를 판단
<table><tr><td rowspan="2">산식
(① + ②)</td><td>합계</td><td>①</td><td>②</td></tr><tr><td></td><td></td><td></td></tr></table></td></tr>
<tr><td>평가
유의사항</td><td colspan="5">• 회의는 주재자의 직위와 상관없으며, 담당자 실무회의 등을 포함함</td></tr>
<tr><td>증빙자료</td><td colspan="5">• 평가 대상 연도'국민 안전교육 시행계획'의 최종 결재자를 확인할 수 있는 자료
• 회의 횟수를 확인할 수 있는 증빙자료 등</td></tr>
</table>

<table>
<tr><td>평가분류</td><td colspan="2">2. 안전교육 기반조성</td><td colspan="3">2-2. 안전교육 추진사항 점검 노력</td></tr>
<tr><td>평가지표</td><td colspan="5">2-2-1. 안전교육 시행계획 추진사항 점검 실적</td></tr>
<tr><td>평가내용</td><td colspan="5">국민 안전교육 시행계획의 주요 추진과제에 대한 이행 실적 점검여부를 점검한다.</td></tr>
<tr><td>평가대상</td><td>시도, 시군구</td><td>배점</td><td>5</td><td>산정점수</td><td></td></tr>
<tr><td>평가기준</td><td colspan="5">o (추진상황 점검) 연초에 수립한 국민 안전교육 시행계획의 주요 추진과제에 대한 이행 실적을 매 분기 1회 이상 점검하였는 지를 점검함
* 점검 근거 : 국민 안전교육 시행계획 수립 지침 Ⅳ. 행정사항
<table><tr><td rowspan="2">추진상황 점검</td><td>4회 이상</td><td>3회</td><td>2회</td><td>1회</td><td>0회</td></tr><tr><td>5점</td><td>4점</td><td>3점</td><td>2점</td><td>1점</td></tr></table></td></tr>
<tr><td>평가방법</td><td colspan="5">* 평가기준의 측정항목에 해당하는 지 여부를 판단
<table><tr><td>점수 산정</td><td>안전교육 추진사항 점검 횟수를 반영</td></tr></table></td></tr>
<tr><td>평가 유의사항</td><td colspan="5">• 시행계획 상 추진과제에 대한 추진사항을 점검하였는 지에 대해 판단하며, 점검 주체가 누구(실무자인 경우도 가능)인 지는 무관함</td></tr>
<tr><td>증빙자료</td><td colspan="5">• 추진상황 점검계획 및 점검결과 보고서 등 증빙자료
• 점검을 실시한 시점(날짜 등)을 확인할 수 있는 자료이어야 함</td></tr>
</table>

<table>
<tr><td>평가분류</td><td>2. 안전교육 기반조성</td><td colspan="4">2-3. 안전교육 자체평가 추진체계 구축</td></tr>
<tr><td>평가지표</td><td colspan="5">2-3-1. 안전교육 자체평가계획 수립 절차의 적절성</td></tr>
<tr><td>평가내용</td><td colspan="5">안전교육 추진실적에 대하여 자체평가 계획을 수립하였는 지와 자체평가위원회를 적절하게 구성하였는지를 점검한다.</td></tr>
<tr><td>평가대상</td><td>시도, 시군구</td><td>배점</td><td>5</td><td>산정점수</td><td></td></tr>
<tr><td>평가기준</td><td colspan="5">(1) (최종 결재자) 자체평가 계획을 부단체장 이상 결재를 하였는 지를 점검함
- 직무대리는 해당직위로 인정, 차하위 직위자는 직제에 따름
<table><tr><td rowspan="2">결재권자
(①)</td><td>부단체장 이상</td><td>차하위 직위자
(실장급)</td><td>차하위 직위자
(국장급)</td><td>차하위 직위자
(과장급)</td></tr><tr><td>3점</td><td>2점</td><td>1점</td><td>0.5점</td></tr></table>
(2) (자체평가위원회 구성) 자체평가위원회에 민간위원이 참여하였는 지를 점검함
<table><tr><td rowspan="2">구성 여부
(②)</td><td>민간위원 참여 구성</td><td>민간위원 미참여 구성</td></tr><tr><td>2점</td><td>1점</td></tr></table></td></tr>
<tr><td>평가방법</td><td colspan="5">* 평가기준의 측정항목에 해당하는 지 여부를 판단
<table><tr><td rowspan="2">산식
(① + ②)</td><td>합계</td><td>①</td><td>②</td></tr><tr><td></td><td></td><td></td></tr></table></td></tr>
<tr><td>평가
유의사항</td><td colspan="5">• 민간위원이 누구인지는 관계 없으며 민간위원이 참여했는 지만 판단</td></tr>
<tr><td>증빙자료</td><td colspan="5">• 자체평가 계획서 및 최종 결재 문서 증빙자료
• 자체평가위원회 구성(민간위원 포함 등)을 확인할 수 있는 자료</td></tr>
</table>

<table>
<tr><td>평가분류</td><td>3. 안전교육 관심도</td><td colspan="4">3-1. 기관장 관심도</td></tr>
<tr><td>평가지표</td><td colspan="5">3-1-1. 안전교육 활성화를 위한 대내외 활동 실적</td></tr>
<tr><td>평가내용</td><td colspan="5">안전교육에 대한 단체장 관심도(부단체장도 인정) 여부를 점검한다.</td></tr>
<tr><td>평가대상</td><td>시도, 시군구</td><td>배점</td><td>5</td><td>산정점수</td><td></td></tr>
<tr><td>평가기준</td><td colspan="5">
o (관심도) 평가자는 해당기관의 부단체장 이상 직위자가 안전교육에 대한 대내외 각종 활동에 대하여 점검함
<table>
<tr><td rowspan="2">단체장 관심도</td><td>5개</td><td>4개</td><td>3개</td><td>2개</td><td>1개</td></tr>
<tr><td>5점</td><td>4점</td><td>3점</td><td>2점</td><td>1점</td></tr>
</table>
<table>
<tr><td rowspan="7">단체장 관심도 측정항목</td><td>안전교육 시행계획 수립시 부단체장 이상 지시사항이 있는 가?</td><td>☐</td></tr>
<tr><td>안전교육 정책 추진 관련 부단체장 이상 회의를 주재하였는 가?</td><td>☐</td></tr>
<tr><td>안전교육 정책 추진 점검 등을 위하여 부단체장 이상이 현장에 참여한 사례가 있는 가?</td><td>☐</td></tr>
<tr><td>안전교육 정책 추진 시 부단체장 이상의 지시사항이 있는 가?</td><td>☐</td></tr>
<tr><td>안전교육 정책 추진과 관련하여 과장 이상의 언론 기고 등이 있는 가?</td><td>☐</td></tr>
<tr><td>안전교육 업무 담당자에 대한 인센티브 부여 실적이 있는 가?</td><td>☐</td></tr>
<tr><td>안전교육 업무와 관련하여 조직 및 인원 보강이 있는 가?</td><td>☐</td></tr>
</table>
</td></tr>
<tr><td>평가방법</td><td colspan="5">
* 평가기준의 측정항목에 해당하는 지 여부를 판단
<table>
<tr><td>점수 산정</td><td>단체장 관심도 여부에 해당하는 점수를 반영</td></tr>
</table>
</td></tr>
<tr><td>평가
유의사항</td><td colspan="5">• 단체장 관심도 측정시 안전교육에 관련된 내용이 있는지 확인</td></tr>
<tr><td>관련자료</td><td colspan="5">• 단체장 관심도 측정항목 중 해당되는 항목을 확인할 수 있는 증빙자료</td></tr>
</table>

<table>
<tr><td>평가분류</td><td>3. 안전교육 관심도</td><td colspan="4">3-3. 안전교육 정책 대국민 홍보</td></tr>
<tr><td>평가지표</td><td colspan="5">3-2-1. 안전교육 정책 대국민 홍보 실적</td></tr>
<tr><td>평가내용</td><td colspan="5">안전교육 정책에 대한 대국민 및 관련자에게 홍보하기 위하여 다양한 매체(신문, TV, 인터넷, SNS, 전광판 등)를 활용하여 적극적으로 홍보하였는지 여부를 점검한다.</td></tr>
<tr><td>평가대상</td><td>시도, 시군구</td><td>배점</td><td>5</td><td>산정점수</td><td></td></tr>
<tr><td>평가기준</td><td colspan="5">
(1) (보도자료 작성 건수) 안전교육 정책에 대한 대국민 홍보를 위해 보도자료를 작성한 건수를 확인함
<table>
<tr><td rowspan="2">작성 건수
(①)</td><td>3건 이상</td><td>2건</td><td>1건</td></tr>
<tr><td>3점</td><td>2점</td><td>1점</td></tr>
</table>
<table>
<tr><td rowspan="4">보도자료
측정항목</td><td>보도자료 제목 및 주요내용</td><td>V</td></tr>
<tr><td></td><td>□</td></tr>
<tr><td></td><td>□</td></tr>
<tr><td></td><td>□</td></tr>
</table>
(2) (홍보 건수) 신문, TV, 인터넷, SNS, 전광판 등 홍보매체를 통한 대국민 홍보 건수를 확인함
<table>
<tr><td rowspan="2">홍보 건수
(②)</td><td>4개 매체 이상</td><td>3개 매체</td><td>2개 매체</td><td>1개 매체</td></tr>
<tr><td>2점</td><td>1.5점</td><td>1점</td><td>0.5점</td></tr>
</table>
<table>
<tr><td rowspan="5">교육홍보
측정항목</td><td>홍보매체</td><td>주요내용</td><td>V</td></tr>
<tr><td></td><td></td><td>□</td></tr>
<tr><td></td><td></td><td>□</td></tr>
<tr><td></td><td></td><td>□</td></tr>
<tr><td></td><td></td><td>□</td></tr>
</table>
</td></tr>
<tr><td>평가방법</td><td colspan="5">
* 평가기준의 측정항목에 해당하는 지 여부를 판단
<table>
<tr><td rowspan="2">산식
(① + ②)</td><td>합계</td><td>①</td><td>②</td></tr>
<tr><td></td><td></td><td></td></tr>
</table>
</td></tr>
<tr><td>평가
유의사항</td><td colspan="5">• 안전교육 관련 정책에 대한 홍보만을 인정하며, 안전문화 홍보는 제외</td></tr>
<tr><td>관련자료</td><td colspan="5">• 안전교육 정책 홍보 관련 보도자료
• 홍보매체에 보도된 홍보 증빙자료</td></tr>
</table>

<table>
<tr><td>평가분류</td><td colspan="3">4. 안전교육 협력체계 구축</td><td colspan="2">4-1. 유관기관·단체 등과의 협력체계</td></tr>
<tr><td>평가지표</td><td colspan="5">4-1-1. 안전교육 정책 추진관련 유관기관·단체 등과의 협력체계 구축</td></tr>
<tr><td>평가내용</td><td colspan="5">안전교육 정책 추진관련 유관기관·단체 등과의 협력체계 구축 실적을 점검한다.</td></tr>
<tr><td>평가대상</td><td>시도, 시군구</td><td>배점</td><td>5</td><td>산정점수</td><td></td></tr>
<tr><td>평가기준</td><td colspan="5">(1) (적절성) 평가자는 안전교육 관련 유관기관·단체 등과의 협력체계 구축 실적을 점검함
* 안전교육 관련 유관기관·단체는 생애주기별 안전교육 6대 분야와 관련성이 있어야 함
* 협력체계 구축 관련 문서(MOU 등)에 안전교육에 관련된 내용이 있을 경우에만 실적 인정(당해년도 구축을 원칙으로 하되, 이전 체결의 경우 당해연도 운영 · 활동 근거 제출 시 인정)
* 해당기관의 산하기관, 소속단체와의 협력체계 구축도 인정
<table>
<tr><td rowspan="2">유관기관, 단체 등 협력체계 구축 기관 수</td><td>5개 기관 이상</td><td>4개 기관 이상</td><td>3개 기관 이상</td><td>1개 기관 이상</td></tr>
<tr><td>5점</td><td>3점</td><td>2점</td><td>1점</td></tr>
</table></td></tr>
<tr><td>평가방법</td><td colspan="5">* 평가기준의 측정항목에 해당하는 지 여부를 판단
<table>
<tr><td>점수 산정</td><td>유관기관, 단체 등 협력체계 구축 실적에 해당하는 점수를 반영</td></tr>
</table></td></tr>
<tr><td>평가 유의사항</td><td colspan="5">• 유관기관, 단체 등의 성격이 안전교육 분야와의 관련성을 검토 확인
• 안전교육과 관련성이 없는 경우는 불인정</td></tr>
<tr><td>관련자료</td><td colspan="5">• 유관기관, 단체 등과의 협력체계 구축(MOU 등)을 확인할 수 있는 증빙자료</td></tr>
</table>

참고 문헌

1. 법제처, 재난 및 안전관리기본법, 2023.08.
2. 법제처, 재난 및 안전관리기본법 시행령, 2023.08.
3. 법제처, 국민 안전교육 진흥 기본법, 2023.08.
4. 행정안전부, 2023년도 재난관리 평가지침, 2022.12.
5. 행정안전부, 2023년도 재난관리평가단 가이드라인, 2022.12.
6. 행정안전부, 2023년도 안전한국훈련 중앙평가단 워크숍, 2023.04.
7. 행정안전부, 안전한국훈련 가이드북 평가위원용, 2023.05.
8. 관계부처 합동, 제2차 국민 안전교육 기본계획(2023~2027년도), 2022.09.
9. 행정안전부, 2020년도 국가핵심기반 보호계획 수립지침, 2022.03.
10. 행정안전부, 2022년 국가핵심기반 평가 참고자료, 2022.09.
11. 행정안전부, 2023년 국가핵심기반 업무 담당자 합동 워크숍, 2022.02.
12. 행정안전부, 2023년도 국민 안전교육 실태점검 지침, 2023.01.
13. 행정안전부, 중앙안전교육점검단 구성·운영 계획, 2023.04.
14. 강희조, 공공안전을 위한 국가기반체계 보호제도의 핵심기능연속성에 관한 연구, 디지털콘텐츠학회논문지, Vol.18, No. 4, pp. 795-802, July 2017.
15. 행정안전부, 국가핵심기반 기능연속성 보호계획 국가전략(안)(2021-2025), 2020.11.
16. 김영민, 원자력분야 국가핵심기반 보호계획에 관한 연구, 목원대학교 석사학위논문, 2021.06.
17. 김인선, 정보통신재난관리를 위한 위기경보수준에 관한 연구, 목원대학교 석사학위 논문, 목원대학교, 2022.02.
18. 강희조, 코로나19에서 재난대응 안전한국훈련 발전방안에 관한 연구, 디지털콘텐츠학회논문지, Vol.23, No. 7, pp. 1315-1321, July 2022.